现代化学专著系列·典藏版 28

煤自燃量子化学理论

王继仁 金智新 邓存宝 著

科学出版社

北 京

内 容 简 介

本书总结了作者近年来在煤自燃理论方面的最新研究成果。以量子化学的理论和方法为基础，并以实验为研究手段从微观角度系统研究了煤的化学结构，煤表面对氧分子及多组分气体的物理吸附机理，煤表面对氧分子的化学吸附机理，煤中有机大分子和低分子化合物发生氧化自燃的化学反应机理和化学反应过程，建立了煤自燃机理理论。并用实验的方法进行了验证。

本书可作为高等院校矿业、煤化工等专业的研究生教学用书，同时也可作为煤炭、煤化工行业科研和工程技术人员的参考书。

图书在版编目(CIP)数据

现代化学专著系列：典藏版 / 江明，李静海，沈家骢，等编著. —北京：科学出版社，2017.1

ISBN 978-7-03-051504-9

Ⅰ.①现… Ⅱ.①江… ②李… ③沈… Ⅲ.①化学 Ⅳ.①O6

中国版本图书馆 CIP 数据核字(2017)第 013428 号

责任编辑：杨 震 黄 海 宛 楠 / 责任校对：包志虹
责任印制：张 伟 / 封面设计：铭轩堂

科 学 出 版 社 出版

北京东黄城根北街 16 号
邮政编码：100717
http://www.sciencep.com

北京厚诚则铭印刷科技有限公司印刷
科学出版社发行 各地新华书店经销

*

2017 年 1 月第 一 版   开本：B5(720×1000)
2017 年 1 月第一次印刷   印张：26 1/4
字数：502 000

定价：7980.00 元（全 45 册）

（如有印装质量问题，我社负责调换）

前　言

长期以来，人们对煤的自燃机理及氧化自燃的难易性做了大量的研究，由于煤自燃过程的复杂性，许多难题并没有得到很好解决。本书应用量子化学的理论和方法，并以实验为研究手段从微观角度系统研究了煤的分子的化学结构、煤在氧化自燃过程中对氧分子的吸附机理、煤中有机大分子和低分子化合物发生氧化自燃的化学反应机理和化学反应过程，建立了煤自燃机理理论。并用实验的方法进行了验证。

本书共 7 章。第 1 章介绍了研究背景和作者多年取得的研究成果。第 2 章概括了本书应用的量子化学理论。第 3 章在实验研究的基础上建立了煤的分子结构模型。第 4 章在定义非晶体物质表面的基础上，从微观角度研究了煤与氧的吸附机理。第 5 章分析煤中有机大分子自燃氧化的反应过程，得到了煤的氧化自燃机理。第 6 章论述了煤结构中低分子化合物的自燃氧化的反应过程和反应机理。第 7 章论述煤的氧化自燃机理的实验研究方法和结论。

本书是研究煤自燃的专著，为煤氧化自燃的理论研究提供了一种新的思路和方法，同时本书的结论部分能够为生产实践中的工程技术人员提供参考。书中难免有些不当之处，请广大读者批评指正。

作　者

目　　录

第1章 绪 论

1.1 煤自燃理论

煤自燃是一种复杂的物理、化学反应。煤自燃发火机理的研究已有100多年的历史,先后提出了多种理论和假说。近年来,国内外学者从不同的角度、采用不同的方法对煤自燃的机理进行了研究,但没有使问题从根本上得到解决。

煤是一种由多种官能团、多种化学键组成的复杂的有机大分子。煤的自燃是一个非常复杂的物理化学变化过程。其孕育、发生和发展包含着湍流流动、相变、传热、传质和复杂的化学反应等,是一种涉及质量、动量、能量和煤的化学结构在复杂多变的环境条件下相互作用的三维、多相、非稳定、非线性、非平衡态的动力学过程。该动力学过程与外部环境及其他干预因素等相互耦合,是具有复杂性本质的科学研究对象,因此目前还没有一个权威性的煤自燃机理学说。就人们较为公认的煤氧复合学说来说,揭示煤氧的复合机理、复合过程、复合过程中分子结构、官能团变化和化学键重新分布以及中间体和过渡态的形成还需要做大量的研究工作。

1.1.1 煤自燃理论学说

对煤自燃问题的研究源于17世纪,并形成了各种学说阐述煤自燃的起因,如黄铁矿导因学说、细菌导因学说、酚基导因学说以及煤氧复合学说等[1]。

1. 黄铁矿导因学说

黄铁矿导因学说最早由Plolt和Berzehus(英国)于17世纪提出,是第一个试图解答煤自燃原因的学说。他们认为煤的自燃是由于煤层中的黄铁矿(FeS_2)与空气中的水分和氧相互作用、放出热量而引起的。

黄铁矿在井下潮湿的环境里被氧化是放热反应。因此在蓄热条件较好时,该热量使煤体升温加快煤氧化反应的速度,导致煤的自热与自燃。

黄铁矿导因学说曾在19世纪下半叶广为流传,但随后大量的煤自燃实践证明,大多数的煤层自燃是在完全不含或极少含有黄铁矿的情况下发生的。该学说无法对此做出解释,因而具有自身的局限性。

2. 细菌导因学说

1927年,英国学者Potter等提出了细菌导因学说[2],该学说的主要观点是煤在细菌的作用下发酵,放出热量导致煤的自燃。但有另一部分学者于 1934 年认为煤的自燃是细菌与黄铁矿共同作用的结果。

1951 年,Dubois(波兰)等在考查泥煤的自热与自燃时指出当微生物极度增长时,通常伴有放热的生化反应过程。30℃以下是亲氧的真菌和放线菌起主导作用;60~65℃时,亲氧真菌死亡,嗜热细菌开始发展;72~75℃时,所有的生化过程均遭到破坏。

为考察细菌导因学说的可靠性,英国学者温米尔与格雷哈姆曾将具有强自燃性的煤置于 100℃真空容器里长达 20h,在此条件下,当所有细菌都已死亡时,煤的自燃性并未减弱。因此,细菌导因学说仍无法解释煤的自燃机理,从而未能得到广泛承认。

3. 酚基导因学说

前苏联学者特龙诺夫提出煤的自热和自燃是由于煤体内不饱和的含酚基化合物强烈吸附空气中的氧同时放出一定的热量所致。

该学说的依据是:在对各种煤体中的有机化合物进行实验后,发现煤体中的酚基类最易氧化,其不仅在纯氧中可被氧化,而且也可与其他氧化剂发生作用。故特龙诺夫认为正是空气中的氧与煤体中的含酚基化合物的作用导致了煤的自燃。

但理论上芳香结构氧化成酚基需要较激烈的反应条件,这使得反应的中间产物和最终产物在成分和数量上都可能与实际有较大的偏移。因此,酚基导因学说认为引起煤自燃的主要原因还有待进一步探讨。此外,酚基导因学说实际上也是阐明煤氧复合是引起自燃的首要原因,可以认为该学说是煤氧复合学说的补充。

4. 煤氧复合学说

1870 年,Rachtan 经实验得出一昼夜里每克煤的吸氧量为 0.1~0.5mL,褐煤为吸氧量 0.12mL[3]。

1945 年,Jones 提出常温下烟煤在空气中的吸氧量可达 0.4mL/g。该结果与 1941 年 Yohe(美国)对美国伊利诺斯煤田的煤样实验结果相近。

1951 年,维索沃夫斯基(前苏联)提出煤的自燃是氧化过程自身加速的最后阶段,并非任何一种煤的氧化都能导致自燃,只有在稳定、低温、绝热条件下,氧化过程的自身加速才能导致自燃。这种氧化反应的特点是分子的基链反应,也就是每一个参加反应的团粒或者说在链上的原子团首先产生一个或多个新的活化团粒(活化链),然后,又引起相邻团粒活化并参加反应。这个过程在低温条件下,从开始要持续地进行一段时间,即通常所称的"煤的自燃潜伏期"。煤的低温氧化特点是只在其表面进行,化学组分无任何变化。他们通过实验还发现,烟煤低温氧化的结果使着火点降低,以致活化易于点燃。

煤氧复合学说存在的问题是:煤氧复合最初的导因是什么,煤氧复合过程如何,各种临界参数如何测定,低温阶段热效应如何测定,如何确定煤最短自燃发火期,氧如何在煤中运移,其动力何在,过程如何等。

上述各种解释煤自燃的学说中,煤氧复合作用学说得到大多数学者的赞同。因为煤自燃的主要参与物一个是煤,一个是氧,煤对氧的吸附已经实验考察而被完全证实。在表面吸附中,物理吸附产生的热量不大,但化学吸附以及与其相伴随的煤与氧的化学反应可以放出相当多的热量,热的产生与积聚是导致煤自燃必不可少的因素。酚基导因学说认为煤体中的酚基最易氧化是导致自燃的因素。其实质还是煤与氧的作用问题,因此可作为煤氧复合作用学说的补充。

从现有的研究成果来看,还没有能够揭示煤自燃的本质规律。研究手段和研究方法明显低于科学技术的总体发展水平,多数注重定性研究,计算方法多采用热动力学的方法。

应用化学反应机理理论和量子化学研究煤在常温氧化条件下,煤发生氧化反应过程中煤的分子化学结构、化学键断裂及其形成规律的研究的系列文献尚未见到。这种方法能更好地从本质上揭示煤自燃的本质规律,因而成为国内外学者考虑研究的趋势和热点。

1.1.2　研究内容和方法

本论著应用理论和实验研究方法从研究煤的分子结构为起点,从微观角度研究煤表面分子片段对氧分子的吸附以及煤与氧的化学反应机理和化学反应过程,揭示煤自然发火的本质规律;本论著对研究煤的自燃提供了一种全新的理论和方法,更加深入地揭示了煤自燃的本质规律,对相关领域的研究具有指导作用。

1.2　煤的分子结构

煤是一种由多种化学键和官能团组成的大分子和低分子化合物组成的混合体。煤具有多组成性、非晶态性、结构层次性和阶段演化等特性[4]。煤的结构复杂多样并因其起源、历史、年代的不同而有很大不同。由于煤在燃烧、热解和直接液化过程中的反应性与其分子结构特征紧密相关,因此人们在研究煤的分子结构上做了大量工作[5]。煤结构包括煤的化学结构和煤的物理结构两个方面的内容,多年来人们一直试图寻找统一的平均煤结构模型来研究煤的性质,指导煤的利用,因此相应产生了许多煤结构模型。从 20 世纪初开始研究煤的化学结构以来,提出的煤分子结构已有几十个,这些模型反映了当时对煤化学结构的观点和研究水平。煤化学结构的建立和煤结构的研究方法密切相关。各种模型只能代表统计水平均概念,而不能成为煤中真实存在的分子形式。

本论著在煤的分子结构研究方面,在总结前人研究成果的基础上,着重研究煤与氧发生氧化自燃反应的模型,在实验研究组成煤分子官能团的基础上,研究与氧分子易于发生化学反应的化学键和官能团。为了计算的方便保留了煤分子的苯环骨架,研究侧链与氧的化学反应。

1.3　煤自燃与吸附

煤是一种具有很强吸附能力的多孔介质吸附剂,人们对煤的吸附问题做了大量研究,得到了对甲烷以及多组分气体吸附的热力学性质[6~9],从研究方法和采用的手段来看都是采用热动力学和实验研究的方法,不能从根本上解决煤的吸附过程和吸附机理等问题。

煤体在受到采动等外力的作用下,使煤体破碎形成散体煤,散体煤中有大量的孔隙容易使氧气渗入或扩散到其内部,煤体的表面充分与氧气接触发生物理化学吸附。煤体表面与氧气吸附产生热量导致了煤的自燃。

煤是一种非晶体物质,具有丰富的孔隙和比表面积。以往人们对像煤这种非晶体并且具有丰富的孔隙和比表面物质的吸附研究都是采用实验的方法,从宏观方面研究温度、压力、热量和吸附量的关系。例如,我国近年来测定煤自燃倾向性的大小采用的吸氧法就是在环境温度为 30℃ 的条件下,测定煤物理吸附氧量的大小来判定其自燃危险性。从微观角度研究非晶体物质的吸附,从现有国内外查到的文献还没有专门的论述。

从微观角度研究非晶体吸附是揭示吸附机理和吸附本质的重要手段,是吸附理论的一个重要分支,建立非晶体物质表面的微观吸附研究方法和模型是对吸附理论的重要贡献。但由于非晶体物质没有确定的表面化学结构,所以长期以来没有人做深入研究。作者定义煤表面分子片段是煤表面的最小结构单元,进而以煤表面的最小结构单元为煤这种非晶体物质的表面,成功解决了从微观角度研究非晶体物质的吸附问题。研究煤的氧化自燃从微观角度研究煤表面分子片段对氧分子的物理吸附和化学吸附,从而揭开了煤氧化自燃初始反应的本质。

1.4　煤自燃过程的化学反应理论

煤自燃过程中的化学反应主要是研究组成煤的有机大分子的侧链和煤分子中低分子化合物与氧分子发生化学反应的反应机理和化学反应过程。理论研究方法是,采用量子化学密度泛函理论对反应物、产物、中间体和过渡态分子进行几何优化,计算出反应各驻点的振动频率,并通过振动分析,确认所得到的每一个过渡态的真实性。获得了零点振动能(ZPE),并在同一水平下进行了内禀反应坐标

（IRC）计算,讨论反应沿极小能量途径相互作用的分子间结构和位能的变化,由此确定过渡态结构和反应物、中间体、产物之间的正确连接,研究了煤有机大分子和低分子化合物的氧化自燃的反应机理,并通过实验的方法进行验证。

参 考 文 献

[1] 徐精彩.煤层自燃危险区域判定理论[M].北京:煤炭工业出版社,2001.11.

[2] 邓军,徐精彩等.煤自燃机理及预测理论研究进展[J].辽宁工程技术大学学报,2003,8(22),4,455.

[3] 郭兴明,徐精彩,邓军,文虎,惠世恩.地温在煤自燃过程中的作用分析[J].煤炭学报,2001,2(26):160
~163.

[4] 曾凡桂,谢克昌.煤结构化学的理论体系与方法论[J].煤炭学报,2004,4(29):443~447.

[5] Carloson G A. Energy & Fuels. 1992,6.771.

[6] 陈昌国,辜敏,鲜学福.煤层甲烷的吸附与解吸的研究与发展[J].中国煤层气,1998,1:27~29.

[7] 苏现波,刘保民.煤层气的赋存状态及其影响因素[J].焦作工学院学报,1999,3(18):157~160.

[8] 张庆玲,张群,等.煤对多组分气体吸附特征研究[J].天然气工业,2005,1(25):57~60.

[9] 吴世跃,郭勇义.关于注气开发煤层气机理的探讨[J].太原理工大学学报,2000,4(31):361~363.

第 2 章　理论和研究方法

　　量子化学是应用物理学的量子力学原理和方法来研究化学体系的结构和化学反应性能的科学。将量子力学原理及方法应用于化学领域描述电子行为的量子方法,目前正成为化学结构理论的基础,使整个化学领域发生了巨大的变革和进步。量子化学中应用的近似法大致可以分为原子轨道法与分子轨道法。前者是由 Slater、Pauling 等发展起来的理论,在处理分子时,以组成分子的原子的电子结构为基础进行讨论。后者是由 Mulliken、Hückel 等发展起来的理论,认为电子轨道不是定域在各原子上,而是扩展在分子的整体中。原子轨道法对应化学键及共振的概念,其优点是化学工作者易于直观地阐述;缺点是随着分子的增大,处理则极其复杂[1]。相反,分子轨道法由于适应于电子计算机进行处理,故随着电子计算机的发展,对复杂分子的处理成为可能。

　　量子力学处理分子结构的基础是分子轨道法(molecular orbital theory),分子轨道由原子轨道(基函数)线性组合来近似,每一个电子是在所有的原子核以及其他电子所形成的平均场中运动,通过迭代,达到自洽。当有多个原子多个电子时,将遇到大量涉及两个电子和四个不同的原子轨道的多中心积分,严格计算这些积分的方法称为从头计算法[2~9]。由于所用的机时和存储量过大,实际上还必须进一步引入近似。量子力学方法以 3 个近似为出发点:①采用相对论的量子理论,即从 Schrödinger 方程出发;②使用 Born-Oppenheimer 近似,即将核运动和电子运动分离开来;③轨道近似,即单粒子函数的近似。

　　根据在 Hartree-Fock-Roothann 方程中求解的过程中是否采用经验参数,量子力学方法可分为从头计算法(*ab initio*)和半经验法(seim-empirical)两类。

　　煤是有机大分子和低分子化合物组成的混合体,其中应用量子化学研究煤有机大分子的化学反应机理和反应过程计算工作量非常之大,为了计算的方便,本书中在煤有机大分子的计算部分将煤中有机大分子进行简化,保留煤有机大分子的侧链基团,简化苯环骨架,从而大大简化了计算工作量,使得应用量子化学理论研究建立煤的自燃机理变为可能。

2.1　Schrödinger 方程及近似

　　量子化学计算的理论依据是 Schrödinger 方程[10~13]。要确定一个分子体系状态的电子结构,需要在非相对论近似下,求解定态 Schrödinger 方程。

$$\hat{H}\varphi = E\varphi \tag{2-1}$$

单电子体系,可以用"变数分离"方法精确求解 Schrödinger 方程,但对多电子的分子体系,由于第 i 个电子与其余电子间的排斥能取决于所有电子的坐标,使这种分离变为不可能。对第 i 个电子,可以假定一个单电子的分子轨道,并将它用现成的原子轨道线性展开(LCAO 近似)。这时,Schrödinger 方程由微分方程变成一个齐次线性的代数方程组。求解该方程组,即求各分子轨道能级及相应的分子轨道展开系数。具体过程是在给定的核坐标下,先猜测一组展开系数(极端情况均为 0),代入方程组得到一组新的系数,再代入方程组求解,周而复始,直到前后两组系数相同,称为"自洽场迭代"。然后用一种叫做"梯度"的方法,不断调整分子核坐标(每调整一次做一次自洽场迭代),直到找到极小点(能量最低的分子构型)或鞍点(过渡态)。在此理论框架基础上做一些简化或者改进,即得到各种不同的理论方法。展开分子轨道的原子轨道种类及多少不同,则形成大小不同的基组。

Hamilton 算符包含电子动能、核动能、电子间排斥能、电子与核吸引能和核间排斥能,分子波函数取决于电子与核的坐标[14],即

$$\left(-\sum_A \frac{1}{2m_A}\nabla_A^2 - \sum_p \frac{1}{2}\nabla_p^2 + \sum_{p<q}\frac{1}{r_{pq}} - \sum_A \sum_p \frac{Z_A}{r_{pA}} + \sum_{A<B}\frac{Z_A Z_B}{R_{AB}}\right)\Psi = E_T \Psi$$

$$\tag{2-2}$$

式中:Z、R 分别为核电荷、核间距;m 为核质量;r 为电子间距;等式左端括号内第 1、2 项分别为核动能、电子动能项,第 3 项为电子相互排斥能,第 4 项为核与电子间吸引能,第 5 项为核与核排斥能。

方程已采用原子单位,后 3 项可合并为 $V(R,r)$。

Born 和 Oppenheimer 根据电子运动速率比核运动速率高 3 个数量级,可将方程中一些项忽略,使其分离为电子运动和核运动两个近似方程:

$$-\frac{1}{2}\sum_p \nabla_p^2 \varphi + V(R,r)\varphi = E(R)\varphi \tag{2-3}$$

$$-\sum_A \frac{1}{m_A}\nabla_A^2 \phi + E(R)\phi = E_T \phi \tag{2-4}$$

式中:φ 为电子运动波函数;ϕ 为核运动波函数;$E(R)$ 既是核固定时体系的电子能量,又是核运动方程中的势能;E_T 为体系总能量。式(2-3)为固定核坐标时电子运动方程,式(2-4)是核运动方程。

体系波函数采用单电子轨道近似,n 个电子体系的总波函数 Ψ,可表达为 n 个单电子波函数的乘积

$$\Psi(1,2,\cdots,n) = \varphi_1(1)\varphi_2(2)\cdots\varphi_n(n) \tag{2-5}$$

体系采用中心势场,每个电子在核和 $(n-1)$ 个电子组成的平均势场中运动。分子

轨道从头计算是在非相对论近似、B-O 近似和单电子近似的基础上进行的。

2.2　分子轨道理论

量子化学计算中只有 H_2 用椭球坐标获得了 Schrödinger 方程的精确解,一般分子要获得体系状态的波函数与能量,都要做近似求解。最成功的近似解是 Hartree-Fock 自洽场方法(HF)。20 世纪 50 年代,在 HF 方程处理原子结构的基础上,Rothann 提出将分子轨道按某个基组集合展开,用有限展开项按一定精度逼近分子轨道。这样,对分子轨道的变分就转化为对展开系数的变分。HF 方程就从一组非线性的积分–微分方程转化为一组数目有限的代数方程,只需要迭代求解组合系数[15,16]。Hatree-Fock-Rothann 表示为

$$FC = \varepsilon SC \tag{2-6}$$

式中:S 为轨道重叠矩阵;C 为轨道组合数;ε 为能量本征值。

Fock 算符为

$$\hat{F} = \sum \hat{h}_i + \sum_{i<j} \hat{g}_{ij} \tag{2-7}$$

Fock 矩阵元表示为

$$F_{ij} = H_{ij}^c + 2J_{ij} - K_{ij} \tag{2-8}$$

对于闭壳层体系,可用单个 Slater 行列式表示多电子波函数

$$\varphi_0 = |\varphi_1\alpha\varphi_1\beta\varphi_2\alpha\varphi_2\beta\cdots\varphi_n\alpha\varphi_n\beta| \tag{2-9}$$

该函数为自旋算符 $\hat{S}^2$ 和 $\hat{S}_z$ 的本征函数,能量表达式为

$$E = 2i\sum H_{ii} + \sum_{ij}^{n}(2J_{ij} - K_{ij}) \tag{2-10}$$

开壳层体系,可用一个或多个 Slater 行列式来表示体系波函数,所对应方程为非限制 HF 方程。UHF 方程特点为 α、β 电子分开处理。

$$F^{(\alpha)}C^{(\alpha)} = \varepsilon^{(\alpha)}SC^{(\alpha)} \tag{2-11}$$

$$F^{(\beta)}C^{(\beta)} = \varepsilon^{(\beta)}SC^{(\beta)} \tag{2-12}$$

得到两组能级顺序排列的分子轨道波函数。UHF 函数不是自旋算符 $\hat{S}^2$ 的本征函数,会产生自旋污染。

应用分子轨道理论能够计算煤与氧分子发生化学反应时容易与氧发生化学反应的活性部位与活性点。

2.3　电子相关与多体微扰理论

在 Hartree-Fock 方法中,假设一个电子在原子核与其他电子形成的势场中独

立运动,这样只考虑了电子间平均的相互作用,但没考虑电子间的瞬时相关。由于 Pauli 不相容原理的限制,自旋平行的两个电子不可能在空间同一地点出现,因此电子并不是独立运动的,而是相互之间有一定的制约作用,称之为动态相关效应。从两个电子同时出现的概率来考虑电子相关。由于煤有机大分子中的原子之间的关系非常复杂,电子之间必然存在扰动。

2.3.1　电子相关能

可以从两个电子同时出现的概率的角度来考虑电子相关作用。设 $p_1(r_1)$ 是任一个电子在小 dr_1 出现的概率,$p_2(r_1,r_2)$ 是任何两个电子分别同时在 r_1 和 r_2 出现的概率。$[p_2(r_1,r_2)]/[p_1(r_1)]$ 是已知一个电子在 r_2 时,在 r_1 发现另一电子的概率。电子之间有 Coulomb 排斥力作用,所以 $[p_2(r_1,r_2)]/[p_1(r_1)] < p_1(r_2)$,函数 $F_{r_2}(r_1)=[p_2(r_1,r_2)]/[p_1(r_1)]-p_1(r_1)$ 为负值,$r_{12}=|\vec{r}_1-\vec{r}_2|$ 越小,$F_{r_2}(r_1)$ 值越负,表明环绕在 r_2 周围的相关孔存在。

单给态自洽场没有考虑电子相关,求得体系总能量比实际值高一点。相关能在体系总能量中所占为 0.5%。从总能量的相对误差来说,Hartree-Fock 方法是一个相当好的近似。但是化学和物理过程涉及的是能量差值,相关能的数值与一般化学反应的生成热、活化能等属于同一数量级,有时甚至大 1 个数量级。特别是电子激发、反应路径、分子离解等化学中非常重要的过程,有时连定性的结论也不正确,因此有必要研究电子相关能校正的计算方法。多体微扰理论和组态相互作用理论是两种重要的方法。

2.3.2　组态相互作用理论

量子化学研究范围从平衡态附近的稳定分子拓宽研究自由基、过渡态、离子激发态时,用 Hartree-Fock 近似描述分子体系电子结构有很多缺点。HF 能量算符包含了电子间的平均势能,忽略了电子运动间的部分相关。组态相互作用(CI)是最早提出的计算电子相关能的方法之一[17~22]。从一组 Fock 空间完备的单电子基函数出发,可造出一个完备的行列式函数集合 $\{\varphi_k(x)\}$,其任意单变量函数展开式为

$$\Psi(x_1) = \sum_k C_k \varphi_k(x_1) \qquad (2-13)$$

对于两个变量的函数 $\Psi(x_1,x_2)$,可以先把 x_2 当作参数,先对 x_1 展开,展开系数 C_k 是 x_2 的函数,然后再对 x_2 展开。

$$\Psi(x_1,x_2) = \sum_{k_1} C_{k_1}(x_2)\varphi_{k_1}(x_1) = \sum C_{k_1,k_2}\varphi_{k_1}(x_1)\varphi_{k_2}(x_2) \qquad (2-14)$$

n 个变量的 $\Psi(x_1,x_2,\cdots,x_n)$ 可展开为

$$\Psi(x_1, x_2, \cdots, x_n) = \sum_{k_1, k_2, \cdots, k_n} C_{k_1, k_2, \cdots, k_n} \varphi_{k_1}(x_1) \varphi_{k_2}(x_2) \cdots \varphi_{k_n}(x_n) \qquad (2-15)$$

因为 $\Psi(x_1, x_2, \cdots, x_n)$ 是多电子函数,费米子体系必须满足在反对称置换算符 Ω 作用下函数不变

$$\Omega\Psi = \frac{1}{N!} \sum (-1)^P \hat{P}\Psi = \Psi \qquad (2-16)$$

则有

$$\Psi = \frac{1}{N!} \sum (-1)^P \sum_{k_1, k_2, \cdots, k_n} C_{k_1, k_2, \cdots, k_n} \hat{P}\varphi_{k_1}(x_1) \varphi_{k_2}(x_2) \cdots \varphi_{k_n}(x_n) \qquad (2-17)$$

式中: $\sum (-1)^P \sum_{k_1, k_2, \cdots, k_n} C_{k_1, k_2, \cdots, k_n} \hat{P}\varphi_{k_1}(x_1) \varphi_{k_2}(x_2) \cdots \varphi_{k_n}(x_n)$ 又可表示为行列式形式 $\det\{\varphi_{k_1}(x_1) \varphi_{k_2}(x_2) \cdots \varphi_{k_n}(x_n)\}$。

$$\Psi = \frac{1}{N!} \sum_{k_1, k_2, \cdots, k_n} C_{k_1, k_2, \cdots, k_n} \det\varphi_{k_1}(x_1) \varphi_{k_2}(x_2) \cdots \varphi_{k_n}(x_n) \qquad (2-18)$$

令

$$C_k = (N!)^{1/2} C_{k_1, k_2, \cdots, k_n}$$
$$\Phi = (N!)^{1/2} \det\{\varphi_{k_1}(x_1) \varphi_{k_2}(x_2) \cdots \varphi_{k_n}(x_n)\}$$
$$\Psi = \sum_k C_k \Phi_k$$

$\{\varphi_k(x)\}$ 为轨道空间,$\{\Phi_k\}$ 为组态空间。在组态的相互作用中,将多电子波函数近似展开为有限个行列式的线性组合,经过线性变分,CI 波函数可按激发等级对应 SCF 参考组态。

$$|\Psi\rangle = C_0 |\Phi_0\rangle + \sum_{i,a} C_i^a |\Phi_i^a\rangle + \sum_{j,i,a,b} C_{ij}^{ab} |\Phi_{ij}^{ab}\rangle + \sum_{abc,ijk} C_{ijk}^{abc} |\Phi_{ijk}^{abc}\rangle + \cdots$$

$$(2-19)$$

式中: $|\Phi_i^a\rangle$ 为行列式中 $|\Phi_0\rangle$ 的空间 i 轨道,自旋 α 轨道被替换。

2.4　密度泛函理论

从 20 世纪 60 年代密度函数理论(DFT)提出,并在局域密度近似(LDA)下导出著名的 Kohn-Sham 方程以来,DFT 已成为凝聚态物理领域电子结构计算的有力工具[23~30]。近年来,在量子化学计算领域,据 INSPEC 数据库的记录显示,直至80 年代末,分子轨道 HF 方法一直占主导地位。90 年代中期,DFT 与 HF 方法的论文数已并驾齐驱。以后的 DFT 的工作按指数级数增加,目前已超过 HF 方法的研究工作。1998 年,Kohn 由于 DFT 的开创性工作与 Pople 共同获得诺贝尔化学奖。

DFT 提供了第一性原理或从头计算框架,用以解决原子、分子中许多问题,可以成功解决电离势的计算、振动光谱的研究、催化活性位的选择、生物分子的电子结构等方面的问题。

2.4.1 Kohn-Sham 方程

一个多电子体系基态能量可从能量泛函极小化得到

$$E[\rho] = \int \rho(r)\upsilon(r)\,\mathrm{d}r + F[\rho] \qquad (2-20)$$

其中:

$$F[\rho] = T[\rho] + V_{ee}[\rho] \qquad (2-21)$$

Thomas-Fermi 和相关模型采用直接近似,建立了 $T[\rho]$ 和 $V_{ee}[\rho]$ 的近似形式,整修方程仅包含电子密度,模型对提高精确度非常困难。Kohn 和 Sham(1956 年)抛弃了动能函数 $T[\rho]$ 的直接近似,采用以下方法使密度函数理论成为精确的计算工具。其表达式为

$$T = \sum_i^N n_i \left\langle \varphi_i \left| -\frac{1}{2}\nabla^2 \right| \varphi_i \right\rangle \qquad (2-22)$$

式中:φ_i 为自然自旋轨道;n_i 为轨道占据数,$0 \leqslant n_i \leqslant 1$;$T$ 为总电子密度的函数。

$$\rho(r) = \sum_i^N n_i \sum_s |\varphi_i(r,s)|^2 \qquad (2-23)$$

对于任意一个相互作用体系,式(2-23)是一个有限项,对前 N 个轨道 $n_i = 1$,对其余的轨道 $n_i = 0$。

Kohn 和 Sham 引入一个非相互作用体系,其哈密顿

$$\hat{H}_s = \sum_i^N \left(-\frac{1}{2}\nabla_i^2 \right) + \sum_i^N U_s(r_i) \qquad (2-24)$$

这里没有电子-电子排斥项,基态电子密度用精确的 ρ,体系可用基态波函数行列式表示

$$\varphi_s = \frac{1}{\sqrt{N!}}\det|\varphi_1\varphi_2\cdots\varphi_n| \qquad (2-25)$$

φ_i 是单电子哈密顿 $\hat{h}_s$ 的第 N 个最低本征态

$$\hat{h} = \left[-\frac{1}{2}\nabla^2 + U_s(r) \right]\varphi_i = \varepsilon_i\varphi_i \qquad (2-26)$$

动能为

$$T_s[\rho] = \left\langle \varphi_s \left| \sum_1^N \left(-\frac{1}{2}\nabla_i^2 \right) \right| \varphi_s \right\rangle \qquad (2-27)$$

　　Kohn 和 Sham 提出在一个密度为 $\rho(r)$ 的非相互作用体系基态，$F(\rho)$ 可用式 (2-28) 表示

$$F[\rho] = T_s[\rho] + J[\rho] + E_{xc}[\rho] \tag{2-28}$$

式中：$T_s[\rho]$ 为精确的动能的分量；$E_{xc}[\rho]$ 为交换相关。

$$E_{xc}[\rho] \equiv T[\rho] - T_s[\rho] + V_{ee}[\rho] - J[\rho] \tag{2-29}$$

式 (2-29) 包含 $T[\rho]$ 与 $T_s[\rho]$ 之间的差，及非经典的 $V_{ee}[\rho]$。

　　电子密度满足 Euler 方程

$$\mu = V_{eff}(r) + \frac{\delta T_s[\rho]}{\rho(r)} \tag{2-30}$$

式中：μ 为 Lagrange 乘积因子，与 $\int \rho(r)\mathrm{d}r = N$ 相关联。

　　K-S 有效势定义为

$$V_{eff}(r) = V(r) + \frac{\delta J[\rho]}{\delta \rho(r)} + \frac{\delta E_{xc}[\rho]}{\delta \rho(r)} = V(r) + \int \frac{\rho(r')}{|r - r'|}\mathrm{d}r' + V_{xc}(r) \tag{2-31}$$

交换相关势

$$V_{xc}(r) = \frac{\delta E_{xc}[\rho]}{\delta \rho(r)} \tag{2-32}$$

式 (2-30) 是电子间无相互作用体系在外部势 $U_s(r) = V_{eff}(r)$ 作用下的运动方程，并根据传统的密度函数理论获得的。所以对给定的 $V_{eff}(r)$，满足式 (2-30) 的 $\rho(r)$ 可以通过解 N 个电子方程获得。

$$\left[-\frac{1}{2}\nabla^2 + V_{eff}(r) \right]\varphi_i = \varepsilon_i \varphi_i \tag{2-33}$$

$$\rho(r) = \sum_i^N \sum_s |\varphi_i(r,s)|^2 \tag{2-34}$$

式中：V_{eff} 通过式 (2-30) 依赖于 $\rho(r)$，式 (2-31)、式 (2-33)、式 (2-34) 需用自洽方法求解。首选设定一个初始猜测的 $\rho(r)$，根据式 (2-31) 建立 V_{eff}。然后从式 (2-33) 解出新的 $\rho(r)$。如此循环下去直至自洽。

　　体系的总能量可用式 (2-35) 表示

$$E = \sum_i^N \varepsilon_i - \frac{1}{2}\iint \frac{\rho(r)\rho(r')}{|r - r'|}\mathrm{d}r\mathrm{d}r' + E_{xc}[\rho] - \int V_{xc}(r)\rho(r)\mathrm{d}r \tag{2-35}$$

式 (2-31)～式 (2-34) 就是著名的 Kohn-Sham(K-S) 方程。

2.4.2　Hohenberg-Kohn 变分

Kohn-Sham 轨道引入对 Hohenberg-Kohn 变分的影响，能量公式可写为

$$E[\rho] = T_s[\rho] + J[\rho] + E_{xx}[\rho] + \int V(r)\rho(r)\,dr$$

$$= \sum_i^N \sum_s \int \varphi_i^*(x)\left(-\frac{1}{2}\right)\varphi_i(x)\,dr + J[\rho]E_{xx}[\rho] + \int V(r)\rho(r)\,dr \qquad (2-36)$$

电荷密度为

$$\rho(r) = \sum_i^N \sum_s \mid \varphi_i(r,s) \mid^2$$

式（2-36）为 N 轨道的能量表示式。

若 N 轨道在空间是有限、连续、平方可积且归一的函数，ρ 覆盖 N 轨道密度和 $E[\rho]$ 所定义的领域。即 $E[\rho]$ 的极小变分在轨道空间的 $\{\varphi_i\}$ 等价有效。

建立一个正交的轨道空间 $\{\varphi_i\}$

$$\int \varphi_i^*(x)\varphi_j(x)\,dx = \delta_{ij} \qquad (2-37)$$

定义 N 轨道函数

$$\Omega[\{\varphi_i\}] = E[\rho] - \sum_i^N \sum_j^N \varepsilon_{ij} \int \varphi_i^* \varphi_j\,dx \qquad (2-38)$$

式中：$E[\rho]$ 为 φ_i 的函数；ε_{ij} 为正交条件的 Lagrange 因子。$E[\rho]$ 极小，需 $\delta\Omega[\{\varphi_i\}]=0$

$$\hat{h}_{eff}\varphi_i = \left[-\frac{1}{2}\nabla^2 + V_{eff}\right]\varphi_i = \sum_j^N \varepsilon_{ij}\varphi_i \qquad (2-39)$$

式中 $\hat{h}$ 为能量单电子算符；V_{eff} 为定域算符；ε_{ij} 为厄米矩阵，轨道变化后可对角化。

K 要 S 轨道方程的正则形式为

$$\left(-\frac{1}{2}\nabla^2 + V_{eff}\right)\varphi_i = \varepsilon_i\varphi_i \qquad (2-40)$$

$$V_{eff} = V(r) + \int \frac{\rho(r)}{\mid r-r' \mid}\,dr' + V_{xx}(r) \qquad (2-41)$$

式（2-39）与式（2-36）中 φ_i 可以不同，这些方程是非线性方程，需用迭代方式求解，总可从式（2-36）或式（2-41）获得

$$E = \sum_i^N \varepsilon_i - \frac{1}{2}\int \frac{\rho(r)\rho(r')}{\mid r-r' \mid}\,dr\,dr' + E_{xx}[\rho] - \int V_{xx}(r)\rho(r)\,dr \qquad (2-42)$$

其中

$$\sum_i^N \varepsilon_i = \sum_i^N \left\langle \varphi_i \left| -\frac{1}{2}\nabla^2 + V_{eff}(r) \right| \varphi_i \right\rangle = T_s[\rho] + \int V_{eff}(r)\rho(r)\,dr$$

$$(2-43)$$

与 HF 方程一样，总能不是轨道能量之和。

K-S 方程通过引入 N 轨道，使动能 $T[\rho]$ 的主要部分求解不直接但是精确。

在 Thomas-Fermi 模型中 $T[\rho]$ 只对应一个方程,现在是 N 个方程,$E_x[\rho]$ 部分仍保持不变,除了包含定域势 V_{eff},K-S 方程与 HF 方程有相同形式,不同的是 K-S 方程侧重电子的相关交换效应。K-S 方程开辟了一条途径,只要成功获得 $E_x[\rho]$ 近似,就可以准确得到电荷密度 ρ 与能量。

2.4.3　Lee-Yang Parr 的局域密度近似(LDA)

1987 年,Yang 等在电荷密度与 Kohn-Sham 定域势之间建立了一种关系,

$$\rho(r) = \rho[\mu - V_{eff}(r); r] \tag{2-44}$$

即密度 $\rho(r)$ 是 $\mu - V_{eff}(r)$ 的函数。从 Thomas-Fermi 模型得

$$\rho_{TF}(r) = \left\{ \frac{3}{5C_F}[\mu - V_{eff}(r)] \right\}^{3/2} \tag{2-45}$$

先考虑自旋平衡即闭壳层的原子和分子体系,在 Kohn-sham 图像,基态电子密度是空间轨道密度之和,并可表示为 Kohn-Sham 单电子约化密度的对角元

$$\rho(r, r') = 2\sum_i^{N/2} \phi_i(r)\phi_i^*(r') = 2\sum_i^{\infty} \phi_i(r)\phi_i^*(r')\eta(\varepsilon_F - \varepsilon_i) = 2\langle r | \eta(\varepsilon_F - \hat{h}_{eff}) | r' \rangle$$

$$\tag{2-46}$$

式中:2 为轨道中电子的占据数;$\eta(x)$ 为 Heaviside 阶梯函数;ε_i 与 φ_i 分别为 Kohn-sham 哈密顿 $\hat{h}_{eff}$ 的本征值与本征函数;ε_F 为 Fermi 能级。

运用梯度法则

$$\rho(r, r) = \frac{2}{2\pi i} \int_{r-i\infty}^{r+i\infty} \frac{d\beta}{\beta} \exp(\beta\varepsilon_F) G(r, r'; \beta) \quad r > 0 \tag{2-47}$$

其中 Green 函数定义为

$$G(r, r'; \beta) = \langle r | \exp(-\beta\hat{h}_{eff}) | r' \rangle = \sum_i^{\infty} \phi_i(r)\phi_i^*(r') e^{-\beta r_i} \tag{2-48}$$

用路径积分表示为

$$G = \int dr_1 \cdots dr_{q-1} \prod_{j=0}^{q-1} \langle r_{j+1} | \exp(-\beta\hat{h}_{eff})/q | r_j \rangle \tag{2-49}$$

式中:$r_0 = r'$;$r_q = r$,q 是大于 1 的正整数。

低阶的近似可写成为

$$\langle r_{j+1} | \exp(-\beta\hat{h}_{eff}/q) | r_j \rangle = G_1(r_{j+1}; r_j; \beta/g) + O(\beta/g)^2 \tag{2-50}$$

$O(x)^n$ 表示 $\geq n$ 的项,G_1 即 G 函数的一级近似

$$G_1(r_{j+1}, r_j; \beta/q) = \left(\frac{mq}{2\pi\beta\hbar^2} \right)^{3/2} \exp\left[-\frac{mq}{2\beta\hbar^2}(r_{j+1} - r_j)^2 - \frac{\beta}{q}\mu(r_{j+1}, r_j) \right]$$

$$\tag{2-51}$$

其中

$$\mu(r_{j+1}, r_j) = \int_0^1 V_{eff}[r_j + (r_{j+1} - r_j)\tau]d\tau \tag{2-52}$$

q 阶近似

$$G_q(r, r'; \beta) = \left(\frac{mq}{2\pi\beta\hbar^2}\right)^{3q/2} \int \cdots \int \exp\left[-\frac{mq}{2\beta\hbar^2}\sum_0^{q-1}(r_{j+1}r_j)^2 - \frac{\beta}{q}\sum_{j=0}^{q-1}\mu(r_{j+1}, r_j)\right]dr_1 \cdots dr_{q-1} \tag{2-53}$$

变换 G_q 函数并代入 ρ 得

$$\rho_q = (r, r') = 2\int \cdots \int \left[\frac{qk_q}{2\pi l_q}\right]^{3q/2} J_{3q/2}(k_q l_q)\eta(k_q^2)dr_1 \cdots dr_{q-1} \tag{2-54}$$

其中

$$k_q^2 = \frac{2m}{\hbar^2}\left[\varepsilon_F - \frac{1}{q}\sum_{j=0}^{q-1}\mu(r_{r+1}, r_j)\right] \tag{2-55}$$

$$l_q^2 = q\sum_{j=0}^{q-1}(r_{j+1} - r_j)^2 \tag{2-56}$$

2.5 振动频率的计算

作为分子势能面的一种表征方法,振动频率扮演着十分重要的角色。首先,振动频率可以被用来确定势能面上的稳定点,即可以区分全部为正频率的局域极小点(local minima)或存在一个虚频的鞍点;其次,振动频率可以确认稳定的但又有高的反应活性或者寿命短的分子;最后,计算得到的振动频率按统计力学方法给出稳定分子的热力学性质,如被实验化学家们广泛使用的熵、焓、平衡态同位素效应以及零点振动能估测等。

分子的振动涉及由化学键连接的原子间相对位置的移动。假定 Born-Oppenheimer 原理是正确的,可把电子运动与核运动分离开来考虑。由于分子内化学键的作用,使得各原子核处于能量最低的平衡构型并在其平衡位置附近以很小的振幅作振动,可把振动与运动尺度相对较大的平动和转动分离开来,从而核运动波函数近似分离为平动、转动和振动 3 个部分[31]。

Schrödinger 方程可通过 Born-Oppenheiman 近似,将电子运动与核运动分离,对一个分子来说,电子运动方程得到的电子能量 $E_e(R_e)$,加上核排斥能,则为电子能量 U_e。

$$U_e = E_e(R_e) + \frac{Z_a Z_b e^2}{R^2} \tag{2-57}$$

体系的总能量 E_T 包括电子能量 U_e、振动能量 E_{vib}、转动能量 E_{rot} 和平动能量

E_{trans} 之和

$$E_{T} = U_{e} + E_{vib} + E_{rot} + E_{trans} \qquad (2-58)$$

2.5.1　转动能量

双原子分子转动时,经典处理将分子近似为刚体,转动能为

$$E_{rot} = J(J+1)\frac{h^2}{8\pi^2 i} \qquad (2-59)$$

式中:J 为转动量子数;I 为转动惯量。

$$I = m_1 r_1^2 + m_2 r_2^2 \qquad (2-60)$$

对多原子分子转动惯量可用以下矩阵表示

$$I = \begin{bmatrix} \sum_i m_i(y_i^2+z_i^2) & -\sum_i m_i x_i y_i & -\sum_i m_i x_i z_i \\ -\sum_i m_i x_i y_i & \sum_i m_i(x_i^2+z_i^2) & -\sum_i m_i y_i z_i \\ -\sum_i m_i x_i z_i & -\sum_i m_i y_i z_i & \sum_i m_i(x_i^2+y_i^2) \end{bmatrix} \qquad (2-61)$$

分子光谱中的跃迁,不论是转动还是振动,都是大量粒子的统计行,对一个含大量粒子体系,用以下的配分函数表示状态

$$Q_{rot} = \frac{\sqrt{\pi}}{\sigma}\left(\frac{8\pi^2 k_B T}{h^2}\right)^{3/2}\sqrt{I_1 I_2 I_3} \qquad (2-62)$$

式中:I_i 为惯量 3 个分量;σ 为对称性指标,数值等于分子对称点群纯转子群的群阶。

2.5.2　振动能量及量子化处理

分子振动在很长一段时间内都是用经典力学处理,含 N 个核的分子有 $3N$ 个坐标,其中 3 个坐标与分子的质心平动和转动有关,$3N-6$ 个坐标与振动有关。当体系用质量坐标表示 $q_i = \sqrt{m_i x_i}$,在平衡位置振动的动能为

$$T = \frac{1}{2}i = 1\sum_{i=1}^{3N} q_i^2 \qquad (2-63)$$

振动势能按 Taylor 级数展开

$$V = V_e + \sum\left(\frac{\partial V}{\partial q_i}\right)_e q_i + \frac{1}{2}\sum_{i,j}\left(\frac{\partial^2 V}{\partial q_j q_i}\right)q_j q_i + \frac{1}{6}\sum_{i,j,k}\left(\frac{\partial^3 V}{\partial q_i \partial q_j \partial q_k}\right)q_i q_j q_k + \cdots i$$

$$(2-64)$$

在平衡附近 $\left(\dfrac{\partial V}{\partial q_i}\right)_e = 0$,并忽略二次项以上高次项

$$V = V_e + \frac{1}{2} \sum_{i,k} \left(\frac{\partial^2 V}{\partial q_i \partial q_k} \right) = V_e + \frac{1}{2} k q^2 \qquad (2-65)$$

其中

$$k = \sum_{i,j} \left(\frac{\partial^2 V}{\partial q_j q_i} \right) \qquad (2-66)$$

若将 V_e 取为零点,势能表达式与谐振无能无力相似 $V = \frac{1}{2} k x^2$。

对于双原子分子振动可得振动能量

$$E_{\text{vib}} = \left(n + \frac{1}{2} \right) h\nu \qquad (2-67)$$

$$\nu = \frac{1}{2\pi} \sqrt{\frac{k}{\mu}} \qquad (2-68)$$

双原子振动按谐振近似时,k 为力常数,ν 为振动频率,配位函数为

$$q_{\text{vib}} = \frac{\exp\left(-\dfrac{h\nu}{2 k_B T} \right)}{1 - \exp\left(-\dfrac{h\nu}{k_B T} \right)} \qquad (2-69)$$

振动的量子化学处理用算符代替经典力学中的动能、势能,可得到多原子的量子力学哈密顿

$$\hat{H} = \hat{T} + \hat{V} = \frac{1}{2} \sum_{k=1}^{3N-6} \hat{Q}_k^2 + \frac{1}{2} \sum_{k=1}^{3N-6} \lambda_k Q_k^2 = -\frac{\hbar^2}{2} \sum_{k=1}^{3N-6} \frac{\partial^2}{\partial Q_k^2} + \frac{1}{2} \sum_{k=1}^{3N-6} \lambda_k Q_k^2$$
$$(2-70)$$

振动哈密顿可写成每个振动能量的和

$$\hat{H}_{\text{vib}} = \sum_{k=1}^{3N-6} \hat{H}_k, \qquad \hat{H}_k = -\frac{\hbar^2}{2} \frac{\partial^2}{\partial Q_k^2} + \frac{1}{2} \lambda_k Q_k^2 \qquad (2-71)$$

由于每一加和项只包含一个坐标,振动的总波函数可用 φ_{vib} 表示,由于是大量的粒子统计行为,可用各振动配分函数的乘积

$$\varphi_{\text{vib}} = \prod_{k=1}^{3N-6} \varphi_k(Q_k) = \prod_{k=1}^{3N-6} \frac{\exp\left(-\dfrac{h\nu_k}{2 k_B T} \right)}{1 - \exp\left(-\dfrac{h\nu_k}{k_B T} \right)} \qquad (2-72)$$

$$E_{\text{vib}} = \sum_{k=1}^{3N-6} E_k \qquad (2-73)$$

每一个振动的哈密顿算符与一维谐子振动相同

$$E_k = \left(n_k + \frac{1}{2}\right)h\nu_k, \qquad (n_k = 1, 2, 3, \cdots) \tag{2-74}$$

体系振动零点能为

$$\frac{1}{2}\sum_{k=1}^{3N-6} h\nu_k \tag{2-75}$$

由于振动方式的数目很大，一些多原子分子的零点振动能比较大。

2.6　化学反应路径 IRC 近似

化学反应路径的测定已成为理论化学面临的重要挑战之一。早在 20 世纪 40 年代 Eyring 提出的反应速率理论与势能面上的特定点-过渡态相联系，为研究化学反应提供了理论工具。为了理论上获得反应速率，需要进行以下工作。计算原子坐标的势能函数；获得反应物、生成物、中间体、过渡态各点的构型与能量；确定连接相应稳定点和过渡态点间的反应路径；量子统计方法获得原子核沿反应重排的绝对速率。

通过量子化学从头计算，可 Born-Opperheimer 近似基础上的分子体系总能量-绝热势 V，用能量梯度法可获得各平衡点和过渡态点。IRC 近似主要是解决确定连接相应稳定点和过渡态点间的反应路径；量子统计方法获得原子核沿反应重排的绝对速率。

IRC 近似也称"内禀反应坐标"，是以经典力学为基础的。核从给定点以无限小速率运动，对于小的时间间隔，核速率由式（2-76）给定

$$M_a \dot{X}_a = -\frac{\partial V}{\partial X_a} + C \tag{2-76}$$

即

$t=0, \dot{X}=0, C$ 为常数。可得以下联立方程组

$$\frac{M_\partial \mathrm{d}X_a}{\dfrac{\partial V}{\partial X_a}} = \frac{M_\partial \mathrm{d}Y_a}{\dfrac{\partial V}{\partial Y_a}} = \frac{M_\partial \mathrm{d}Z_a}{\dfrac{\partial V}{\partial Z_a}} = \cdots \tag{2-77}$$

若采用质量加权笛卡尔坐标 $X_i (i=1, 2, \cdots, 3N)$

$$\sqrt{M_a} X_a = x_{3a-2}, \qquad \sqrt{M_a} Y_a = x_{3a-1}, \qquad \sqrt{M_a} Z_a = x_{3a} \tag{2-78}$$

联立方程变为

$$\frac{\mathrm{d}x_1}{\dfrac{\partial V}{\partial X_1}} = \frac{\mathrm{d}x_2}{\dfrac{\partial V}{\partial X_2}} = \cdots = \frac{\mathrm{d}x_{3N}}{\dfrac{\partial V}{\partial X_{3N}}} \tag{2-79}$$

式（2-79）从一个平衡点到达一个过渡态的方程解被称为内禀反应坐标，方程

被称为 IRC 方程,是确定反应途径的中心线的基本方程,因为 IRC 表示反应体系无振动、无转动的运动途径。IRC 方程除了 IRC 以外,还有无数个解,这些解通称为 IRC 亚集。

若用 ds 表示质量加权笛卡尔空间无限小距离

$$ds^2 = \sum_{i=1}^{3N} dX_i^2 = \sum_{i=1}^{3N} \left(\frac{\partial V}{\partial X_i}\right)^2 d\tau^2 \tag{2-80}$$

IRC 亚集与参数 τ 有以下关系

$$d\tau = \frac{ds}{dV/ds} \tag{2-81}$$

IRC 表示的是势能梯度 dV/ds 成为极值的途径。从这个意义上,从过渡态点下降的 IRC 可称为最陡下降途径。

式(2-79)构成的微分方程组,则说可以有无限多解。如果从过渡态出发,通过数值梯度计算,可得到沿 IRC 方向依次连接的一些点,便得到 IRC 所对应的特解[32,33]。

参 考 文 献

[1] 林梦海.量子化学计算方法与应用[M].北京:科学出版社,2004,5.

[2] Reed A E, Larry A. Curtiss and Frank Weinhold. Chem Rev,1988,88:899.

[3] Jensen F. Introduction to Computational Chemistry. JOHN WILEY & SONS, 1999,161.

[4] Almlöf J, Taylor P R. Adv Quantum Chem,1991,22:301.

[5] Jensen F. Introduction to Computational Chemistry. JOHN WILEY & SONS, 1999,229.

[6] Reed A E, Weinhold F. J Chem Phys,1983,78(6):4061.

[7] Reed A E, Weinstock R B, Weinhold F. J Chem Phys, 1985, 83(2): 735.

[8] Carpenter J E, Weinhold F. J Mol Struct(Theochem), 1988, 169: 41.

[9] Bader R F W. Atoms in Molecules A Quantum Theory. Oxford: Oxford University Press, 1990.

[10] Bader R F W. Chem Rev, 1991. 91: 893~928.

[11] Pople J A, Head-Gordon M, Raghavachari K. J Chem Phys, 1987, 87: 5968.

[12] Cutiss L A, Raghavachari K, Redfern P C, Rassolov V, Pople J A. J Chem Phys, 1998, 109: 7764.

[13] 王宝俊,张玉贵,秦育红,谢克昌. 量子化学计算方法在煤反应性研究中的应用[J]. 煤炭转化,2003,1 (26):1~7.

[14] 徐光宪, 黎乐民. 王德民. 量子化学基本原理和从头计算法. 北京:科学出版社, 1985.

[15] 刘靖疆.基础量子化学与应用[M].北京:高等教育出版社, 2004.

[16] Lowdin P O. Adv Chem Phys,1959, 2: 207.

[17] Pople J A, Seeger R, Krishnan R. Int J Quant Chem Symp, 1977,11: 149.

[18] Foresman J B, Head-Gordon M, Pople J A, Frisch M J. J Phys Chem, 1992, 96: 135.

[19] Krishnan R, Schlegel H B,Pople J A, J Chem Phys, 1980, 72:4654. 8. B. R. Brooks, Laidig W D, Saxe P, Goddard J D, Yamaguchi Y, Schaefer H F. J Chem Phys, 1980, 72: 4652.

[20] Salter E A, Trucks G W, Bartlett R J. J Chem Phys, 1989, 90:1752.

[21]　Raghavachari K, Pople J A. Int J Quant Chem, 1981, 20: 167.

[22]　Pople J A, Head-Gordon M, Raghavachari K. J Chem Phys, 1987, 87:5968.

[23]　Hohenberg P, Kohn W. Inhomogeneous Electron Gas. Phys Rev, 1964,136: B864.

[24]　Kohn W, Sham L J. Phys Rev, 1965, 140: A1133.

[25]　Slater J C. Quantum Theory of Molecular and Solids. Vol. 4. TheSelf-Consistent Field for Molecular and Solids New York: McGraw-Hill 1974.

[26]　Salahub D R, Zerner M C. The Challenge of d and f ElectronsACS: Washington, D. C. 1989.

[27]　Parr R G, Yang W. Density-functional theory of atoms and molecules. Oxford: Oxford Univ Press, 1989.

[28]　Pople J A, Gill P M W, Johnson B G. Chem Phys Lett, 1992, 199:557.

[29]　Johnson B G, Frisch M J, J Chem Phys, 1994, 100: 7429.

[30]　Labanowski J K, Andzelm J W. Density Functional Methods in Chemistry[M]. New York: Springer-Verlag,1991.

[31]　王正行. 量子力学原理[M]. 北京:北京大学出版社,2003.

[32]　Fukui K. Int J Quantum Chem, 1981, 15: 633.

[33]　Fukui K, Tachibana A, Yamashita K. Int J Quantum Chem, 1981, 15:621.

第3章 煤的分子结构

煤分子的化学结构是研究煤氧化自燃过程和煤自燃机理的基础。煤的化学结构是指在煤有机分子中,原子间相互连接的次序和方式,其中煤分子中的化学键和官能团在煤的自燃过程中起着极其重要的作用。

煤是植物残体堆积在泥炭沼泽中经过生物化学作用,然后被覆盖并经过地球化学作用形成的可燃有机岩石[1]。煤是一个复杂的有机大分子,具有复杂性、多样性和不均一性等特点。迄今为止尚无鉴定出构成煤的全部化合物,对煤化学结构的研究,还只限于定性认识其整体的统计平均结构,许多学者提出了各种煤的分子模型,但所有的模型都是依据实验的推测,没有经过计算化学的优化,所以只能说是一种假想的模型。

3.1 煤的化学结构模型

煤分子结构的研究方法可分为物理和化学研究方法[2]。其中物理方法有 X 射线衍射图谱分析、红外吸收光谱研究、核磁共振波谱研究、质谱研究、计算机断层扫描、电子透射、扫描显微镜、扫描隧道显微镜和原子力显微镜等。

(1)采用 X 射线的实验结果,根据布拉格方程式,可以推算出微晶的结构参数、芳香环层片的直径、芳香环层片的堆砌高度和芳香环层片间的距离。布拉格方程式为

$$L_a = \frac{K_1\lambda}{\beta_{(100)}\cos\theta_{(100)}} \tag{3-1}$$

$$L_c = \frac{K_2\lambda}{\beta_{(002)}\cos\theta_{(002)}} \tag{3-2}$$

$$d_{hkl} = \frac{\lambda}{2\sin\theta_{(hkl)}} \tag{3-3}$$

式中:L_a 为芳香环层片的直径;L_c 为芳香环层片的堆砌高度;d_{hkl} 为芳香环层片间的距离;λ 为 X 射线的波长;hkl 为晶面指数;θ_{hkl} 为 hkl 峰对应的布拉格角;β_{hkl} 为 hkl 纯衍射峰宽度;K_1,K_2 为微晶形状因子,$K_1 = 1.84$,$K_2 = 0.94$。

(2)通过核磁共振波谱研究,可以得出煤中氢的化学位移、芳碳原子数和总碳原子数的比。

（3）计算机断层扫描、核磁共振成像可以确定煤的孔隙结构。

（4）电子透射、扫描显微镜、扫描隧道显微镜和原子力显微镜可以确定煤的表面结构。

（5）质谱研究可以确定碳原子数分布、碳氢化合物的类型和相对分子质量等。

煤结构包括煤的化学结构和煤的物理结构两个方面的内容，多年来人们一直试图寻找统一的平均煤结构模型来研究煤的性质，指导煤的利用，因此相应产生了许多煤结构模型。从 20 世纪初开始研究煤的化学结构以来，提出的煤分子结构已有几十个，这些模型反映了当时对煤化学结构的观点和研究水平。煤化学结构的建立与煤结构的研究方法密切相关。各种模型只能代表统计不平均概念，而不能成为煤中真实存在的分子形式。

英国的 Given 在 20 世纪 60 年代提出了煤的结构模型[3]如图 3-1 所示，表示出低煤化度是由环数不多的缩合芳香环，主要由萘环构成。在环之间以氢化芳香环相互连接，构成无序的三维空间大分子。氮原子以杂环形式存在，有酚羟基和醌基。此模型没有含硫的结构，没有醚键和两个碳原子以上的直链桥键。

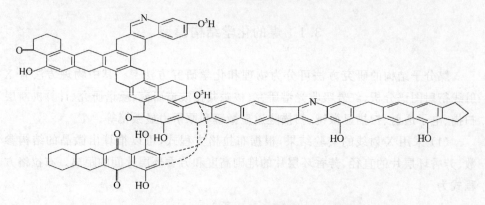

图 3-1　Given 提出的煤的结构模型(1960)

美国 Wiser 提出的煤化学结构模型[4]如图 3-2 所示。该模型对低煤化度的描述表示了煤大部分现代概念。该模型中煤分子中的氧、硫和氮以杂环形式存在。芳香环之间以脂芳桥键、醚键和硫醚键等弱键连接。芳香环边缘上有羟基和羧基。

Shinn 模型是 Shinn 在 1984 年根据煤在一、二段液化过程的产物分布提出来的，也称煤的反应结构模型[5]如图 3-3 所示。

煤的化学结构模型仅能表达煤分子的化学组成与结构，但未能涉及煤的物理结构和分子间的联系。因此，研究者提出了煤的物理结构模型[6]。其中，以 Hirsch 模型和两相模型最具代表性。如图 3-4 所示的 Hirsch 模型将不同煤化度的

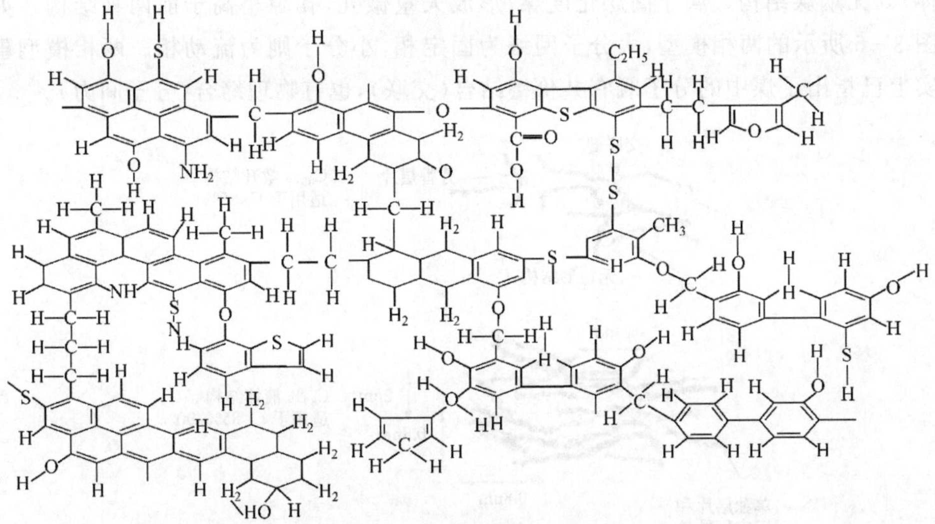

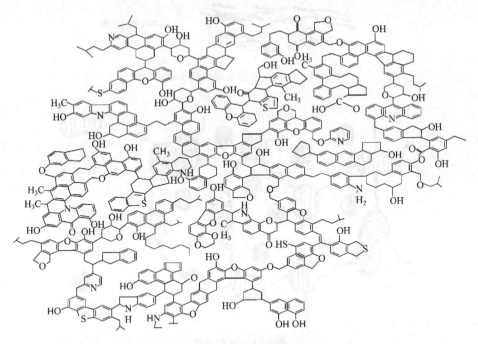

图 3 - 2　Wiser 提出的煤的化学结构模型(1975)

图 3 - 3　Shinn 提出的煤的化学结构模型(1984)

煤划归为 3 种物理结构：①敞开式结构。属于低煤化度,具有多孔的立体结构；②液体结构。属于中等煤化度,这种煤的孔隙小,机械强度低,热解时易形成胶质体;③无烟煤结构。属于高煤化度煤,形成大量微孔,孔隙率高于前两种结构。如图 3-5 所示的两相模型,大分子网络为固定相,小分子则为流动相。两相模型事实上已指出了煤中的分子既有共价键结合(交联),也有物理缔合(分子间力)。

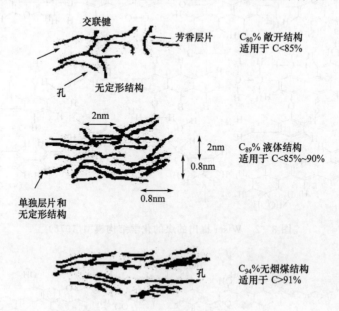

图 3-4　Hirsch 提出的煤的化学结构模型

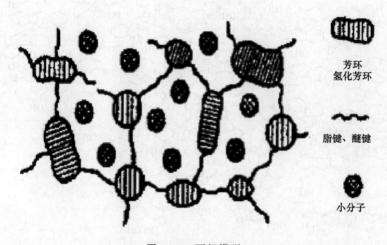

图 3-5　两相模型

由以上的分析可以看到,以往对煤结构的研究大都是基于热解和气化的模型,对于能够进行氧化自燃的化学反应模型还未见文献报道。因此本章将对能够进行量子化学计算的基于氧化自燃的结构进行研究,得出理想的结构模型。

3.2　煤结构的红外光谱研究

在红外区域出现的分子振动光谱,吸收峰的位置和强度取决于分子中各基团的振动形式和相邻基团的影响[7,8]。因此只要掌握了各种基团的振动频率,即吸收峰的位置,以及各吸收峰位置的移动规律,就可以从光谱解析中确定物质中存在的化合物和官能团。

分子同其他物质一样始终处于不停地运动之中。分子在空间自由移动需要的能量为移动能。沿重心轴转动的能量为转动能。两个以上原子连接在一起,它们之间的键如同弹簧一样振动,所需能量为振动能。分子在未受光照射之前,以上描述的诸能量均处于最低能级,称之为基态。当分子受到红外光的辐射,产生振动能级的跃迁,在振动时伴有偶极矩改变者就吸收红外光子,形成红外吸收光谱。若用单色的可见光照射(今采用激光,能量介于紫外光和红外光之间),入射光被样品散射,在入射光垂直面方向测到的散射光,构成拉曼光谱。

红外光谱根据不同的波数范围分为 3 个区,即近红外区、中红外区和远红外区。中红外区是红外光谱中应用最早和最广的一个区。该区吸收峰数据的收集、整理和归纳已经臻于相当完善的地步。由于 $4000 \sim 1000 cm^{-1}$ 区内的吸收峰为化合物中各个键的伸缩和弯曲振动,故为双原子构成的官能团的特征吸收峰。$1400 \sim 650 cm^{-1}$ 区的吸收峰大多是整个分子中多个原子间键的复杂振动,可以得到官能团周围环境的信息,用于化合物的鉴定。

分子中诸原子通过各类化学键连接为一个整体,当它受到光的辐射时,发生转动和振动能级的跃迁。双原子化合物如 A—B 的振动方式是 A 和 B 两个原子沿着键做节奏性伸和缩的运动。多原子组成的非线型分子的振动方式就更多。含有 n 个原子就得用 $3n$ 个坐标描述分子的自由度,其中 3 个为转动、3 个为移动、剩下 $3n-6$ 个为振动自由度。每一种振动理论上在红外光谱中都应该有其吸收峰,但是事实上只有在分子振动时有偶极矩的改变才会产生明显的吸收峰。

3.2.1　煤结构的红外光谱实验

本实验煤样的来源是从山西大同煤矿集团所属矿井井下采集了不同煤层和不同工作面的 29 种原煤样、神华集团神东公司的 13 种煤样、辽宁铁法煤业集团的 13 种煤样、黑龙江双鸭山矿区和鹤岗矿区的 13 种煤样。采样从井下采集后及时密封,防止氧化。将实验煤样在实验室研磨 250 目以下,真空干燥 24h,并存放在干燥容器中保存。

实验仪器采用德国生产的 TENSOR27 型傅里叶变换红外光谱仪。以 KBr 压片,样品与 KBr 的比率为 1∶180,作定量分析,累加扫描次数 32 次。

3.2.2　红外光谱谱图

由于篇幅的限制,本书只选取了其中的部分实验的红外光谱图。实验测得大同煤矿集团、神华集团神东公司、辽宁铁法煤业集团、黑龙江双鸭山和鹤岗所属矿区的红外光谱图如图 3-6～图 3-17 所示。

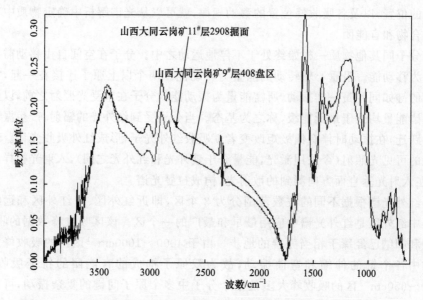

图 3-6　山西大同云岗矿 9# 层 408 盘区和 11# 层 2908 掘面煤样红外光谱图

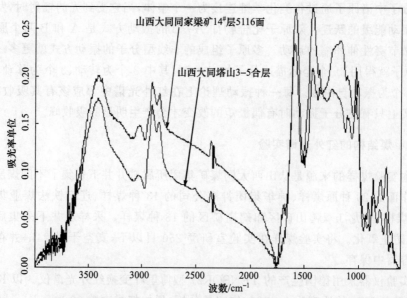

图 3-7　山西大同同家梁矿 14# 层 5116 面和山西大同塔山 3-5 合层煤样红外光谱图

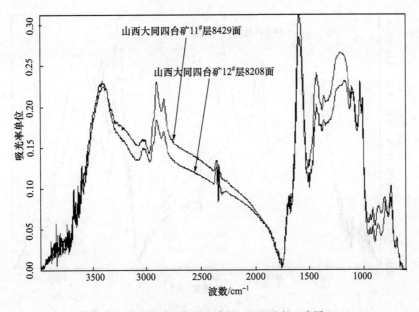

图 3-8　山西大同四台矿 11# 层 8429 面和 12# 层 8208
面煤样红外光谱图

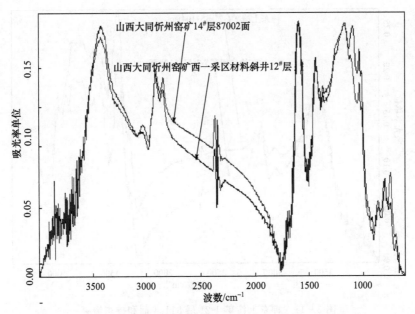

图 3-9　山西大同忻州窑矿 14# 层 87002 面和西—采区材
料斜井 12# 层掘面煤样红外光谱图

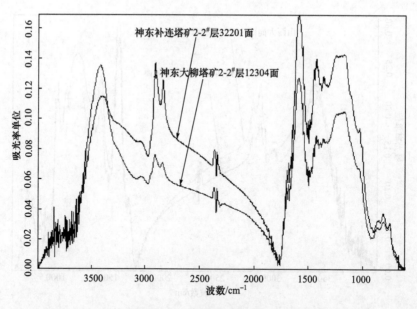

图 3-10　神东补连塔矿 2-2#层 32201 面和神东大柳塔矿 2-2#
层 12304 面煤样红外光谱图

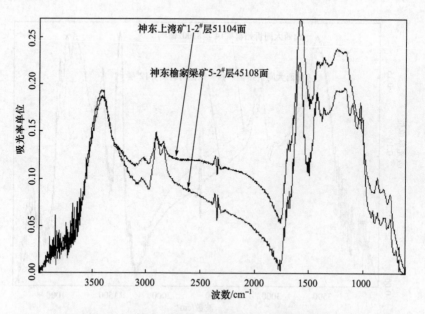

图 3-11　神东上湾矿 1-2#层 51104 面和神东榆家
梁矿 5-2#层 45108 面煤样红外光谱图

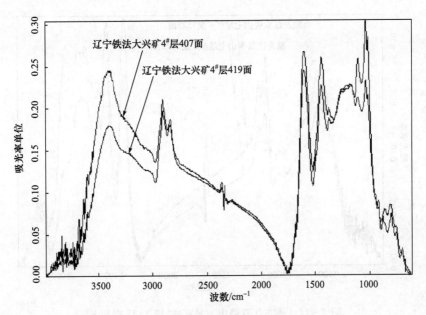

图 3-12　辽宁铁法大兴矿 4# 层 407 面和 4# 层 419 面
煤样红外光谱图

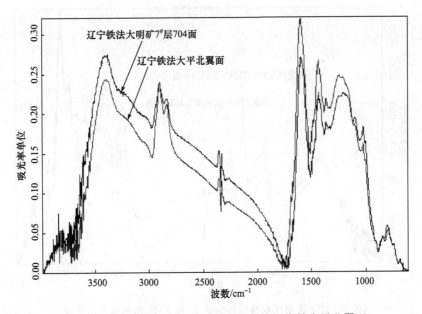

图 3-13　辽宁铁法大明矿 7# 层 704 面和辽宁铁大平北翼面
煤样红外光谱图

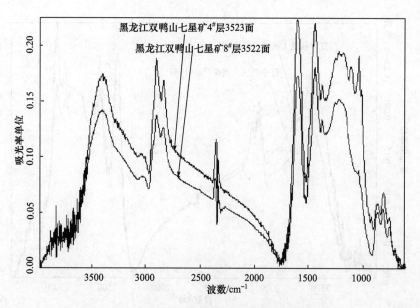

图 3 - 14　黑龙江双鸭山七星矿 4# 层 3523 面和 8#
层 3522 面煤样红外光谱图

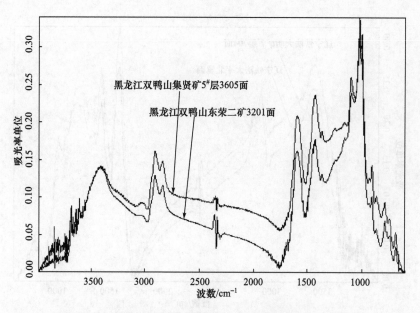

图 3 - 15　黑龙江双鸭山集贤矿 5# 层 3605 面和双鸭山东荣
二矿 3201 面煤样红外光谱图

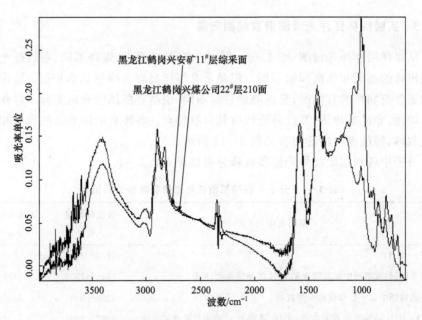

图 3-16　黑龙江鹤岗兴安矿 11# 层综采面和鹤岗兴煤公司 22# 层 210
面煤样红外光谱图

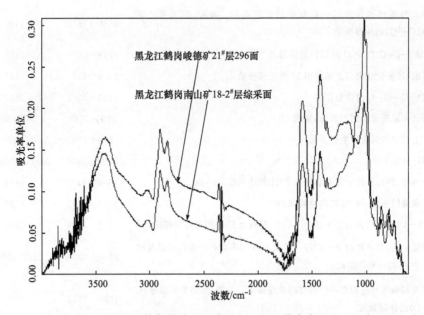

图 3-17　黑龙江鹤岗峻德矿 21# 层 296 面和鹤岗南山矿 18-2#
层综采面煤样红外光谱图

3.2.3　实验煤样红外光谱图谱官能团归属

从煤样的红外光谱图(图3-6~图3-17)可以看出,煤种不同,在红外光谱图表现出峰的高低和峰面积值不同。但是所有煤样显现的峰形基本相似。这说明所有的煤含有同样的官能团,显现峰的强弱不同,说明官能团数量的差异。煤作为一种不均性、非晶态物质,其红外光谱有其自身特点。各种官能团和结构都有相应特征吸收峰,特征吸收峰的归宿如图3-18所示。

分子中各种基团红外光谱吸收峰分析结果见表3-1。

表3-1　分子中各种基团红外光谱吸收峰分析结果

基团名称	吸收峰范围/cm^{-1}	吸收峰位置/cm^{-1}
羟基(—OH)	3700~3600	3691,3650,3621
苯酚基团、伯胺基团中氨基和羟基上H的伸缩振动,KBr	3606~3308	3419
苯环和烯烃中C═C双键的伸缩振动	3299~3097	3030
R—X—CH$_3$结构及芳香甲基中—CH$_3$基团上H的不对称伸缩振动	3097~2994	3040
芳香亚甲基、含氧环烷中—CH$_2$—基团上H的不对称伸缩振动以及甲基中H的对称伸缩振动	2994~2826	2916,2850
苯环及与苯环相连的C═C双键的伸缩振动。羧酸、酯类等中羰基(C═O)的伸缩振动	1680~1519	1590
—CH$_2$—、—CH$_3$中H的面内变形振动	1519~1359	1432
芳香醚、环氧化合物以及苯环中H的变形振动	1350~1125	1187
醚键中C—O—C的伸缩振动	1133~1061	1101
苯环骨架及所带基团的振动,杂质	1061~948	1028,1001
苯环上孤立的氢面外变形振动	948~878	903
羟基(—OH)	3700~3600	3691,3650,3621
苯酚基团、伯胺基团中氨基和羟基上H的伸缩振动,KBr	3606~3308	3419
苯环和烯烃中C═C双键的伸缩振动	3299~3097	3030
R—X—CH$_3$结构及芳香甲基中—CH$_3$基团上H的不对称伸缩振动	3097~2994	3040
芳香亚甲基、含氧环烷中—CH$_2$—基团上H的不对称伸缩振动以及甲基中H的对称伸缩振动	2994~2826	2916,2850
苯环及与苯环相连的C═C双键的伸缩振动。羧酸、酯类等中羰基(C═O)的伸缩振动	1680~1519	1590

实验煤样的红外光谱官能团归属如图 3 - 18 所示。

根据煤的 KBr 红外光谱的分析可知，煤中含有基团或化合物：羟基，苯酚，伯胺，苯环，含 C=C 双键基团，R—S—CH₃ 结构，芳香甲基，芳香亚甲基，羧酸，酯等含羰基(C=O)结构，芳香醚，环氧化合物等。

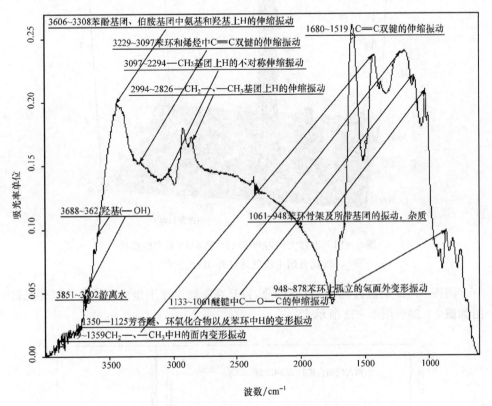

图 3 - 18　实验煤样的红外光谱官能团归属图

3.2.4　煤样氧化自燃生成气体红外光谱研究

应用型号为 SK-2.5-13T 管式电阻炉和 TEN SOR27 型傅里叶变换红外光谱仪联用的方法，分析山西大同、辽宁铁法、黑龙江双鸭山和鹤岗矿区的 55 个煤样在不同温度下煤燃烧生成气体的红外光谱图谱，采用傅里叶变换红外光谱仪分析确定不同煤样在氧化自燃过程中在不同温度下生成的气体。煤样在氧化自燃过程中生成气体的红外光谱 3D 图如图 3 - 19 所示。

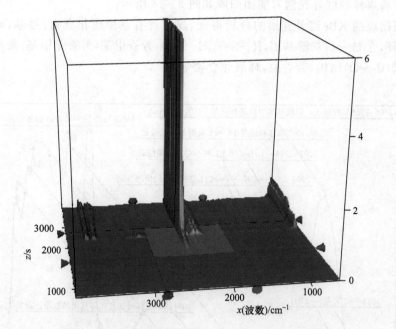

图 3-19　山西大同四台矿 11# 层 8429 面实验煤样
氧化自燃生成气体红外 3D 光谱图

　　将图 3-19 的红外光谱 3D 图拆分,得到在不同温度下生成的气体的红外光谱
图如图 3-20~图 3-22 所示。

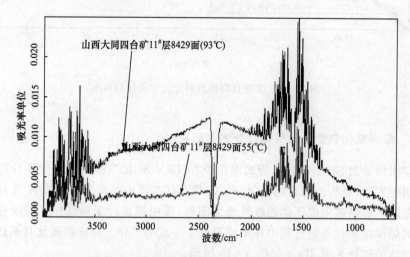

图 3-20　山西大同四台矿 11# 层 8429 面实验
煤样 93℃和 55℃生成气体红外光谱图

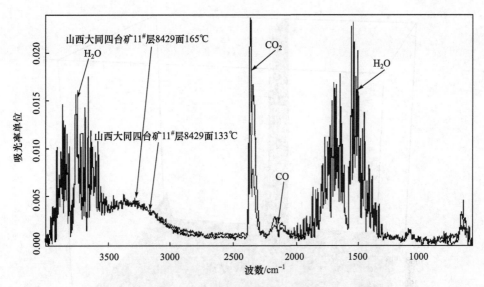

图 3-21　大同四台矿 11# 层 8429 面实验煤样 133℃和 165℃
生成气体红外光谱图

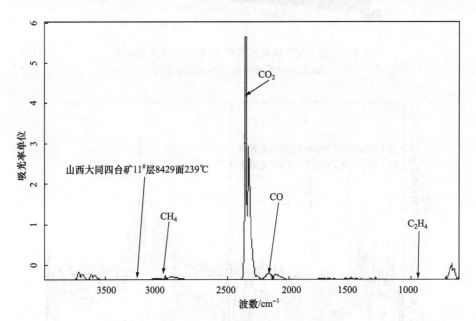

图 3-22　大同四台矿 11# 层 8429 面实验煤样 239℃
生成气体红外光谱图

将图 3-23 的红外光谱 3D 图拆分,得到在不同温度下生成的气体的红外光谱
图如图 3-24～图 3-26 所示。

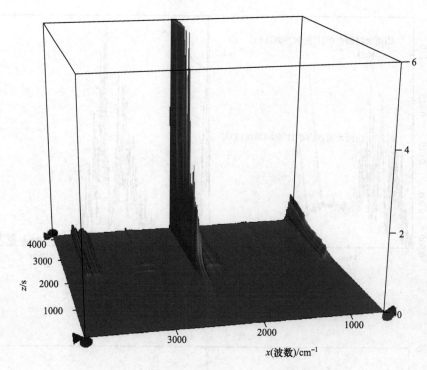

图 3 - 23　辽宁铁法大兴矿 4[#] 层 419 面实验煤样
氧化自燃生成气体红外 3D 光谱图

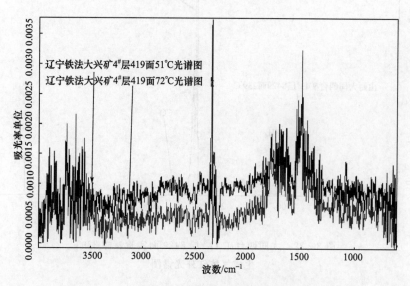

图 3 - 24　辽宁铁法大兴矿 4[#] 层 419 面实验煤样 51℃
和 72℃生成气体红外光谱图

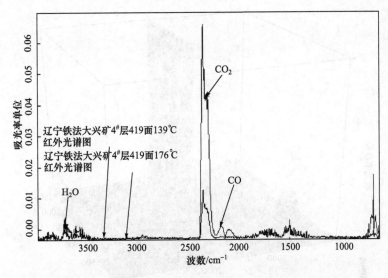

图 3-25 辽宁铁法大兴矿 4# 层 419 面实验煤样 139℃
和 176℃生成气体红外光谱图

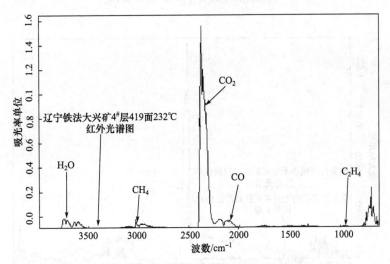

图 3-26 辽宁铁法大兴矿 4# 层 419 面实验煤样 232℃
生成气体红外光谱图

将图 3-27 的红外光谱 3D 图拆分,得到在不同温度下生成的气体的红外光谱
图如图 3-28~图 3-29 所示。

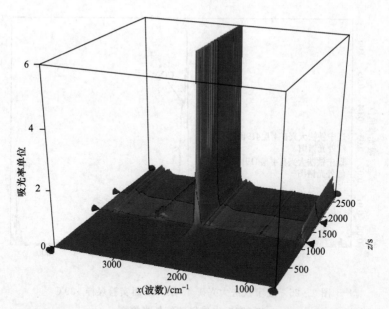

图 3-27　黑龙江双鸭山七星矿 8# 层 3522 面实验煤样
氧化自燃生成气体红外 3D 光谱图

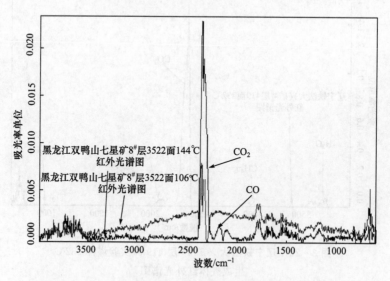

图 3-28　双鸭山七星矿 8# 层 3522 面实验煤样 106℃ 和 144℃
生成气体红外光谱图

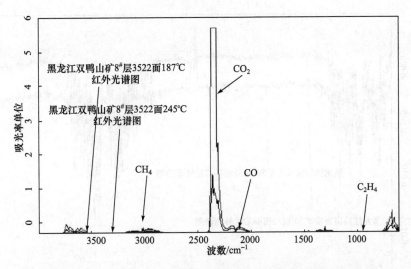

图 3-29　黑龙江双鸭山七星矿 8# 层 3522 面实验煤样 187℃和
245℃生成气体红外光谱图

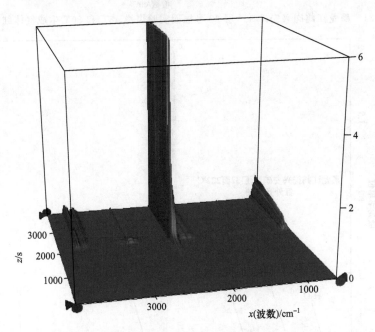

图 3-30　黑龙江鹤岗兴安矿 30# 层 32 号掘面实验煤样
氧化自燃生成气体红外 3D 光谱图

　　将图 3-30 的红外光谱 3D 图拆分得到在不同温度下生成的气体红外光谱图
如图 3-31～图 3-32 所示。

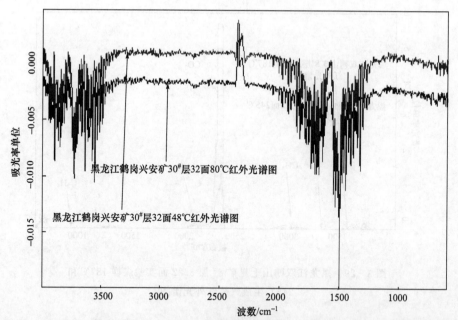

图 3-31　黑龙江鹤岗兴安矿 30# 层 32 号掘面实验煤样 48℃和 80℃生成气体红外光谱图

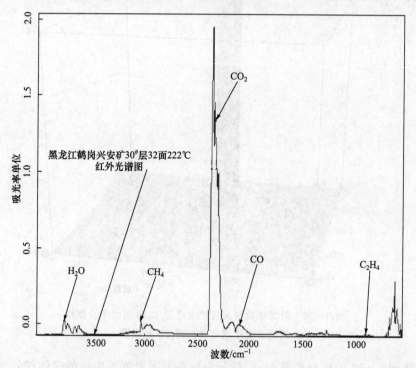

图 3-32　黑龙江鹤岗兴安矿 30# 层 32 号掘面实验煤样 222℃生成气体红外光谱图

分析拆分后的红外光谱图可以看出,不同的煤样在氧化自燃过程中生成各种气体的温度是不同的。煤氧化燃烧生成的气体产物有 H_2O、CO_2、CO、CH_4 和 C_2H_4 5 种生成物。在加热到 $30\sim100℃$ 时有水和 CO_2 析出,温度升至 $105\sim150℃$ 时,有 CO 生成,温度升至 $120\sim170℃$ 时,有 CH_4 和 C_2H_4 生成。在温度达到 $200\sim300℃$ 时,H_2O、CO_2、CO、CH_4 和 C_2H_4 出现强峰,但强峰出现后 CH_4 和 C_2H_4 由强变弱再变强,说明在温度低的时候生成的 CH_4 是由甲基支链生成的,C_2H_4 是由带乙烯基的侧链生成;当温度很高的时候,生成的 CH_4 和 C_2H_4 是由芳香环烃和环烷烃断裂生成的。

根据傅里叶变换红外光谱仪实验测定煤样在氧化自燃过程中的不同温度下生成的气体,生成气体红外光谱图峰值的大小与气体浓度成正比。实验煤样在不同温度下生成气体红外光谱图峰值的强弱见表 3-2。

表 3-2　实验煤样气体红外光谱图峰值强弱表

矿名	采样地点	出现 CO 温度/℃		出现 C_2H_4、CH_4 温度/℃	
		显现峰	强峰	显现峰	强峰
山西大同云岗矿	9#层,408 盘区	130	223	185	233
	7#层,87104 面	140	211	171	211
	8#层,51119	132	216	191	216
	12#层,8804 面	137	236	205	236
山西大同四台矿	12#层,8208 面	153	207	186	207
	11#层,8429 面	133	222	199	222
山西大同塔山矿	3-5 合层,皮带道	162	240	194	240
山西大同忻州窑矿	14#层,8702-2 面	141	234	210	234
	9#层,材料斜井	138	249	214	249
山西大同晋华宫矿	11#层,2502 面	151	224	208	224
	10#层,811 面	110	257	202	257
山西大同永定庄矿	11#层,317-1 面	112	221	186	221
山西大同燕子山矿	14#层,2921 面	133	202	172	202
山西大同马脊梁	11#层,317-1 面	122	225	176	225
辽宁铁法大兴矿	4#层,407 面	120	313	202	313
	4#层,419 面	116	223	186	223
辽宁铁法大隆矿	7#层,703 面	115	311	178	311
	9#层,901 面	106	295	195	295

续表

矿名	采样地点	出现 CO 温度/℃		出现 C_2H_4、CH_4 温度/℃	
		显现峰	强峰	显现峰	强峰
辽宁铁法小青矿	7# 层,705 面	115	311	167	311
	7# 层,S2705 面	121	242	154	242
辽宁铁法晓南矿	7# 层,706 面	133	237	197	237
	7# 层,708 面	116	236	184	236
辽宁阜新五龙矿	太上层,3321 面	121	204	155	204
辽宁阜新清河门矿	801 面	115	246	126	246
辽宁阜新王营子矿	太上二层,4302 面	108	218	175	218
辽宁阜新艾友矿	4-1# 层,6417 面	121	228	87	228
黑龙江双鸭山七星矿	8# 层,3522 面	122	219	178	219
	8# 层,3523 面	110	234	172	234
黑龙江双鸭山集贤矿	3# 层,3607 面	117	247	188	247
	5# 层,3605 面	125	233	182	233
黑龙江鹤岗兴安矿	30# 层,32 面	106	222	191	222
	18-2# 层,综二面	124	196	168	196
黑龙江鹤岗兴煤公司	22# 层,216 面	114	228	180	228
	27# 层,210 面	130	217	194	217
黑龙江鹤岗峻德矿	21# 层,931 面	124	245	196	245
	8# 层,3523 面	146	222	176	222

3.2.5 煤分子基本结构单元的化学结构

近代煤的化学结构观点认为,煤的化学结构是高度交联的非晶质大分子空间网络。每个大分子由许多结构相似而又不完全相同的基本结构单元聚合而成。煤的化学结构具有相似性和高分子聚合性等特点[9]。煤聚合物大分子可大致看作由基本结构单元有关的 3 个层次部分组成,即基本结构的单元核、核外的官能团和烷基侧链以及基本结构单元之间的连接桥键。

煤的基本结构单元的核心部分主要是缩合芳香环、少量的氢化芳香环、脂环和杂环。基本结构单元的外围连接有烷基侧链和各种官能团。烷基侧链主要有—CH_2—、—CH_2—CH_3 等。官能团以含氧官能团为主,包括酚羟基、羧基、甲氧基、羰基、含硫官能团和含氮官能团等。

3.3 煤分子化学基本结构单元的量子化学计算

煤分子结构和煤与氧反应生成气体的红外光谱研究可以确定组成分子基本结构单元的官能团和化学键,但化学结构的构型依靠实验的方法难以确定。应用量子化学计算方法确定物质分子结构的研究中,以稳定存在的物质的能量最小为基础,通过科学的计算方法确定分子的化学构形,是一种成熟的理论方法。随着量子化学理论的发展和量子化学计算方法以及计算技术的进步,使得精确计算煤的结构成为可能。应用量子化学计算研究分子的化学基本结构单元的方法是,根据实验确定组成煤分子基本结构单元的官能团和化学键来构造得到煤有机大分子模

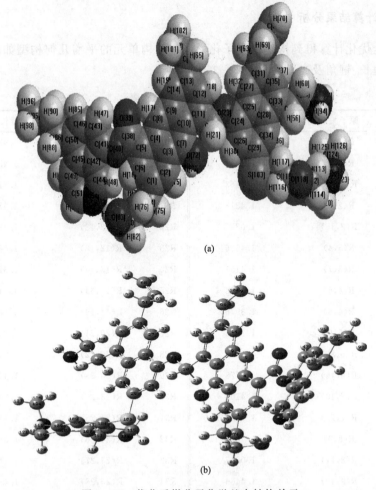

(a)

(b)

图 3-33 优化后煤分子化学基本结构单元

型,并对所构造的模型进行几何构型优化,得到能量最小的分子化学基本结构单元,即稳定的分子基本化学结构单元。在不影响研究结果的前提下,综合考虑计算效率的问题,采用简化后的煤分子基本结构单元。优化后煤分子化学基本结构单元如图 3-33 所示。

3.3.1　计算方法

采用量子化学密度泛函(DFT)理论计算方法,在 B3LYP/6-31G 计算水平上,对构建的分子化学基本结构单元进行优化,得到分子构型参数(键长、键角及二面角)和振动频率。所有计算均由 Gaussian03 完成,煤分子化学基本结构单元的建立由 Gauss View 软件完成。

3.3.2　计算结果分析

经全优化计算得到构建的分子化学基本结构单元的平衡几何构型如图 3-33 所示。键长、键角及二面角见表 3-3～表 3-5。

表 3-3　煤分子键长表

序号	原子关系	键长/Å	序号	原子关系	键长/Å
R1	R(1,2)	1.3777	R18	R(9,14)	1.4304
R2	R(1,6)	1.4192	R19	R(10,11)	1.4504
R3	R(1,74)	1.5163	R20	R(11,12)	1.3757
R4	R(2,3)	1.4318	R21	R(11,20)	1.5157
R5	R(2,15)	1.0877	R22	R(12,13)	1.4311
R6	R(3,4)	1.4526	R23	R(12,18)	1.0824
R7	R(3,7)	1.4151	R24	R(13,14)	1.3731
R8	R(4,5)	1.4523	R25	R(13,64)	1.5195
R9	R(4,8)	1.3976	R26	R(14,19)	1.0842
R10	R(5,6)	1.3824	R27	R(20,21)	1.0948
R11	R(5,38)	1.4811	R28	R(20,22)	1.0942
R12	R(6,16)	1.0778	R29	R(20,23)	1.4596
R13	R(7,10)	1.4102	R30	R(23,24)	1.3885
R14	R(7,72)	1.3987	R31	R(24,25)	1.4342
R15	R(8,9)	1.406	R32	R(24,26)	1.3831
R16	R(8,17)	1.0807	R33	R(25,27)	1.4191
R17	R(9,10)	1.4466	R34	R(25,28)	1.4326

续表

序号	原子关系	键长/Å	序号	原子关系	键长/Å
R35	R(26,29)	1.4173	R68	R(51,54)	1.3736
R36	R(26,30)	1.0819	R69	R(55,56)	1.1017
R37	R(27,31)	1.3816	R70	R(55,57)	1.0985
R38	R(27,32)	1.0832	R71	R(55,58)	1.5345
R39	R(28,33)	1.4402	R72	R(58,59)	1.0964
R40	R(28,34)	1.4265	R73	R(58,60)	1.105
R41	R(29,34)	1.3761	R74	R(58,92)	1.4681
R42	R(29,103)	1.8599	R75	R(61,62)	1.0997
R43	R(31,35)	1.4228	R76	R(61,63)	1.0993
R44	R(31,61)	1.5234	R77	R(61,67)	1.5127
R45	R(33,35)	1.3841	R78	R(64,65)	1.1008
R46	R(33,55)	1.5195	R79	R(64,66)	1.1008
R47	R(34,36)	1.0804	R80	R(64,99)	1.5344
R48	R(35,37)	1.0846	R81	R(67,68)	1.3383
R49	R(38,39)	1.2368	R82	R(67,69)	1.0904
R50	R(38,40)	1.4022	R83	R(68,70)	1.0859
R51	R(40,41)	1.4003	R84	R(68,71)	1.0879
R52	R(41,42)	1.4287	R85	R(72,73)	0.9744
R53	R(41,43)	1.3762	R86	R(74,75)	1.0966
R54	R(42,44)	1.4172	R87	R(74,76)	1.0974
R55	R(42,45)	1.431	R88	R(74,77)	1.5604
R56	R(43,46)	1.4212	R89	R(77,78)	1.099
R57	R(43,47)	1.0797	R90	R(77,79)	1.0974
R58	R(44,48)	1.0779	R91	R(77,80)	1.535
R59	R(44,54)	1.3323	R92	R(80,81)	1.099
R60	R(45,49)	1.4262	R93	R(80,82)	1.0974
R61	R(45,50)	1.4387	R94	R(80,83)	1.4536
R62	R(46,50)	1.3856	R95	R(83,84)	0.9915
R63	R(46,85)	1.0834	R96	R(86,87)	1.1014
R64	R(49,51)	1.38	R97	R(86,88)	1.1013
R65	R(49,52)	1.0829	R98	R(86,89)	1.5388
R66	R(50,86)	1.5204	R99	R(89,90)	1.0986
R67	R(51,53)	1.0835	R100	R(89,91)	1.0986

序号	原子关系	键长/Å	序号	原子关系	键长/Å
R101	R(89,95)	1.537	R118	R(107,112)	1.5085
R102	R(92,93)	1.013	R119	R(108,110)	1.4058
R103	R(92,94)	1.0144	R120	R(108,111)	1.0862
R104	R(95,96)	1.0955	R121	R(110,119)	1.5185
R105	R(95,97)	1.0972	R122	R(112,113)	1.0943
R106	R(95,98)	1.0971	R123	R(112,114)	1.0971
R107	R(99,100)	1.0962	R124	R(112,118)	1.4735
R108	R(99,101)	1.0962	R125	R(115,116)	1.0957
R109	R(99,102)	1.0953	R126	R(115,117)	1.0982
R110	R(103,104)	1.8483	R127	R(115,118)	1.4689
R111	R(104,105)	1.3964	R128	R(119,120)	1.099
R112	R(104,106)	1.4013	R129	R(119,121)	1.1075
R113	R(105,107)	1.4025	R130	R(119,122)	1.467
R114	R(105,115)	1.5069	R131	R(122,123)	1.0148
R115	R(106,108)	1.3997	R132	R(122,124)	1.4674
R116	R(106,109)	1.0841	R133	R(124,125)	1.0937
R117	R(107,110)	1.4028	R134	R(124,126)	1.094

表 3 - 4　煤分子键角

序号	原子关系	键角/(°)	序号	原子关系	键角/(°)
A1	A(2,1,6)	117.8898	A14	A(4,5,38)	122.4058
A2	A(2,1,74)	124.9283	A15	A(6,5,38)	117.9024
A3	A(6,1,74)	117.1136	A16	A(1,6,5)	123.444
A4	A(1,2,3)	121.929	A17	A(1,6,16)	117.4204
A5	A(1,2,15)	117.9069	A18	A(5,6,16)	119.1139
A6	A(3,2,15)	120.0948	A19	A(3,7,10)	123.1
A7	A(2,3,4)	119.7751	A20	A(3,7,72)	120.0361
A8	A(2,3,7)	121.3998	A21	A(10,7,72)	116.8612
A9	A(4,3,7)	118.8098	A22	A(4,8,9)	121.8978
A10	A(3,4,5)	117.1327	A23	A(4,8,17)	119.3476
A11	A(3,4,8)	118.5201	A24	A(9,8,17)	118.7545
A12	A(5,4,8)	124.347	A25	A(8,9,10)	120.8902
A13	A(4,5,6)	119.6062	A26	A(8,9,14)	119.4473

序号	原子关系	键角/(°)	序号	原子关系	键角/(°)
A27	A(10,9,14)	119.6582	A63	A(25,28,34)	119.3809
A28	A(7,10,9)	116.6865	A64	A(33,28,34)	121.77
A29	A(7,10,11)	125.2653	A65	A(26,29,34)	121.4946
A30	A(9,10,11)	118.0463	A66	A(26,29,103)	115.1562
A31	A(10,11,12)	119.2236	A67	A(34,29,103)	123.3492
A32	A(10,11,20)	121.2568	A68	A(27,31,35)	119.0555
A33	A(12,11,20)	119.516	A69	A(27,31,61)	121.3403
A34	A(11,12,13)	123.0822	A70	A(35,31,61)	119.604
A35	A(11,12,18)	118.2171	A71	A(28,33,35)	118.8712
A36	A(13,12,18)	118.7004	A72	A(28,33,55)	118.9426
A37	A(12,13,14)	118.4484	A73	A(35,33,55)	122.1862
A38	A(12,13,64)	117.9144	A74	A(28,34,29)	120.1931
A39	A(14,13,64)	123.6371	A75	A(28,34,36)	119.7051
A40	A(9,14,13)	121.5401	A76	A(29,34,36)	120.0963
A41	A(9,14,19)	117.3765	A77	A(31,35,33)	122.4273
A42	A(13,14,19)	121.0834	A78	A(31,35,37)	117.5901
A43	A(11,20,21)	111.0634	A79	A(33,35,37)	119.9782
A44	A(11,20,22)	111.0283	A80	A(5,38,39)	128.5071
A45	A(11,20,23)	109.2548	A81	A(5,38,40)	109.8379
A46	A(21,20,22)	107.402	A82	A(39,38,40)	121.6379
A47	A(21,20,23)	109.0143	A83	A(38,40,41)	128.452
A48	A(22,20,23)	109.024	A84	A(40,41,42)	112.6793
A49	A(20,23,24)	118.2651	A85	A(40,41,43)	126.5289
A50	A(23,24,25)	115.2303	A86	A(42,41,43)	120.7915
A51	A(23,24,26)	123.434	A87	A(41,42,44)	121.7931
A52	A(25,24,26)	121.3354	A88	A(41,42,45)	119.5823
A53	A(24,25,27)	121.7358	A89	A(44,42,45)	118.6227
A54	A(24,25,28)	118.3131	A90	A(41,43,46)	118.8358
A55	A(27,25,28)	119.9506	A91	A(41,43,47)	120.6117
A56	A(24,26,29)	119.2798	A92	A(46,43,47)	120.5502
A57	A(24,26,30)	121.3282	A93	A(42,44,48)	120.4597
A58	A(29,26,30)	119.3898	A94	A(42,44,54)	123.8987
A59	A(25,27,31)	120.8379	A95	A(48,44,54)	115.64
A60	A(25,27,32)	118.6395	A96	A(42,45,49)	116.3308
A61	A(31,27,32)	120.5213	A97	A(42,45,50)	119.5902
A62	A(25,28,33)	118.8491	A98	A(49,45,50)	124.0782

序号	原子关系	键角/(°)	序号	原子关系	键角/(°)
A99	A(43,46,50)	123.3341	A135	A(66,64,99)	109.1692
A100	A(43,46,85)	117.1006	A136	A(61,67,68)	124.9011
A101	A(50,46,85)	119.5653	A137	A(61,67,69)	115.4104
A102	A(45,49,51)	120.5355	A138	A(68,67,69)	119.6877
A103	A(45,49,52)	120.2242	A139	A(67,68,70)	121.9636
A104	A(51,49,52)	119.2401	A140	A(67,68,71)	121.7154
A105	A(45,50,46)	117.8653	A141	A(70,68,71)	116.3199
A106	A(45,50,86)	119.5332	A142	A(7,72,73)	112.097
A107	A(46,50,86)	122.6015	A143	A(1,74,75)	110.5856
A108	A(49,51,53)	121.3721	A144	A(1,74,76)	108.3558
A109	A(49,51,54)	122.8044	A145	A(1,74,77)	112.6638
A110	A(53,51,54)	115.8233	A146	A(75,74,76)	107.4101
A111	A(44,54,51)	117.804	A147	A(75,74,77)	110.1297
A112	A(33,55,56)	108.8203	A148	A(76,74,77)	107.4921
A113	A(33,55,57)	110.2128	A149	A(74,77,78)	110.0641
A114	A(33,55,58)	116.6682	A150	A(74,77,79)	109.5622
A115	A(56,55,57)	105.4765	A151	A(74,77,80)	113.0214
A116	A(56,55,58)	107.8566	A152	A(78,77,79)	106.4938
A117	A(57,55,58)	107.2145	A153	A(78,77,80)	109.6048
A118	A(55,58,59)	109.7451	A154	A(79,77,80)	107.8632
A119	A(55,58,60)	109.602	A155	A(77,80,81)	109.714
A120	A(55,58,92)	109.6261	A156	A(77,80,82)	110.2719
A121	A(59,58,60)	106.8062	A157	A(77,80,83)	110.6704
A122	A(59,58,92)	107.7248	A158	A(81,80,82)	107.6373
A123	A(60,58,92)	113.2484	A159	A(81,80,83)	111.1596
A124	A(31,61,62)	109.9035	A160	A(82,80,83)	107.3157
A125	A(31,61,63)	108.4438	A161	A(80,83,84)	113.1334
A126	A(31,61,67)	113.3923	A162	A(50,86,87)	108.9546
A127	A(62,61,63)	106.4771	A163	A(50,86,88)	108.8781
A128	A(62,61,67)	108.9718	A164	A(50,86,89)	116.4723
A129	A(63,61,67)	109.4197	A165	A(87,86,88)	105.423
A130	A(13,64,65)	108.2994	A166	A(87,86,89)	108.2791
A131	A(13,64,66)	108.3012	A167	A(88,86,89)	108.2759
A132	A(13,64,99)	116.101	A168	A(86,89,90)	109.6552
A133	A(65,64,66)	105.256	A169	A(86,89,91)	109.6837
A134	A(65,64,99)	109.1671	A170	A(86,89,95)	112.0184

续表

序号	原子关系	键角/(°)	序号	原子关系	键角/(°)
A171	A(90,89,91)	106.6401	A203	A(106,108,111)	119.3197
A172	A(90,89,95)	109.3666	A204	A(110,108,111)	119.1199
A173	A(91,89,95)	109.3288	A205	A(107,110,108)	117.6469
A174	A(58,92,93)	114.9516	A206	A(107,110,119)	121.7919
A175	A(58,92,94)	114.4118	A207	A(108,110,119)	120.533
A176	A(93,92,94)	111.829	A208	A(107,112,113)	112.3813
A177	A(89,95,96)	111.14	A209	A(107,112,114)	113.2478
A178	A(89,95,97)	111.1385	A210	A(107,112,118)	104.9414
A179	A(89,95,98)	111.1609	A211	A(113,112,114)	107.8367
A180	A(96,95,97)	107.7584	A212	A(113,112,118)	109.9518
A181	A(96,95,98)	107.7582	A213	A(114,112,118)	108.3858
A182	A(97,95,98)	107.7191	A214	A(105,115,116)	112.8937
A183	A(64,99,100)	111.4629	A215	A(105,115,117)	112.4249
A184	A(64,99,101)	111.4571	A216	A(105,115,118)	104.8854
A185	A(64,99,102)	110.3503	A217	A(116,115,117)	108.1068
A186	A(100,99,101)	107.9339	A218	A(116,115,118)	108.8102
A187	A(100,99,102)	107.7395	A219	A(117,115,118)	109.6194
A188	A(101,99,102)	107.7364	A220	A(112,118,115)	110.4824
A189	A(29,103,104)	102.4331	A221	A(110,119,120)	108.9631
A190	A(103,104,105)	121.0193	A222	A(110,119,121)	108.3709
A191	A(103,104,106)	119.981	A223	A(110,119,122)	113.1362
A192	A(105,104,106)	118.9854	A224	A(120,119,121)	106.6494
A193	A(104,105,107)	120.6141	A225	A(120,119,122)	107.0993
A194	A(104,105,115)	129.4878	A226	A(121,119,122)	112.3733
A195	A(107,105,115)	109.898	A227	A(119,122,123)	112.1638
A196	A(104,106,108)	120.0937	A228	A(119,122,124)	116.2519
A197	A(104,106,109)	119.5341	A229	A(123,122,124)	112.8102
A198	A(108,106,109)	120.3717	A230	A(122,124,125)	110.819
A199	A(105,107,110)	121.0969	A231	A(122,124,126)	109.1777
A200	A(105,107,112)	109.437	A232	A(122,124,127)	113.5066
A201	A(110,107,112)	129.4661	A233	A(125,124,126)	107.3233
A202	A(106,108,110)	121.5599	A234	A(125,124,127)	107.603

表 3-5　煤分子二面角

序号	原子关系	二面角/(°)	序号	原子关系	二面角/(°)
D1	D(6,1,2,3)	0.0935	D33	D(5,4,8,9)	−179.7328
D2	D(6,1,2,15)	−176.8794	D34	D(5,4,8,17)	0.1672
D3	D(74,1,2,3)	176.9939	D35	D(4,5,6,1)	−4.078
D4	D(74,1,2,15)	0.021	D36	D(4,5,6,16)	177.6596
D5	D(2,1,6,5)	3.9784	D37	D(38,5,6,1)	172.6409
D6	D(2,1,6,16)	−177.7317	D38	D(38,5,6,16)	−5.6215
D7	D(74,1,6,5)	−173.1667	D39	D(4,5,38,39)	−3.3249
D8	D(74,1,6,16)	5.1231	D40	D(4,5,38,40)	175.1708
D9	D(2,1,74,75)	12.7434	D41	D(6,5,38,39)	−179.9459
D10	D(2,1,74,76)	130.2191	D42	D(6,5,38,40)	−1.4501
D11	D(2,1,74,77)	−110.9821	D43	D(3,7,10,9)	2.6434
D12	D(6,1,74,75)	−170.3344	D44	D(3,7,10,11)	−177.8534
D13	D(6,1,74,76)	−52.8587	D45	D(72,7,10,9)	−177.9679
D14	D(6,1,74,77)	65.9401	D46	D(72,7,10,11)	1.5353
D15	D(1,2,3,4)	−3.8301	D47	D(3,7,72,73)	−18.415
D16	D(1,2,3,7)	177.6108	D48	D(10,7,72,73)	162.1766
D17	D(15,2,3,4)	173.0779	D49	D(4,8,9,10)	−1.3061
D18	D(15,2,3,7)	−5.4811	D50	D(4,8,9,14)	179.4494
D19	D(2,3,4,5)	3.6169	D51	D(17,8,9,10)	178.7934
D20	D(2,3,4,8)	−176.2614	D52	D(17,8,9,14)	−0.4511
D21	D(7,3,4,5)	−177.7868	D53	D(8,9,10,7)	−0.0431
D22	D(7,3,4,8)	2.3349	D54	D(8,9,10,11)	−179.5835
D23	D(2,3,7,10)	174.7475	D55	D(14,9,10,7)	179.1999
D24	D(2,3,7,72)	−4.6225	D56	D(14,9,10,11)	−0.3405
D25	D(4,3,7,10)	−3.8251	D57	D(8,9,14,13)	179.3445
D26	D(4,3,7,72)	176.8049	D58	D(8,9,14,19)	−0.6958
D27	D(3,4,5,6)	0.1701	D59	D(10,9,14,13)	0.0905
D28	D(3,4,5,38)	−176.3952	D60	D(10,9,14,19)	−179.9498
D29	D(8,4,5,6)	−179.9594	D61	D(7,10,11,12)	−179.1589
D30	D(8,4,5,38)	3.4753	D62	D(7,10,11,20)	1.5343
D31	D(3,4,8,9)	0.1361	D63	D(9,10,11,12)	0.3382
D32	D(3,4,8,17)	−179.964	D64	D(9,10,11,20)	−178.9686

续表

序号	原子关系	二面角/(°)	序号	原子关系	二面角/(°)
D65	D(10,11,12,13)	−0.0897	D97	D(26,24,25,28)	−0.4023
D66	D(10,11,12,18)	−179.8884	D98	D(23,24,26,29)	179.7203
D67	D(20,11,12,13)	179.2293	D99	D(23,24,26,30)	0.2515
D68	D(20,11,12,18)	−0.5694	D100	D(25,24,26,29)	−0.0801
D69	D(10,11,20,21)	−63.2196	D101	D(25,24,26,30)	−179.5489
D70	D(10,11,20,22)	56.2139	D102	D(24,25,27,31)	−179.7864
D71	D(10,11,20,23)	176.4921	D103	D(24,25,27,32)	−0.1898
D72	D(12,11,20,21)	117.4756	D104	D(28,25,27,31)	−0.0126
D73	D(12,11,20,22)	−123.091	D105	D(28,25,27,32)	179.5839
D74	D(12,11,20,23)	−2.8127	D106	D(24,25,28,33)	−179.4262
D75	D(11,12,13,14)	−0.167	D107	D(24,25,28,34)	0.6079
D76	D(11,12,13,64)	179.9742	D108	D(27,25,28,33)	0.7924
D77	D(18,12,13,14)	179.6308	D109	D(27,25,28,34)	−179.1735
D78	D(18,12,13,64)	−0.228	D110	D(24,26,29,34)	0.3682
D79	D(12,13,14,9)	0.1636	D111	D(24,26,29,103)	−179.6114
D80	D(12,13,14,19)	−179.7947	D112	D(30,26,29,34)	179.8474
D81	D(64,13,14,9)	−179.9863	D113	D(30,26,29,103)	−0.1322
D82	D(64,13,14,19)	0.0555	D114	D(25,27,31,35)	−0.653
D83	D(12,13,64,65)	−56.912	D115	D(25,27,31,61)	179.1799
D84	D(12,13,64,66)	56.7469	D116	D(32,27,31,35)	179.758
D85	D(12,13,64,99)	179.9195	D117	D(32,27,31,61)	−0.4091
D86	D(14,13,64,65)	123.2371	D118	D(25,28,33,35)	−0.8945
D87	D(14,13,64,66)	−123.104	D119	D(25,28,33,55)	178.9888
D88	D(14,13,64,99)	0.0686	D120	D(34,28,33,35)	179.0705
D89	D(11,20,23,24)	−179.2626	D121	D(34,28,33,55)	−1.0462
D90	D(21,20,23,24)	59.2009	D122	D(25,28,34,29)	−0.3413
D91	D(22,23,24,24)	−57.7631	D123	D(25,28,34,36)	178.8095
D92	D(20,23,24,25)	178.8132	D124	D(33,28,34,29)	179.6939
D93	D(20,23,24,26)	−0.9983	D125	D(33,28,34,36)	−1.1553
D94	D(23,24,25,27)	−0.4409	D126	D(26,29,34,28)	−0.154
D95	D(23,24,25,28)	179.7818	D127	D(26,29,34,36)	−179.3014
D96	D(26,24,25,27)	179.375	D128	D(103,29,34,28)	179.8239

续表

序号	原子关系	二面角/(°)	序号	原子关系	二面角/(°)
D129	D(103,29,34,36)	0.6765	D161	D(40,41,43,47)	0.8092
D130	D(26,29,103,104)	174.5619	D162	D(42,41,43,46)	0.009
D131	D(34,29,103,104)	−5.4173	D163	D(42,41,43,47)	−179.4392
D132	D(27,31,35,33)	0.5461	D164	D(41,42,44,48)	1.647
D133	D(27,31,35,37)	−178.6892	D165	D(41,42,44,54)	−178.8365
D134	D(61,31,35,33)	−179.2897	D166	D(45,42,44,48)	−178.8636
D135	D(61,31,35,37)	1.475	D167	D(45,42,44,54)	0.6529
D136	D(27,31,61,62)	−114.7742	D168	D(41,42,45,49)	179.3455
D137	D(27,31,61,63)	1.249	D169	D(41,42,45,50)	−0.328
D138	D(27,31,61,67)	122.9942	D170	D(44,42,45,49)	−0.1555
D139	D(35,31,61,62)	65.0577	D171	D(44,42,45,50)	−179.8289
D140	D(35,31,61,63)	−178.919	D172	D(41,43,46,50)	−0.0299
D141	D(35,31,61,67)	−57.1738	D173	D(41,43,46,85)	179.9573
D142	D(28,33,35,31)	0.2378	D174	D(47,43,46,50)	179.4186
D143	D(28,33,35,37)	179.4554	D175	D(47,43,46,85)	−0.5941
D144	D(55,33,35,31)	−179.6414	D176	D(42,44,54,51)	−0.6126
D145	D(55,33,35,37)	−0.4239	D177	D(48,44,54,51)	178.9251
D146	D(28,33,55,56)	−55.8528	D178	D(42,45,49,51)	−0.3271
D147	D(28,33,55,57)	59.3549	D179	D(42,45,49,52)	179.8652
D148	D(28,33,55,58)	−178.1087	D180	D(50,45,49,51)	179.33
D149	D(35,33,55,56)	124.0263	D181	D(50,45,49,52)	−0.4777
D150	D(35,33,55,57)	−120.7659	D182	D(42,45,50,46)	0.3034
D151	D(35,33,55,58)	1.7705	D183	D(42,45,50,86)	−179.7566
D152	D(5,38,40,41)	−163.5454	D184	D(49,45,50,46)	−179.3432
D153	D(39,38,40,41)	15.072	D185	D(49,45,50,86)	0.5968
D154	D(38,40,41,42)	158.611	D186	D(43,46,50,45)	−0.1274
D155	D(38,40,41,43)	−21.6202	D187	D(43,46,50,86)	179.9346
D156	D(40,41,42,44)	−0.5613	D188	D(85,46,50,45)	179.8857
D157	D(40,41,42,45)	179.9542	D189	D(85,46,50,86)	−0.0524
D158	D(43,41,42,44)	179.6551	D190	D(45,49,51,53)	−179.7442
D159	D(43,41,42,45)	0.1705	D191	D(45,49,51,54)	0.386
D160	D(40,41,43,46)	−179.7427	D192	D(52,49,51,53)	0.0654

序号	原子关系	二面角/(°)	序号	原子关系	二面角/(°)
D193	D(52,49,51,54)	−179.8044	D225	D(13,64,99,102)	179.9126
D194	D(45,50,86,87)	−57.5379	D226	D(65,64,99,100)	176.8691
D195	D(45,50,86,88)	56.9571	D227	D(65,64,99,101)	−62.4648
D196	D(45,50,86,89)	179.6765	D228	D(65,64,99,102)	57.1983
D197	D(46,50,86,87)	122.3992	D229	D(66,64,99,100)	62.3017
D198	D(46,50,86,88)	−123.1058	D230	D(66,64,99,101)	−177.0323
D199	D(46,50,86,89)	−0.3865	D231	D(66,64,99,102)	−57.3691
D200	D(49,51,54,44)	0.0838	D232	D(61,67,68,70)	179.7152
D201	D(53,51,54,44)	−179.7927	D233	D(61,67,68,71)	0.1081
D202	D(33,55,58,59)	−63.233	D234	D(69,67,68,70)	−0.6119
D203	D(33,55,58,60)	53.7627	D235	D(69,67,68,71)	179.7811
D204	D(33,55,58,92)	178.6411	D236	D(1,74,77,78)	95.3648
D205	D(56,55,58,59)	174.0098	D237	D(1,74,77,79)	−21.4145
D206	D(56,55,58,60)	−68.9945	D238	D(1,74,77,80)	−141.7256
D207	D(56,55,58,92)	55.8839	D239	D(75,74,77,78)	−28.613
D208	D(57,55,58,59)	60.8493	D240	D(75,74,77,79)	−145.3923
D209	D(57,55,58,60)	177.845	D241	D(75,74,77,80)	94.2967
D210	D(57,55,58,92)	−57.2766	D242	D(76,74,77,78)	−145.3334
D211	D(55,58,92,93)	161.7447	D243	D(76,74,77,79)	97.8873
D212	D(55,58,92,94)	−66.8366	D244	D(76,74,77,80)	−22.4238
D213	D(59,58,92,93)	42.3697	D245	D(74,77,80,81)	−177.78
D214	D(59,58,92,94)	173.7884	D246	D(74,77,80,82)	−59.3909
D215	D(60,58,92,93)	−75.5139	D247	D(74,77,80,83)	59.1945
D216	D(60,58,92,94)	55.9048	D248	D(78,77,80,81)	−54.6157
D217	D(31,61,67,68)	122.5761	D249	D(78,77,80,82)	63.7734
D218	D(31,61,67,69)	−57.1093	D250	D(78,77,80,83)	−177.6411
D219	D(62,61,67,68)	−0.1717	D251	D(79,77,80,81)	60.9432
D220	D(62,61,67,69)	−179.8572	D252	D(79,77,80,82)	179.3323
D221	D(63,61,67,68)	−116.2255	D253	D(79,77,80,83)	−62.0822
D222	D(63,61,67,69)	64.0891	D254	D(77,80,83,84)	108.9397
D223	D(13,64,99,100)	−60.4166	D255	D(81,80,83,84)	−13.2435
D224	D(13,64,99,101)	60.2495	D256	D(82,80,83,84)	−130.6946

序号	原子关系	二面角/(°)	序号	原子关系	二面角/(°)
D257	D(50,86,89,90)	−58.1666	D289	D(104,105,115,116)	58.5822
D258	D(50,86,89,91)	58.6231	D290	D(104,105,115,117)	−64.049
D259	D(50,86,89,95)	−179.7858	D291	D(104,105,115,118)	176.9028
D260	D(87,86,89,90)	178.6968	D292	D(107,105,115,116)	−121.4718
D261	D(87,86,89,91)	−64.5134	D293	D(107,105,115,117)	115.897
D262	D(87,86,89,95)	57.0776	D294	D(107,105,115,118)	−3.1512
D263	D(88,86,89,90)	64.8658	D295	D(104,106,108,110)	−0.0385
D264	D(88,86,89,91)	−178.3444	D296	D(104,106,108,111)	−179.7899
D265	D(88,86,89,95)	−56.7534	D297	D(109,106,108,110)	179.72
D266	D(86,89,95,96)	−179.8391	D298	D(109,106,108,111)	−0.0314
D267	D(86,89,95,97)	−59.8321	D299	D(105,107,110,108)	0.352
D268	D(86,89,95,98)	60.1392	D300	D(105,107,110,119)	−177.7233
D269	D(90,89,95,96)	58.3762	D301	D(112,107,110,108)	−179.7677
D270	D(90,89,95,97)	178.3832	D302	D(112,107,110,119)	2.157
D271	D(90,89,95,98)	−61.6455	D303	D(105,107,112,113)	−115.4971
D272	D(91,89,95,96)	−58.0444	D304	D(105,107,112,114)	121.9939
D273	D(91,89,95,97)	61.9626	D305	D(105,107,112,118)	3.9638
D274	D(91,89,95,98)	−178.0661	D306	D(110,107,112,113)	64.6115
D275	D(29,103,104,105)	88.2281	D307	D(110,107,112,114)	−57.8974
D276	D(29,103,104,106)	−93.1605	D308	D(110,107,112,118)	−175.9275
D277	D(103,104,105,107)	179.2328	D309	D(106,108,110,107)	−0.0043
D278	D(103,104,105,115)	−0.8262	D310	D(106,108,110,119)	178.0964
D279	D(106,104,105,107)	0.6078	D311	D(111,108,110,107)	179.7475
D280	D(106,104,105,115)	−179.4513	D312	D(111,108,110,119)	−2.1517
D281	D(103,104,106,108)	−178.9011	D313	D(107,110,119,120)	67.9109
D282	D(103,104,106,109)	1.3384	D314	D(107,110,119,121)	−176.4097
D283	D(105,104,106,108)	−0.2615	D315	D(107,110,119,122)	−51.0958
D284	D(105,104,106,109)	179.978	D316	D(108,110,119,120)	−110.1097
D285	D(104,105,107,110)	−0.6643	D317	D(108,110,119,121)	5.5697
D286	D(104,105,107,112)	179.4336	D318	D(108,110,119,122)	130.8836
D287	D(115,105,107,110)	179.3841	D319	D(107,112,118,115)	−6.0348
D288	D(115,105,107,112)	−0.5179	D320	D(113,112,118,115)	115.0382

续表

序号	原子关系	二面角/(°)	序号	原子关系	二面角/(°)
D321	D(114,112,118,115)	−127.3129	D329	D(121,119,122,123)	−82.8503
D322	D(105,115,118,112)	5.7333	D330	D(121,119,122,124)	49.036
D323	D(116,115,118,112)	126.7831	D331	D(119,122,124,125)	66.3705
D324	D(117,115,118,112)	−115.1838	D332	D(119,122,124,126)	−175.6256
D325	D(110,119,122,123)	154.0216	D333	D(119,122,124,127)	−54.8418
D326	D(110,119,122,124)	−74.092	D334	D(123,122,124,125)	−162.043
D327	D(120,119,122,123)	33.9443	D335	D(123,122,124,126)	−44.0392
D328	D(120,119,122,124)	165.8307	D336	D(123,122,124,127)	76.7447

3.3.3　煤分子结构的理论计算与实验结果分析

对煤分子化学基本结构单元的平衡几何构型进行振动频率分析,可以得到各化学键和官能团的红外振动频率,经折算后与实验测得煤分子结构进行比较,理论计算与实验测得化学键和官能团的红外光谱相一致。

基于氧化反应的煤分子化学基本结构单元红外光谱理论计算与实验测得化学键和官能团的红外光谱见表 3-6。

表 3-6　煤分子化学基本结构单元的 IR 光谱实验测得与理论计算结果比较

基团名称	实验测得 IR 值 /cm^{-1}		理论计算 IR 值 /cm^{-1}		理论计算 IR 值 ×0.9613 后调整 值/cm^{-1}		吸收峰范围误差
	吸收峰范围	吸收峰位置	吸收峰范围	吸收峰位置	吸收峰范围	吸收峰位置	
羟基(—OH)	3700~3600	3691,3650,3621		3691.5,3380			
苯酚基团、伯胺基团中氨基和羟基上 H 的伸缩振动,KBr	3606~3308	3419	3691~3531	3691.5,3646,3553,3531,3381	3548~3377	3549,3504,3414,3394,3250	58,69
苯环和烯烃中 C═C 双键的伸缩振动	3299~3097	3030	3308~3150		3180~3028		119,69

基团名称	实验测得 IR 值 /cm⁻¹		理论计算 IR 值 /cm⁻¹		理论计算 IR 值 ×0.9613 后调整值/cm⁻¹		吸收峰范围误差
	吸收峰范围	吸收峰位置	吸收峰范围	吸收峰位置	吸收峰范围	吸收峰位置	
R—X—CH3 结构及芳香甲基中—CH3 基团上 H 的不对称伸缩振动	3097～2994	3040	3143～3100		3021～2980		76,14
芳香亚甲基、含氧环烷中—CH2—基团上 H 的不对称伸缩振动以及甲基中 H 的对称伸缩振动	2994～2826	2916,2850	3097～2931		2977～2817		17,9
苯环及与苯环相连的 C=C双键的伸缩振动，羧酸、酯类等中羰基(C=O)的伸缩振动	1680～1519	1590	1721～1598		1654～1536		26,17
—CH2—、—CH3 中 H 的面内变形振动	1519～1359	1432	1570～1329		1509～1277		10,82
芳香醚、乙烯醚环氧化合物 H 与苯环 H 变形振动	1350～1125	1187	1409～1146		1354～1101		5,23
醚键中 C—O—C 的伸缩振动	1133～1061	1101	1206～1087		1159～1044		26,17
苯环骨架及所带基团振动,杂质	1061～948	1028、1001	1148～1017		1103～977		42,29
苯环上孤立的氢面外变形振动	948～878	903	1005～861		966～827		18,51

3.3.4 前沿轨道能级与活性的关系研究

根据分子轨道理论,前沿轨道(HOMO 和 LUMO)及其附近的分子轨道对物质活性影响最大,HOMO 及附近的占据轨道具有优先提供电子的作用,LUMO 及附近的空轨道具有接受电子的重要作用。认识煤分子的前沿轨道及其分布有助于确定各种基团的活性部位,探索发生煤氧化自燃反应机理。煤的氧化自燃反应,应当发生在前沿轨道中各基团电子云密度最大之处,当氧分子攻击煤分子时,应发生在最高占有轨道中电子云密度最大的某个基团的原子部位上。前沿轨道的能量,在一定程度上反映了分子得失电子的难易,从而可以分析其参与反应的难易程度。煤分子中侧链基团各原子的电荷密度分布见表 3-7。

表 3-7　煤分子的前沿轨道分析

名称 轨道 能级	-CH₂-CH₂-NH₂		-CH₂-CH=CH₂		-CH₂-CH₃		-CH₂-CH₂-CH₃		-CH₂-CH₂-CHOH		-CH₂-NH-CH₃	
	电荷密度		电荷密度		电荷密度		电荷密度		电荷密度		电荷密度	
HOMO -0.18848	C55	-0.295 54	C61	-0.383 034	C64	-0.323 572	C86	-0.314 047	C74	-0.319 818	C119	-0.204 466
	C58	-0.120 571	C67	-0.022 420	C99	-0.410 197	C89	-0.247 703	C77	-0.238 620	N122	-0.557 630
	N92	-0.709 363	C68	-0.311 172			C95	-0.407 727	C80	-0.035 079	C124	-0.264 209

从煤分子基本结构单元分子轨道的计算结果可知,煤的氧化自燃反应就发生在电荷密度较大的原子部位,所以 N92、C61、C99、C95、C74、N122 等基团位置的原子在受到氧分子的攻击时,容易发生氧化自燃反应。

3.4　结　论

应用量子化学理论和对分子结构的红外光谱实验研究,得出如下结论:

3.4.1　实验煤样具有相似的显现峰

由煤分子结构的红外光谱图可以看出,煤种不同,在红外光谱谱图表现出峰的高低和峰面积值不同。但是所有煤样显现的峰形基本相似。这说明所有的煤含有同样的官能团,显现峰的强弱不同,说明官能团数量的差异。煤作为一种不均性、非晶态物质,其红外光谱有其自身特点。各种官能团和结构都有相应特征吸收峰。

3.4.2　建立了煤分子的化学结构模型

总结已有的研究成果,应用红外光谱技术实验研究了煤分子结构,对煤分子结构的红外光谱图谱进行了分析,得到了煤分子中各官能团的归属。根据煤分子中存在的官能团,建立了煤分子的化学结构模型。

3.4.3　煤分子结构模型中存在苯环侧链基团

分析煤样氧化自燃生成产物红外 3D 光谱图谱可知,煤在程序升温条件下与氧气发生氧化反应生成 H_2O、CO_2、CO、CH_4 和 C_2H_4 5 种物质,在温度较低的情况下以上 5 种物质的生成证明了所建立的煤分子结构模型中苯环侧链基团存在的正确性。CH_4 和 C_2H_4 在反应过程中出现的显现峰由强变弱再变强的过程,说明在温度低的时候生成的 CH_4 是由甲基支链生成的,C_2H_4 是由带乙烯基的侧链生成;当温度很高的时再出现强峰时生成的 CH_4 和 C_2H_4 是由芳香环烃和环烷烃断裂生成的。

3.4.4　理论计算与实验得到的振动频率一致

采用量子化学密度泛函(DFT)理论计算方法,在 B3LYP/6-311G 计算水平上,对构建的煤分子化学基本结构单元进行了优化,得到了分子构型参数(键长、键角及二面角)和振动频率。将理论计算的煤分子结构中官能团的频率与应用红外光谱实验得到的频率进行比较,其结果一致,这说明了所建立的煤分子结构模型是正确的。

3.4.5　得到了煤易与氧发生化学反应的活性部位

根据分子轨道理论,前沿轨道(HOMO 和 LUMO)及其附近的分子轨道对物质的反应活性影响最大,HOMO 及附近的占据轨道具有优先提供电子的作用,LUMO 及附近的空轨道具有接受电子的重要作用。研究煤分子的前沿轨道及其分布有助于确定各种基团的活性部位,探索煤发生氧化自燃的反应机理。煤的氧化自燃反应,应当发生在前沿轨道中各基团电子云密度最大之处,当氧分子攻击煤分子时,化学反应应发生在最高占有轨道中电子云密度最大的某个基团的原子部位上。前沿轨道的能量,在一定程度上反映了分子得失电子的难易,从而可以分析其参与反应的难易程度。从煤分子基本结构单元分子轨道的计算结果可知,煤的氧化自燃反应就发生在电荷密度较大的原子部位,所以 N92、C61、C99、C95、C74、N122 等基团位置的原子在受到氧分子的攻击时,容易发生氧化自燃反应。

参 考 文 献

[1]　杨起,韩德馨.中国煤田地质学[M].北京:煤炭工业出版社,1979.

[2]　虞继舜.煤化学[M].北京:冶金工业出版社,2003.

[3]　Giver P H. The distribution of hydroxyl in coal and its relation to coal structure [J]. Fuel, 1960,39:147.

[4]　Wiser W H Anl Chem Soc Div [M]. Fuel Chem PrePrint. 1975,20:733.

[5]　Shine J H. Towards an understanding of the coal structure [J]. Fuel, 1984.63:483-497.

[6]　申峻,邹纲明,王志忠.煤物理结构特性的研究进展[J].煤化工,1999.4:15-17.

[7]　常建华,董绮功.波谱原理及解析[M].北京:科学出版社,2001.

[8]　苏克曼,潘铁英,张玉兰.波谱分析方法[M].上海:华东理工大学出版社,2002.

[9]　曾凡桂,谢克昌.煤结构化学的理论体系与方法论[J].煤炭学报,2004,4(29):443-447.

第4章 煤分子对氧分子的吸附

4.1 引 言

在地层中储存的煤在受到外力作用下压碎形成散体煤,散体煤体内部与空气中的氧气接触,发生氧化反应放出热量,热量积聚使煤体内部的温度升高,发生氧化自燃[1]。煤与氧发生氧化自燃的过程可分物理吸附、化学吸附和化学反应3个过程。其中煤与氧的吸附过程是煤与氧发生化学反应的起始过程,也是最重要的过程。

煤是一种由缩合芳环通过三维空间交联而形成的一种大分子结构有机岩[2],具有孔隙结构、较大比表面积和自发吸附气体的特征。吸附是一种物质的原子或分子附着在另一种物质表面的界面现象[3,4],是界面现象的一个分支,多年来人们做了大量的研究,已取得重大成果,包括吸附特征、机理、模型、过程等,研究成果也主要应用于化学、化工及相关领域,伴随吸附应用领域的不断深入和扩大,吸附研究也在不断发展和完善。在煤的氧化自燃方面,煤对氧气的吸附研究仍处于实验研究阶段。从微观的角度研究煤对氧气的吸附在国内外还没有相关的研究报道。

作者应用量子化学的理论和方法,从微观角度研究煤分子对氧分子的吸附过程以及从物理吸附到化学吸附的演变过程,揭示煤与氧发生氧化自燃反应的初始反应的本质规律。

4.2 吸附与煤的表面

吸附是发生在材料表面的重要现象,它是固体表面的重要特征之一,对于煤这种多孔介质,表面决定了其对空气中多种气体组分的吸附性质。从微观角度研究煤对空气中多种气体的吸附,定义煤的表面是研究和解决问题的关键。

4.2.1 吸附

广义的吸附是物质表面通过分子之间的作用力或化学作用力对另一种物质的吸引,生成两种物质的组合或一种新的物质。

气体在固体表面发生吸附时,若吸附质分子与吸附剂表面的作用是物理性的(如 van der Waals 力、氢键作用力等),则为物理吸附;吸附分子与固体表面间有电子的交换、转移或共有,形成化学键的吸附为化学吸附。物理吸附没有化学键的断裂和形成,化学吸附有化学键的断裂或形成新的化学键。在这两类吸附中最本质的区别是吸附力的性质,并由此在吸附热、吸附速度、吸附层数、吸附发生的温度、吸附的可逆性和选择性等方面有显著的差异。有时也可用这些特点判断吸附的类型。

物理吸附在较低温度时即可以很快的速度进行。吸附是可逆的,即可在不改变气体和固体表面状态下定量脱附。任何气体在任何固体上都可发生物理吸附,即物理吸附无选择性,是自发的放热过程。物理吸附可以是单层的,也可以是多层的。

化学吸附类似于发生化学反应,需要活化能,故需在较高温度下进行,其吸附热与化学反应热接近。大多数化学吸附仍为放热过程,但当发生化学吸附的体系熵变为较大的正值时,化学吸附可为放热过程。化学吸附可看作是气体与固体表面间的化学反应,故只能进行单层的选择性吸附,且脱附困难,脱附下来的物质及脱附后固体表面常与原固体表面不同。

4.2.2　煤的表面

密切接触的两相空间的过渡区称为界面,如果两相之中有一相为气体则称之为表面。晶体的表面结构与晶体内部的结构并不相同,但是为了研究方便,一般认为固体的表面结构与其体内的结构是相同的,因此从微观角度研究固体晶体表面对气体的吸附相对容易,长期以来人们做了大量的研究,取得了丰硕的研究成果。由于很难确定非晶体物质表面的化学结构,这使得从微观角度研究煤的吸附问题变得非常困难,到目前为止,还没有人从微观的角度研究非晶体物质的吸附问题。

组成煤表面的化学结构可定义为:煤的表面结构是由相似或相同的煤分子结构片段组成的集合体,煤分子片段是煤有机大分子的一部分,是由相似或相同的苯环骨架和侧链构成。

煤是一种含有丰富孔隙的非晶体物质。从微观上研究煤与氧的吸附,应用传统晶体物质固定在某一表面的研究方法已不能适用。由于煤具有丰富的表面,在我们的研究中,将煤的表面划分为煤分子结构片段,可定义为煤的表面是由煤分子结构片段组成的,即煤表面分子结构片段是组成煤表面物质的基本结构单元。研究煤分子结构片段与氧分子的吸附,从而揭开煤与氧的吸附机理与计算方法,很好地从微观方面解决了煤与氧的吸附问题,为从微观方面研究非晶体物质的吸附问题提供了方法。

4.3　计算方法与模型

煤发生氧化自燃是从煤吸附氧气开始。煤与氧发生物理吸附放出热量,为氧分子热运动提供了更多的能量,从而使更多的氧分子接近煤体表面的煤分子发生化学吸附,发生化学吸附放出更多的热量导致了煤的自燃。量子化学方法能够从微观方面揭示煤与氧的吸附过程,得到煤氧化自燃的起始机制。通过量子化学计算,直接得出煤分子与氧分子的前沿轨道能量以反映煤分子吸附氧分子的能力,以及各组成原子对前沿轨道电子云的贡献,可以研究氧分子与煤分子吸附的化学本质,是研究煤氧化自燃过程中煤与氧吸附的重要理论研究手段。

全部计算应用量子化学 Gaussian03 软件程序包完成。采用密度泛函(DFT)在 B3LYP/6-311G 水平上研究煤分子与氧分子的物理吸附过程。

煤表面与氧分子发生物理吸附和化学吸附放出能量,使煤体温度升高,在蓄热环境好的条件下,随着能量的积聚,使煤体的温度不断升高导致煤的氧化自燃发生。

吸附能的计算公式为

$$E_{ads} = E_M + E_{O_2} - E_{O_2/M} \qquad (4-1)$$

式中:E_{ads} 为煤表面与氧分子的吸附达到平衡态的吸附能;E_M 为煤表面发生吸附前的能量;E_{O_2} 为氧分子发生吸附前的能量;$E_{O_2/M}$ 为氧分子吸附到煤表面后整个吸附体系的总能量。

煤体表面分子片段模型,是去掉煤分子的立体层状结构,只保留苯环和侧链结构,为了简化计算,可确定如图 4-1 所示的模型为煤表面分子片段模型。

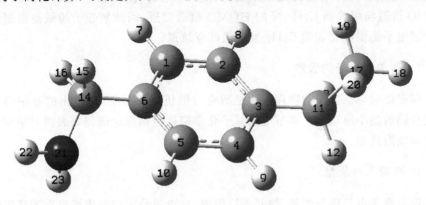

图 4-1　煤表面分子片段模型

4.4　对氧分子的物理吸附

　　研究煤表面对氧分子的物理吸附的几何构型、吸附位置、吸附平衡距离、电荷布居数与振动频率、最大吸附量和吸附能以及吸附量与吸附能之间的关系,对揭示煤氧化自燃的初始反应规律具有重要意义。本节研究煤表面对单氧分子及多氧分子的吸附,找出物理吸附与脱附的临界值,研究吸附量与吸附热的定量关系。

　　对物理吸附优化结构的前沿轨道能量进行分析,可以看出,煤表面最高占据轨道能量高于 O_2 最高占据轨道能量,O_2 最高占据轨道能量与煤表面最低空轨道能量相差不大,说明了煤表面对氧分子的吸附是煤表面为氧分子提供了电子。表 4-1是应用量子化学 Gaussian03 软件程序包,采用密度泛函(DFT)理论计算得到的煤表面与氧分子的前沿轨道能量(HOMO 和 LUMO)。

表 4-1　煤表面与氧分子的前沿轨道能量

分子	HOMO/eV	LUMO/eV
O_2	-5.687	-3.537
$C_9H_{13}N$	-7.565	-5.66

　　由前沿轨道理论中能量相近的原理并结合表 4-1,可认为形成吸附态时,主要是煤表面分子片段 $C_9H_{13}N$ 的 HOMO 轨道和 O_2 的 LUMO 轨道作用,即电子从煤分子片段 $C_9H_{13}N$ 向 O_2 转移,从而降低了煤分子片段 $C_9H_{13}N$ 的苯环中 C=C 双键电子的密度,削弱了 C=C 双键的强度,使得 C=C 双键的键长变长,这与吸附态 $C_9H_{13}NO_2$ 的结构优化结果以及原子净电荷计算结果一致。另外,O_2 的 LUMO 轨道与煤表面 $C_9H_{13}N$ 的 HOMO 轨道接近,因此氧分子的最高占据轨道不会把电子提供给煤表面 $C_9H_{13}N$ 的最低空轨道。

4.4.1　对单氧分子的吸附

　　煤表面对单氧分子的物理吸附是研究自燃机理的基础,所放出的吸附热是煤氧化自燃的最小原动力。本节应用量子化学密度泛函理论研究煤表面对单氧分子的物理吸附过程。

　　1. 吸附几何构型

　　煤表面是由苯环与胺基、烷基侧链组成,对单氧分子的吸附可以在苯环吸附或在侧链吸附,吸附位置不同,对促进煤氧化自燃的贡献有差异。应用量子化学 Gaussian03 软件程序包,采用密度泛函在 B3LYP/在 6-311G 水平上计算得到煤分子与单氧分子的物理吸附几何平衡几何构型(图 4-2)。

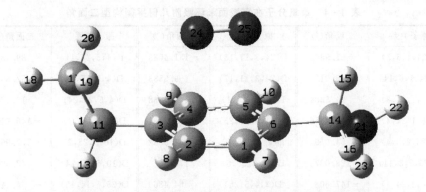

图 4-2 单氧分子在煤表面苯环吸附几何平衡构型图

图 4-1 是煤表面的几何平衡构型,图 4-2 是煤表面对单氧分子吸附后几何平衡构型,比较吸附前后煤表面结构的变化,吸附前后煤表面的键长、键角的变化不大,这也证明了单氧分子是物理吸附。

单氧分子在煤表面苯环的吸附位置可用几何平衡构型的键长、键角及二面角表示。应用量子化学 Gaussian03 软件程序包,采用密度泛函在 B3LYP/6-311G 水平上计算得到煤分子与单氧分子的物理吸附的键长、键角及二面角见表 4-2、表 4-3 和表 4-4。

表 4-2 单氧分子在煤表面苯环吸附几何平衡构型键长

原子关系	键长/Å	原子关系	键长/Å	原子关系	键长/Å
R(1,24)	2.9868	R(2,24)	2.7047	R(3,24)	2.6879
R(1,25)	2.873	R(2,25)	3.153	R(4,24)	2.9588
R(5,25)	2.589	R(6,25)	2.5061	R(24,25)	1.2962

表 4-3 单氧分子在煤表面苯环吸附几何平衡构型键角

原子关系	键角/(°)	原子关系	键角/(°)	原子关系	键角/(°)
A(1,24,3)	50.7543	A(3,24,25)	101.9423	A(2,25,5)	56.9454
A(1,24,4)	56.2321	A(4,24,25)	78.7346	A(2,25,6)	48.9232
A(2,24,4)	50.3735	A(1,25,5)	52.4204	A(5,25,24)	102.2419
A(6,25,24)	106.9226	L(6,25,24,4,-1)	127.9191	L(3,24,25,5,-1)	102.3886
L(3,24,25,5,-2)	189.0999	L(6,25,24,4,-2)	125.1757		

表4-4　单氧分子在煤表面苯环吸附几何平衡构型二面角

原子关系	二面角(°)	原子关系	二面角(°)	原子关系	二面角(°)
D(24,1,6,5)	−61.9863	D(24,3,11,13)	−131.4583	D(4,5,25,1)	89.4339
D(24,1,6,14)	118.0126	D(24,3,11,17)	−9.5533	D(4,5,25,2)	57.8065
D(6,1,24,3)	94.8884	D(11,3,24,1)	147.4368	D(4,5,25,24)	19.4726
D(6,1,24,4)	60.2456	D(11,3,24,25)	−157.5104	D(10,5,25,1)	−146.3396
D(25,2,3,4)	54.019	D(11,3,25,5)	−142.5562	D(10,5,25,2)	−177.9671
D(25,2,3,11)	−128.0371	D(11,3,25,6)	178.432	D(10,5,25,24)	143.6991
D(8,2,24,4)	−147.608	D(3,4,5,25)	−64.4866	D(25,6,14,15)	4.4495
D(3,2,25,5)	−60.4404	D(24,4,5,6)	60.5946	D(4,24,25,6)	−42.1916
D(3,2,25,6)	−99.9683	D(24,4,5,10)	−120.4817	D(25,6,14,21)	−114.0806
D(8,2,25,5)	−179.2259	D(24,4,5,25)	−8.2528	D(14,6,25,2)	−149.7858
D(8,2,25,6)	141.2463	D(5,4,24,1)	−59.214	D(14,6,25,24)	−155.0816
D(24,3,11,12)	112.5067	D(5,4,24,2)	−93.1124	D(3,24,25,5)	6.9531
D(4,24,25,5)	−9.1798	D(5,4,24,25)	16.9826	D(3,24,25,6)	−26.0587

　　当单氧分子在煤表面的苯环上吸附时,氧分子的键长由吸附前的1.2582Å变为吸附后的1.2962Å,键长变化不大,证明了表面分子片段对单氧分子的吸附是物理吸附。

　　单氧分子在煤表面苯环的吸附位置可用几何平衡构型的键长、键角及二面角表示。

　　图4-3是单氧分子在煤表面胺基侧链上物理吸附平衡几何构型。应用量子化学Gaussian03软件程序包,采用密度泛函在B3LYP/6-311G水平上计算得到单氧分子的物理吸附的键长、键角及二面角见表4-5、表4-6和表4-7。

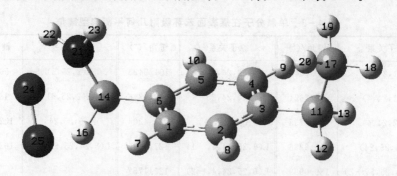

图4-3　单氧分子在煤表面胺基侧链吸附几何平衡构型

表 4 - 5　单氧分子在胺基侧链吸附几何平衡构型键长

原子关系	键长/Å	原子关系	键长/Å	原子关系	键长/Å
R(14,25)	2.6771	R(21,24)	2.0729	R(24,25)	1.3279
R(22,24)	2.3657	R(16,25)	1.802		

表 4 - 6　单氧分子在胺基侧链吸附几何平衡构型键角

原子关系	键角/(°)	原子关系	键角/(°)	原子关系	键角/(°)
A(6,14,25)	111.9369	A(15,14,25)	127.1647	A(21,14,25)	76.7856
A(14,21,24)	100.3292	A(22,21,24)	93.9545	A(23,21,24)	92.84
A(21,24,25)	104.9249	A(14,25,24)	77.9116	A(16,25,24)	95.5612

表 4 - 7　单氧分子在胺基侧链吸附几何平衡构型二面角

原子关系	二面角/(°)	原子关系	二面角/(°)	原子关系	二面角/(°)
D(1,6,14,25)	0.3873	D(25,14,21,24)	1.2312	D(16,14,21,24)	11.1906
D(22,21,24,25)	119.5274	D(6,14,25,24)	107.4511	D(6,14,21,24)	−107.3005
D(23,21,24,25)	−123.2434	D(15,14,25,24)	−107.5589	D(5,6,14,25)	−178.9096
D(15,14,21,24)	126.3148	D(21,14,25,24)	−1.9338	D(14,21,24,25)	−2.5013

　　计算结果表明,煤表面胺基侧链 C—N 键的键长由 1.466 69 Å 变为 1.440 10 Å,氧分子的键长由吸附前的 1.2582 Å 变为 1.327 92 Å。可以看出 C—N 键的键长变化不大,氧分子的键长明显变长,并且比单氧分子在煤表面苯环的吸附(由 1.2582 Å 变为 1.2962 Å)的变化要大。这说明煤表面在胺基侧链吸附单氧分子,要比在苯环上吸附对煤的氧化自燃的贡献更大。

　　2. 吸附位置及平衡吸附距离

　　1) 煤表面苯环对单氧分子的吸附
　　应用量子化学密度泛函理论计算优化后的吸附几何平衡构型可以看出,煤表面苯环对单氧分子的吸附位置位于苯环的正上方。从平衡吸附构型可以看出,单氧原子距苯环中 C 原子的距离分别为:$R(O_{24}, C_1) = 2.986\ 78$ Å,$R(O_{24}, C_2) = 2.704\ 70$ Å,$R(O_{24}, C_3) = 2.687\ 89$ Å,$R(O_{24}, C_4) = 2.958\ 84$ Å,$R(O_{24}, C_5) = 3.131\ 52$ Å,$R(O_{24}, C_6) = 3.138\ 81$ Å。

　　$R(O_{25}, C_1) = 2.872\ 99$ Å,$R(O_{25}, C_2) = 3.153\ 05$ Å,$R(O_{25}, C_3) = 3.216\ 64$ Å,$R(O_{25}, C_4) = 2.989\ 39$ Å,$R(O_{25}, C_5) = 2.589\ 03$ Å,$R(O_{25}, C_6) = 2.506\ 15$ Å。

　　从以上的平衡吸附距离分析可以看出,煤表面苯环对单氧分子的吸附位置位于苯环的正上方。

2）煤表面胺基侧链对单氧分子的吸附

应用量子化学密度泛函理论计算优化后的吸附几何平衡构型可以看出，煤表面胺基侧链对单氧分子的吸附位置位于侧链的外侧。平衡吸附模型单氧原子距胺基侧链中 C、N 原子的距离分别为：$R(O_{24}, C_{14}) = 2.727\ 87$ Å，$R(O_{24}, N_{21}) = 2.072\ 90$ Å。$R(O_{25}, C_{14}) = 2.677\ 11$ Å，$R(O_{25}, N_{21}) = 2.734\ 63$ Å。

3. 电荷集居数与振动频率

通过电荷集居数与振动频率分析，可确定氧分子与煤表面电荷转移与氧分子的频率变化规律，揭示煤表面与氧分子发生吸附的本质规律。表 4-8 给出了各吸附构型的电子布居数。

表 4-8　煤表面与氧分子吸附前后各轨道电子布居数

项目	分子轨道	吸附前	吸附后	变化量	项目	分子轨道	吸附前	吸附后	变化量
O_{24}	1s	1.084 32	1.084 28	−0.000 04	C_2	1s	1.103 16	1.103 22	0.000 06
	2s	0.909 25	0.909 21	−0.000 04		2s	0.886 25	0.8861	−0.000 15
	2p	0.916 14	0.9194	0.003 26		2p	0.647 06	0.246 84	−0.400 22
	3s	1.108 42	1.091 72	−0.0167		3s	0.808 52	0.814 06	0.005 54
	3p	1.899 59	1.897 35	−0.002 24		3p	1.550 92	1.807 67	0.256 75
	4s	0.867 25	0.881 14	0.013 89		4s	0.412 84	0.423 97	0.011 13
	4p	1.215 03	1.333 74	0.118 71		4p	0.746 93	0.710 66	−0.036 27
O_{25}	1s	1.084 32	1.084 29	−0.000 03	C_3	1s	1.103 23	1.103 31	0.000 08
	2s	0.909 25	0.909 18	−0.000 07		2s	0.886 23	0.886 03	−0.0002
	2p	0.916 14	0.918 74	0.0026		2p	0.639 14	0.631 74	−0.0074
	3s	1.108 42	1.092 61	−0.015 81		3s	0.806 19	0.815 45	0.009 26
	3p	1.899 59	1.895 62	−0.003 97		3p	1.537 29	1.517 73	−0.019 56
	4s	0.867 25	0.876 73	0.009 48		4s	0.318 52	0.329 95	0.011 43
	4p	1.215 03	1.342 3	0.127 27		4p	0.654 33	0.657 36	0.003 03
C_1	1s	1.103 16	1.103 13	−0.000 03	C_4	1s	1.103 17	1.103 14	0.000 03
	2s	0.886 24	0.886 21	−0.000 03		2s	0.886 25	0.886 22	−0.000 03
	2p	0.647 35	0.650 58	−0.003 23		2p	0.646 69	0.6504	−0.003 71
	3s	0.808 88	0.809 65	0.000 77		3s	0.808 54	0.809 43	0.000 89
	3p	1.549 29	1.556 84	0.007 55		3p	1.550 13	1.557 04	−0.006 91
	4s	0.393 85	0.361 33	−0.032 52		4s	0.417 19	0.384 13	−0.033 06
	4p	0.757 99	0.715 7	−0.042 29		4p	0.684 49	0.720 71	0.036 22

续表

项目	分子轨道	吸附前	吸附后	变化量	项目	分子轨道	吸附前	吸附后	变化量
C$_5$	1s	1.103 17	1.103 23	−0.000 06	C$_6$	1s	1.103 21	1.103 31	0.0001
	2s	0.886 23	0.886 03	−0.0002		2s	0.886 25	0.885 98	−0.000 27
	2p	0.647 43	0.642 28	−0.005 15		2p	0.640 57	0.632 62	−0.007 95
	3s	0.809 96	0.816 58	0.006 62		3s	0.8083	0.816 26	0.007 96
	3p	1.552 62	1.539 61	−0.013 01		3p	1.542 75	1.518 45	−0.0243
	4s	0.412 56	0.419 51	0.006 95		4s	0.327 72	0.358 87	0.031 15
	4p	0.687 07	0.651 94	−0.035 13		4p	0.701 02	0.705 21	0.004 19

从表 4-8 可以看出,在煤表面与氧分子的吸附态中,当氧分子在煤表面的苯环上吸附时,煤表面苯环上的 C 原子的电子向氧分子中的氧原子转移,氧分子的两个氧原子的净电荷分别增加了−0.116 和−0.119,这表明煤表面有大量的电荷转移到了氧分子上,而且主要是由煤表面中苯环上的 C 原子提供。由于电子转移使得氧分子的 O—O 键强度减弱,键拉长变大,说明煤表面苯环吸附氧分子,对氧分子中 O—O 键的断裂具有一定的催化作用。在煤表面与氧分子的吸附态中,C$_2$ 原子中的 2p 分子轨道转移了 0.400 22 个电子,而氧分子中两个氧原子 O$_{24}$、O$_{25}$ 的 4p 轨道分别得到了 0.118 71 个电子和 0.127 27 个电子,这表明在煤表面与氧分子的吸附作用主要发生在 C$_2$ 原子和氧分子之间,而且带有成键性质,应该是一种比较强的相互作用。

氧分子的最高占据轨道是单电子反键轨道 π^*,当电子由煤表面转移到氧分子上时,电子将会填充到反键轨道 π^* 上,进而削弱了 O—O 键的强度,使得 O—O 键的键长拉长,从这里我们可以看出,由 Mulliken 布居数分析与几何构型优化所得的结果相一致,同时证明我们通过计算得到的煤表面与氧分子吸附态吸附几何平衡构型的正确性。

为了考察煤表面与氧分子相互作用的本质,计算了自由氧分子、煤表面 C—C 键、O—O 键和 C—H 键的红外伸缩振动频率,结果列于表 4-9。

表 4-9　煤表面与氧分子吸附前后红外光谱频率比较

名称	吸附前/cm^{-1}	吸附后/cm^{-1}	名称	吸附前/cm^{-1}	吸附后/cm^{-1}
$\upsilon_{C_1-C_2}$	1654	1642	$\upsilon_{C_1-H_7}$	3164	3182
$\upsilon_{C_4-C_5}$	1654	1642	$\upsilon_{C_4-H_9}$	3150	3170
$\upsilon_{C_2-C_3}$	1612	1579	$\upsilon_{C_5-H_{10}}$	3195	3213
$\upsilon_{C_5-C_6}$	1612	1579	$\upsilon_{O_{24}-O_{25}}$	1436	1245
$\upsilon_{C_2-H_8}$	3164	3182			

与自由氧分子相比,吸附在煤表面苯环上的氧分子的 O—O 键的伸缩振动频率

向低波数位移,O—O 键的频率由吸附前 $1436cm^{-1}$,减少到吸附后的 $1246\ cm^{-1}$,由此可以看出,吸附态氧分子中 O—O 键伸缩振动频率的位移趋势与煤表面中 O—O 键的键长拉长的规律一致。而且从表 4-9 还可以看出,苯环的 C—C 键伸缩振动频率向低波数位移,但是频率数值大小变化不大,表明在吸附态中煤表面苯环上的 C—C 键所受到的削弱不大;但是在煤表面与氧分子的吸附态中苯环上的 C—H 键伸缩振动频率的位移趋势与 O—O 键、C—C 键伸缩振动频率的位移趋势刚好相反,这说明苯环上的 C—H 键在吸附态中得到了加强,这主要是由于苯环上的 C 原子的电子向氧分子转移,而苯环上 H 原子的电子向苯环上的碳骨架转移,导致了 C—H 键的加强。

　　分析表 4-10 的分子轨道电子布居数,当氧分子吸附在煤表面的含氨基侧链上时,我们发现主要是 O_{24}、O_{25} 的 4p 分子轨道得到电子,由于氧分子的最高占据轨道是一个具有单电子的反键轨道 π^*,而且得到了比较多的电子,其中 O_{24} 的 4p 轨道得到了 0.171 77 个电子,O_{25} 的 4p 轨道得到了 0.210 87 个电子,从而导致了 O—O 键的减弱,使得 O—O 键的键长拉长。对于 H 原子来说,它们都或多或少的失去电子,导致了 H 原子的净电荷升高,使得 C—H 键、N—H 键的增强。煤表面中的 N_{21} 原子失去的电子不多,其中 4s 轨道失去了 0.010 08 个电子,4p 轨道失去了 0.076 34 个电子。氧分子所得到的电子主要是由煤表面中 C_{14} 原子提供,C_{14} 原子的 4p 轨道失去了 0.213 91 个电子,导致了 C_{14} 原子净电荷的升高。从吸附后的煤表面与氧分子的吸附态可知,吸附后氧分子与 C—N 键的距离较短,这说明氧分子与煤表面中的侧链吸附是一种比较强的作用,具有成键的性质。

表 4-10　煤表面与氧分子胺基侧链吸附前后各轨道电子布居数

项目	分子轨道	吸附前	吸附后	变化量	项目	分子轨道	吸附前	吸附后	变化量
O_{24}	1s	1.084 32	1.084 31	−0.000 01	C_{14}	1s	1.103 16	1.103 15	−0.000 01
	2s	0.909 25	0.909 16	−0.000 09		2s	0.886 47	0.886 34	−0.000 13
	2p	0.916 14	0.915 49	−0.000 65		2p	0.650 73	0.641 53	−0.0092
	3s	1.108 42	1.091 51	−0.016 91		3s	0.772 65	0.774 55	0.0019
	3p	1.899 59	1.8784	−0.021 19		3p	1.591 47	1.5835	−0.007 97
	4s	0.867 25	0.869 23	0.001 98		4s	0.596 74	0.633 07	0.036 33
	4p	1.215 03	1.3868	0.171 77		4p	0.873 79	0.659 88	−0.213 91
O_{25}	1s	1.084 32	1.084 24	−0.000 08	N_{21}	1s	1.094 49	1.094 52	0.000 03
	2s	0.909 25	0.909 23	−0.000 02		2s	0.896 99	0.896 85	0.000 14
	2p	0.916 14	0.924 78	0.008 64		2p	0.807 99	0.804 73	0.003 26
	3s	1.108 42	1.076 91	−0.031 51		3s	0.863 95	0.869 31	0.005 36
	3p	1.899 59	1.900 96	0.001 37		3p	1.838 65	1.838 18	0.000 47
	4s	0.867 25	0.894 76	0.027 51		4s	0.762 09	0.752 01	−0.010 08
	4p	1.215 03	1.4259	0.210 87		4p	1.446 47	1.370 13	−0.076 34

项目	分子轨道	吸附前	吸附后	变化量	项目	分子轨道	吸附前	吸附后	变化量
H_{15}	1s	0.286 81	0.285 63	−0.001 18	H_{22}	1s	0.289 16	0.284 61	−0.004 55
	2s	0.431 12	0.431 34	0.000 22		2s	0.355 81	0.314 07	−0.041 74
	3s	0.086 80	0.092 29	0.005 49		3s	0.068 83	0.054 61	−0.014 22
H_{16}	1s	0.287 80	0.268 88	−0.018 92	H_{23}	1s	0.288 75	0.283 31	−0.005 44
	2s	0.443 41	0.397 16	−0.046 25		2s	0.350 08	0.304 79	−0.045 29
	3s	0.104 69	0.066 14	−0.038 55		3s	0.072 19	0.053 35	−0.018 84

为了考察煤表面侧链与氧分子吸附作用的本质,我们计算了自由态与吸附态中 C—H 键、N—H 键、C—N 键和 O—O 键的伸缩振动频率,结果列于表 4-11。

表 4-11　煤表面与氧分子吸附前后红外光谱频率比较

名称	吸附前/cm^{-1}	吸附后/cm^{-1}	名称	吸附前/cm^{-1}	吸附后/cm^{-1}
$\upsilon_{C_{14}-H_{15}}$	3011	3061	$\upsilon_{N_{21}-H_{22}}$	3516	3580
$\upsilon_{C_{14}-N_{21}}$	1070	1061	$\upsilon_{N_{21}-H_{23}}$	3516	3580
$\upsilon_{C_{14}-H_{16}}$	2921	2662	$\upsilon_{O_{24}-O_{25}}$	1436	1158

从表 4-11 可以看出,在氧分子与煤表面的含氨基侧链组成的吸附态中,$\upsilon_{C_{14}-H_{16}}$ 红外光谱的振动频率由发生吸附前的 2921cm^{-1} 吸附后变为 2662 cm^{-1},$\upsilon_{O_{24}-O_{25}}$ 振动频率由发生吸附前的 1436 cm^{-1} 吸附后变为 1158 cm^{-1},变化较大。C—N、C—H 和 N—H 键的发生吸附前后的振动频率变化较小,振动频率的变小是煤表面与氧分子相互作用的结果,分子之间的作用力减弱了分子的伸缩振动。

4. 吸附能

通过吸附能的计算,可以得到煤表面对氧分子发生吸附后所放出的热量。放出的热量大,对煤氧化自燃的贡献就大。比较氧分子在煤表面不同位置发生吸附时的能量大小,可确定煤与氧发生化学反应的活性位置的顺序。

吸附前的氧分子的能量为 −150.255 854hartree(非法定单位,1hartree = 110.5×10^{-21} J,下同),煤表面的能量为 −405.327 012hartree,氧分子与煤表面的苯环吸附后组成的吸附态的能量为 −555.594 651hartree,氧分子与煤表面的侧链氨基基团吸附后组成的吸附态的能量为 −555.610 217hartree。由式(4-1)计算得到氧分子与煤表面组成的吸附态中,与苯环吸附时的吸附能为 30.94kJ/mol,与氨基基团吸附时的吸附能为 71.81kJ/mol,由此可知,氧分子更易与煤表面中的氨基发生物理吸附。由计算可知,氧分子与煤表面氨基基团吸附能大于与苯环吸附时的吸附能,所以煤表面侧链吸附放出的热量大于与苯环吸附所放出的热量,侧链吸附对煤的氧化自燃的贡献大于苯环的吸附。

4.4.2　对两个氧分子的吸附

本节应用量子化学密度泛函理论研究煤表面对两个氧分子的物理吸附,研究对两个氧分子的吸附机理以及吸附量与吸附能的变化规律。

1. 吸附几何构型

煤表面在苯环和侧链同时吸附氧分子时,应用量子化学 Gaussian03 软件程序包,采用密度泛函在 B3LYP/6-311G水平上计算得到煤分子与单氧分子的物理吸附几何构型如图 4-4 所示。

图 4-4 是煤表面对两个氧分子吸附几何平衡构型,比较吸附前后煤表面结构的变化,吸附前后煤表面的键长、键角的变化不大,这也证明了两个氧分子是物理吸附。两个氧分子在煤表面苯环的吸附位置可用几何平衡构型的键长、键角及二面角表示。应用量子化学 Gaussian03 软件程序包,采用密度泛函在 B3LYP/6-311G水平上计算得到煤表面对与两个氧分子的物理吸附的键长、键角及二面角见表 4-12、表 4-13 和表 4-14。

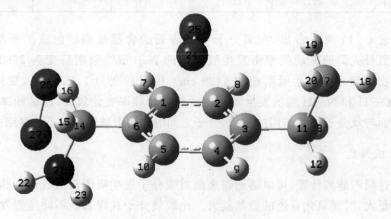

图 4-4　两个氧分子在苯环及侧链吸附几何平衡构型

表 4-12　两个氧分子在苯环吸附几何平衡构型键长

原子关系	键长/Å	原子关系	键长/Å	原子关系	键长/Å
R(1,25)	2.7093	R(5,24)	2.668	R(21,27)	2.0927
R(2,25)	2.6727	R(16,26)	1.7985	R(22,27)	2.3854
R(3,25)	2.9803	R(16,27)	2.3426	R(23,27)	2.3495
R(4,24)	2.6864	R(6,25)	3.029	R(24,25)	1.288
R(26,27)	1.3254	R(14,21)	1.438		

表 4 - 13　两个氧分子在苯环吸附几何平衡构型键角

原子关系	键角/(°)	原子关系	键角/(°)	原子关系	键角/(°)
A(14,21,27)	99.6616	A(14,16,26)	130.7702	A(3,4,24)	89.6272
A(8,2,25)	106.4586	A(14,16,27)	97.7462	A(1,6,24)	85.9232
A(4,24,6)	50.5316	A(7,1,25)	108.1852	A(9,4,24)	106.3414
A(4,24,25)	100.6736	A(4,3,25)	85.3175	A(5,6,25)	84.1663
A(5,24,25)	102.5615	A(11,3,25)	115.3493	A(14,6,24)	118.9346
A(1,25,3)	50.7915	A(22,27,26)	114.8538	A(14,6,25)	119.9148
A(1,25,24)	101.1923	A(23,27,26)	117.4122	A(10,5,24)	105.8938
A(2,25,6)	50.1773	A(16,27,23)	72.2426	A(3,25,24)	79.3614
A(2,25,24)	103.0221	A(21,27,26)	104.498	A(16,27,21)	54.8394
A(3,25,6)	56.7041	A(22,27,23)	42.4772	A(16,27,22)	67.7438

表 4 - 14　两个氧分子在苯环吸附几何平衡构型二面角

原子关系	二面角/(°)	原子关系	二面角/(°)	原子关系	二面角/(°)
D(16,14,21,27)	12.808	D(11,3,4,24)	106.0806	D(3,4,24,6)	92.0729
D(14,16,27,21)	9.1568	D(25,3,4,5)	60.1509	D(3,4,24,25)	26.145
D(14,16,27,22)	33.5436	D(25,3,4,9)	−119.4859	D(9,4,24,6)	−147.0348
D(14,16,27,23)	−11.5681	D(25,3,4,24)	−10.8222	D(9,4,24,25)	147.0373
D(14,21,27,16)	−7.1735	D(25,3,11,12)	136.3095	D(10,5,6,25)	120.9901
D(14,21,27,26)	−3.5561	D(25,3,11,13)	−107.2454	D(10,5,24,25)	−153.4583
D(4,24,25,1)	34.0002	D(25,3,11,17)	14.5387	D(24,6,14,15)	−39.7012
D(4,24,25,2)	2.985	D(4,3,25,1)	−90.6049	D(24,6,14,16)	77.6617
D(4,24,25,3)	−12.1447	D(4,3,25,6)	−57.1267	D(24,6,14,21)	−165.2818
D(5,24,25,1)	2.8974	D(4,3,25,24)	23.4826	D(25,6,14,15)	−68.07
D(5,24,25,2)	−28.1179	D(11,3,25,1)	147.0019	D(25,6,14,16)	49.2929
D(5,24,25,3)	−43.2475	D(11,3,25,6)	−179.5199	D(25,6,14,21)	166.3495
D(4,5,6,25)	−59.6559	D(11,3,25,24)	−98.9106	D(1,6,24,4)	−90.7532
D(5,6,25,2)	91.7123	D(6,14,16,26)	99.7639	D(14,6,24,4)	146.7875
D(5,6,25,3)	57.5497	D(6,14,16,27)	109.9326	D(6,14,21,27)	−105.5792
D(14,6,25,2)	−144.8941	D(15,14,16,26)	−139.3971	D(15,14,21,27)	128.0082
D(14,6,25,3)	−179.0566	D(15,14,16,27)	−129.2284	D(21,14,16,26)	−21.5315
D(21,14,16,27)	−11.3628	D(7,1,6,24)	−120.9623	D(2,3,4,24)	−67.9087
D(8,2,25,6)	147.0222	D(7,1,25,3)	−147.6721	D(7,1,25,24)	146.1751
D(8,2,25,24)	−153.4695	D(2,1,6,24)	59.4453		

在煤表面的苯环上吸附的氧分子,氧分子的键长由吸附前的 1.2582 Å 变为 1.288 Å。在表面分子片段的苯环上吸附的氧分子,键长由吸附前的 1.2582 Å 变为 1.3254Å。计算结果表明,在胺基侧键和苯环上吸附的氧分子的键长都是拉长变大,使得氧的活性增加,更易与煤表面发生化学反应。煤表面侧链的 C—N 键吸附氧分子时,键长由 1.466 69 Å 变为 1.440 10 Å,当苯环和胺基侧链同时吸附氧分子时变为 1.438 Å,由此可见,C—N 键的键长随着吸附氧分子数的增多而变短。

2. 吸附位置及平衡吸附距离

应用量子化学密度泛函理论计算优化后的吸附模型可以看出,煤表面苯环对两个氧分子的吸附位置位于苯环的正上方。从平衡吸附构型可以看出,两个氧原子距苯环中 C 原子的距离分别为:$R(O_{24}, C_1) = 3.217\ 78$ Å,$R(O_{24}, C_2) = 3.217\ 73$ Å,$R(O_{24}, C_3) = 3.020\ 56$ Å,$R(O_{24}, C_4) = 2.686\ 43$ Å,$R(O_{24}, C_5) = 2.667\ 99$ Å,$R(O_{24}, C_6) = 2.999\ 51$ Å。

$R(O_{25}, C_1) = 2.709\ 35$Å,$R(O_{25}, C_2) = 2.672\ 74$Å,$R(O_{25}, C_3) = 2.980\ 31$Å,$R(O_{25}, C_4) = 3.187\ 09$Å,$R(O_{25}, C_5) = 3.204\ 96$Å,$R(O_{25}, C_6) = 3.028\ 99$Å。

在煤表面吸附两个氧分子得到的平衡吸附模型中,氧原子距胺基侧链 C、N 原子的距离分别为:$R(O_{26}, C_{14}) = 2.670\ 50$ Å,$R(O_{26}, N_{21}) = 2.743\ 12$ Å。$R(O_{27}, C_{14}) = 2.730\ 76$ Å,$R(O_{27}, N_{21}) = 2.092\ 66$ Å。

从以上的平衡吸附距离分析可以看出,煤表面苯环对两个氧分子的吸附位置位于苯环的正上方。

3. 电荷集居数与振动频率

通过电荷集居数与振动频率分析,可确定煤表面与氧分子电荷转移与氧分子的频率变化规律,揭示氧分子与煤表面发生吸附的本质规律。表 4-15 给出了各吸附构型的电子布居数。

表 4-15　煤表面与氧分子吸附前后各轨道电子布居数

项目	分子轨道	吸附前	吸附后	变化量	项目	分子轨道	吸附前	吸附后	变化量
	1s	1.084 32	1.084 30	−0.000 02		1s	1.084 32	1.084 30	−0.000 02
	2s	0.909 25	0.909 20	−0.000 05		2s	0.909 25	0.909 20	−0.000 05
	2p	0.916 14	0.917 44	0.0013		2p	0.916 14	0.9168	0.000 66
O_{24}	3s	1.108 42	1.096 97	−0.011 45	O_{25}	3s	1.108 42	1.097 96	−0.010 46
	3p	1.899 59	1.895 28	−0.004 31		3p	1.899 59	1.894 41	−0.005 18
	4s	0.867 25	0.874 76	0.007 51		4s	0.867 25	0.875 45	0.0082
	4p	1.215 03	1.312 29	0.097 26		4p	1.215 03	1.305 34	0.090 31

续表

项目	分子轨道	吸附前	吸附后	变化量	项目	分子轨道	吸附前	吸附后	变化量
O_{26}	1s	1.084 32	1.084 25	−0.000 07	C_3	1s	1.103 23	1.103 22	−0.000 01
	2s	0.909 25	0.909 23	−0.000 02		2s	0.886 23	0.886 11	−0.000 12
	2p	0.916 14	0.924 39	0.008 25		2p	0.639 14	0.640 89	0.001 75
	3s	1.108 42	1.077 77	−0.030 65		3s	0.806 19	0.807 64	0.001 45
	3p	1.899 59	1.901 67	0.002 08		3p	1.537 29	1.537 82	0.000 53
	4s	0.867 25	0.894 25	0.027		4s	0.318 52	0.309 12	−0.009 4
	4p	1.215 03	1.418 36	0.203 33		4p	0.654 33	0.634 38	−0.019 95
O_{27}	1s	1.084 32	1.084 31	−0.000 01	C_4	1s	1.103 17	1.103 21	0.000 04
	2s	0.909 25	0.909 16	−0.000 09		2s	0.886 25	0.886 09	−0.000 16
	2p	0.916 14	0.915 63	−0.000 51		2p	0.646 69	0.643 19	−0.003 5
	3s	1.108 42	1.091 78	−0.016 64		3s	0.808 54	0.813 36	0.004 82
	3p	1.899 59	1.879 36	−0.020 23		3p	1.550 13	1.542 9	−0.007 23
	4s	0.867 25	0.869 72	0.002 47		4s	0.417 19	0.427 14	0.009 95
	4p	1.215 03	1.383 04	0.168 01		4p	0.684 49	0.718 05	0.033 56
C_1	1s	1.103 16	1.103 24	0.000 08	C_5	1s	1.103 17	1.103 24	0.000 07
	2s	0.886 24	0.886 06	−0.000 18		2s	0.886 23	0.886 05	−0.000 18
	2p	0.647 35	0.641 32	−0.006 03		2p	0.647 43	0.640 97	−0.006 46
	3s	0.808 88	0.817 45	0.008 57		3s	0.809 96	0.816 21	0.006 25
	3p	1.549 29	1.540 24	−0.009 05		3p	1.552 62	1.536 17	−0.016 45
	4s	0.393 85	0.424 82	0.030 97		4s	0.412 56	0.409 23	−0.003 33
	4p	0.757 99	0.699 56	−0.058 43		4p	0.687 07	0.704 04	0.016 97
C_2	1s	1.103 16	1.103 23	0.000 07	C_6	1s	1.103 21	1.103 16	−0.000 05
	2s	0.886 25	0.886 06	−0.000 19		2s	0.886 25	0.886 22	−0.000 03
	2p	0.647 06	0.641 37	−0.005 69		2p	0.640 57	0.645 72	0.005 15
	3s	0.808 52	0.814 79	0.006 27		3s	0.808 3	0.803 25	−0.005 05
	3p	1.550 92	1.509 96	−0.040 96		3p	1.542 75	1.554 48	0.011 73
	4s	0.412 84	0.434 51	0.021 67		4s	0.327 72	0.313 99	−0.013 73
	4p	0.746 93	0.712 75	−0.034 18		4p	0.701 02	0.646 93	−0.054 09

续表

项目	分子轨道	吸附前	吸附后	变化量	项目	分子轨道	吸附前	吸附后	变化量
C_{14}	1s	1.103 16	1.103 14	−0.000 02	N_{21}	1s	1.094 49	1.094 51	0.000 02
	2s	0.886 47	0.886 34	−0.000 13		2s	0.896 99	0.896 87	−0.000 12
	2p	0.650 73	0.642 04	−0.008 69		2p	0.807 99	0.809 51	0.001 52
	3s	0.772 65	0.774 78	0.002 13		3s	0.863 95	0.868 71	0.004 76
	3p	1.591 47	1.585 04	−0.006 43		3p	1.838 65	1.840 41	0.001 76
	4s	0.596 74	0.634 66	0.037 92		4s	0.762 09	0.749 71	−0.012 38
	4p	0.873 79	0.652 85	−0.220 94		4p	1.446 47	1.375 69	−0.070 78
H_{15}	1s	0.286 81	0.285 03	−0.001 78	H_{22}	1s	0.289 16	0.284 39	−0.004 77
	2s	0.431 12	0.427 47	−0.003 65		2s	0.355 81	0.313 48	−0.042 33
	3s	0.086 80	0.088 05	0.001 25		3s	0.068 83	0.053 82	−0.015 01
H_{16}	1s	0.287 80	0.269 00	−0.0188	H_{23}	1s	0.288 75	0.283 41	−0.005 34
	2s	0.443 41	0.397 33	−0.046 08		2s	0.350 08	0.305 62	−0.044 46
	3s	0.104 69	0.061 07	−0.043 62		3s	0.072 19	0.053 64	−0.018 55

从表 4-15 可以看出,在煤表面与氧分子的吸附态中,当氧分子在煤表面上的苯环吸附时,煤表面苯环上的 C 原子的电子向氧分子中的氧原子转移,但是由于煤表面中胺基侧链同时也吸附了氧分子,因此吸附态中 O_{24}、O_{25} 两个氧原子的净电荷只分别增加了−0.09 和−0.08,这表明如果煤表面中的侧链吸附氧之后会对苯环对氧的吸附有一定的削弱作用。由于电子转移使氧分子的 O—O 键强度减弱,键拉长变大。同时,苯环上的电子向吸附在煤表面上的 O_{24}、O_{25} 原子进行迁移,由于苯环的吸附作用被减弱,所以苯环上碳原子向上述两个氧原子迁移的电子不多。对于吸附在氨基侧链上的氧分子来说,它的净电荷发生了较大的改变,O_{26}、O_{27} 的 4p 轨道分别得到了 0.203 33 和 0.168 01 个电子,其净电荷分别达到了−0.21 和−0.133,说明侧链对氧的吸附是一种比较强的相互作用,而且其得到的电子主要由 C_{14} 和 N_{21} 来提供,由于吸附在侧链的氧分子的最高占据轨道得到了大量的电子,削弱了 O—O 键的作用,导致 O—O 键的键长拉长的作用比较明显。

从以上的数据分析可知,我们对于通过计算得到关于煤表面吸附两个氧分子的吸附态是正确的。

为了考察煤表面与氧分子相互作用的本质,计算了自由氧分子、煤表面 C—C 键、O—O 键和 C—H 键的红外伸缩振动频率,结果列于表 4-16。

表 4 - 16 煤表面与氧分子吸附前后红外光谱频率比较

名称	吸附前/cm⁻¹	吸附后/cm⁻¹	名称	吸附前/cm⁻¹	吸附后/cm⁻¹
$\upsilon_{C_1-C_2}$	1654	1636	$\upsilon_{C_1-H_7}$	3164	3191
$\upsilon_{C_4-C_5}$	1654	1636	$\upsilon_{C_4-H_9}$	3150	3166
$\upsilon_{C_2-C_3}$	1612	1594	$\upsilon_{C_5-H_{10}}$	3195	3185
$\upsilon_{C_5-C_6}$	1612	1594	$\upsilon_{O_{24}-O_{25}}$	1436	1276
$\upsilon_{C_2-H_8}$	3164	3191	$\upsilon_{O_{26}-O_{27}}$	1436	1162
$\upsilon_{C_{14}-H_{15}}$	3011	3061	$\upsilon_{N_{21}-H_{22}}$	3516	3584
$\upsilon_{C_{14}-N_{21}}$	1070	1066	$\upsilon_{N_{21}-H_{23}}$	3516	3584
$\upsilon_{C_{14}-H_{16}}$	2921	2671			

与自由氧分子相比,吸附在煤表面的氧分子的 O—O 键的伸缩振动频率向低波数位移,O_{24}—O_{25}、O_{26}—O_{27} 的振动频率分别由吸附前的 1436cm⁻¹ 减小到吸附后的 1276 cm⁻¹ 和 1162 cm⁻¹,这说明氧分子在被煤表面吸附后,氧分子的 O—O 键被削弱,这与优化得到的吸附态中氧分子 O—O 键键长拉长的结果相一致。对于吸附态中煤表面,C—H 键与 N—H 键的振动频率变化较小,而且它们的频率都具有增大的趋势,说明在吸附态中它们的化学键得到了不同程度的加强;但是在吸附态中,C—C 键的振动频率并没有增大,反而有不同程度的减小,减小的原因是由于苯环碳原子上的电子向氧分子转移,导致了苯环上 C—C 键的减弱。

4. 吸附能

煤表面与氧分子的吸附发生物理吸附放出能量,使得煤体温度升高,在蓄热环境好的条件下,随着能量的积聚,使煤体的温度不断升高导致煤的氧化自燃发生。

吸附前的氧分子的能量为 -150. 255 854 hartree,煤表面的能量为 -405. 327 012 hartree,两个氧分子与煤表面吸附后组成的吸附态的能量为 -705. 874 677hartree,由式(4 - 1)计算得到氧分子与煤表面组成的吸附态的吸附能为 94. 41kJ/mol,由此可知,氧分子易与煤表面发生物理吸附。

4.4.3 对多个氧分子的吸附

煤表面对 3 个以上氧分子的吸附定义为对多个氧分子的吸附。量子化学理论计算结果表明,煤表面可以吸附多个氧分子,并且都是物理吸附。煤表面对氧分子的吸附有单分子层吸附和多分子层吸附。本节应用量子化学密度泛函理论研究煤表面对 3 个以上的氧分子的物理吸附过程。

1. 吸附几何构型

煤表面在苯环与胺基侧链吸附多个氧分子,应用量子化学 Gaussian03 软件程序包,采用密度泛函在 B3LYP/6-311G 水平上计算得到煤分吸附多个氧分子的物理吸附几何构型如图 4-5～图 4-11 所示。

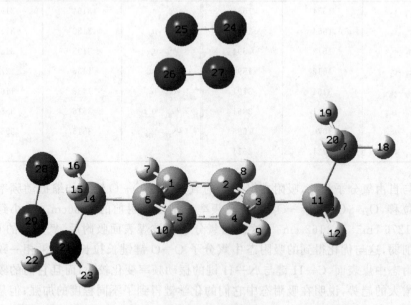

图 4-5　3 个氧分子在煤表面苯环及侧链吸附的几何平衡构型

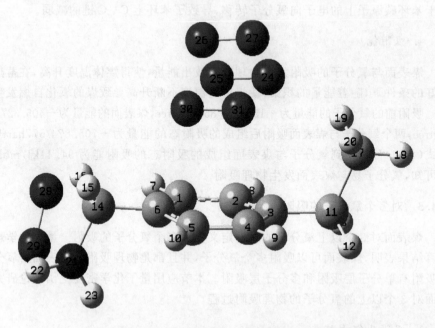

图 4-6　4 个氧分子在煤表面苯环及侧链吸附的几何平衡构型

图 4-7　5 个氧分子在煤表面苯环及侧链吸附的几何平衡构型

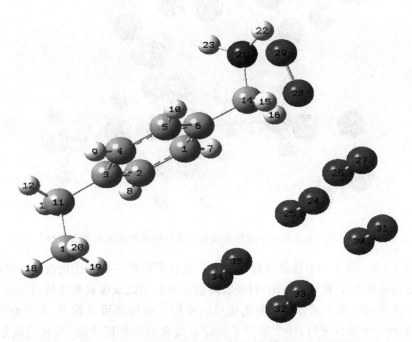

图 4-8　6 个氧分子在煤表面苯环及侧链吸附的几何平衡构型

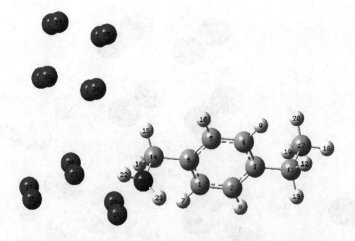

图 4-9　7 个氧分子在煤表面苯环及侧链吸附的几何平衡构型

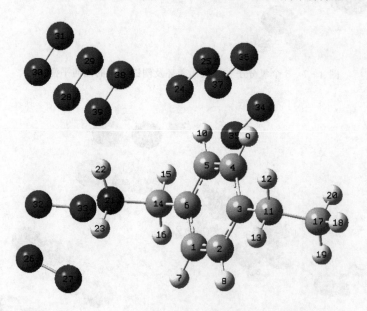

图 4-10　8 个氧分子在煤表面苯环及侧链吸附的几何平衡构型

图 4-5～图 4-11 是煤表面吸附多个氧分子吸附平衡时优化后的几何构型,以煤表面吸附 5 个氧分子为例,研究吸附前后氧分子以及煤表面结构的变化。

从煤表面对多个氧分子吸附优化后的几何平衡构型可以看出,煤表面吸附 3 个、4 个和 5 个氧分子时,一个氧分子在煤表面含氮的侧链吸附,其余的氧分子被苯环所吸附。

煤表面吸附 6 个氧分子以上时,苯环对氧分子的吸附减弱,被吸附的氧分子偏

图 4-11　10 个氧分子在煤表面苯环及侧链吸附的几何平衡构型

移侧链端,在煤表面侧链部位吸附了大量的氧分子,这也证明了在煤的氧化自燃过程中,首先是侧链被氧化的正确性。本结论在后续章节中将详细论述。

　　煤表面吸附 5 个氧分子吸附前后煤表面和氧分子的键长、键角都发生了变化,但变化不大,这也证明了煤表面对多氧分子的吸附是物理吸附。

　　在煤表面与 5 个氧分子组成的吸附态中,氧分子在苯环的吸附位置以及氧分子在支链的吸附位置可用几何平衡构型的键长、键角及二面角表示。应用量子化学 Gaussian03 软件程序包,采用密度泛函在 B3LYP/6-311G 水平上计算得到煤分子与 5 个氧分子的物理吸附的键长、键角及二面角列于表 4-17~表 4-19。

表 4-17　5 个氧分子在苯环吸附几何平衡构型键长

原子关系	键长/Å	原子关系	键长/Å	原子关系	键长/Å
R(21,29)	2.0587	R(25,33)	2.4984	R(2,25)	3.4574
R(22,29)	2.3642	R(26,27)	1.264	R(5,24)	3.4798
R(23,29)	2.3457	R(26,30)	2.151	R(5,27)	3.9074
R(24,25)	1.2617	R(26,31)	2.4964	R(6,26)	3.679
R(24,26)	2.4872	R(27,30)	2.4953	R(6,27)	3.5876
R(24,27)	2.1483	R(27,31)	2.1538	R(7,26)	3.7389
R(24,32)	2.4979	R(28,29)	1.3244	R(8,25)	3.8427
R(24,33)	2.1541	R(1,25)	3.5331	R(10,27)	4.0808
R(25,26)	2.1357	R(1,26)	3.7143	R(14,21)	1.4397
R(25,27)	2.4859	R(1,27)	4.0572	R(14,26)	3.7937
R(25,32)	2.1569	R(2,24)	3.9038	R(31,32)	2.4853

续表

原子关系	键长/Å	原子关系	键长/Å	原子关系	键长/Å
R(31,33)	2.1436	R(16,27)	3.4327	R(17,25)	3.8437
R(32,33)	1.264	R(16,28)	1.7981	R(19,24)	3.7147
R(30,31)	1.2629	R(16,29)	2.3368	R(19,25)	3.2266
R(14,27)	3.6148	R(3,24)	3.7197	R(20,24)	3.467
R(15,26)	3.7692	R(3,25)	3.6359	R(20,25)	3.6064
R(15,27)	3.2564	R(4,24)	3.4917	R(30,32)	2.1363
R(16,26)	3.308	R(17,24)	4.0218	R(30,33)	2.4849

表 4 - 18　5 个氧分子在苯环吸附几何平衡构型键角

原子关系	键角/(°)	原子关系	键角/(°)	原子关系	键角/(°)
A(26,30,33)	90.2035	A(26,25,32)	90.0783	A(26,24,32)	75.0777
A(27,30,32)	90.3572	A(26,25,33)	90.1944	A(26,24,33)	90.0712
A(27,30,33)	75.4001	A(27,25,32)	90.134	A(27,24,32)	90.0107
A(26,31,32)	75.1392	A(27,25,33)	75.3271	A(27,24,33)	90.1233
A(26,31,33)	90.0686	A(24,26,30)	89.8676	A(14,21,29)	100.6533
A(27,31,32)	90.2212	A(24,26,31)	75.0484	A(14,16,28)	130.9441
A(27,31,33)	90.2571	A(25,26,30)	89.937	A(14,16,29)	97.4766
A(24,32,30)	89.9186	A(25,26,31)	89.9863	A(21,29,28)	105.0486
A(24,32,31)	75.0538	A(24,27,30)	89.7134	A(22,29,23)	42.6684
A(25,32,30)	89.7646	A(24,27,31)	89.7512	A(22,29,28)	115.9256
A(25,32,31)	89.7951	A(25,27,30)	74.9176	A(23,29,28)	117.5117
A(24,33,30)	89.8577	A(25,27,31)	89.8495	A(26,30,32)	90.2199
A(24,33,31)	89.8685	A(16,29,21)	55.1801	A(25,33,31)	89.7504
A(25,33,30)	74.8804	A(16,29,22)	68.7251	A(16,29,23)	72.17

表 4 - 19　5 个氧分子在苯环吸附几何平衡构型二面角

原子关系	二面角/(°)	原子关系	二面角/(°)	原子关系	二面角/(°)
D(6,14,16,28)	103.7199	D(21,14,16,29)	−9.0356	D(32,25,26,30)	−0.1091
D(6,14,16,29)	112.3107	D(26,24,33,30)	0.0163	D(32,25,26,31)	−30.5004
D(15,14,16,28)	−135.0089	D(26,24,33,31)	30.5625	D(33,25,26,30)	30.2826
D(15,14,16,29)	−126.418	D(27,24,33,30)	−30.5264	D(33,25,26,31)	−0.1088
D(21,14,16,28)	−17.6265	D(27,24,33,31)	0.0198	D(32,25,27,30)	26.7026

续表

原子关系	二面角/(°)	原子关系	二面角/(°)	原子关系	二面角/(°)
D(32,25,27,31)	−0.1042	D(14,21,29,16)	−5.8238	D(32,25,31,33)	−41.9652
D(33,25,27,30)	53.5413	D(14,21,29,28)	−2.5445	D(33,25,31,32)	41.9652
D(33,25,27,31)	26.7346	D(32,24,26,30)	−26.771	D(33,25,32,24)	0.1002
D(26,25,32,30)	0.1098	D(32,24,26,31)	−53.6198	D(24,26,32,25)	39.6683
D(26,25,32,31)	30.6507	D(33,24,26,30)	−0.0189	D(25,26,32,24)	−39.6683
D(27,25,32,30)	−30.4506	D(24,27,31,32)	30.5892	D(24,27,32,25)	42.0257
D(27,25,32,31)	0.0903	D(24,27,31,33)	0.0198	D(25,27,32,24)	−42.0257
D(26,25,33,30)	−26.8825	D(25,27,31,32)	0.0904	D(30,27,32,31)	42.1446
D(26,25,33,31)	0.1267	D(25,27,31,33)	−30.479	D(31,27,32,30)	−42.1446
D(27,25,33,30)	−53.8814	D(26,30,32,24)	−30.4458	D(26,24,32,30)	26.9701
D(27,25,33,31)	−26.8721	D(26,30,32,25)	−0.109	D(26,24,32,31)	53.9647
D(24,26,30,32)	30.5912	D(27,30,32,24)	−0.0125	D(27,24,32,30)	0.0145
D(24,26,30,33)	0.0164	D(27,30,32,25)	30.3242	D(27,24,32,31)	27.0092
D(25,26,30,32)	0.1101	D(26,30,33,24)	−0.0189	D(26,31,32,25)	−26.824
D(6,14,21,29)	−108.1676	D(26,30,33,25)	26.6761	D(27,31,32,24)	−26.9351
D(25,26,31,32)	27.1112	D(27,30,33,24)	26.8654	D(27,31,32,25)	−0.1042
D(25,26,30,33)	−30.4647	D(27,30,33,25)	53.5604	D(26,31,33,24)	−30.4387
D(15,14,21,29)	125.2059	D(26,31,32,24)	−53.655	D(26,31,33,25)	−0.1084
D(24,26,31,33)	27.0098	D(24,26,31,32)	53.9941	D(27,31,33,24)	−0.0197
D(25,27,30,33)	−53.9389	D(33,24,26,31)	−26.8676	D(27,31,33,25)	30.3105
D(16,14,21,29)	10.3609	D(32,24,27,30)	−0.0124	D(25,26,31,33)	0.1268
D(14,16,29,21)	7.4036	D(32,24,27,31)	−30.418	D(24,27,30,32)	0.0146
D(14,16,29,22)	31.5062	D(33,24,27,30)	30.3858	D(24,27,30,33)	−26.9436
D(14,16,29,23)	−13.7746	D(33,24,27,31)	−0.0197	D(25,27,30,32)	−26.9808

　　计算结果表明,吸附在煤表面苯环上的氧分子的键长在吸附前的键长为 1.2582Å,吸附后各氧分子的键长都有变化,O_{24}—O_{25} 键的键长变为 1.2617Å, O_{26}—O_{27} 键的键长变为 1.2639Å,O_{30}—O_{31} 键的键长变为 1.2629Å,O_{32}—O_{33} 键的 键长变为1.2639Å。吸附在煤表面侧链上的氧分子的 O_{28}—O_{29} 键的键长由 1.2582Å 变为 1.3244Å,从以上的计算结果可以看出,氧分子被煤表面吸附后由于 煤表面与氧分子的相互作用,O—O 键被拉长变大,但没有断裂,证明了煤表面对 5 个氧分子吸附是物理吸附,侧链吸附的氧分子由 1.2582Å 变为 1.3244Å,变化最大, 说明被侧链吸附的氧分子最活泼。并且由优化后的几何结构可知是一个多层吸附。

2. 吸附位置及平衡吸附距离

应用量子化学密度泛函理论计算优化后的吸附模型可以看出,煤表面对 5 个氧分子吸附组成的吸附态中,4 个氧分子的位置位于苯环所在平面的上方,1 个氧分子位于煤表面的含氨基侧链上。从平衡吸附构型可以看出,O_{24}、O_{25} 原子距苯环 C 原子的距离分别为:$R(O_{24}, C_1) = 3.894\ 23Å$,$R(O_{24}, C_2) = 3.903\ 82Å$,$R(O_{24}, C_3) = 3.719\ 72Å$,$R(O_{24}, C_4) = 3.491\ 74Å$,$R(O_{24}, C_5) = 3.479\ 79Å$,$R(O_{24}, C_6) = 3.695\ 22Å$。$R(O_{25}, C_1) = 2.872\ 99\ Å$,$R(O_{25}, C_2) = 3.533\ 06Å$,$R(O_{25}, C_3) = 3.457\ 38\ Å$,$R(O_{25}, C_4) = 3.635\ 93Å$,$R(O_{25}, C_5) = 3.926\ 81Å$,$R(O_{25}, C_6) = 3.779\ 32Å$。

O_{26}、O_{27} 原子距苯环 C 原子的距离分别为:$R(O_{26}, C_1) = 3.714\ 28Å$,$R(O_{26}, C_2) = 4.373\ 54Å$,$R(O_{26}, C_3) = 4.934\ 31Å$,$R(O_{26}, C_4) = 4.889\ 96Å$,$R(O_{26}, C_5) = 4.312\ 27Å$,$R(O_{26}, C_6) = 3.679\ 02Å$。$R(O_{27}, C_1) = 4.057\ 24Å$,$R(O_{27}, C_2) = 4.736\ 41Å$,$R(O_{27}, C_3) = 5.000\ 19Å$,$R(O_{27}, C_4) = 4.608\ 60Å$,$R(O_{27}, C_5) = 3.907\ 42Å$,$R(O_{27}, C_6) = 3.587\ 60Å$。

O_{30}、O_{31} 原子距苯环 C 原子的距离分别为:$R(O_{30}, C_1) = 5.757\ 61Å$,$R(O_{30}, C_2) = 6.172\ 32Å$,$R(O_{30}, C_3) = 6.560\ 09Å$,$R(O_{30}, C_4) = 6.536\ 61Å$,$R(O_{30}, C_5) = 6.148\ 23Å$,$R(O_{30}, C_6) = 5.746\ 26Å$。$R(O_{31}, C_1) = 5.986\ 00Å$,$R(O_{31}, C_2) = 6.435\ 10Å$,$R(O_{31}, C_3) = 6.610\ 04Å$,$R(O_{31}, C_4) = 6.329\ 62Å$,$R(O_{31}, C_5) = 5.872\ 97Å$,$R(O_{31}, C_6) = 5.690\ 17Å$。

O_{32}、O_{33} 原子距苯环 C 原子的距离分别为:$R(O_{32}, C_1) = 5.648\ 85Å$,$R(O_{32}, C_2) = 5.566\ 99Å$,$R(O_{32}, C_3) = 5.655\ 30Å$,$R(O_{32}, C_4) = 5.812\ 62Å$,$R(O_{32}, C_5) = 5.892\ 05Å$,$R(O_{32}, C_6) = 5.818\ 26Å$。$R(O_{33}, C_1) = 5.879\ 61Å$,$R(O_{33}, C_2) = 5.853\ 48Å$,$R(O_{33}, C_3) = 5.708\ 21Å$,$R(O_{33}, C_4) = 5.574\ 14Å$,$R(O_{33}, C_5) = 5.601\ 27Å$,$R(O_{33}, C_6) = 5.761\ 33Å$。

从以上的平衡吸附距离分析可以看出,煤表面苯环对 4 个氧分子的吸附位置位于苯环所在平面的上方。

对于煤表面对 5 个氧分子吸附组成的吸附态中,侧链对氧分子的吸附位置位于侧链的上方。从平衡吸附构型可以看出,O_{28}、O_{29} 原子距苯环 C 原子的距离分别为:$R(O_{28}, C_{14}) = 2.672\ 81Å$,$R(O_{24}, N_{21}) = 2.721\ 77Å$。$R(O_{29}, C_{14}) = 2.721\ 50Å$,$R(O_{29}, N_{21}) = 2.058\ 67Å$。

3. 电荷集居数与振动频率

通过电荷集居数与振动频率分析,可确定氧分子与煤表面电荷转移与氧分子的频率变化规律,揭示煤表面与多氧分子发生吸附过程中化学键的变化。表 4 - 20

给出了吸附构型的 Mulliken 原子布居。

表 4 - 20　煤表面与氧分子吸附前后各轨道电子布居数

项目	分子轨道	吸附前	吸附后	变化量	项目	分子轨道	吸附前	吸附后	变化量
O_{24}	1s	1.084 32	1.084 35	3E-05	O_{28}	1s	1.084 32	1.084 25	−7E-05
	2s	0.909 25	0.909 01	−0.000 24		2s	0.909 25	0.909 23	−2E-05
	2p	0.916 14	0.906 66	−0.009 48		2p	0.916 14	0.923 91	0.007 77
	3s	1.108 42	1.113 30	0.004 88		3s	1.108 42	1.078 77	−0.029 65
	3p	1.899 59	1.892 78	−0.006 81		3p	1.899 59	1.901 29	0.0017
	4s	0.867 25	0.874 07	0.006 82		4s	0.867 25	0.894 07	0.026 82
	4p	1.215 03	1.220 02	0.004 99		4p	1.215 03	1.413 19	0.198 16
O_{25}	1s	1.084 32	1.084 35	3E-05	O_{29}	1s	1.084 32	1.084 32	0
	2s	0.909 25	0.909 01	−0.000 24		2s	0.909 25	0.909 15	−1E-04
	2p	0.916 14	0.906 09	−0.010 05		2p	0.916 14	0.914 56	−0.001 58
	3s	1.108 42	1.113 96	0.005 54		3s	1.108 42	1.093 19	−0.015 23
	3p	1.899 59	1.892 29	−0.0073		3p	1.899 59	1.8794	−0.020 19
	4s	0.867 25	0.874 39	0.007 14		4s	0.867 25	0.867 82	0.000 57
	4p	1.215 03	1.215 68	0.000 65		4p	1.215 03	1.375 13	0.1601
O_{26}	1s	1.084 32	1.084 35	3E-05	O_{30}	1s	1.084 32	1.084 35	3E-05
	2s	0.909 25	0.909 01	−0.000 24		2s	0.909 25	0.909 02	−0.000 23
	2p	0.916 14	0.906 32	−0.009 82		2p	0.916 14	0.907 14	−0.009
	3s	1.108 42	1.113 20	0.004 78		3s	1.108 42	1.112 41	0.003 99
	3p	1.899 59	1.891 22	−0.008 37		3p	1.899 59	1.891 76	−0.007 83
	4s	0.867 25	0.876 46	0.009 21		4s	0.867 25	0.876 49	0.009 24
	4p	1.215 03	1.219 12	0.004 09		4p	1.215 03	1.224 27	0.009 24
O_{27}	1s	1.084 32	1.084 34	2E-05	O_{31}	1s	1.084 32	1.084 34	2E-05
	2s	0.909 25	0.909 02	−0.000 23		2s	0.909 25	0.909 02	−0.000 23
	2p	0.916 14	0.908	−0.008 14		2p	0.916 14	0.907 62	−0.008 52
	3s	1.108 42	1.110 75	0.002 33		3s	1.108 42	1.111 80	0.003 38
	3p	1.899 59	1.893 88	−0.005 71		3p	1.899 59	1.8926	−0.006 99
	4s	0.867 25	0.875 75	0.008 5		4s	0.867 25	0.876 05	0.0088
	4p	1.215 03	1.232 84	0.017 81		4p	1.215 03	1.227 44	0.012 41

项目	分子轨道	吸附前	吸附后	变化量	项目	分子轨道	吸附前	吸附后	变化量
O₃₂	1s	1.084 32	1.084 34	2E-05	C₃	1s	1.103 23	1.103 24	1E-05
	2s	0.909 25	0.909 02	−0.000 23		2s	0.886 23	0.886 13	−1E-04
	2p	0.916 14	0.907 58	−0.008 56		2p	0.639 14	0.638 17	−0.000 97
	3s	1.108 42	1.111 59	0.003 17		3s	0.806 19	0.808 18	0.001 99
	3p	1.899 59	1.892 01	−0.007 58		3p	1.537 29	1.535 04	−0.002 25
	4s	0.867 25	0.876 89	0.009 64		4s	0.318 52	0.321 48	0.002 96
	4p	1.215 03	1.229 5	0.014 47		4p	0.654 33	0.657 16	0.002 83
O₃₃	1s	1.084 32	1.084 34	2E-05	C₄	1s	1.103 17	1.103 17	0
	2s	0.909 25	0.909 02	−0.000 23		2s	0.886 25	0.886 22	−3E-05
	2p	0.916 14	0.907 8	−0.008 34		2p	0.646 69	0.646 82	0.000 13
	3s	1.108 42	1.111 32	0.002 9		3s	0.808 54	0.809 58	0.001 04
	3p	1.899 59	1.885 08	−0.014 51		3p	1.550 13	1.552 42	0.002 29
	4s	0.867 25	0.876 63	0.009 38		4s	0.417 19	0.414 86	−0.002 33
	4p	1.215 03	1.231 13	0.016 1		4p	0.684 49	0.730 94	0.046 45
C₁	1s	1.103 16	1.103 18	2E-05	C₅	1s	1.103 17	1.103 18	1E-05
	2s	0.886 24	0.886 20	−4E-05		2s	0.886 23	0.886 21	−2E-05
	2p	0.647 35	0.645 82	−0.001 53		2p	0.647 43	0.645 82	−0.001 61
	3s	0.808 88	0.812 40	0.003 52		3s	0.809 96	0.811 78	0.001 82
	3p	1.549 29	1.550 37	0.001 08		3p	1.552 62	1.547 34	−0.005 28
	4s	0.393 85	0.415 16	0.021 31		4s	0.412 56	0.389 79	−0.022 77
	4p	0.757 99	0.712 12	−0.045 87		4p	0.687 07	0.716 88	0.029 81
C₂	1s	1.103 16	1.103 18	2E-05	C₆	1s	1.103 21	1.103 17	−4E-05
	2s	0.886 25	0.886 21	−4E-05		2s	0.886 25	0.886 24	−1E-05
	2p	0.647 06	0.646 17	−0.000 89		2p	0.640 57	0.643 66	0.003 09
	3s	0.808 52	0.810 58	0.002 06		3s	0.808 3	0.802 08	−0.006 22
	3p	1.550 92	1.551 14	0.000 22		3p	1.542 75	1.549 64	0.006 89
	4s	0.412 84	0.413 92	0.001 08		4s	0.327 72	0.332 52	0.004 8
	4p	0.746 93	0.722 73	−0.024 2		4p	0.701 02	0.723 35	0.022 33

续表

项目	分子轨道	吸附前	吸附后	变化量	项目	分子轨道	吸附前	吸附后	变化量
C_{14}	1s	1.103 16	1.103 15	−1E-05	N_{21}	1s	1.094 49	1.094 53	4E-05
	2s	0.886 47	0.886 33	−0.000 14		2s	0.896 99	0.896 83	−0.000 16
	2p	0.650 73	0.641 83	−0.00 89		2p	0.807 99	0.803 46	−0.004 53
	3s	0.772 65	0.774 52	0.001 87		3s	0.863 95	0.870 51	0.006 56
	3p	1.591 47	1.584 28	−0.007 19		3p	1.838 65	1.837 09	−0.001 56
	4s	0.596 74	0.634 87	0.038 13		4s	0.762 09	0.756 31	−0.005 78
	4p	0.873 79	0.664 7	−0.209 09		4p	1.446 47	1.361 52	−0.084 95
H_{15}	1s	0.286 81	0.285 26	−0.001 55	H_{22}	1s	0.289 16	0.284 32	−0.004 84
	2s	0.431 12	0.427 05	−0.004 07		2s	0.355 81	0.313 38	−0.042 43
	3s	0.086 80	0.089 74	0.002 94		3s	0.068 83	0.053 10	−0.015 73
H_{16}	1s	0.287 80	0.268 45	−0.019 35	H_{23}	1s	0.288 75	0.283 05	−0.0057
	2s	0.443 41	0.397 97	−0.045 44		2s	0.350 08	0.283 05	−0.067 03
	3s	0.104 69	0.063 54	−0.041 15		3s	0.072 19	0.052 03	−0.020 16

从表 4-20 可以看出,在煤表面与氧分子的吸附态中,当氧分子在煤表面上的苯环上吸附时,煤表面苯环上的 C 原子的电子向氧分子中的氧原子转移,但是由于煤分子片段苯环对多氧分子的吸附作用比较弱,导致氧分子中的氧原子的净电荷增加量较小,O_{27} 的净电荷为 −0.015,O_{32} 的净电荷为 −0.011,O_{33} 的净电荷为 −0.013,O_{25} 的净电荷为 −0.005,O_{30} 的净电荷为 −0.005,O_{31} 的净电荷为 −0.009,由于电子转移使氧分子的 O—O 键强度减弱,键拉长变大,且上述各个氧原子得到的电子主要由苯环上 C_1 和 C_2 原子的 4p 轨道提供,C_1 的 4p 轨道失去了 0.045 87 个电子,C_2 的 4p 轨道失去了 0.0242 个电子。

煤表面对吸附在含氨基侧链上的氧分子的吸附作用较大,而且氧分子的两个氧原子都得到了比较多的电子,导致 O_{28}、O_{29} 的原子净电荷的数值较大,其中 O_{28} 的净电荷为 −0.205,O_{29} 的净电荷为 −0.124。吸附在侧链上氧分子得到的电子主要由 C_{14} 和 N_{21} 原子提供,其中 C_{14} 原子的 4p 轨道失去了 0.209 09 个电子。由于此氧分子得到了大量的电子,所以 O_{28}—O_{29} 键的键长与频率的变化比较明显。

从以上分析我们可以看出,由 Mulliken 布居数分析与几何构型优化所得的结果相一致,同时证明我们通过计算得到的煤表面与氧分子吸附态吸附几何平衡构型的正确性。

为了考察煤表面与氧分子相互作用的本质,计算了自由氧分子、煤表面 C—C

键、O—O 键和 C—H 键的红外伸缩振动频率,结果列于表 4 - 21。

表 4 - 21　煤表面与氧分子吸附前后红外光谱频率比较

名称	吸附前/cm^{-1}	吸附后/cm^{-1}	名称	吸附前/cm^{-1}	吸附后/cm^{-1}
$v_{C_1-C_2}$	1654	1650	$v_{C_1-H_7}$	3164	3184
$v_{C_4-C_5}$	1654	1650	$v_{C_4-H_9}$	3150	3173
$v_{C_2-C_3}$	1612	1608	$v_{C_5-H_{10}}$	3195	3173
$v_{C_5-C_6}$	1612	1608	$v_{O_{24}-O_{25}}$	1436	1382
$v_{C_2-H_8}$	3164	3184	$v_{O_{26}-O_{27}}$	1436	1382
$v_{O_{28}-O_{29}}$	1436	1136	$v_{O_{30}-O_{31}}$	1436	1382
$v_{O_{32}-O_{33}}$	1436	1382	$v_{C_{14}-H_{16}}$	2921	2662
$v_{C_{14}-H_{15}}$	3011	3066	$v_{N_{21}-H_{22}}$	3516	3572
$v_{C_{14}-N_{21}}$	1070	1061	$v_{N_{21}-H_{23}}$	3516	3572

与自由氧分子相比,吸附在煤表面苯环上的氧分子的 O—O 键的伸缩振动频率向低波数位移,吸附前 O—O 键的伸缩振动频率 1436cm^{-1},吸附后 O—O 键的振动频率都有不同程度的减小,O_{24}—O_{25}、O_{26}—O_{27}、O_{30}—O_{31} 和 O_{32}—O_{33} 键的振动频率变为 1382 cm^{-1},由此可以看出,吸附态氧分子中 O—O 键伸缩振动频率的位移趋势与煤表面中 O—O 键的键长拉长的规律相一致,O_{24}—O_{25} 键的键长由 1. 258 15Å变为 1. 261 67Å,O_{26}—O_{27} 键的键长由 1. 263 97Å 变为 1. 261 67Å,O_{30}—O_{31} 键的键长由 1. 258 15 Å 变为 1. 262 92Å,O_{32}—O_{33} 键的键长由 1. 258 15Å 变为1. 263 98Å。但是由于是对多氧分子的吸附,O—O 键振动频率的减小趋势比煤表面对单氧分子吸附组成的吸附态 O—O 键振动频率的减小趋势小。因此,在煤表面与多氧分子组成的吸附态中的氧分子的键长比在煤表面与单氧分子组成的吸附态中的氧分子的键长长。在煤吸附多氧分子组成的吸附态中,吸附在含氨基侧链上的氧分子的振动频率减小,键长拉长的规律与吸附在煤表面苯环上氧分子的变化规律相一致。氧分子吸附在侧链后,氧分子的振动频率由 1436 cm^{-1} 减小到 1136 cm^{-1},O_{28}—O_{29} 键的键长由 1. 258 15 Å 变为 1. 324 43 Å。煤表面在吸附氧分子后,煤分子片段的 C—C 键、C—H 键、N—H 键的振动频率基本没有发生变化,再次说明煤表面与多氧分子发生的吸附是物理吸附。

4. 吸附能

经过校正后,吸附前的氧分子的能量为 −150.255 854hartree,煤表面的能量为 −405.327 012hartree,5 个氧分子与煤表面吸附后组成的吸附态的能量为

—1156.762 324hartree,由式(4-1)计算得到氧分子与煤表面组成的吸附态的吸附能为 409.68kJ/mol,由此可知,煤表面易与多个氧分子发生物理吸附。

5. 吸附量与吸附能

本节定量求解吸附量与吸附能之间的关系,推导煤表面对氧分子物理吸附量与吸附能之间的关系表达式。

从表 4-22 可以看出,当煤分子片段与不同氧分子数发生物理吸附时,吸附后组成的吸附态所得到的吸附能是不同的,总体来说,吸附能随着吸附氧分子数的增加而增大。吸附 1 个氧分子时吸附态的能量为—555.594 651hartree,吸附能为 30.94kJ/mol;吸附 2 个氧分子时吸附态的能量为—705.874 677hartree,吸附能为 94.41kJ/mol;吸附 3 个氧分子时吸附态的能量为—856.171 555hartree,吸附能为 202.11kJ/mol;吸附 4 个氧分子时吸附态的能量为—1006.440 011hartree,吸附能为 235.20kJ/mol;吸附 5 个氧分子时吸附态的能量为—1156.762 324hartree,吸附能为 409.68kJ/mol;吸附 6 个氧分子时吸附态的能量为—1307.030 549hartree,吸附能为 442.17kJ/mol;吸附 7 个氧分子时吸附态的能量为—1457.333 042hartree,吸附能为 564.62kJ/mol;吸附 8 个氧分子时吸附态的能量为—1607.864 354 49hartree,吸附能为 627.16kJ/mol;吸附 10 个氧分子时吸附态的能量为—1908.192 889hartree,吸附能为 806.91kJ/mol。以吸附氧分子数为横坐标,吸附不同氧分子数放出的吸附能为纵坐标,作出吸附能与吸附氧分子数的关系如图 4-12 所示。

表 4-22　煤表面物理吸附不同个数氧分子吸附能比较

项目	E	ZPE	$E+$ZPE	吸附能/(kJ/mol)
R	—405.529 717 76	0.202 705	—405.327 012	
O_2	—150.295 126 81	0.003 273	—150.255 854	
R·O_2	—555.802 166 19	0.207 516	—555.594 651	30.94
R·$2O_2$	—706.087 709 13	0.213 032	—705.874 677	94.41
R·$3O_2$	—856.390 986 32	0.219 431	—856.171 555	202.11
R·$4O_2$	—1006.664 764 62	0.224 754	—1006.440 011	235.20
R·$5O_2$	—1156.995 277 68	0.232 954	—1156.762 324	409.68
R·$6O_2$	—1307.268 338 60	0.237 790	—1307.030 549	442.17
R·$7O_2$	—1457.578 455 17	0.245 413	—1457.333 042	564.62
R·$8O_2$	—1607.864 354 49	0.251 639	—1607.612 715	627.16
R·$10O_2$	—1908.456 306 85	0.263 418	—1908.192 889	806.91

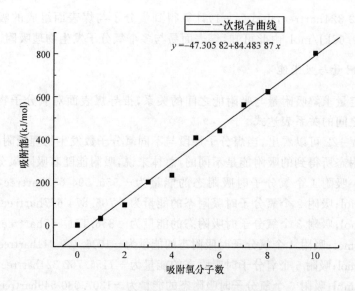

图 4-12　氧分子在煤表面发生物理吸附能

　　煤表面对氧分子的物理吸附量与吸附能之间的关系可用数学表达式(4-2)来表示：

$$y = -47.305\,82 + 84.483\,87x \qquad (4-2)$$

式中：x 为吸附氧分子的个数；y 为吸附能，kJ/mol。

4.4.4　对多组分气体分子的混合吸附

　　矿井中采空区中的气体是多组分气体的混合物，含有氧气、氮气、二氧化碳、甲烷、水蒸气和一氧化碳等。煤表面除了吸附氧气外，还可吸附氮气、二氧化碳、甲烷、水蒸气和一氧化碳等气体。应用量子化学理论计算的方法从微观方面研究煤表面对多组分气体的吸附，得到了吸附平衡后的几何构型，比较各气体与表面分子片段吸附能，得出多组分气体分子的混合吸附与煤表面吸附的竞争性。从理论上研究与表面分子片段吸附能力的大小顺序，为揭示煤的自燃机理和更为有效的防治技术提供理论依据。

　　1. 吸附几何构型

　　煤表面与多组分气体分子的混合吸附达到平衡时优化后的几何构型如图 4-13～图 4-15 所示。

　　从应用量子化学的计算结果可知，煤表面能够与矿井下采空区的多种气体发生混合吸附。煤表面与多种气体发生混合吸附达到平衡时的优化几何参数见表 4-23～表 4-31。

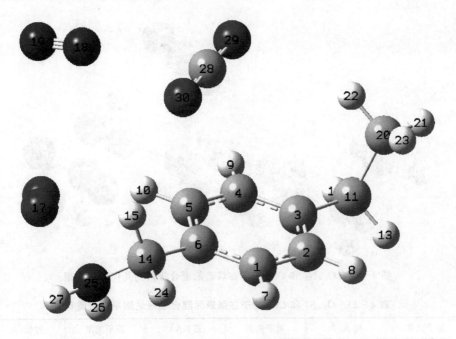

图 4 - 13　O_2、N_2 和 CO_2 分子在煤表面混合吸附的几何平衡构型

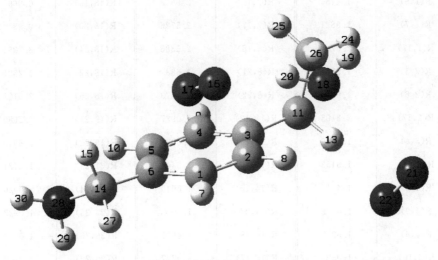

图 4 - 14　O_2、N_2 和 H_2O 分子在煤表面混合吸附的几何平衡构型

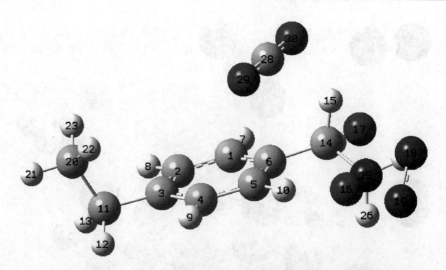

图 4-15　O_2、N_2 和 CO_2 分子在煤表面混合吸附的几何平衡构型

表 4-23　O_2、N_2 和 CO_2 分子在煤表面混合吸附达到平衡时键长

原子关系	键长/Å	原子关系	键长/Å	原子关系	键长/Å
R(1,2)	1.4087	R(6,17)	2.8394	R(16,20)	1.9095
R(1,6)	1.4157	R(7,16)	2.9658	R(18,19)	0.969
R(1,7)	1.0821	R(7,17)	2.5726	R(18,20)	0.98
R(1,17)	2.3702	R(8,18)	2.5385	R(18,21)	3.1261
R(2,3)	1.3965	R(8,21)	3.638	R(18,22)	3.2591
R(2,8)	1.0816	R(8,22)	2.9373	R(18,26)	2.5181
R(2,17)	2.8103	R(11,12)	1.0937	R(19,21)	3.2689
R(3,4)	1.4069	R(11,13)	1.093	R(19,22)	3.6949
R(3,11)	1.5153	R(11,23)	1.5447	R(21,22)	1.1124
R(4,5)	1.4017	R(14,15)	1.0949	R(23,24)	1.0926
R(4,9)	1.0838	R(14,27)	1.1008	R(23,25)	1.0923
R(5,6)	1.3917	R(14,28)	1.4621	R(23,26)	1.0908
R(5,10)	1.0804	R(15,17)	3.0297	R(28,29)	1.0102
R(6,14)	1.5156	R(16,17)	1.2968	R(28,30)	1.0082

表 4 - 24 O_2、N_2 和 CO_2 分子在煤表面混合吸附达到平衡时键角

原子关系	键角/(°)	原子关系	键角/(°)	原子关系	键角/(°)
A(2,1,6)	121.0589	A(3,11,13)	109.4234	A(8,18,19)	160.8385
A(2,1,7)	119.4775	A(3,11,23)	112.4687	A(8,18,20)	87.28
A(6,1,7)	119.2638	A(12,11,13)	106.6645	A(8,18,26)	68.5604
A(1,2,3)	120.6223	A(12,11,23)	109.722	A(19,18,20)	110.6501
A(1,2,8)	119.5044	A(13,11,23)	108.894	A(19,18,26)	100.8048
A(3,2,8)	119.8039	A(6,14,15)	107.7035	A(20,18,21)	142.1189
A(3,2,17)	109.2601	A(6,14,27)	108.6465	A(20,18,22)	131.0133
A(8,2,17)	99.8159	A(6,14,28)	112.8779	A(20,18,26)	99.181
A(2,3,4)	117.7748	A(15,14,27)	105.8664	A(21,18,26)	108.1591
A(2,3,11)	120.9268	A(15,14,28)	107.7191	A(22,18,26)	99.9597
A(4,3,11)	121.254	A(27,14,28)	113.6277	A(16,20,18)	163.1058
A(3,4,5)	121.941	A(14,15,17)	103.1321	A(8,21,19)	60.0048
A(3,4,9)	118.9678	A(7,16,20)	94.9126	A(8,22,19)	61.8218
A(5,4,9)	119.0883	A(17,16,20)	107.2839	A(11,23,24)	110.6114
A(4,5,6)	120.4146	A(1,17,15)	65.3068	A(11,23,25)	110.9015
A(4,5,10)	121.1235	A(1,17,16)	114.6556	A(11,23,26)	110.1857
A(6,5,10)	118.4614	A(2,17,6)	51.5968	A(24,23,25)	108.0622
A(1,6,5)	118.1714	A(2,17,7)	47.0039	A(24,23,26)	108.578
A(1,6,14)	119.9186	A(2,17,15)	92.8401	A(25,23,26)	108.4242
A(5,6,14)	121.8098	A(2,17,16)	107.4073	A(18,26,23)	161.2864
A(5,6,17)	108.4284	A(6,17,7)	46.7628	A(14,28,29)	115.0502
A(14,6,17)	100.2107	A(6,17,15)	42.2473	A(14,28,30)	115.2505
A(1,7,16)	89.0795	A(6,17,16)	140.9318	A(29,28,30)	112.5477
A(2,8,18)	127.1978	A(7,17,15)	66.0322	L(2,8,21,17,−1)	185.4932
A(2,8,22)	160.1331	A(15,17,16)	128.7604	L(2,8,21,17,−2)	179.8558
A(3,11,12)	109.4971				

表 4 - 25 O₂、N₂ 和 CO₂ 分子在煤表面混合吸附达到平衡时二面角

原子关系	二面角/(°)	原子关系	二面角/(°)	原子关系	二面角/(°)
D(6,1,2,3)	1.54	D(17,2,21,19)	−35.1512	D(5,6,17,15)	115.7823
D(6,1,2,8)	178.5045	D(2,3,4,5)	0.7827	D(5,6,17,16)	−147.2588
D(7,1,2,3)	176.3649	D(2,3,4,9)	−179.8497	D(14,6,17,2)	152.3282
D(7,1,2,8)	−6.6707	D(11,3,4,5)	−176.815	D(14,6,17,7)	89.0167
D(2,1,6,5)	−0.9569	D(11,3,4,9)	2.5526	D(14,6,17,15)	−12.8668
D(2,1,6,14)	−177.3847	D(2,3,11,12)	156.6194	D(14,6,17,16)	84.092
D(7,1,6,5)	−175.7926	D(2,3,11,13)	40.0413	D(1,7,16,20)	−76.6174
D(7,1,6,14)	7.7796	D(2,3,11,23)	−81.1166	D(2,8,18,19)	−120.9801
D(2,1,7,16)	77.9192	D(4,3,11,12)	−25.8585	D(2,8,18,20)	38.8895
D(6,1,7,16)	−107.1623	D(4,3,11,13)	−142.4365	D(2,8,18,26)	−62.0787
D(1,2,3,4)	−1.4118	D(4,3,11,23)	96.4056	D(2,8,22,19)	172.3218
D(1,2,3,11)	176.1942	D(3,4,5,6)	−0.2438	D(3,11,23,24)	−179.7577
D(8,2,3,4)	−178.3672	D(3,4,5,10)	−179.9716	D(3,11,23,25)	−59.8756
D(8,2,3,11)	−0.7612	D(9,4,5,6)	−179.6106	D(3,11,23,26)	60.1807
D(17,2,3,4)	−64.2716	D(9,4,5,10)	0.6616	D(12,11,23,24)	−57.6208
D(17,2,3,11)	113.3344	D(4,5,6,1)	0.3143	D(12,11,23,25)	62.2613
D(1,2,8,18)	−90.0988	D(4,5,6,14)	176.6708	D(12,11,23,26)	−177.6824
D(1,2,8,22)	93.4246	D(4,5,6,17)	61.422	D(13,11,23,24)	58.782
D(3,2,8,18)	86.8909	D(10,5,6,1)	−179.9508	D(13,11,23,25)	178.6641
D(3,2,8,22)	−89.5858	D(10,5,6,14)	−3.5942	D(13,11,23,26)	−61.2795
D(17,2,8,18)	−32.1143	D(10,5,6,17)	−118.843	D(6,14,15,17)	−24.3234
D(17,2,8,22)	151.4091	D(1,6,14,15)	82.7513	D(27,14,15,17)	91.7576
D(3,2,17,6)	81.8205	D(1,6,14,27)	−31.4911	D(28,14,15,17)	−146.3565
D(3,2,17,7)	144.6874	D(1,6,14,28)	−158.4684	D(6,14,28,29)	71.9358
D(3,2,17,15)	91.7254	D(5,6,14,15)	−93.5429	D(6,14,28,30)	−154.5595
D(3,2,17,16)	−136.0163	D(5,6,14,27)	152.2147	D(15,14,28,29)	−169.293
D(8,2,17,6)	−151.6828	D(5,6,14,28)	25.2374	D(15,14,28,30)	−35.7884
D(8,2,17,7)	−88.8159	D(17,6,14,15)	25.778	D(27,14,28,29)	−52.3537
D(8,2,17,15)	−141.7779	D(17,6,14,27)	−88.4644	D(27,14,28,30)	81.151
D(8,2,17,16)	−9.5196	D(17,6,14,28)	144.5583	D(14,15,17,1)	−5.8106
D(1,2,21,19)	−95.2897	D(5,6,17,2)	−79.0226	D(14,15,17,2)	6.5854
D(3,2,21,19)	85.914	D(5,6,17,7)	−142.3341	D(14,15,17,6)	18.1513

续表

原子关系	二面角/(°)	原子关系	二面角/(°)	原子关系	二面角/(°)
D(14,15,17,7)	−33.1261	D(17,16,20,18)	−72.7176	D(19,18,26,23)	149.8175
D(14,15,17,16)	−108.4993	D(8,18,20,16)	29.5935	D(20,18,26,23)	−96.9459
D(20,16,17,1)	70.811	D(19,18,20,16)	−157.3401	D(21,18,26,23)	56.4918
D(20,16,17,2)	39.4847	D(21,18,20,16)	−38.8506	D(22,18,26,23)	37.7467
D(20,16,17,6)	89.1902	D(22,18,20,16)	−14.524	D(11,23,26,18)	2.8648
D(20,16,17,15)	148.0457	D(26,18,20,16)	97.3614	D(24,23,26,18)	−118.4173
D(7,16,20,18)	−12.7634	D(8,18,26,23)	−13.556	D(25,23,26,18)	124.4063

表 4 - 26　O_2、N_2 和 H_2O 分子在煤表面混合吸附达到平衡时键长

原子关系	键长/Å	原子关系	键长/Å	原子关系	键长/Å
R(1,2)	1.396	R(5,30)	3.7829	R(15,30)	2.6709
R(1,6)	1.4017	R(6,14)	1.5187	R(16,17)	1.5754
R(1,7)	1.084	R(6,28)	3.8702	R(16,19)	1.4717
R(1,30)	4.4652	R(6,30)	3.697	R(16,28)	3.9749
R(2,3)	1.4031	R(9,28)	4.3547	R(16,29)	3.7499
R(2,8)	1.0837	R(9,29)	3.8926	R(17,18)	1.4696
R(2,30)	5.1664	R(10,16)	2.7771	R(17,25)	3.4917
R(3,4)	1.4031	R(10,17)	3.0228	R(17,27)	3.5199
R(3,11)	1.5164	R(10,19)	3.436	R(17,28)	2.9977
R(3,28)	4.8916	R(10,28)	3.3642	R(17,29)	3.1517
R(3,30)	5.2402	R(10,29)	3.4251	R(17,30)	3.2988
R(4,5)	1.3965	R(11,12)	1.0936	R(18,19)	1.2642
R(4,9)	1.0836	R(11,13)	1.0936	R(18,25)	3.1412
R(4,28)	4.1002	R(11,20)	1.5439	R(18,27)	2.8629
R(4,29)	3.9322	R(14,15)	1.0936	R(19,25)	3.4358
R(4,30)	4.5915	R(14,24)	1.1001	R(19,27)	3.3987
R(5,6)	1.4018	R(14,25)	1.471	R(20,21)	1.0923
R(5,10)	1.0803	R(15,17)	3.8503	R(20,22)	1.0917
R(5,28)	3.5237	R(15,18)	4.0669	R(20,23)	1.0918
R(5,29)	3.6654	R(15,28)	3.4116	R(22,28)	5.0276

原子关系	键长/Å	原子关系	键长/Å	原子关系	键长/Å
R(22,29)	4.501	R(23,30)	6.0777	R(28,29)	1.1842
R(22,30)	5.7594	R(25,26)	1.0129	R(28,30)	1.1853
R(23,28)	5.6515	R(25,27)	1.0113		

表 4 – 27　O_2、N_2 和 H_2O 分子在煤表面混合吸附达到平衡时键角

原子关系	键角/(°)	原子关系	键角/(°)	原子关系	键角/(°)
A(2,1,6)	120.9175	A(10,5,30)	78.2406	A(19,16,29)	137.185
A(2,1,7)	119.5772	A(29,5,30)	37.0567	A(16,17,18)	83.9968
A(6,1,7)	119.5042	A(1,6,5)	118.2684	A(16,17,30)	132.7236
A(7,1,30)	106.2851	A(1,6,14)	120.3964	A(18,17,28)	144.5431
A(1,2,3)	121.0568	A(1,6,28)	117.7599	A(18,17,29)	163.7332
A(1,2,8)	119.5324	A(5,6,14)	121.3161	A(18,17,30)	124.4317
A(3,2,8)	119.4078	A(14,6,28)	86.3663	A(29,17,30)	43.0274
A(8,2,30)	134.7411	A(14,6,30)	72.5861	A(17,18,19)	96.0797
A(2,3,4)	117.81	A(3,11,12)	109.4781	A(16,19,18)	96.0671
A(2,3,11)	121.1085	A(3,11,13)	109.4874	A(11,20,21)	110.9127
A(2,3,28)	91.9762	A(3,11,20)	113.0218	A(11,20,22)	110.9121
A(4,3,11)	121.0671	A(12,11,13)	106.4495	A(11,20,23)	110.914
A(11,3,28)	126.3763	A(12,11,20)	109.0644	A(21,20,22)	108.1219
A(11,3,30)	135.7453	A(13,11,20)	109.1259	A(21,20,23)	108.117
A(3,4,5)	121.2735	A(6,14,15)	108.8936	A(22,20,23)	107.7363
A(3,4,9)	119.409	A(6,14,24)	108.4664	A(20,22,28)	125.8692
A(3,4,29)	122.2782	A(6,14,25)	112.3827	A(20,22,29)	138.0626
A(5,4,9)	119.3174	A(15,14,24)	106.4875	A(20,22,30)	116.3125
A(9,4,30)	110.2138	A(15,14,25)	107.0379	A(29,22,30)	22.7427
A(29,4,30)	31.0682	A(24,14,25)	113.3233	A(20,23,28)	88.9246
A(4,5,6)	120.669	A(14,15,28)	119.7698	A(20,23,30)	97.8194
A(4,5,10)	120.573	A(14,15,30)	137.1726	A(14,25,26)	113.6422
A(6,5,10)	118.7484	A(17,16,19)	83.8533	A(14,25,27)	113.7331
A(6,5,29)	111.7173	A(19,16,28)	120.0387	A(26,25,27)	111.4606

续表

原子关系	键角/(°)	原子关系	键角/(°)	原子关系	键角/(°)
A(3,28,5)	28.1676	A(6,28,23)	61.3525	A(5,29,16)	62.3345
A(3,28,6)	35.4592	A(6,28,29)	107.9285	A(5,29,17)	70.0941
A(3,28,9)	26.1113	A(9,28,10)	34.4998	A(5,29,22)	63.602
A(3,28,10)	44.2918	A(9,28,15)	80.7999	A(9,29,10)	38.9082
A(3,28,15)	68.0413	A(9,28,16)	63.6406	A(9,29,16)	70.3401
A(3,28,16)	84.5707	A(9,28,17)	82.7745	A(9,29,17)	89.0193
A(3,28,17)	100.4455	A(9,28,22)	36.8916	A(9,29,22)	41.6308
A(3,28,22)	32.959	A(9,28,23)	46.139	A(10,29,22)	76.8732
A(3,28,23)	29.9242	A(9,28,30)	121.0594	A(16,29,22)	111.4073
A(3,28,29)	80.0298	A(10,28,15)	54.9179	A(17,29,22)	130.3432
A(4,28,6)	35.376	A(10,28,22)	69.9337	A(1,30,3)	27.6323
A(4,28,10)	31.6793	A(10,28,23)	73.6587	A(1,30,4)	35.6933
A(4,28,15)	68.5623	A(10,28,30)	97.8464	A(1,30,5)	32.6093
A(4,28,16)	69.8748	A(15,28,16)	79.2292	A(1,30,15)	41.6872
A(4,28,17)	86.6048	A(15,28,22)	100.0809	A(1,30,17)	96.1961
A(4,28,22)	39.2816	A(15,28,23)	89.0331	A(1,30,22)	54.9586
A(4,28,23)	42.2224	A(15,28,29)	137.6784	A(1,30,23)	46.295
A(5,28,9)	29.261	A(16,28,22)	98.0041	A(1,30,28)	93.5397
A(5,28,15)	51.6657	A(16,28,23)	109.7796	A(2,30,4)	27.7173
A(5,28,16)	61.2285	A(16,28,30)	109.9195	A(2,30,5)	31.701
A(5,28,17)	73.7814	A(17,28,22)	118.3133	A(2,30,6)	25.6528
A(5,28,22)	58.2035	A(17,28,23)	128.3994	A(2,30,15)	55.8804
A(5,28,23)	58.0918	A(22,28,23)	17.8014	A(2,30,17)	98.8433
A(6,28,9)	48.4976	A(23,28,29)	74.7537	A(2,30,22)	40.6728
A(6,28,10)	33.5287	A(4,29,10)	33.193	A(2,30,23)	32.2367
A(6,28,15)	33.4257	A(4,29,16)	74.0022	A(2,30,28)	81.893
A(6,28,16)	74.4299	A(4,29,17)	87.5646	A(3,30,5)	25.3915
A(6,28,17)	80.8272	A(4,29,22)	43.8077	A(3,30,6)	31.4278
A(6,28,22)	68.3593	A(5,29,9)	32.8194	A(3,30,15)	65.7258

原子关系	键角/(°)	原子关系	键角/(°)	原子关系	键角/(°)
A(3,30,17)	89.8151	A(5,30,15)	52.5016	A(15,30,22)	94.8788
A(3,30,22)	29.189	A(5,30,17)	67.153	A(15,30,23)	87.9811
A(3,30,23)	27.5972	A(5,30,22)	49.2272	A(17,30,22)	96.8112
A(4,30,6)	31.8522	A(5,30,23)	52.5755	A(17,30,23)	110.666
A(4,30,15)	65.9641	A(6,30,15)	34.7646	A(22,30,23)	16.8588
A(4,30,17)	75.4269	A(6,30,17)	79.8838	L(29,28,30,2,−1)	180.5842
A(4,30,22)	33.5518	A(6,30,22)	60.5544	L(20,22,29,30,−2)	194.7796
A(4,30,23)	38.6471	A(6,30,23)	56.7183	L(29,28,30,2,−2)	179.5623

表 4-28　O_2、N_2 和 H_2O 分子在煤表面混合吸附达到平衡时二面角

原子关系	二面角/(°)	原子关系	二面角/(°)	原子关系	二面角/(°)
D(6,1,2,3)	−0.2938	D(1,2,3,11)	178.314	D(2,3,11,12)	146.9967
D(6,1,2,8)	−179.6487	D(1,2,3,28)	42.7577	D(2,3,11,13)	30.6519
D(7,1,2,3)	179.3134	D(8,2,3,4)	179.037	D(2,3,11,20)	−91.2185
D(7,1,2,8)	−0.0414	D(8,2,3,11)	−2.3304	D(4,3,11,12)	−34.4154
D(2,1,6,5)	0.7442	D(8,2,3,28)	−137.8867	D(4,3,11,13)	−150.7602
D(2,1,6,14)	−177.6845	D(8,2,30,4)	150.169	D(4,3,11,20)	87.3694
D(2,1,6,28)	−74.6389	D(8,2,30,5)	−178.8335	D(28,3,11,12)	−93.3641
D(7,1,6,5)	−178.8633	D(8,2,30,6)	−134.6252	D(28,3,11,13)	150.2911
D(7,1,6,14)	2.7079	D(8,2,30,15)	−106.4286	D(28,3,11,20)	28.4207
D(7,1,6,28)	105.7536	D(8,2,30,17)	−177.3546	D(30,3,11,12)	−105.0749
D(7,1,30,3)	156.6172	D(8,2,30,22)	92.4676	D(30,3,11,13)	138.5803
D(7,1,30,4)	−179.9651	D(8,2,30,23)	67.6297	D(30,3,11,20)	16.7099
D(7,1,30,5)	−152.3291	D(8,2,30,28)	119.6235	D(2,3,28,5)	−85.7073
D(7,1,30,15)	−59.0777	D(2,3,4,5)	0.4737	D(2,3,28,6)	−47.1992
D(7,1,30,17)	−125.762	D(2,3,4,9)	−179.4018	D(2,3,28,9)	−152.8192
D(7,1,30,22)	140.2487	D(2,3,4,29)	83.7264	D(2,3,28,10)	−98.9897
D(7,1,30,23)	121.4516	D(11,3,4,5)	−178.1595	D(2,3,28,15)	−37.2939
D(7,1,30,28)	168.9888	D(11,3,4,9)	1.9651	D(2,3,28,16)	−117.8498
D(1,2,3,4)	−0.3186	D(11,3,4,29)	−94.9067	D(2,3,28,17)	−104.6335

续表

原子关系	二面角/(°)	原子关系	二面角/(°)	原子关系	二面角/(°)
D(2,3,28,22)	128.3416	D(30,4,29,16)	−92.4748	D(30,5,29,17)	−75.9578
D(2,3,28,23)	94.3125	D(30,4,29,17)	−71.7794	D(30,5,29,22)	122.5306
D(2,3,28,29)	171.026	D(30,4,29,22)	119.5952	D(10,5,30,1)	151.9835
D(11,3,28,5)	142.4181	D(9,4,30,1)	179.188	D(10,5,30,2)	179.2455
D(11,3,28,6)	−179.0739	D(9,4,30,2)	−157.6311	D(10,5,30,3)	−150.7489
D(11,3,28,9)	75.3061	D(9,4,30,6)	149.8887	D(10,5,30,15)	95.1665
D(11,3,28,10)	129.1356	D(9,4,30,15)	140.5109	D(10,5,30,17)	0.8314
D(11,3,28,15)	−169.1686	D(9,4,30,17)	55.613	D(10,5,30,22)	−121.3951
D(11,3,28,16)	110.2755	D(9,4,30,22)	−72.2467	D(10,5,30,23)	−142.7444
D(11,3,28,17)	123.4918	D(9,4,30,23)	−99.7559	D(29,5,30,1)	−137.8204
D(11,3,28,22)	−3.5331	D(29,4,30,1)	−166.8999	D(29,5,30,2)	−110.5583
D(11,3,28,23)	−37.5622	D(29,4,30,2)	−143.719	D(29,5,30,3)	−80.5528
D(11,3,28,29)	39.1513	D(29,4,30,6)	163.8008	D(29,5,30,15)	165.3626
D(11,3,30,1)	−146.1739	D(29,4,30,15)	154.423	D(29,5,30,17)	71.0275
D(11,3,30,5)	136.0196	D(29,4,30,17)	69.525	D(29,5,30,22)	−51.199
D(11,3,30,6)	−179.359	D(29,4,30,22)	−58.3347	D(29,5,30,23)	−72.5483
D(11,3,30,15)	−171.3676	D(29,4,30,23)	−85.8438	D(1,6,14,15)	91.374
D(11,3,30,17)	110.0056	D(4,5,6,1)	−0.5891	D(1,6,14,24)	−24.1281
D(11,3,30,22)	5.5897	D(4,5,6,14)	177.8245	D(1,6,14,25)	−150.2102
D(11,3,30,23)	−30.1696	D(10,5,6,1)	178.2918	D(5,6,14,15)	−87.0061
D(3,4,5,6)	−0.0189	D(10,5,6,14)	−3.2946	D(5,6,14,24)	157.4918
D(3,4,5,10)	−178.8794	D(29,5,6,1)	−104.8039	D(5,6,14,25)	31.4097
D(9,4,5,6)	179.8566	D(29,5,6,14)	73.6097	D(28,6,14,15)	−28.8794
D(9,4,5,10)	0.9961	D(6,5,29,9)	147.323	D(28,6,14,24)	−144.3815
D(3,4,29,10)	−141.2185	D(6,5,29,16)	−116.2468	D(28,6,14,25)	89.5364
D(3,4,29,16)	−167.1574	D(6,5,29,17)	−90.8143	D(30,6,14,15)	−17.3348
D(3,4,29,17)	−146.462	D(6,5,29,22)	107.6741	D(30,6,14,24)	−132.8369
D(3,4,29,22)	44.9126	D(30,5,29,9)	162.1795	D(30,6,14,25)	101.081
D(30,4,29,10)	−66.5359	D(30,5,29,16)	−101.3902	D(1,6,28,3)	55.9345

原子关系	二面角/(°)	原子关系	二面角/(°)	原子关系	二面角/(°)
D(1,6,28,4)	81.731	D(13,11,20,21)	58.0806	D(14,15,30,23)	−47.4298
D(1,6,28,9)	90.4035	D(13,11,20,22)	178.2436	D(19,16,17,18)	0.3653
D(1,6,28,10)	139.3409	D(13,11,20,23)	−62.0775	D(19,16,17,30)	132.9587
D(1,6,28,15)	−107.2301	D(6,14,15,28)	39.0441	D(17,16,19,18)	−0.4248
D(1,6,28,16)	158.7564	D(6,14,15,30)	35.3726	D(28,16,19,18)	21.9622
D(1,6,28,17)	178.8425	D(24,14,15,28)	155.816	D(29,16,19,18)	18.7964
D(1,6,28,22)	53.3263	D(24,14,15,30)	152.1445	D(19,16,28,3)	105.919
D(1,6,28,23)	35.2164	D(25,14,15,28)	−82.6803	D(19,16,28,4)	108.2242
D(1,6,28,29)	95.7645	D(25,14,15,30)	−86.3519	D(19,16,28,5)	89.2695
D(14,6,28,3)	178.5851	D(6,14,25,26)	64.2402	D(19,16,28,6)	71.2938
D(14,6,28,4)	−155.6184	D(6,14,25,27)	−166.8022	D(19,16,28,9)	122.2699
D(14,6,28,9)	−146.946	D(15,14,25,26)	−176.2566	D(19,16,28,15)	37.2823
D(14,6,28,10)	−98.0086	D(15,14,25,27)	−47.299	D(19,16,28,22)	136.0937
D(14,6,28,15)	15.4205	D(24,14,25,26)	−59.1675	D(19,16,28,23)	122.3105
D(14,6,28,16)	−78.5931	D(24,14,25,27)	69.7901	D(19,16,28,30)	6.6201
D(14,6,28,17)	−58.5069	D(14,15,28,3)	−35.5601	D(19,16,29,4)	98.282
D(14,6,28,22)	175.9769	D(14,15,28,4)	−19.5632	D(19,16,29,5)	79.6697
D(14,6,28,23)	157.8669	D(14,15,28,5)	−8.809	D(19,16,29,9)	114.5541
D(14,6,28,29)	−141.585	D(14,15,28,6)	−25.1228	D(19,16,29,22)	121.5345
D(14,6,30,2)	148.3637	D(14,15,28,9)	−11.8358	D(16,17,18,19)	−0.4253
D(14,6,30,3)	178.8371	D(14,15,28,10)	13.1444	D(28,17,18,19)	−130.7709
D(14,6,30,4)	−153.1928	D(14,15,28,16)	52.8842	D(29,17,18,19)	−104.0166
D(14,6,30,15)	11.6788	D(14,15,28,22)	−43.4393	D(30,17,18,19)	−139.4527
D(14,6,30,17)	−74.5627	D(14,15,28,23)	−57.4644	D(18,17,28,3)	81.2007
D(14,6,30,22)	−178.3938	D(14,15,28,29)	8.3834	D(18,17,28,4)	86.649
D(14,6,30,23)	162.348	D(14,15,30,1)	−47.8126	D(18,17,28,5)	72.0253
D(3,11,20,21)	−179.8461	D(14,15,30,2)	−44.2625	D(18,17,28,6)	51.5147
D(3,11,20,22)	−59.6831	D(14,15,30,3)	−30.5438	D(18,17,28,9)	100.5088
D(3,11,20,23)	59.9958	D(14,15,30,4)	−14.5665	D(18,17,28,22)	110.7629
D(12,11,20,21)	−57.8289	D(14,15,30,5)	−5.1119	D(18,17,28,23)	93.1278
D(12,11,20,22)	62.3342	D(14,15,30,6)	−23.24	D(18,17,29,4)	46.3253
D(12,11,20,23)	−177.987	D(14,15,30,22)	−32.0326	D(18,17,29,5)	34.7634

原子关系	二面角/(°)	原子关系	二面角/(°)	原子关系	二面角/(°)
D(18,17,29,9)	62.1757	D(11,20,22,29)	61.1002	D(20,22,28,3)	−36.3316
D(18,17,29,22)	56.6441	D(11,20,22,30)	69.586	D(20,22,28,4)	−59.3342
D(30,17,29,4)	90.8194	D(21,20,22,28)	−171.8079	D(20,22,28,5)	−54.4494
D(30,17,29,5)	79.2575	D(21,20,22,29)	−177.0894	D(20,22,28,6)	−33.5503
D(30,17,29,9)	106.6698	D(21,20,22,30)	−168.6035	D(20,22,28,9)	−82.3277
D(30,17,29,22)	101.1383	D(23,20,22,28)	−55.1802	D(20,22,28,10)	−69.4685
D(16,17,30,1)	−42.5875	D(23,20,22,29)	−60.4617	D(20,22,28,15)	−22.8167
D(16,17,30,2)	−28.2692	D(23,20,22,30)	−51.9758	D(20,22,28,16)	−103.2219
D(16,17,30,3)	−15.6503	D(11,20,23,28)	−85.2671	D(20,22,28,17)	−99.4364
D(16,17,30,4)	−13.3152	D(11,20,23,30)	−79.0732	D(20,22,28,23)	29.6122
D(16,17,30,5)	−27.4259	D(21,20,23,28)	152.9244	D(20,22,29,4)	−47.7153
D(16,17,30,6)	−45.63	D(21,20,23,30)	159.1183	D(20,22,29,5)	−39.6688
D(16,17,30,22)	12.7542	D(22,20,23,28)	36.2936	D(20,22,29,9)	−71.0399
D(16,17,30,23)	2.8367	D(22,20,23,30)	42.4875	D(20,22,29,10)	−51.1574
D(18,17,30,1)	74.8324	D(11,20,29,4)	0.2853	D(20,22,29,16)	−80.9599
D(18,17,30,2)	89.1508	D(11,20,29,5)	12.3735	D(20,22,29,17)	−62.6981
D(18,17,30,3)	101.7697	D(11,20,29,9)	−24.9407	D(30,22,29,4)	−67.7237
D(18,17,30,4)	104.1048	D(11,20,29,10)	2.0646	D(30,22,29,5)	−59.6772
D(18,17,30,5)	89.9941	D(11,20,29,16)	−23.113	D(30,22,29,9)	−91.0483
D(18,17,30,6)	71.7899	D(11,20,29,17)	−2.3853	D(30,22,29,10)	−71.1658
D(18,17,30,22)	130.1742	D(21,20,29,4)	129.861	D(30,22,29,16)	−100.9683
D(18,17,30,23)	120.2567	D(21,20,29,5)	141.9492	D(30,22,29,17)	−82.7064
D(29,17,30,1)	−91.3984	D(21,20,29,9)	104.635	D(20,22,30,1)	−25.7398
D(29,17,30,2)	−77.08	D(21,20,29,10)	131.6403	D(20,22,30,2)	−22.8921
D(29,17,30,3)	−64.4612	D(21,20,29,16)	106.4627	D(20,22,30,3)	−41.2854
D(29,17,30,4)	−62.126	D(21,20,29,17)	127.1904	D(20,22,30,4)	−68.2354
D(29,17,30,5)	−76.2367	D(23,20,29,4)	−110.6206	D(20,22,30,5)	−66.8168
D(29,17,30,6)	−94.4409	D(23,20,29,5)	−98.5324	D(20,22,30,6)	−44.2462
D(29,17,30,22)	−36.0566	D(23,20,29,9)	−135.8466	D(20,22,30,15)	−38.5018
D(29,17,30,23)	−45.9741	D(23,20,29,10)	−108.8413	D(20,22,30,17)	−118.5485
D(17,18,19,16)	0.4553	D(23,20,29,16)	−134.0189	D(20,22,30,23)	27.6955
D(11,20,22,28)	66.3816	D(23,20,29,17)	−113.2912	D(29,22,30,1)	139.4807

原子关系	二面角/(°)	原子关系	二面角/(°)	原子关系	二面角/(°)
D(29,22,30,2)	142.3283	D(20,23,28,9)	26.9533	D(20,23,30,5)	47.0596
D(29,22,30,3)	123.9351	D(20,23,28,10)	51.5384	D(20,23,30,6)	73.0963
D(29,22,30,4)	96.9851	D(20,23,28,15)	105.0912	D(20,23,30,15)	89.326
D(29,22,30,5)	98.4036	D(20,23,28,16)	26.9028	D(20,23,30,17)	11.2703
D(29,22,30,6)	120.9743	D(20,23,28,17)	37.1343	D(20,23,30,22)	−24.8639
D(29,22,30,15)	126.7186	D(20,23,28,22)	−23.6051	D(9,28,30,1)	11.2457
D(29,22,30,17)	46.6719	D(20,23,28,29)	−35.3579	D(9,28,30,2)	19.8002
D(29,22,30,23)	−167.0841	D(20,23,30,1)	89.6782	D(10,28,30,1)	38.6041
D(20,23,28,3)	61.1772	D(20,23,30,2)	84.4068	D(10,28,30,2)	47.1586
D(20,23,28,4)	46.7833	D(20,23,30,3)	54.4653	D(16,28,30,1)	81.7923
D(20,23,28,5)	61.1662	D(20,23,30,4)	36.8081	D(16,28,30,2)	90.3468
D(20,23,28,6)	85.4702				

表 4 - 29　O_2、N_2 和 CO_2 分子在煤表面混合吸附达到平衡时键长

原子关系	键长/Å	原子关系	键长/Å	原子关系	键长/Å
R(1,2)	1.3964	R(10,17)	2.5277	R(17,25)	2.0565
R(1,6)	1.4013	R(10,18)	3.3962	R(17,26)	2.4892
R(1,7)	1.0835	R(10,19)	3.908	R(17,27)	2.3052
R(2,3)	1.4023	R(11,12)	1.0932	R(18,19)	1.1123
R(2,8)	1.0834	R(11,13)	1.0935	R(18,28)	3.106
R(3,4)	1.4037	R(11,20)	1.5442	R(18,29)	3.3151
R(3,11)	1.5156	R(14,15)	1.0932	R(18,30)	3.3491
R(4,5)	1.3959	R(14,24)	1.096	R(20,21)	1.092
R(4,9)	1.083	R(14,25)	1.4697	R(20,23)	1.0914
R(5,6)	1.4051	R(15,30)	2.7374	R(20,23)	1.0919
R(5,10)	1.0826	R(16,17)	1.3162	R(22,29)	3.5041
R(5,28)	3.5195	R(16,18)	3.4108	R(25,26)	1.0115
R(6,14)	1.5132	R(16,19)	3.29	R(25,27)	1.0091
R(6,30)	3.5289	R(17,18)	3.5371	R(28,29)	1.184
R(10,16)	2.2637	R(17,19)	3.6257	R(28,30)	1.1852

表 4 - 30 O_2、N_2 和 CO_2 分子在煤表面混合吸附达到平衡时键角

原子关系	键角/(°)	原子关系	键角/(°)	原子关系	键角/(°)
A(2,1,6)	120.8139	A(3,11,20)	112.6966	A(17,18,28)	92.5847
A(2,1,7)	119.5141	A(12,11,13)	106.5262	A(17,18,29)	106.6271
A(6,1,7)	119.6719	A(12,11,20)	109.1482	A(17,18,30)	78.6248
A(1,2,3)	120.9804	A(13,11,20)	109.2297	A(19,18,29)	157.7661
A(1,2,8)	119.505	A(6,14,15)	110.1379	A(19,18,30)	160.0712
A(3,2,8)	119.514	A(6,14,24)	109.4551	A(29,18,30)	41.645
A(2,3,4)	117.8962	A(6,14,25)	112.235	A(11,20,21)	110.8849
A(2,3,11)	121.1156	A(15,14,24)	107.323	A(11,20,22)	110.9364
A(4,3,11)	120.9571	A(15,14,25)	107.0259	A(11,20,23)	110.9028
A(3,4,5)	121.5011	A(24,14,25)	110.5239	A(21,20,22)	108.2491
A(3,4,9)	119.3925	A(14,15,30)	132.6136	A(21,20,23)	108.0806
A(5,4,9)	119.1056	A(10,17,25)	74.5136	A(22,20,23)	107.6607
A(4,5,6)	120.1897	A(10,17,26)	67.2643	A(20,22,29)	138.4267
A(4,5,10)	119.6375	A(10,17,27)	100.4208	A(14,25,17)	108.6157
A(4,5,28)	93.6162	A(16,17,25)	115.279	A(14,25,26)	117.3082
A(6,5,10)	120.1708	A(16,17,26)	93.0408	A(14,25,27)	117.4353
A(6,5,28)	90.5494	A(16,17,27)	131.2351	A(26,25,27)	114.4764
A(10,5,28)	86.2733	A(18,17,25)	128.9011	A(5,28,18)	77.4063
A(1,6,5)	118.6117	A(18,17,26)	132.0737	A(5,28,29)	95.2864
A(1,6,14)	120.2575	A(18,17,27)	144.4379	A(5,28,30)	85.3932
A(1,6,30)	107.5789	A(19,17,25)	146.0899	A(18,29,22)	127.9708
A(5,6,14)	121.1116	A(19,17,26)	143.4013	A(22,29,28)	125.5136
A(5,6,30)	82.4319	A(19,17,27)	160.676	A(6,30,15)	37.5252
A(14,6,30)	79.192	A(26,17,27)	41.2926	A(6,30,18)	91.8438
A(5,10,16)	156.2404	A(10,18,28)	67.3702	A(6,30,28)	94.1004
A(5,10,17)	133.0869	A(10,18,29)	71.6664	A(15,30,18)	89.7006
A(5,10,18)	128.3331	A(10,18,30)	66.3326	A(15,30,28)	127.453
A(5,10,19)	143.5423	A(16,18,28)	102.9146	L(19,18,28,5,−1)	176.6405
A(3,11,12)	109.431	A(16,18,29)	110.4459	L(19,18,28,5,−2)	178.3959
A(3,11,13)	109.6186	A(16,18,30)	94.1645	L(29,28,30,5,−2)	179.3089

表 4 - 31　O₂、N₂ 和 CO₂ 分子在煤表面混合吸附达到平衡时二面角

原子关系	二面角/(°)	原子关系	二面角/(°)	原子关系	二面角/(°)
D(6,1,2,3)	−0.2521	D(4,5,6,30)	105.5418	D(5,6,14,24)	173.4549
D(6,1,2,8)	−179.9618	D(10,5,6,1)	179.0913	D(5,6,14,25)	50.3548
D(7,1,2,3)	179.8243	D(10,5,6,14)	−2.4973	D(30,6,14,15)	5.4494
D(7,1,2,8)	0.1145	D(10,5,6,30)	−74.9718	D(30,6,14,24)	−112.3179
D(2,1,6,5)	0.7101	D(28,5,6,1)	−94.9004	D(30,6,14,25)	124.582
D(2,1,6,14)	−177.7154	D(28,5,6,14)	83.511	D(1,6,30,15)	−121.8825
D(2,1,6,30)	−90.1747	D(28,5,6,30)	11.0365	D(1,6,30,18)	151.0121
D(7,1,6,5)	−179.3664	D(4,5,10,16)	135.9112	D(1,6,30,28)	82.9442
D(7,1,6,14)	2.2082	D(4,5,10,17)	174.6524	D(5,6,30,15)	120.4299
D(7,1,6,30)	89.7488	D(4,5,10,18)	−84.4363	D(5,6,30,18)	33.3245
D(1,2,3,4)	−0.5168	D(4,5,10,19)	−79.5186	D(5,6,30,28)	−34.7434
D(1,2,3,11)	177.4703	D(6,5,10,16)	−43.5781	D(14,6,30,15)	−3.3514
D(8,2,3,4)	179.193	D(6,5,10,17)	−4.8368	D(14,6,30,18)	−90.4569
D(8,2,3,11)	−2.8199	D(6,5,10,18)	96.0745	D(14,6,30,28)	−158.5248
D(2,3,4,5)	0.8355	D(6,5,10,19)	100.9921	D(5,10,17,25)	−21.4359
D(2,3,4,9)	−179.481	D(28,5,10,16)	−132.0452	D(5,10,17,26)	−44.9265
D(11,3,4,5)	−177.155	D(28,5,10,17)	−93.3039	D(5,10,17,27)	−19.8009
D(11,3,4,9)	2.5285	D(28,5,10,18)	7.6074	D(5,10,18,28)	−9.3334
D(2,3,11,12)	150.2613	D(28,5,10,19)	12.525	D(5,10,18,29)	12.5524
D(2,3,11,13)	33.7761	D(4,5,28,18)	112.8191	D(5,10,18,30)	−31.8622
D(2,3,11,20)	−88.1	D(4,5,28,29)	24.4794	D(3,11,20,21)	−178.7594
D(4,3,11,12)	−31.8132	D(4,5,28,30)	−154.8294	D(3,11,20,22)	−58.4384
D(4,3,11,13)	−148.2984	D(6,5,28,18)	−126.8829	D(3,11,20,23)	61.1541
D(4,3,11,20)	89.8255	D(6,5,28,29)	144.7775	D(12,11,20,21)	−56.9606
D(3,4,5,6)	−0.3852	D(6,5,28,30)	−34.5314	D(12,11,20,22)	63.3604
D(3,4,5,10)	−179.8743	D(10,5,28,18)	−6.6813	D(12,11,20,23)	−177.0471
D(3,4,5,28)	92.3593	D(10,5,28,29)	−95.021	D(13,11,20,21)	59.1449
D(9,4,5,6)	179.9304	D(10,5,28,30)	85.6701	D(13,11,20,22)	179.4659
D(9,4,5,10)	0.4413	D(1,6,14,15)	109.6077	D(13,11,20,23)	−60.9416
D(9,4,5,28)	−87.325	D(1,6,14,24)	−8.1596	D(6,14,15,30)	−9.4047
D(4,5,6,1)	−0.3951	D(1,6,14,25)	−131.2598	D(24,14,15,30)	109.6724
D(4,5,6,14)	178.0163	D(5,6,14,15)	−68.7778	D(25,14,15,30)	−131.6681

续表

原子关系	二面角/(°)	原子关系	二面角/(°)	原子关系	二面角/(°)
D(6,14,25,17)	−87.162	D(27,17,18,28)	21.1667	D(16,18,30,15)	−14.987
D(6,14,25,26)	29.1521	D(27,17,18,29)	36.9462	D(17,18,30,6)	37.7658
D(6,14,25,27)	171.6574	D(27,17,18,30)	5.7715	D(17,18,30,15)	0.2962
D(15,14,25,17)	33.7802	D(10,17,25,14)	56.8758	D(19,18,30,6)	76.1344
D(15,14,25,26)	150.0943	D(16,17,25,14)	106.4988	D(19,18,30,15)	38.6647
D(15,14,25,27)	−67.4004	D(18,17,25,14)	17.4859	D(29,18,30,6)	−93.953
D(24,14,25,17)	150.3412	D(19,17,25,14)	24.518	D(29,18,30,15)	−131.4227
D(24,14,25,26)	−93.3448	D(10,18,28,5)	2.298	D(11,20,22,29)	76.8003
D(24,14,25,27)	49.1606	D(16,18,28,5)	18.2938	D(21,20,22,29)	−161.3253
D(14,15,30,6)	6.2003	D(17,18,28,5)	37.6301	D(23,20,22,29)	−44.7139
D(14,15,30,18)	99.6188	D(10,18,29,22)	45.2527	D(20,22,29,18)	−105.4552
D(14,15,30,28)	38.0407	D(16,18,29,22)	47.5742	D(20,22,29,28)	−14.7594
D(25,17,18,28)	−9.7581	D(17,18,29,22)	70.1693	D(5,28,29,22)	−45.4086
D(25,17,18,29)	6.0214	D(19,18,29,22)	−51.1194	D(22,29,30,6)	−32.705
D(25,17,18,30)	−25.1534	D(30,18,29,22)	119.9598	D(22,29,30,15)	−51.2908
D(26,17,18,28)	−40.2949	D(10,18,30,6)	−5.325	D(5,28,30,6)	13.0781
D(26,17,18,29)	−24.5154	D(10,18,30,15)	−42.7946	D(5,28,30,15)	−5.7157
D(26,17,18,30)	−55.6902	D(16,18,30,6)	22.4826		

2. 平衡吸附距离

应用量子化学密度泛函理论计算优化后的吸附模型可以看出,煤表面对氧分子、氮分子和二氧化碳分子的混合吸附组成的吸附态中,从平衡吸附构型可以看出,氧分子和氮分子吸附在煤分子片段的侧链位置,二氧化碳则吸附苯环的上方。

从平衡吸附构型可以看出,氧分子的两个氧原子距侧链各原子的距离分别为:$R(O_{16}, C_{14}) = 3.71907$ Å,$R(O_{16}, H_{15}) = 3.72955$ Å,$R(O_{16}, H_{24}) = 4.73749$ Å,$R(O_{16}, N_{25}) = 2.87629$ Å,$R(O_{16}, H_{26}) = 2.87677$ Å,$R(O_{16}, H_{27}) = 3.32354$ Å;$R(O_{17}, C_{14}) = 2.88420$ Å,$R(O_{17}, H_{15}) = 2.73650$ Å,$R(O_{17}, H_{24}) = 3.82493$ Å,$R(O_{17}, N_{25}) = 2.05647$ Å,$R(O_{17}, H_{26}) = 2.48916$ Å,$R(O_{17}, H_{27}) = 2.30518$ Å。

氮分子的两个氮原子距侧链各原子的距离分别为:$R(N_{18}, C_{14}) = 4.97353$ Å,$R(N_{18}, H_{15}) = 4.31440$ Å,$R(N_{18}, H_{24}) = 5.98084$ Å,$R(N_{18}, N_{25}) = 5.08682$ Å,

$R(N_{18},H_{26})=5.523\ 24\ \text{Å},R(N_{18},H_{27})=5.575\ 89\ \text{Å};R(N_{19},C_{14})=5.615\ 79\ \text{Å},$
$R(N_{19},H_{15})=5.020\ 46\ \text{Å},R(N_{19},H_{24})=6.650\ 86\ \text{Å},R(N_{19},N_{25})=5.454\ 41\ \text{Å},$
$R(N_{19},H_{26})=5.816\ 58\ \text{Å},R(N_{19},H_{27})=5.850\ 95\ \text{Å}。$

二氧化碳分子的 3 个原子距苯环各 C 原子的距离分别为：$R(C_{28},C_1)=$
$4.369\ 26\ \text{Å},R(C_{28},C_2)=4.649\ 72\ \text{Å},R(C_{28},C_3)=4.432\ 28\ \text{Å},R(C_{28},C_4)=$
$3.867\ 21\ \text{Å},R(C_{28},C_5)=3.519\ 51\ \text{Å},R(C_{28},C_6)=3.802\ 13\ \text{Å};R(O_{29},C_1)=$
$4.859\ 82\ \text{Å},R(O_{29},C_2)=4.812\ 96\ \text{Å},R(O_{29},C_3)=4.297\ 61\ \text{Å},R(O_{29},C_4)=$
$3.762\ 26\ \text{Å},R(O_{29},C_5)=3.815\ 33\ \text{Å},R(O_{29},C_6)=4.397\ 22\ \text{Å};R(O_{30},C_1)=$
$4.171\ 79\ \text{Å},R(O_{30},C_2)=4.786\ 21\ \text{Å},R(O_{30},C_3)=4.866\ 31\ \text{Å},R(O_{30},C_4)=$
$4.318\ 83\ \text{Å},R(O_{30},C_5)=3.622\ 37\ \text{Å},R(O_{30},C_6)=3.528\ 93\ \text{Å}。$

3. 电荷集居数与振动频率

通过电荷集居数与振动频率分析，可确定多组分气体分子与煤表面电荷转移
与多组分气体分子的频率变化规律，揭示煤表面与多组分气体分子发生吸附过程
中化学键的变化。表 4 - 32 给出了吸附构型的 Mulliken 原子布居。

表 4 - 32　煤表面与多组分气体分子吸附前后各轨道电子布居数

项目	分子轨道	吸附前	吸附后	变化量	项目	分子轨道	吸附前	吸附后	变化量
C₁	1s	1.103 16	1.103 17	1E-05	C₃	1s	1.103 23	1.103 24	1E-05
	2s	0.886 24	0.886 23	−1E-05		2s	0.886 23	0.886 13	−1E-04
	2p	0.647 35	0.646 9	−0.000 45		2p	0.639 14	0.638 43	−0.000 71
	3s	0.808 88	0.810 16	0.001 28		3s	0.806 19	0.807 92	0.001 73
	3p	1.549 29	1.547 14	−0.002 15		3p	1.537 29	1.535 41	−0.001 88
	4s	0.393 85	0.387 87	−0.005 98		4s	0.318 52	0.316 70	−0.001 82
	4p	0.757 99	0.762 35	0.004 36		4p	0.654 33	0.650 94	−0.003 39
C₂	1s	1.103 16	1.103 16	0	C₄	1s	1.103 17	1.103 18	1E-05
	2s	0.886 25	0.886 24	−1E-05		2s	0.886 25	0.886 20	−5E-05
	2p	0.647 06	0.647 23	0.000 17		2p	0.646 69	0.646 38	−0.000 31
	3s	0.808 52	0.808 97	0.000 45		3s	0.808 54	0.809 55	0.001 01
	3p	1.550 92	1.552 38	0.001 46		3p	1.550 13	1.550 82	0.000 69
	4s	0.412 84	0.415 78	0.002 94		4s	0.417 19	0.431 91	0.014 72
	4p	0.746 93	0.737 64	−0.009 29		4p	0.684 49	0.732 74	0.048 25

续表

项目	分子轨道	吸附前	吸附后	变化量	项目	分子轨道	吸附前	吸附后	变化量
	1s	1.103 17	1.103 17	0		1s	1.084 32	1.084 23	−9E-05
	2s	0.886 23	0.886 15	−8E-05		2s	0.909 25	0.909 28	3E-05
	2p	0.647 43	0.647 01	−0.000 42		2p	0.916 14	0.926 58	0.010 44
C_5	3s	0.809 96	0.807 48	−0.002 48	O_{16}	3s	1.108 42	1.077 60	−0.030 82
	3p	1.552 62	1.554 21	0.001 59		3p	1.899 59	1.8717	−0.027 89
	4s	0.412 56	0.412 28	−0.000 28		4s	0.867 25	0.898 74	0.031 49
	4p	0.687 07	0.734 69	0.047 62		4p	1.215 03	1.407 23	0.1922
	1s	1.103 21	1.103 19	−2E-05		1s	1.084 32	1.084 34	2E-05
	2s	0.886 25	0.886 26	1E-05		2s	0.909 25	0.909 14	−0.000 11
	2p	0.640 57	0.642 09	0.001 52		2p	0.916 14	0.911 37	−0.004 77
C_6	3s	0.8083	0.804 74	−0.003 56	O_{17}	3s	1.108 42	1.098 29	−0.010 13
	3p	1.542 75	1.547 52	0.004 77		3p	1.899 59	1.876 08	−0.023 51
	4s	0.327 72	0.335 17	0.007 45		4s	0.867 25	0.861 83	−0.005 42
	4p	0.701 02	0.728 58	0.027 56		4p	1.215 03	1.3509	0.135 87
	1s	1.103 16	1.103 16	0		1s	1.084 03	1.084 03	0
	2s	0.886 47	0.886 39	−8E-05		2s	0.909 15	0.909 12	−3E-05
	2p	0.650 73	0.639 65	−0.011 08		2p	0.956 27	0.956 87	0.0006
C_{14}	3s	0.772 65	0.776 25	0.0036	O_{29}	3s	1.057 47	1.054 93	−0.002 54
	3p	1.591 47	1.582 35	−0.009 12		3p	1.983	1.985 35	0.002 35
	4s	0.596 74	0.598 61	0.001 87		4s	0.841 13	0.851 65	0.010 52
	4p	0.873 79	0.641 68	−0.232 11		4p	1.431 78	1.431 94	0.000 16
	1s	1.103 35	1.103 36	1E-05		1s	1.084 03	1.084 02	−1E-05
	2s	0.886 58	0.886 50	−8E-05		2s	0.909 15	0.909 13	−2E-05
	2p	0.645 55	0.6446	−0.000 95		2p	0.956 27	0.957 55	0.001 28
C_{28}	3s	0.850 12	0.850 43	0.000 31	O_{30}	3s	1.057 47	1.052 58	−0.004 89
	3p	1.480 44	1.477 49	−0.002 95		3p	1.983	1.987 57	0.004 57
	4s	0.049 90	0.042 39	−0.007 51		4s	0.841 13	0.855 47	0.014 34
	4p	0.458 38	0.434 49	−0.023 89		4p	1.431 78	1.434 62	0.002 84

项目	分子轨道	吸附前	吸附后	变化量	项目	分子轨道	吸附前	吸附后	变化量
N_{18}	1s	1.095 23	1.095 21	−2E-05	N_{25}	3s	0.863 95	0.871 58	0.007 63
	2s	0.896 28	0.896 28	0		3p	1.838 65	1.824 88	−0.013 77
	2p	0.738 16	0.737 96	−0.0002		4s	0.762 09	0.781 34	0.019 25
	3s	1.014 24	1.012 00	−0.002 24		4p	1.446 47	1.369 54	−0.076 93
	3p	1.583 15	1.594 73	0.011 58	H_{15}	1s	0.286 81	0.283 65	−0.003 16
	4s	0.910 58	0.893 42	−0.017 16		2s	0.431 12	0.404 78	−0.026 34
	4p	0.762 57	0.767 53	0.004 96		3s	0.086 80	0.074 08	−0.012 72
N_{19}	1s	1.095 23	1.095 24	1E-05	H_{24}	1s	0.287 80	0.286 47	−0.001 33
	2s	0.896 28	0.896 24	−4E-05		2s	0.443 41	0.434 25	−0.009 16
	2p	0.738 16	0.736 51	−0.001 65		3s	0.104 69	0.089 10	−0.015 59
	3s	1.014 24	1.016 21	0.001 97	H_{26}	1s	0.289 16	0.283 65	−0.0059
	3p	1.583 15	1.579 63	−0.003 52		2s	0.355 81	0.316 68	−0.039 13
	4s	0.910 58	0.917 32	0.006 74		3s	0.068 83	0.063 83	−0.005
	4p	0.762 57	0.754 26	−0.008 31	H_{27}	1s	0.288 75	0.285 25	−0.0035
N_{25}	1s	1.094 49	1.094 56	7E-05		2s	0.350 08	0.320 14	−0.029 94
	2s	0.896 99	0.896 86	−0.000 13		3s	0.072 19	0.056 26	−0.015 93
	2p	0.807 99	0.7993	−0.008 69		—	—	—	—

从表 4-32 可以看出,在煤表面与氧分子、氮分子和二氧化碳分子进行混合吸附组成的吸附态中,当氧分子在煤表面上含氨基的侧链上吸附时,煤表面含氨基上的 C 原子和 N 原子的电子向氧分子中的氧原子转移,其中 C_{14} 原子的 4p 轨道向 $O_{16}O_{17}$ 分子提供了 0.232 11 个电子,N_{25} 原子的 4p 轨道向 $O_{16}O_{17}$ 分子提供了 0.076 93个电子,但是由于煤表面吸附了二氧化碳分子和氮分子,所以吸附态中 O_{16}、O_{17} 两个氧原子的净电荷只分别增加了−0.205 和−0.092,这表明如果煤表面对其他种类分子的吸附对煤表面对氧的吸附具有一定的削弱作用。而且由于电子转移使氧分子的 O—O 键强度减弱,键拉长变大。对于吸附在煤表面苯环上的二氧化碳分子,吸附前与吸附后二氧化碳分子的 C_{28} 原子、O_{29} 原子和 O_{30} 原子的净电荷发生的变化较小,且由于 C_{28} 原子、O_{29} 原子和 O_{30} 原子与煤表面发生的电子转移较少,所以二氧化碳分子中 C═O 键的键长也几乎没有变化。氮分子在与煤表面上的苯环吸附后,氮分子中 N—N 键的键长以及 N_{18} 和 N_{19} 原子的净电荷呈现的变化规律与二氧化碳分子吸附在煤表面上所呈现的规律相一致。

为了考察煤表面与氧分子相互作用的本质,计算了自由氧分子、自由氮分子、自由二氧化碳分子和煤表面以及混合吸附态的 C—C 键、O—O 键、N—N 键、N—H 键、C═O 键和 C—H 键的红外伸缩振动频率,结果列于表 4-33。

表 4 - 33　煤表面与多组分气体分子吸附前后红外光谱频率比较

名称	吸附前/cm^{-1}	吸附后/cm^{-1}	名称	吸附前/cm^{-1}	吸附后/cm^{-1}
$\upsilon_{C_1-C_2}$	1654	1654	$\upsilon_{C_1-H_7}$	3164	3170
$\upsilon_{C_4-C_5}$	1654	1654	$\upsilon_{C_4-H_9}$	3150	3178
$\upsilon_{C_2-C_3}$	1612	1610	$\upsilon_{C_5-H_{10}}$	3195	3178
$\upsilon_{C_5-C_6}$	1612	1610	$\upsilon_{C_2-H_8}$	3164	3170
$\upsilon_{O_{16}-O_{17}}$	1436	1191	$\upsilon_{N_{18}-N_{19}}$	2304	2310
$\upsilon_{C_{28}-O_{29}}$	1270	1272	$\upsilon_{C_{28}-O_{30}}$	1270	1272
$\upsilon_{C_{14}-N_{25}}$	1070	1038	$\upsilon_{N_{25}-H_{26}}$	3516	3524
$\upsilon_{N_{25}-H_{27}}$	3516	3524	$\upsilon_{C_{14}-H_{15}}$	3011	3041
$\upsilon_{C_{14}-H_{24}}$	3011	2989			

与自由氧分子相比,吸附在煤表面的含氨基侧链的氧分子的 O—O 键的伸缩振动频率向低波数位移,吸附前 O—O 键的伸缩振动频率 1436cm^{-1},吸附后 O—O 键的振动频率都有不同程度的减小,O_{16}—O_{17} 键的振动频率变为 1191cm^{-1},由此可以看出,吸附态氧分子中 O—O 键伸缩振动频率的位移趋势与煤表面中 O—O 键的键长拉长的规律相一致,O_{16}—O_{17} 键的键长由 1.258 15Å 变为 1.316 18Å。与自由氮分子相比,氮分子被煤表面的苯环吸附后,N—N 键的键长和振动频率都基本没有发生变化,N—N 键吸附前的键长和震动频率分别为 1.112 90Å、2304cm^{-1},吸附后分别为 1.112 30Å、2310cm^{-1},说明吸附后 N—N 键具有很高的稳定性。二氧化碳分子在与煤表面的苯环发生吸附后,C ═O 键的键长和振动频率的变化情况与氮分子吸附后的变化相似,C ═O 键吸附前的键长和震动频率分别为 1.185 08Å、1270cm^{-1},吸附后分别为 1.185 21Å、1272cm^{-1},说明吸附后 C ═O 键也具有很高的稳定性。在混合吸附构型 1 中,与自由水分子相比,吸附在苯环上的水分子的 O—H 键的键长由 0.970 62Å 变为 0.969 00Å,振动频率由 3646cm^{-1} 变为 3512cm^{-1},说明煤分子片段对水分子的吸附作用较强。煤表面在吸附氧分子、氮分子和二氧化碳分子后,煤分子片段的 C—C 键、C—H 键、N—H 键的振动频率基本没有发生变化,再次说明煤表面与氧分子、氮分子和二氧化碳分子发生的混合吸附是物理吸附。

4. 吸附竞争性

本节研究煤表面与氧分子、二氧化碳分子、一氧化碳分子、氮分子、水分子和甲烷分子发生的混合吸附时的竞争性,吸附的竞争性可通过计算比较吸附能的方法得到。煤表面与以上气体分子发生吸附时,吸附能越大,表明煤表面与该气体分子发生吸附时的亲和性越好。

采用量子化学理论计算煤表面吸附 O_2、N_2、CO、CO_2、H_2O、CH_4 达到平衡后的几何构型如图 4 - 16～图 4 - 21 所示。

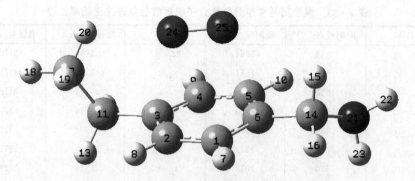

图 4-16 O_2 分子在煤表面吸附的几何平衡构型

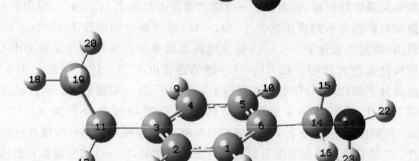

图 4-17 CO_2 分子在煤表面吸附的几何平衡构型

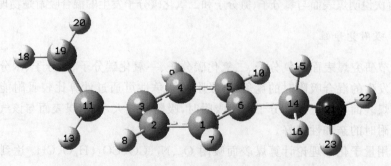

图 4-18 CO 分子在煤表面吸附的几何平衡构型

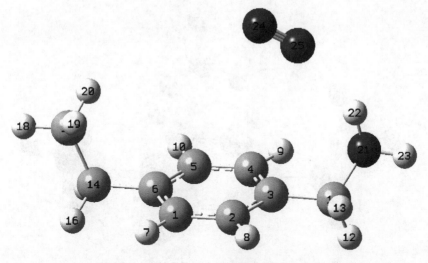

图 4 - 19　N_2 分子在煤表面吸附的几何平衡构型

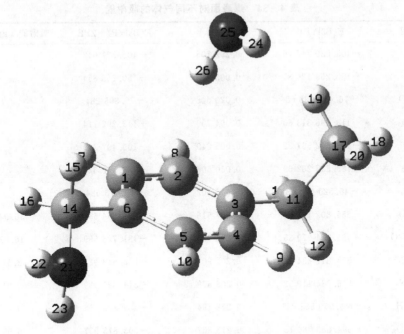

图 4 - 20　H_2O 分子在煤表面吸附的几何平衡构型

表 4 - 34 列出了由 B3LYP/6-311G 基组水平上计算所得的煤分子片段、氧分子以及煤分子片段吸附氧分子、水分子、一氧化碳分子、二氧化碳分子、氮分子和甲烷分子后组成的吸附态的能量、零点能以及考虑零点能校正后的能量(E),并利用式(4-1)分别计算出了煤分子片段苯环吸附氧分子、水分子、一氧化碳分子、二氧

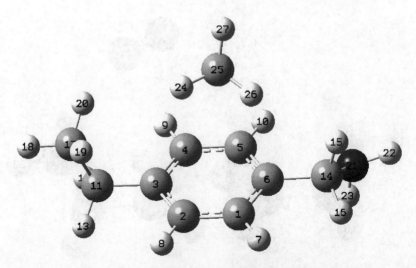

图 4 - 21　CH₄ 分子在煤表面吸附的几何平衡构型

表 4 - 34　煤表面对不同气体的吸附能

项目	E(B3lYP)	ZPE	E(B3lYP)+ZPE	吸附能/(kJ/mol)
R	−405.529 717 76	0.202 705	−405.327 012	
O_2	−150.259 126 81	0.003 273	−150.255 854	
H_2O	−76.415 928 88	0.020 648	−76.395 281	
CO	−113.296 813 60	0.004 700	−113.292 114	
N_2	−109.502 567 82	0.005 249	−109.497 319	
CO_2	−188.557 232 69	0.010 606	−188.546 627	
CH_4	−40.520 626 53	0.045 102	−40.475 524	
R · O_2	−555.802 166 21	0.207 516	−555.594 650	30.94
R · H_2O	−481.954 079 35	0.225 680	−481.728 399	16.03
R · CO	−518.817 834 44	0.207 906	−518.619 929	2.11
R · N_2	−515.034 118 52	0.208 679	−514.825 439	2.91
R · CH_4	−446.050 558 291	0.248 194	−445.802 365	0.45
R · CO_2	−594.089 764 15	0.213 807	−593.875 957	6.09

化碳分子、氮分子和甲烷分子的吸附能。

　　煤表面吸附氧分子后,吸附态经零点能校正后的总能量为−555.594 650 hartree,吸附能为30.94kJ/mol;吸附水分子后,吸附态经零点能校正后的总能量为−481.728 399hartree,吸附能为16.03kJ/mol;吸附二氧化碳分子后,吸附态经零点能校正后的总能量为-593.875 957hartree,吸附能为 6.09kJ/mol;吸附氮分子后,吸附态经零点能校正后的总能量为-514.825 439hartree,吸附能为 2.91kJ/mol;吸附一氧化碳分子后,吸附态经零点能校正后的总能量为-518.619 929hartree,吸附能为 2.11kJ/mol;吸附甲烷分子后,吸附经零点能校正后的能量为-518.619 929 hartree,吸附能为 2.11kJ/mol。由分析可知,煤表面对氧分子的亲和力最强(表 4-34)。

比较煤表面对矿井采空区各种气体吸附能的大小,可得到煤表面与矿井采空区各种气体发生吸附时的亲和顺序。

煤表面对矿井采空区多种气体发生吸附时,吸附能的大小顺序为:

$$R \cdot O_2(30.94kJ/mol) > R \cdot H_2O(16.03kJ/mol) > R \cdot CO_2(6.09kJ/mol) >$$
$$R \cdot N_2(2.91kJ/mol) > R \cdot CO(2.11kJ/mol) > R \cdot CH_4(0.45\ kJ/mol)$$

煤表面与矿井采空区各种气体发生吸附时的亲和顺序为:

$$氧气 > 水 > 二氧化碳 > 氮气 > 一氧化碳 > 甲烷$$

所以在煤的自燃防治技术中,采用水和二氧化碳防止煤自燃能够起到很好的效果。这项研究结论为抑制煤自燃提供了重要的理论依据。

4.5　含硫、磷侧链基团对氧分子的物理吸附

煤中含有一定数量的硫和磷。通常硫的含量较大,在煤燃烧后生产的产物危害也大,所以被人们所重视。而磷在煤的燃烧中没有有害气体产生,所以人们对煤中的含磷研究的较少,也没有引起人们的足够重视。但煤中的含硫和磷对煤的氧化自燃都起着重要的作用。

4.5.1　含硫侧链基团对氧分子的物理吸附

煤中的硫通常以有机硫和无机硫的状态存在。有机硫是批与煤有机相结合的硫,其组成结构非常复杂,主要存在形式有硫醇、硫醚、双硫醚以及成杂环状态的硫醌等。有机硫主要来自成煤植物中的蛋白质。硫在煤中的存在主要以有机硫为主。

煤中的无机硫主要来自矿物中各种含硫化合物。主要有硫化物硫和少量硫酸盐硫,也有少量元素硫存在。硫化物硫以黄铁矿为主,其次为白铁矿、磁铁矿(Fe_7S_8)、闪锌矿(ZnS)、方铅矿(PbS)等。黄铁矿(FeS_2)在有水分存在时极易氧化放出大量热量,加剧了煤的氧化自燃。

1. 吸附几何构型

煤表面中含硫侧链基团与氧分子吸附达到平衡时优化后的几何构型如图 4-22所示,各状态值如表 4-35～表 4-37所示。

图 4 – 22　O_2 分子在煤表面含硫分子片段吸附的几何平衡构型

表 4 – 35　煤表面中含硫侧链基团与氧分子吸附达到平衡时键长

原子关系	键长/Å	原子关系	键长/Å	原子关系	键长/Å
R(1,2)	1.3926	R(14,15)	1.0881	R(22,26)	3.2749
R(1,6)	1.4052	R(14,16)	1.0843	R(22,28)	3.4524
R(1,7)	1.0826	R(14,37)	1.9692	R(22,31)	2.1235
R(2,3)	1.4049	R(15,21)	2.7657	R(22,32)	2.482
R(2,8)	1.0827	R(15,32)	3.0417	R(22,33)	2.1322
R(3,4)	1.4038	R(16,24)	2.3777	R(22,34)	2.4817
R(3,11)	1.5147	R(17,18)	1.0915	R(22,35)	3.478
R(4,5)	1.3935	R(17,19)	1.0915	R(23,24)	1.3347
R(4,9)	1.0827	R(17,20)	1.0915	R(23,29)	1.813
R(5,6)	1.4041	R(21,22)	1.2591	R(24,30)	2.5135
R(5,10)	1.0821	R(21,26)	3.279	R(24,37)	2.1748
R(6,14)	1.4851	R(21,31)	2.4824	R(24,38)	2.4478
R(10,32)	2.9844	R(21,32)	2.1537	R(25,26)	1.2879
R(11,12)	1.093	R(21,33)	2.4812	R(25,27)	2.428
R(11,13)	1.0931	R(21,34)	2.1432	R(25,28)	2.5672
R(11,17)	1.5444	R(21,35)	3.4056	R(25,29)	2.6391

续表

原子关系	键长/Å	原子关系	键长/Å	原子关系	键长/Å
R(25,30)	1.9845	R(28,35)	1.9959	R(32,33)	2.4802
R(25,38)	2.1178	R(28,36)	2.4884	R(32,34)	2.1419
R(26,27)	2.5622	R(29,30)	1.2916	R(32,35)	3.215
R(26,28)	2.0366	R(30,38)	2.4092	R(33,34)	1.2613
R(27,28)	1.2705	R(31,32)	1.2611	R(35,36)	1.3221
R(27,35)	2.4962	R(31,33)	2.1307	R(36,37)	2.2086
R(27,36)	2.271	R(31,34)	2.4814	R(37,38)	1.395
R(27,38)	2.2829	R(31,35)	3.2946		

表 4-36　煤表面中含硫侧链基团与氧分子吸附达到平衡时键角

原子关系	键角/(°)	原子关系	键角/(°)	原子关系	键角/(°)
A(2,1,6)	120.4183	A(12,11,13)	106.5536	A(23,24,30)	73.9017
A(2,1,7)	120.0316	A(12,11,17)	109.1692	A(23,24,37)	115.3883
A(6,1,7)	119.548	A(13,11,17)	109.1715	A(23,24,38)	89.4541
A(1,2,3)	121.0843	A(6,14,15)	114.3614	A(30,24,37)	88.456
A(1,2,8)	119.4822	A(6,14,16)	114.8658	A(26,25,29)	139.9606
A(3,2,8)	119.4332	A(6,14,37)	110.3537	A(26,25,30)	112.9087
A(2,3,4)	118.1743	A(15,14,16)	111.5017	A(26,25,38)	108.5856
A(2,3,11)	120.8975	A(15,14,37)	102.9462	A(27,25,29)	128.1114
A(4,3,11)	120.9067	A(16,14,37)	101.3002	A(27,25,30)	131.5145
A(3,4,5)	121.0883	A(14,16,24)	101.761	A(28,25,30)	148.9958
A(3,4,9)	119.4377	A(11,17,18)	110.6829	A(28,25,30)	134.3305
A(5,4,9)	119.4738	A(11,17,19)	111.0394	A(28,25,38)	74.7301
A(4,5,6)	120.4251	A(11,17,20)	111.0165	A(29,25,38)	74.345
A(4,5,10)	119.917	A(18,17,19)	108.098	A(25,27,35)	99.7959
A(6,5,10)	119.6575	A(18,17,20)	108.1178	A(25,27,36)	109.1938
A(1,6,5)	118.8089	A(19,17,20)	107.7602	A(26,27,35)	81.4812
A(1,6,14)	120.7433	A(24,23,29)	104.0685	A(26,27,36)	103.7604
A(5,6,14)	120.4448	A(16,24,23)	138.123	A(26,27,38)	70.5559
A(3,11,12)	109.4283	A(16,24,30)	64.2324	A(28,27,38)	103.8262
A(3,11,13)	109.4793	A(16,24,37)	64.2511	A(35,27,38)	76.5837
A(3,11,17)	112.8425	A(16,24,38)	68.2032	A(36,27,38)	64.2615

原子关系	键角/(°)	原子关系	键角/(°)	原子关系	键角/(°)
A(25,28,35)	110.6529	A(29,30,38)	98.8813	A(24,37,36)	163.3033
A(25,28,36)	98.5315	A(27,36,37)	92.0363	A(36,37,38)	81.0574
A(26,28,35)	109.9206	A(28,36,37)	104.6318	A(24,38,25)	112.9814
A(26,28,36)	114.1739	A(35,36,37)	114.4497	A(24,38,27)	173.6904
A(23,29,25)	111.4462	A(14,37,24)	85.1297	A(27,38,30)	118.2432
A(23,29,30)	105.9047	A(14,37,36)	91.2907	A(27,38,37)	120.5195
A(24,30,25)	115.3349	A(14,37,38)	100.1655	A(30,38,37)	116.5281
A(24,30,29)	74.4448				

表 4 - 37　煤表面中含硫侧链基团与氧分子吸附达到平衡时二面角

原子关系	二面角/(°)	原子关系	二面角/(°)	原子关系	二面角/(°)
D(6,1,2,3)	-0.0363	D(4,3,11,17)	-90.1118	D(13,11,17,18)	-58.0878
D(6,1,2,8)	179.7776	D(3,4,5,6)	-0.1841	D(13,11,17,19)	61.9769
D(7,1,2,3)	-179.5074	D(3,4,5,10)	-179.9435	D(13,11,17,20)	-178.1623
D(7,1,2,8)	0.3065	D(9,4,5,6)	179.9757	D(6,14,16,24)	95.3333
D(2,1,6,5)	-0.2113	D(9,4,5,10)	0.2163	D(15,14,16,24)	-132.5053
D(2,1,6,14)	179.1581	D(4,5,6,1)	0.3201	D(37,14,16,24)	-23.5837
D(7,1,6,5)	179.2623	D(4,5,6,14)	-179.0513	D(6,14,37,24)	-96.6518
D(7,1,6,14)	-1.3682	D(10,5,6,1)	-179.9198	D(6,14,37,36)	99.6832
D(1,2,3,4)	0.1744	D(10,5,6,14)	0.7088	D(6,14,37,38)	-179.1712
D(1,2,3,11)	-178.1511	D(1,6,14,15)	-160.0181	D(15,14,37,24)	140.8879
D(8,2,3,4)	-179.6395	D(1,6,14,16)	-29.2255	D(15,14,37,36)	-22.7772
D(8,2,3,11)	2.0349	D(1,6,14,37)	84.4957	D(15,14,37,38)	58.3684
D(2,3,4,5)	-0.0645	D(5,6,14,15)	19.341	D(16,14,37,24)	25.4547
D(2,3,4,9)	179.7758	D(5,6,14,16)	150.1336	D(16,14,37,36)	-138.2104
D(11,3,4,5)	178.2609	D(5,6,14,37)	-96.1452	D(16,14,37,38)	-57.0648
D(11,3,4,9)	-1.8989	D(3,11,17,18)	179.9375	D(14,16,24,23)	123.3146
D(2,3,11,12)	-150.0704	D(3,11,17,19)	-59.9977	D(14,16,24,30)	124.7437
D(2,3,11,13)	-33.6334	D(3,11,17,20)	59.863	D(14,16,24,37)	23.2296
D(2,3,11,17)	88.1678	D(12,11,17,18)	58.0296	D(14,16,24,38)	60.7944
D(4,3,11,12)	31.6499	D(12,11,17,19)	178.0944	D(29,23,24,16)	8.9326
D(4,3,11,13)	148.0869	D(12,11,17,20)	-62.0449	D(29,23,24,30)	7.5931

续表

原子关系	二面角/(°)	原子关系	二面角/(°)	原子关系	二面角/(°)
D(29,23,24,37)	87.9211	D(29,25,28,36)	0.4741	D(35,27,38,30)	−109.6884
D(29,23,24,38)	64.398	D(30,25,28,35)	−8.7759	D(35,27,38,37)	45.1611
D(24,23,29,25)	−63.7825	D(30,25,28,36)	−39.4233	D(36,27,38,24)	125.6598
D(24,23,29,30)	−14.8854	D(38,25,28,35)	35.3191	D(36,27,38,30)	−140.8794
D(16,24,30,25)	−89.8351	D(38,25,28,36)	4.6717	D(36,27,38,37)	13.9701
D(16,24,30,29)	170.2298	D(26,25,29,23)	111.6452	D(25,28,36,37)	5.8723
D(23,24,30,25)	89.1721	D(27,25,29,23)	−16.7493	D(26,28,36,37)	−20.6079
D(23,24,30,29)	−10.763	D(28,25,29,23)	15.422	D(23,29,30,24)	7.8946
D(37,24,30,25)	−27.8407	D(38,25,29,23)	11.2165	D(23,29,30,38)	−46.9866
D(37,24,30,29)	−127.7759	D(26,25,30,24)	113.8851	D(29,30,38,27)	−106.8644
D(16,24,37,14)	−12.3207	D(27,25,30,24)	15.5612	D(29,30,38,37)	97.2901
D(16,24,37,36)	65.8272	D(28,25,30,24)	55.7948	D(27,36,37,14)	111.3994
D(23,24,37,14)	−145.6453	D(26,25,38,24)	−119.7173	D(27,36,37,24)	34.1358
D(23,24,37,36)	−67.4974	D(28,25,38,24)	−159.3475	D(27,36,37,38)	11.3113
D(30,24,37,14)	−74.298	D(29,25,38,24)	18.4084	D(28,36,37,14)	83.2252
D(30,24,37,36)	3.8498	D(25,27,36,37)	−37.0956	D(28,36,37,24)	5.9615
D(16,24,38,25)	82.045	D(26,27,36,37)	−67.6497	D(28,36,37,38)	−16.863
D(16,24,38,27)	169.1919	D(38,27,36,37)	−7.5528	D(35,36,37,14)	27.5562
D(23,24,38,25)	−61.6385	D(26,27,36,24)	−117.5822	D(35,36,37,24)	−49.7074
D(23,24,38,27)	25.5084	D(26,27,38,30)	−24.1214	D(35,36,37,38)	−72.5319
D(29,25,27,35)	96.5148	D(26,27,38,37)	130.7281	D(14,37,38,27)	−102.7935
D(29,25,27,36)	65.1168	D(28,27,38,24)	−157.8396	D(14,37,38,30)	52.4693
D(30,25,27,35)	59.8457	D(28,27,38,30)	−64.3788	D(36,37,38,27)	−13.0828
D(30,25,27,36)	28.4477	D(28,27,38,37)	90.4707	D(36,37,38,30)	142.18
D(29,25,28,35)	31.1214	D(35,27,38,24)	156.8508		

2. 吸附位置及平衡吸附距离

应用量子化学密度泛函理论计算优化后的吸附模型可以看出,煤表面含硫侧链对氧分子吸附组成的吸附态中,氧分子的位置位于侧链附近。

从平衡吸附构型可以看出,$O_{21}O_{22}$分子的两个氧原子距侧链各原子的距离分别为:$R(O_{21},C_{14})=3.678\ 21\text{Å}$,$R(O_{21},H_{15})=2.765\ 75\text{Å}$,$R(O_{21},H_{16})=3.772\ 71\text{Å}$,$R(O_{21},S_{37})=5.012\ 02\text{Å}$,$R(O_{21},H_{38})=4.699\ 80\text{Å}$;$R(O_{22},C_{14})=4.606\ 59\text{Å}$,

$R(O_{22}, H_{15}) = 3.593\ 52Å, R(O_{22}, H_{16}) = 4.787\ 13Å, R(O_{22}, S_{37}) = 5.622\ 21Å,$
$R(O_{22}, H_{38}) = 5.135\ 78Å。$

$O_{23}O_{24}$分子的两个氧原子距侧链各原子的距离分别为：$R(O_{23}, C_{14}) =$
$3.983\ 20Å, R(O_{23}, H_{15}) = 4.702\ 41Å, R(O_{23}, H_{16}) = 3.487\ 26Å, R(O_{23}, S_{37}) =$
$3.000\ 01Å, R(O_{23}, H_{38}) = 2.776\ 86Å; R(O_{24}, C_{14}) = 2.807\ 19Å, R(O_{24}, H_{15}) =$
$3.674\ 27Å, R(O_{24}, H_{16}) = 2.377\ 73Å, R(O_{24}, S_{37}) = 2.174\ 77Å, R(O_{24}, H_{38}) =$
$2.447\ 82Å。$

$O_{25}O_{26}$分子的两个氧原子距侧链各原子的距离分别为：$R(O_{25}, C_{14}) =$
$3.913\ 47Å, R(O_{25}, H_{15}) = 3.690\ 68Å, R(O_{25}, H_{16}) = 3.633\ 79Å, R(O_{25}, S_{37}) =$
$3.458\ 92Å, R(O_{25}, H_{38}) = 2.117\ 75Å; R(O_{26}, C_{14}) = 3.922\ 72Å, R(O_{26}, H_{15}) =$
$3.374\ 56Å, R(O_{26}, H_{16}) = 3.758\ 23Å, R(O_{26}, S_{37}) = 3.955\ 11Å, R(O_{26}, H_{38}) =$
$2.807\ 51Å。$

$O_{27}O_{28}$分子的两个氧原子距侧链各原子的距离分别为：$R(O_{27}, C_{14}) =$
$4.211\ 11Å, R(O_{27}, H_{15}) = 3.759\ 27Å, R(O_{27}, H_{16}) = 4.552\ 40Å, R(O_{27}, S_{37}) =$
$3.223\ 64Å, R(O_{27}, H_{38}) = 2.282\ 85Å; R(O_{28}, C_{14}) = 4.105\ 86Å, R(O_{28}, H_{15}) =$
$3.372\ 31Å, R(O_{28}, H_{16}) = 4.460\ 53Å, R(O_{28}, S_{37}) = 3.721\ 14Å, R(O_{28}, H_{38}) =$
$2.865\ 64Å。$

$O_{29}O_{30}$分子的两个氧原子距侧链各原子的距离分别为：$R(O_{29}, C_{14}) =$
$4.282\ 86Å, R(O_{29}, H_{15}) = 4.704\ 96Å, R(O_{29}, H_{16}) = 3.559\ 47Å, R(O_{29}, S_{37}) =$
$3.746\ 25Å, R(O_{29}, H_{38}) = 2.904\ 05Å; R(O_{30}, C_{14}) = 3.355\ 22Å, R(O_{30}, H_{15}) =$
$3.620\ 45Å, R(O_{30}, H_{16}) = 2.602\ 89Å, R(O_{30}, S_{37}) = 3.279\ 11Å, R(O_{30}, H_{38}) =$
$2.409\ 23Å。$

$O_{31}O_{32}$分子的两个氧原子距侧链各原子的距离分别为：$R(O_{31}, C_{14}) =$
$4.856\ 25Å, R(O_{31}, H_{15}) = 3.808\ 32Å, R(O_{31}, H_{16}) = 5.428\ 46Å, R(O_{31}, S_{37}) =$
$5.908\ 90Å, R(O_{31}, H_{38}) = 5.851\ 06Å; R(O_{32}, C_{14}) = 3.988\ 91Å, R(O_{32}, H_{15}) =$
$3.041\ 70Å, R(O_{32}, H_{16}) = 4.567\ 54Å, R(O_{32}, S_{37}) = 5.334\ 89Å, R(O_{32}, H_{38}) =$
$5.481\ 79Å。$

$O_{33}O_{34}$分子的两个氧原子距侧链各原子的距离分别为：$R(O_{33}, C_{14}) =$
$5.889\ 21Å, R(O_{33}, H_{15}) = 4.923\ 27Å, R(O_{33}, H_{16}) = 6.130\ 93Å, R(O_{33}, S_{37}) =$
$7.249\ 71Å, R(O_{33}, H_{38}) = 7.018\ 62Å; R(O_{34}, C_{14}) = 5.197\ 01Å, R(O_{34}, H_{15}) =$
$4.357\ 44Å, R(O_{34}, H_{16}) = 5.380\ 34Å, R(O_{34}, S_{37}) = 6.790\ 52Å, R(O_{34}, H_{38}) =$
$6.711\ 94Å。$

$O_{35}O_{36}$分子的两个氧原子距侧链各原子的距离分别为：$R(O_{35}, C_{14}) =$
$2.994\ 02Å, R(O_{35}, H_{15}) = 2.174\ 07Å, R(O_{35}, H_{16}) = 3.763\ 92Å, R(O_{35}, S_{37}) =$
$3.007\ 18Å, R(O_{35}, H_{38}) = 2.966\ 18Å; R(O_{36}, C_{14}) = 2.991\ 95Å, R(O_{36}, H_{15}) =$

2.608 12Å，R(O_{36}，H_{16})＝3.806 09Å，R(O_{36}，S_{37})＝2.208 61Å，R(O_{36}，H_{38})＝2.422 01Å。

3. 电荷集居数与振动频率

从表 4-38 可以看出，在煤表面中的含硫基团与氧分子进行吸附组成的吸附态中，当氧分子在煤表面上吸附时，煤表面含硫侧链中的 S 原子的电子向氧分子中的氧原子转移，其中 S_{37} 原子的 5p 轨道失去了 0.175 04 个电子，6p 轨道失去了 0.387 32 个电子。S 原子失去的电子主要被 O_{23}、O_{24}、O_{35} 和 O_{36} 原子的 4p 轨道得到，其中 O_{23} 原子的 4p 轨道得到了 0.090 51 个电子，O_{24} 原子的 4p 轨道得到了 0.235 15个电子，O_{35} 原子的 4p 轨道得到了 0.132 62 个电子，O_{36} 原子的 4p 轨道得到了 0.191 28 个电子。由于吸附在煤表面上的氧分子都得到了电子，最后导致氧分子的 O—O 键被削弱，键长出现了不同程度的拉长。

表 4-38　煤表面含硫侧链与氧分子吸附前后各轨道电子布居数

项目	分子轨道	吸附前	吸附后	变化量	项目	分子轨道	吸附前	吸附后	变化量
C_1	1s	1.103 17	1.103 18	1E-05	C_2	1s	1.103 16	1.103 16	0
	2s	0.886 22	0.886 19	−3E-05		2s	0.886 24	0.886 23	−1E-05
	2p	0.646 49	0.645 65	−0.000 84		2p	0.647 25	0.647 08	−0.000 17
	3s	0.811 68	0.813 16	0.001 48		3s	0.809 49	0.810 11	0.000 62
	3p	1.549 11	1.548 58	−0.000 53		3p	1.552 85	1.554 58	0.001 73
	4s	0.394 20	0.396 44	0.002 24		4s	0.410 76	0.417 35	0.006 59
	4p	0.720 50	0.710 28	−0.010 22		4p	0.735 80	0.725 86	−0.009 94
C_3	1s	1.103 24	1.103 26	2E-05	C_4	1s	1.103 16	1.103 16	0
	2s	0.886 14	0.886 11	−3E-05		2s	0.886 24	0.886 23	−1E-05
	2p	0.638 28	0.636 11	−0.002 17		2p	0.647 26	0.647 17	−9E-05
	3s	0.807 95	0.811 14	0.003 19		3s	0.809 44	0.810 14	0.0007
	3p	1.535 62	1.531 32	−0.0043		3p	1.552 99	1.554 64	0.001 65
	4s	0.318 94	0.320 01	0.001 07		4s	0.411 02	0.418 76	0.007 74
	4p	0.657 17	0.651 09	−0.006 08		4p	0.734 65	0.730 10	−0.004 55
C_5	1s	1.103 17	1.103 19	2E-05	C_6	1s	1.103 18	1.103 15	−3E-05
	2s	0.886 22	0.886 19	−3E-05		2s	0.886 29	0.886 27	−2E-05
	2p	0.646 48	0.645 56	−0.000 92		2p	0.643 13	0.646 29	0.003 16
	3s	0.811 67	0.813 77	0.0021		3s	0.805 25	0.801 47	−0.003 78
	3p	1.549 07	1.546 99	−0.002 08		3p	1.548 57	1.559 75	0.011 18
	4s	0.394 12	0.384 82	−0.0093		4s	0.310 57	0.322 34	0.011 77
	4p	0.720 58	0.725 64	0.005 06		4p	0.638 75	0.606 56	−0.032 19

项目	分子轨道	吸附前	吸附后	变化量	项目	分子轨道	吸附前	吸附后	变化量
C_{14}	1s	1.103 28	1.103 38	1E-04	O_{21}	1s	1.084 32	1.084 34	2E-05
	2s	0.886 30	0.886 02	−0.000 28		2s	0.909 25	0.909 05	−0.0002
	2p	0.626 60	0.622 54	−0.004 06		2p	0.916 14	0.907 75	−0.008 39
	3s	0.768 10	0.781 74	0.013 64		3s	1.108 42	1.112 62	0.0042
	3p	1.557 50	1.543 35	−0.014 15		3p	1.899 59	1.897 29	−0.0023
	4s	0.771 56	0.822 23	0.050 67		4s	0.867 25	0.872 88	0.005 63
	4p	0.978 06	1.009 46	0.0314		4p	1.215 03	1.217 58	0.002 55
O_{22}	1s	1.084 32	1.084 36	4E-05	O_{23}	1s	1.084 32	1.084 38	6E-05
	2s	0.909 25	0.909 04	−0.000 21		2s	0.909 25	0.909 07	−0.000 18
	2p	0.916 14	0.905 13	−0.011 01		2p	0.916 14	0.904 68	−0.011 46
	3s	1.108 42	1.116 49	0.008 07		3s	1.108 42	1.107 16	−0.001 26
	3p	1.899 59	1.890 98	−0.008 61		3p	1.899 59	1.869 98	−0.029 61
	4s	0.867 25	0.874 81	0.007 56		4s	0.867 25	0.878 94	0.011 69
	4p	1.215 03	1.202 26	−0.012 77		4p	1.215 03	1.305 54	0.090 51
O_{24}	1s	1.084 32	1.084 26	−6E-05	O_{25}	1s	1.084 32	1.084 35	3E-05
	2s	0.909 25	0.909 18	−7E-05		2s	0.909 25	0.909 09	−0.000 16
	2p	0.916 14	0.920 22	0.004 08		2p	0.916 14	0.907 05	−0.009 09
	3s	1.108 42	1.081 44	−0.026 98		3s	1.108 42	1.108 28	−0.000 14
	3p	1.899 59	1.898 63	−0.000 96		3p	1.899 59	1.887 11	−0.012 48
	4s	0.867 25	0.883 96	0.016 71		4s	0.867 25	0.863 93	−0.003 32
	4p	1.215 03	1.450 18	0.235 15		4p	1.215 03	1.291 31	0.076 28
O_{26}	1s	1.084 32	1.084 32	0	O_{27}	1s	1.084 32	1.084 29	−3E-05
	2s	0.909 25	0.909 13	−0.000 12		2s	0.909 25	0.909 14	−0.000 11
	2p	0.916 14	0.911 42	−0.004 72		2p	0.916 14	0.916 41	0.000 27
	3s	1.108 42	1.104 33	−0.004 09		3s	1.108 42	1.099 20	−0.009 22
	3p	1.899 59	1.890 21	−0.009 38		3p	1.899 59	1.907 66	0.008 07
	4s	0.867 25	0.881 11	0.013 86		4s	0.867 25	0.880 18	0.012 93
	4p	1.215 03	1.277 51	0.062 48		4p	1.215 03	1.279 32	0.064 29

续表

项目	分子轨道	吸附前	吸附后	变化量	项目	分子轨道	吸附前	吸附后	变化量
O_{28}	1s	1.084 32	1.084 39	7E−05	O_{29}	1s	1.084 32	1.084 37	5E−05
	2s	0.909 25	0.908 97	−0.000 28		2s	0.909 25	0.909 08	−0.000 17
	2p	0.916 14	0.900 49	−0.015 65		2p	0.916 14	0.904 56	−0.011 58
	3s	1.108 42	1.118 32	0.009 9		3s	1.108 42	1.112 89	0.004 47
	3p	1.899 59	1.877 32	−0.022 27		3p	1.899 59	1.886 75	−0.012 84
	4s	0.867 25	0.869 56	0.002 31		4s	0.867 25	0.867 39	0.000 14
	4p	1.215 03	1.223 97	0.008 94		4p	1.215 03	1.234 57	0.019 54
O_{30}	1s	1.084 32	1.084 33	1E−05	O_{31}	1s	1.084 32	1.084 36	4E−05
	2s	0.909 25	0.909 10	−0.000 15		2s	0.909 25	0.909 04	−0.000 21
	2p	0.916 14	0.910 45	−0.005 69		2p	0.916 14	0.905 75	−0.010 39
	3s	1.108 42	1.103 18	−0.005 24		3s	1.108 42	1.115 55	0.007 13
	3p	1.899 59	1.890 91	−0.008 68		3p	1.899 59	1.890 97	−0.008 62
	4s	0.867 25	0.872 61	0.005 36		4s	0.867 25	0.874 89	0.007 64
	4p	1.215 03	1.298 94	0.083 91		4p	1.215 03	1.209 39	−0.005 64
O_{32}	1s	1.084 32	1.084 34	2E−05	O_{33}	1s	1.084 32	1.084 35	3E−05
	2s	0.909 25	0.909 06	−0.000 19		2s	0.909 25	0.909 05	−0.000 2
	2p	0.916 14	0.908 15	−0.007 99		2p	0.916 14	0.906 59	−0.009 55
	3s	1.108 42	1.111 70	0.003 28		3s	1.108 42	1.114 12	0.005 7
	3p	1.899 59	1.896 91	−0.002 68		3p	1.899 59	1.891 84	−0.007 75
	4s	0.867 25	0.874 55	0.007 3		4s	0.867 25	0.875 65	0.008 4
	4p	1.215 03	1.224 22	0.009 19		4p	1.215 03	1.217 27	0.002 24
O_{34}	1s	1.084 32	1.084 35	3E−05	O_{35}	1s	1.084 32	1.084 32	0
	2s	0.909 25	0.909 05	−0.000 2		2s	0.909 25	0.909 10	−0.000 15
	2p	0.916 14	0.907 23	−0.008 91		2p	0.916 14	0.912 88	−0.003 26
	3s	1.108 42	1.113 35	0.004 93		3s	1.108 42	1.095 36	−0.013 06
	3p	1.899 59	1.892 92	−0.006 67		3p	1.899 59	1.882 61	−0.016 98
	4s	0.867 25	0.875 13	0.007 88		4s	0.867 25	0.889 16	0.021 91
	4p	1.215 03	1.221 33	0.006 3		4p	1.215 03	1.347 65	0.132 62

项目	分子轨道	吸附前	吸附后	变化量	项目	分子轨道	吸附前	吸附后	变化量
S_{37}	1s	0.774 65	0.774 87	0.000 22	O_{36}	1s	1.084 32	1.084 30	$-2E-05$
	2s	1.191 98	1.191 59	$-0.000 39$		2s	0.909 25	0.909 11	$-0.000 14$
	2p	1.863 02	1.859 24	$-0.003 78$		2p	0.916 14	0.914 35	$-0.001 79$
	3s	0.929 74	0.934 97	0.005 23		3s	1.108 42	1.091 21	$-0.017 21$
	3p	4.015 37	4.016 83	0.001 46		3p	1.899 59	1.889 68	$-0.009 91$
	4s	1.059 51	1.052 91	-0.0066		4s	0.867 25	0.883 17	0.015 92
	4p	1.047 30	0.991 80	-0.0555		4p	1.215 03	1.406 31	0.191 28
	5s	1.141 43	1.194 43	0.053					
	5p	2.497 51	2.322 46	$-0.175 05$					
	6s	0.833 01	0.837 20	0.004 19					
	6p	0.673 09	0.285 27	$-0.387 82$					

为了考察煤表面含 S 分子片段与氧分子相互作用的本质,计算了自由氧分子与煤表面吸附组成吸附态的 C—S 键、O—O 键、C—H 键和 S—H 键的红外伸缩振动频率,结果列于表 4 - 39。

表 4 - 39　煤表面含硫侧链与氧分子吸附前后红外光谱频率比较

名称	吸附前/cm^{-1}	吸附后/cm^{-1}	名称	吸附前/cm^{-1}	吸附后/cm^{-1}
$\upsilon_{C_{14}-S_{37}}$	628	480	$\upsilon_{S_{37}-H_{38}}$	3164	2309
$\upsilon_{C_{14}-H_{15}}$	3011	3077	$\upsilon_{C_{14}-H_{16}}$	3011	3077
$\upsilon_{O_{21}-O_{22}}$	1436	1273	$\upsilon_{O_{23}-O_{24}}$	1436	1041
$\upsilon_{O_{25}-O_{26}}$	1436	1191	$\upsilon_{O_{27}-O_{28}}$	1436	1273
$\upsilon_{O_{29}-O_{30}}$	1436	1191	$\upsilon_{O_{31}-O_{32}}$	1436	1270
$\upsilon_{O_{33}-O_{34}}$	1436	1273	$\upsilon_{O_{35}-O_{36}}$	1436	1093

与自由氧分子相比,吸附在煤表面上含硫侧链上的氧分子的 O—O 键的伸缩振动频率向低波数位移,吸附前 O—O 键的伸缩振动频率 1436cm^{-1},吸附后 O—O 键的振动频率都有不同程度的减小,O_{21}—O_{22} 键的振动频率变为 1273cm^{-1},O_{23}—O_{24} 键的振动频率变为 1041cm^{-1},O_{25}—O_{26} 键的振动频率变为 1191cm^{-1},O_{27}—O_{28} 键的振动频率变为 1273cm^{-1},O_{29}—O_{30} 键的振动频率变为 1191cm^{-1},O_{31}—O_{32} 键的振动频率变为 1270cm^{-1},O_{33}—O_{34} 键的振动频率变为 1273cm^{-1},O_{35}—O_{36} 键的振动频率变为 1093cm^{-1},由此可以看出,吸附态氧分子中 O—O 键伸缩振动频率的位移趋势与煤表面中 O—O 键的键长拉长的规律相一致,O_{21}—O_{22} 键的键长由 1.258 15Å 变为 1.259 09Å,O_{21}—O_{22} 键的键长由 1.258 15Å 变为 1.259 09Å,

O_{23}—O_{24}键的键长由 1.258 15Å 变为 1.334 70Å，O_{25}—O_{26} 键的键长由 1.258 15Å 变为1.287 89Å，O_{27}—O_{28} 键的键长由 1.258 15Å 变为 1.270 51Å，O_{29}—O_{30} 键的键长由1.258 15Å变为 1.291 63Å，O_{31}—O_{32} 键的键长由 1.258 15Å 变为 1.261 12Å，O_{33}—O_{34} 键的键长由 1.258 15Å 变为 1.261 33Å，O_{35}—O_{36} 键的键长由 1.258 15Å 变为1.322 11Å。由于氧分子对 C—S 键和 S—H 键有比较强的作用，所以导致了 C—S键和 S—H 键的振动频率都有较大程度的减小，说明 C—S 键和 S—H 键的强度受到了较大的削弱。

4. 吸附能

经过校正后，吸附前的氧分子的能量为 −150.255 854hartree，煤表面的能量为 −748.190 322hartree，8 个氧分子与煤表面吸附后组成的吸附态的能量为 −1950.467 400hartree，由式（4-1）计算得到氧分子与煤表面组成的吸附态的吸附能为 604.51kJ/mol，由此可知，煤表面含硫侧链的分子片段易与多个氧分子发生物理吸附。

4.5.2　含磷侧链基团对氧分子的物理吸附

在成煤过程中，动植物中都含磷元素，所以煤中必然含有磷的成分。以下是对煤表面中侧链基团中含有—PH$_2$ 基团对氧分子的吸附。

1. 吸附几何构型

煤表面中含磷侧链基团与氧分子吸附达到平衡时优化后的几何构型如图 4-23所示，几何参数如表 4-40～表 4-43 所示。

图 4-23　O_2 分子在煤表面含磷分子片段吸附的几何平衡构型

表 4 - 40　煤表面中含磷侧链基团与氧分子吸附达到平衡时键长

原子关系	键长/Å	原子关系	键长/Å	原子关系	键长/Å
R(1,2)	1.3945	R(21,24)	3.2634	R(26,27)	2.482
R(1,6)	1.4039	R(21,30)	3.7758	R(26,28)	2.1335
R(1,7)	1.0831	R(21,31)	2.4853	R(26,35)	2.1351
R(2,3)	1.4039	R(21,32)	2.146	R(26,36)	2.4804
R(2,8)	1.0834	R(21,33)	2.4802	R(27,28)	1.262
R(3,4)	1.4031	R(21,34)	2.1383	R(27,29)	3.3049
R(3,11)	1.5156	R(22,24)	3.5058	R(27,30)	3.868
R(4,5)	1.3948	R(22,30)	3.2622	R(27,35)	2.4792
R(4,9)	1.0834	R(22,31)	2.1373	R(27,36)	2.1357
R(5,6)	1.4044	R(22,32)	2.4855	R(27,39)	3.3452
R(5,10)	1.0829	R(22,33)	2.1343	R(28,35)	2.1343
R(6,14)	1.5026	R(22,34)	2.4805	R(28,36)	2.4801
R(10,21)	3.0461	R(22,38)	3.3609	R(29,30)	1.2692
R(10,22)	3.6645	R(23,24)	1.2702	R(29,36)	3.2267
R(10,31)	3.5609	R(23,29)	1.91	R(30,39)	2.3546
R(10,32)	2.9209	R(23,30)	2.3678	R(31,32)	1.2623
R(11,12)	1.0934	R(24,29)	2.3666	R(31,33)	2.1353
R(11,13)	1.0935	R(24,30)	2.0898	R71	R(31,34)
R(11,17)	1.5441	R(25,26)	1.2612	R72	R(31,38)
R(14,15)	1.093	R(25,27)	2.1417	R73	R(32,33)
R(14,16)	1.0891	R(25,28)	2.4823	R74	R(32,34)
R(14,37)	1.9375	R(25,29)	3.4257	R75	R(32,38)
R(15,24)	2.1843	R(25,30)	3.582	R76	R(33,34)
R(17,18)	1.0921	R(25,35)	2.4795	R77	R(35,36)
R(17,19)	1.0917	R(25,36)	2.1361	R78	R(37,38)
R(17,20)	1.0917	R(25,39)	2.9607	R79	R(37,39)
R(21,22)	1.26				

表 4-41 煤表面中含磷侧链基团与氧分子吸附达到平衡时键角

原子关系	键角/(°)	原子关系	键角/(°)	原子关系	键角/(°)
A(2,1,6)	120.9134	A(16,14,37)	105.6193	A(29,27,35)	99.3314
A(2,1,7)	119.6598	A(14,15,24)	164.0067	A(29,27,39)	55.431
A(6,1,7)	119.4255	A(11,17,18)	110.8568	A(30,27,35)	107.9381
A(1,2,3)	121.1479	A(11,17,19)	110.9542	A(30,27,36)	79.5383
A(1,2,8)	119.4655	A(11,17,20)	110.9387	A(35,27,39)	123.7771
A(3,2,8)	119.3864	A(18,17,19)	108.125	A(36,27,39)	105.6144
A(2,3,4)	117.8506	A(18,17,20)	108.1229	A(23,29,25)	142.4228
A(2,3,11)	121.0465	A(19,17,20)	107.7161	A(23,29,27)	108.6618
A(4,3,11)	121.0774	A(15,24,23)	116.8185	A(23,29,36)	132.5891
A(3,4,5)	121.1422	A(15,24,29)	102.305	A(24,29,25)	131.885
A(3,4,9)	119.4582	A(15,24,30)	87.9861	A(24,29,27)	115.9405
A(5,4,9)	119.3996	A(26,25,29)	153.4245	A(24,29,36)	153.1646
A(4,5,6)	120.9092	A(26,25,30)	170.4622	A(30,29,36)	123.3317
A(4,5,10)	119.5322	A(26,25,39)	135.996	A(23,30,25)	115.5593
A(6,5,10)	119.5578	A(28,25,29)	97.9518	A(23,30,27)	83.864
A(1,6,5)	118.0364	A(28,25,30)	111.3354	A(23,30,39)	115.0775
A(1,6,14)	121.2387	A(28,25,39)	102.6676	A(24,30,25)	137.0875
A(5,6,14)	120.7216	A(29,25,35)	96.2253	A(24,30,27)	104.4608
A(3,11,12)	109.4743	A(29,25,39)	57.3819	A(24,30,39)	104.8629
A(3,11,13)	109.4593	A(30,25,35)	116.9009	A(29,30,39)	113.7975
A(3,11,17)	113.0019	A(30,25,36)	86.7386	A(26,36,29)	106.2917
A(12,11,13)	106.474	A(35,25,39)	142.4831	A(28,36,29)	103.3223
A(12,11,17)	109.0974	A(36,25,39)	119.7119	A(29,36,35)	161.8332
A(13,11,17)	109.1231	A(26,27,29)	104.0103	A(14,37,38)	97.4832
A(6,14,15)	111.3627	A(26,27,30)	96.6069	A(14,37,39)	98.5348
A(6,14,16)	111.2624	A(26,27,39)	84.3908	A(38,37,39)	95.7731
A(6,14,37)	112.7811	A(28,27,29)	158.0147	A(25,39,37)	136.3217
A(15,14,16)	108.2735	A(28,27,30)	155.8346	A(27,39,37)	118.3752
A(15,14,37)	107.2417	A(28,27,39)	129.4696	A(30,39,37)	137.9584

表 4 - 42　煤表面中含磷侧链基团与氧分子吸附达到平衡时二面角

原子关系	二面角/(°)	原子关系	二面角/(°)	原子关系	二面角/(°)
D(6,1,2,3)	−0.2039	D(1,6,14,37)	88.4865	D(26,25,29,24)	−114.6962
D(6,1,2,8)	179.637	D(5,6,14,15)	29.7853	D(28,25,29,23)	−39.6891
D(7,1,2,3)	−179.7764	D(5,6,14,16)	150.6815	D(28,25,29,24)	−85.6742
D(7,1,2,8)	0.0645	D(5,6,14,37)	−90.8432	D(35,25,29,23)	−91.0371
D(2,1,6,5)	0.0912	D(3,11,17,18)	179.9948	D(35,25,29,24)	−137.0222
D(2,1,6,14)	−179.2559	D(3,11,17,19)	−59.8474	D(39,25,29,23)	60.3019
D(7,1,6,5)	179.6647	D(3,11,17,20)	59.85	D(39,25,29,24)	14.3168
D(7,1,6,14)	0.3175	D(12,11,17,18)	57.9722	D(26,25,30,23)	28.3583
D(1,2,3,4)	0.1937	D(12,11,17,19)	178.13	D(26,25,30,24)	−2.2269
D(1,2,3,11)	−177.9879	D(12,11,17,20)	−62.1727	D(28,25,30,23)	19.1781
D(8,2,3,4)	−179.6474	D(13,11,17,18)	−57.9833	D(28,25,30,24)	−11.4072
D(8,2,3,11)	2.1711	D(13,11,17,19)	62.1745	D(35,25,30,23)	−36.7539
D(2,3,4,5)	−0.0786	D(13,11,17,20)	−178.1281	D(35,25,30,24)	−67.3391
D(2,3,4,9)	179.8874	D(6,14,15,24)	164.1271	D(36,25,30,23)	−41.7409
D(11,3,4,5)	178.1023	D(16,14,15,24)	41.4958	D(36,25,30,24)	−72.3261
D(11,3,4,9)	−1.9317	D(37,14,15,24)	−72.0427	D(26,25,39,37)	0.7798
D(2,3,11,12)	−148.9401	D(6,14,37,38)	62.562	D(28,25,39,37)	−57.7918
D(2,3,11,13)	−32.584	D(6,14,37,39)	159.587	D(29,25,39,37)	−149.1955
D(2,3,11,17)	89.249	D(15,14,37,38)	−60.3958	D(35,25,39,37)	−97.6662
D(4,3,11,12)	32.9372	D(15,14,37,39)	36.6293	D(36,25,39,37)	−125.4139
D(4,3,11,13)	149.2933	D(16,14,37,38)	−175.7148	D(26,27,29,23)	168.3088
D(4,3,11,17)	−88.8737	D(16,14,37,39)	−78.6898	D(26,27,29,24)	134.1054
D(3,4,5,6)	−0.0284	D(14,15,24,23)	−31.012	D(28,27,29,23)	−153.765
D(3,4,5,10)	−179.7144	D(14,15,24,29)	24.2402	D(28,27,29,24)	172.0316
D(9,4,5,6)	−179.9945	D(14,15,24,30)	53.4357	D(35,27,29,23)	−139.7574
D(9,4,5,10)	0.3195	D(15,24,29,25)	10.619	D(35,27,29,24)	−173.9607
D(4,5,6,1)	0.0233	D(15,24,29,27)	−30.2825	D(39,27,29,23)	95.4227
D(4,5,6,14)	179.374	D(15,24,29,36)	−42.9361	D(39,27,29,24)	61.2193
D(10,5,6,1)	179.7093	D(15,24,30,25)	−57.997	D(26,27,30,23)	−164.3122
D(10,5,6,14)	−0.9401	D(15,24,30,27)	−64.9045	D(26,27,30,24)	170.5339
D(1,6,14,15)	−150.885	D(15,24,30,39)	−3.4578	D(28,27,30,23)	−167.4711
D(1,6,14,16)	−29.9888	D(26,25,29,23)	−68.7111	D(28,27,30,24)	167.3749

原子关系	二面角/(°)	原子关系	二面角/(°)	原子关系	二面角/(°)
D(35,27,30,23)	−113.2636	D(23,29,36,26)	118.2451	D(23,30,39,37)	60.6277
D(35,27,30,24)	−138.4176	D(23,29,36,28)	65.4983	D(24,30,39,37)	27.852
D(36,27,30,23)	−101.8661	D(23,29,36,35)	82.3437	D(29,30,39,37)	119.9519
D(36,27,30,24)	−127.02	D(24,29,36,26)	74.6585	D(14,37,39,25)	118.3964
D(26,27,39,37)	109.2853	D(24,29,36,28)	21.9117	D(14,37,39,27)	73.7331
D(28,27,39,37)	67.5321	D(24,29,36,35)	38.7572	D(14,37,39,30)	−40.3458
D(29,27,39,37)	−139.4244	D(30,29,36,26)	−17.8931	D(38,37,39,25)	−143.1193
D(35,27,39,37)	143.519	D(30,29,36,28)	−70.6399	D(38,37,39,27)	172.2173
D(36,27,39,37)	170.7893	D(30,29,36,35)	−53.7944	D(38,37,39,30)	58.1385
D(36,29,30,39)	44.7464				

2. 吸附位置及平衡吸附距离

应用量子化学密度泛函理论计算优化后的吸附模型可以看出,煤表面含磷侧链对氧分子吸附组成的吸附态中,氧分子的位置位于侧链附近。

从平衡吸附构型可以看出,$O_{21}O_{22}$分子的两个氧原子距侧链各原子的距离分别为:$R(O_{21},C_{14})=4.569\,51$ Å,$R(O_{21},H_{15})=3.766\,01$ Å,$R(O_{21},H_{16})=5.503\,78$ Å,$R(O_{21},P_{37})=4.861\,67$ Å,$R(O_{21},H_{38})=3.850\,82$,$R(O_{21},H_{39})=4.662\,29$ Å;$R(O_{22},C_{14})=4.631\,79$ Å,$R(O_{22},H_{15})=3.927\,88$ Å,$R(O_{22},H_{16})=5.552\,28$ Å,$R(O_{22},P_{37})=4.426\,69$ Å,$R(O_{22},H_{38})=3.360\,85$ Å,$R(O_{22},H_{39})=4.046\,57$ Å。

$O_{23}O_{24}$分子的两个氧原子距侧链各原子的距离分别为:$R(O_{23},C_{14})=3.910\,47$Å,$R(O_{23},H_{15})=2.981\,31$Å,$R(O_{23},H_{16})=3.927\,80$Å,$R(O_{23},P_{37})=4.812\,68$Å,$R(O_{23},H_{38})=5.114\,73$Å,$R(O_{23},H_{39})=3.984\,58$Å;$R(O_{24},C_{14})=3.248\,95$ Å,$R(O_{24},H_{15})=2.184\,31$Å,$R(O_{24},H_{16})=3.604\,17$Å,$R(O_{24},P_{37})=4.158\,14$Å,$R(O_{24},H_{38})=4.175\,03$Å,$R(O_{24},H_{39})=3.526\,42$Å。

$O_{25}O_{26}$分子的两个氧原子距侧链各原子的距离分别为:$R(O_{25},C_{14})=5.158\,93$ Å,$R(O_{25},H_{15})=5.154\,28$ Å,$R(O_{25},H_{16})=4.971\,15$ Å,$R(O_{25},P_{37})=4.131\,53$ Å,$R(O_{25},H_{38})=4.991\,17$ Å,$R(O_{25},H_{39})=2.960\,65$ Å;$R(O_{26},C_{14})=6.007\,56$ Å,$R(O_{26},H_{15})=6.154\,60$ Å,$R(O_{26},H_{16})=5.682\,83$ Å,$R(O_{26},P_{37})=4.917\,29$ Å,$R(O_{26},H_{38})=5.909\,04$ Å,$R(O_{26},H_{39})=3.965\,82$ Å。

$O_{27}O_{28}$分子的两个氧原子距侧链各原子的距离分别为:$R(O_{27},C_{14})=4.498\,73$ Å,$R(O_{27},H_{15})=4.553\,27$ Å,$R(O_{27},H_{16})=3.904\,96$ Å,$R(O_{27},P_{37})=$

4.230 42 Å，R(O$_{27}$，H$_{38}$)＝5.409 59 Å，R(O$_{27}$，H$_{39}$)＝3.345 20 Å；R(O$_{28}$，C$_{14}$)＝
5.454 30 Å，R(O$_{28}$，H$_{15}$)＝5.663 72 Å，R(O$_{28}$，H$_{16}$)＝4.782 87 Å，R(O$_{28}$，P$_{37}$)＝
5.001 20 Å，R(O$_{28}$，H$_{38}$)＝6.265 99 Å，R(O$_{28}$，H$_{39}$)＝4.260 33 Å。

O$_{29}$O$_{30}$分子的两个氧原子距侧链各原子的距离分别为：R(O$_{29}$，C$_{14}$)＝
4.260 27 Å，R(O$_{29}$，H$_{15}$)＝3.546 18 Å，R(O$_{29}$，H$_{16}$)＝4.297 02 Å，R(O$_{29}$，P$_{37}$)＝
4.354 38 Å，R(O$_{29}$，H$_{38}$)＝4.733 18 Å，R(O$_{29}$，H$_{39}$)＝3.093 03 Å；R(O$_{30}$，C$_{14}$)＝
3.701 12 Å，R(O$_{30}$，H$_{15}$)＝2.969 42 Å，R(O$_{30}$，H$_{16}$)＝4.040 74 Å，R(O$_{30}$，P$_{37}$)＝
3.565 21 Å，R(O$_{30}$，H$_{38}$)＝3.652 01 Å，R(O$_{30}$，H$_{39}$)＝2.354 62 Å。

O$_{31}$O$_{32}$分子的两个氧原子距侧链各原子的距离分别为：R(O$_{31}$，C$_{14}$)＝
5.100 81 Å，R(O$_{31}$，H$_{15}$)＝4.769 16 Å，R(O$_{31}$，H$_{16}$)＝6.164 07 Å，R(O$_{31}$，P$_{37}$)＝
4.656 06 Å，R(O$_{31}$，H$_{38}$)＝3.236 31 Å，R(O$_{31}$，H$_{39}$)＝4.865 30 Å；R(O$_{32}$，C$_{14}$)＝
5.048 15 Å，R(O$_{32}$，H$_{15}$)＝4.641 57 Å，R(O$_{32}$，H$_{16}$)＝6.124 78 Å，R(O$_{32}$，P$_{37}$)＝
5.074 92 Å，R(O$_{32}$，H$_{38}$)＝3.744 91 Å，R(O$_{32}$，H$_{39}$)＝5.393 51 Å。

O$_{33}$O$_{34}$分子的两个氧原子距侧链各原子的距离分别为：R(O$_{33}$，C$_{14}$)＝
6.544 42 Å，R(O$_{33}$，H$_{15}$)＝5.921 45 Å，R(O$_{33}$，H$_{16}$)＝7.539 30 Å，R(O$_{33}$，P$_{37}$)＝
6.223 29 Å，R(O$_{33}$，H$_{38}$)＝4.931 52 Å，R(O$_{33}$，H$_{39}$)＝5.998 72 Å；R(O$_{34}$，C$_{14}$)＝
6.502 11 Å，R(O$_{34}$，H$_{15}$)＝5.817 55 Å，R(O$_{34}$，H$_{16}$)＝7.505 67 Å，R(O$_{34}$，P$_{37}$)＝
6.541 04 Å，R(O$_{34}$，H$_{38}$)＝5.278 04 Å，R(O$_{34}$，H$_{39}$)＝6.432 35 Å。

O$_{35}$O$_{36}$分子的两个氧原子距侧链各原子的距离分别为：R(O$_{35}$，C$_{14}$)＝
6.855 29 Å，R(O$_{35}$，H$_{15}$)＝6.787 28 Å，R(O$_{35}$，H$_{16}$)＝6.360 91 Å，R(O$_{35}$，P$_{37}$)＝
6.275 91 Å，R(O$_{35}$，H$_{38}$)＝7.284 15 Å，R(O$_{35}$，H$_{39}$)＝5.153 47 Å；R(O$_{36}$，C$_{14}$)＝
6.123 96 Å，R(O$_{36}$，H$_{15}$)＝5.894 35 Å，R(O$_{36}$，H$_{16}$)＝5.732 03 Å，R(O$_{36}$，P$_{37}$)＝
5.680 86 Å，R(O$_{36}$，H$_{38}$)＝6.561 84 Å，R(O$_{36}$，H$_{39}$)＝4.426 93 Å。

3. 电荷集居数与振动频率

从表 4-43 可以看出，在煤表面中的含磷基团与氧分子进行吸附组成的吸附
态中，当氧分子在煤表面上吸附时，煤表面含磷侧链中的 P$_{37}$ 原子和 C$_{14}$ 的电子向
氧分子中的氧原子转移，其中 P$_{37}$ 原子的 5p 轨道失去了 0.017 42 个电子，C$_{14}$ 原子
的 4s 轨道失去了 0.022 12 个电子，4p 轨道失去了 0.011 66 个电子。P 原子和 C
原子失去的电子主要被吸附在煤分子表面片段上的氧得到，其中 O$_{23}$ 原子的 4p 轨
道得到了 0.023 69 个电子，O$_{24}$ 原子的 4p 轨道得到了 0.045 23 个电子，其他的氧
原子得到的电子较少。由于吸附在煤表面上的氧分子都得到了电子，最后导致氧
分子的 O—O 键被削弱，键长出现了不同程度的拉长，而且氧原子的净电荷也得到
了增加。

表 4 - 43　煤表面含磷侧链与氧分子吸附前后各轨道电子布居数

项目	分子轨道	吸附前	吸附后	变化量	项目	分子轨道	吸附前	吸附后	变化量
C₁	1s	1.103 17	1.103 17	0	C₂	1s	1.103 17	1.103 17	0
	2s	0.886 24	0.886 23	−1E−05		2s	0.886 24	0.886 23	−1E−05
	2p	0.647 04	0.647 02	−2E−05		2p	0.646 90	0.646 91	1E−05
	3s	0.810 00	0.810 72	0.000 72		3s	0.809 61	0.809 99	0.000 38
	3p	1.551 14	1.550 58	−0.000 56		3p	1.551 48	1.551 96	0.000 48
	4s	0.400 15	0.394 21	−0.005 94		4s	0.410 79	0.412 62	0.001 83
	4p	0.718 98	0.722 98	0.004		4p	0.736 40	0.735 03	−0.001 37
C₃	1s	1.103 23	1.103 24	1E−05	C₄	1s	1.103 16	1.103 17	1E−05
	2s	0.886 15	0.886 14	−1E−05		2s	0.886 24	0.886 23	−1E−05
	2p	0.639 14	0.638 68	−0.000 46		2p	0.647 05	0.647 21	0.000 16
	3s	0.806 54	0.807 56	0.001 02		3s	0.809 40	0.809 63	0.000 23
	3p	1.537 45	1.536 35	−0.0011		3p	1.551 59	1.552 47	0.000 88
	4s	0.318 49	0.317 96	−0.000 53		4s	0.409 27	0.418 05	0.008 78
	4p	0.6584	0.657 37	−0.001 03		4p	0.736 86	0.736 99	0.000 13
C₅	1s	1.103 17	1.103 17	0	C₆	1s	1.103 20	1.103 20	0
	2s	0.886 24	0.886 22	−2E−05		2s	0.886 27	0.886 26	−1E−05
	2p	0.647 06	0.647 13	7E−05		2p	0.640 75	0.640 97	0.000 22
	3s	0.809 68	0.810 03	0.000 35		3s	0.805 29	0.805 51	0.000 22
	3p	1.519 25	1.550 01	0.030 76		3p	1.539 79	1.540 92	0.001 13
	4s	0.396 57	0.391 92	−0.004 65		4s	0.312 73	0.317 70	0.004 97
	4p	0.741 77	0.744 56	0.002 79		4p	0.619 20	0.615 51	−0.003 69
C₁₄	1s	1.103 18	1.103 19	1E−05	O₂₁	1s	1.084 32	1.084 35	3E−05
	2s	0.886 40	0.886 30	−1E−04		2s	0.909 25	0.909 05	−0.0002
	2p	0.636 23	0.635 84	−0.000 39		2p	0.916 14	0.906 42	−0.009 72
	3s	0.751 07	0.751 89	0.000 82		3s	1.108 42	1.114 45	0.006 03
	3p	1.577 79	1.580 73	0.002 94		3p	1.899 59	1.894 61	−0.004 98
	4s	0.809 27	0.831 39	0.022 12		4s	0.867 25	0.874 21	0.006 96
	4p	1.047 52	1.059 18	0.011 66		4p	1.215 03	1.210 51	−0.004 52

项目	分子轨道	吸附前	吸附后	变化量	项目	分子轨道	吸附前	吸附后	变化量
O_{22}	1s	1.084 32	1.084 36	4E-05	O_{23}	1s	1.084 32	1.084 35	3E-05
	2s	0.909 25	0.909 05	−0.000 2		2s	0.909 25	0.909 09	−0.000 16
	2p	0.916 14	0.905 63	−0.010 51		2p	0.916 14	0.907 05	−0.009 09
	3s	1.108 42	1.115 37	0.006 95		3s	1.108 42	1.112 10	0.003 68
	3p	1.899 59	1.892 12	−0.007 47		3p	1.899 59	1.890 09	−0.009 5
	4s	0.867 25	0.874 63	0.007 38		4s	0.867 25	0.871 98	0.004 73
	4p	1.215 03	1.208 39	−0.006 64		4p	1.215 03	1.238 72	0.023 69
O_{24}	1s	1.084 32	1.084 31	−1E-05	O_{25}	1s	1.084 32	1.084 35	3E-05
	2s	0.909 25	0.909 10	−0.000 15		2s	0.909 25	0.909 06	−0.000 19
	2p	0.916 14	0.912 31	−0.003 83		2p	0.916 14	0.906 83	−0.009 31
	3s	1.108 42	1.104 27	−0.004 15		3s	1.108 42	1.113 25	0.004 83
	3p	1.899 59	1.902 47	0.002 88		3p	1.899 59	1.894 26	−0.005 33
	4s	0.867 25	0.873 77	0.006 52		4s	0.867 25	0.875 33	0.008 08
	4p	1.215 03	1.260 26	0.045 23		4p	1.215 03	1.216 56	0.001 53
O_{26}	1s	1.084 32	1.084 35	3E-05	O_{27}	1s	1.084 32	1.084 35	3E-05
	2s	0.909 25	0.909 05	−0.000 2		2s	0.909 25	0.909 06	−0.000 19
	2p	0.916 14	0.904 61	−0.011 53		2p	0.916 14	0.906 99	−0.009 15
	3s	1.108 42	1.114 02	0.005 6		3s	1.108 42	1.112 81	0.004 39
	3p	1.899 59	1.891 78	−0.007 81		3p	1.899 59	1.893 41	−0.006 18
	4s	0.867 25	0.875 31	0.008 06		4s	0.867 25	0.875 72	0.008 47
	4p	1.215 03	1.216 93	0.001 9		4p	1.215 03	1.221 65	0.006 62
O_{28}	1s	1.084 32	1.084 35	3E-05	O_{29}	1s	1.084 32	1.084 35	3E-05
	2s	0.909 25	0.909 06	−0.000 19		2s	0.909 25	0.909 09	−0.000 16
	2p	0.916 14	0.906 42	−0.009 72		2p	0.916 14	0.907 74	−0.008 4
	3s	1.108 42	1.113 77	0.005 35		3s	1.108 42	1.113 12	0.004 7
	3p	1.899 59	1.891 32	−0.008 27		3p	1.899 59	1.892 57	−0.007 02
	4s	0.867 25	0.875 38	0.008 13		4s	0.867 25	0.870 26	0.003 01
	4p	1.215 03	1.219 19	0.004 16		4p	1.215 03	1.233 36	0.018 33

项目	分子轨道	吸附前	吸附后	变化量	项目	分子轨道	吸附前	吸附后	变化量
O30	1s	1.084 32	1.084 32	0	O31	1s	1.084 32	1.084 35	3E-05
	2s	0.909 25	0.909 12	−0.000 13		2s	0.909 25	0.909 05	−0.0002
	2p	0.916 14	0.911 93	−0.004 21		2p	0.916 14	0.9065	−0.009 64
	3s	1.108 42	1.107 02	−0.0014		3s	1.108 42	1.113 88	0.005 46
	3p	1.899 59	1.899 57	−2E-05		3p	1.899 59	1.892 38	−0.007 21
	4s	0.867 25	0.873 04	0.005 79		4s	0.867 25	0.875 59	0.008 34
	4p	1.215 03	1.2589	0.043 87		4p	1.215 03	1.217 54	0.002 51
O32	1s	1.084 32	1.084 35	3E-05	O33	1s	1.084 32	1.084 35	3E-05
	2s	0.909 25	0.909 05	−0.0002		2s	0.909 25	0.909 05	−0.0002
	2p	0.916 14	0.907 14	−0.009		2p	0.916 14	0.906 63	−0.009 51
	3s	1.108 42	1.113 02	0.0046		3s	1.108 42	1.114 27	0.005 85
	3p	1.899 59	1.894 08	−0.005 51		3p	1.899 59	1.892 26	−0.007 33
	4s	0.867 25	0.875 24	0.007 99		4s	0.867 25	0.875 29	0.008 04
	4p	1.215 03	1.220 21	0.005 18		4p	1.215 03	1.215 61	0.000 58
O34	1s	1.084 32	1.084 35	3E-05	O35	1s	1.084 32	1.084 35	3E-05
	2s	0.909 25	0.909 05	−0.0002		2s	0.909 25	0.909 06	−0.000 19
	2p	0.916 14	0.906 86	−0.009 28		2p	0.916 14	0.906 61	−0.009 53
	3s	1.108 42	1.114 17	0.005 75		3s	1.108 42	1.114 02	0.0056
	3p	1.899 59	1.892 61	−0.006 98		3p	1.899 59	1.892 38	−0.007 21
	4s	0.867 25	0.875 11	0.007 86		4s	0.867 25	0.874 69	0.007 44
	4p	1.215 03	1.216 72	0.001 69		4p	1.215 03	1.216 46	0.001 43
P37	1s	0.791 99	0.791 96	−3E-05	O36	1s	1.084 32	1.084 35	3E-05
	2s	1.175 41	1.175 45	4E-05		2s	0.909 25	0.909 05	−0.0002
	2p	2.031 63	2.032 05	0.000 42		2p	0.916 14	0.905 96	−0.010 18
	3s	0.908 91	0.908 54	−0.000 37		3s	1.108 42	1.114 87	0.006 45
	3p	3.837 34	3.837 10	−0.000 24		3p	1.899 59	1.891 57	−0.008 02
	4s	1.073 31	1.073 32	1E-05		4s	0.867 25	0.876 17	0.008 92
	4p	0.691 24	0.694 05	0.002 81		4p	1.215 03	1.211 20	−0.003 83
	5s	0.970 85	0.967 91	−0.002 94					
	5p	1.89	1.907 42	0.017 42					
	6s	0.966 84	0.953 39	−0.013 45					
	6p	0.505 51	0.493 71	−0.01 18					

为了考察煤表面含磷侧链与氧分子相互作用的本质,计算了自由氧分子与煤表面吸附组成的吸附态中的 C—P 键、O—O 键、C—H 键和 P—H 键的红外伸缩振动频率,结果列于表 4 - 44。

表 4 - 44　煤表面含磷侧链与氧分子吸附前后红外光谱频率比较

名称	吸附前/cm⁻¹	吸附后/cm⁻¹	名称	吸附前/cm⁻¹	吸附后/cm⁻¹
$\upsilon_{C_{14}-P_{37}}$	625	625	$\upsilon_{P_{37}-H_{38}}$	2210	2265
$\upsilon_{C_{14}-H_{15}}$	3056	3014	$\upsilon_{C_{14}-H_{16}}$	3056	3014
$\upsilon_{O_{21}-O_{22}}$	1436	1402	$\upsilon_{O_{23}-O_{24}}$	1436	1345
$\upsilon_{O_{25}-O_{26}}$	1436	1402	$\upsilon_{O_{27}-O_{28}}$	1436	1402
$\upsilon_{O_{29}-O_{30}}$	1436	1345	$\upsilon_{O_{31}-O_{32}}$	1436	1402
$\upsilon_{O_{33}-O_{34}}$	1436	1402	$\upsilon_{O_{35}-O_{36}}$	1436	1402
$\upsilon_{P_{37}-H_{39}}$	2235	2234			

与自由氧分子相比,吸附在煤表面含 P 侧链的氧分子的 O—O 键的伸缩振动频率向低波数位移,吸附前 O—O 键的伸缩振动频率 1436cm⁻¹,吸附后 O—O 键的振动频率都有不同程度的减小,其中 O_{21}—O_{22} 键、O_{25}—O_{26} 键、O_{27}—O_{28} 键、O_{31}—O_{32} 键、O_{33}—O_{34} 键和 O_{35}—O_{36} 键的振动频率变为 1402cm⁻¹,O_{23}—O_{24} 键和 O_{29}—O_{30} 键的振动频率变为 1345cm⁻¹,由此可以看出,吸附态氧分子中 O—O 键伸缩振动频率的位移趋势与煤表面中 O—O 键的键长拉长的规律相一致,其中 O_{21}—O_{22} 键的键长由 1.258 15Å 变为 1.260 02Å,O_{23}—O_{24} 键的键长由 1.258 15Å 变为 1.270 21Å,O_{25}—O_{26} 键的键长由 1.258 15Å 变为 1.261 20Å,O_{27}—O_{28} 键的键长由 1.258 15Å 变为 1.262 04Å,O_{29}—O_{30} 键的键长由 1.258 15Å 变为 1.269 21Å,O_{31}—O_{32} 键的键长由 1.258 15Å 变为 1.262 29Å,O_{33}—O_{34} 键的键长由 1.258 15Å 变为 1.260 49Å,O_{35}—O_{36} 键的键长由 1.258 15Å 变为 1.260 08Å。C—P 键和 P—H 键的振动频率有增大的趋势,这与 C—P 键和 P—H 键的键长增大的趋势一致,说明 C—P 键和 P—H 键的强度在吸附氧之后得到了加强。

4. 吸附能

经过校正后,吸附前的氧分子的能量为 −150.255 854hartree,煤表面的能量为 −691.933 283hartree,8 个氧分子与煤表面吸附后组成的吸附态的能量为 −1894.210 963hartree,由式(4 - 1)计算得到氧分子与煤表面组成的吸附态的吸附能为 606.09kJ/mol,由此可知,煤表面含磷侧链易与多个氧分子发生物理吸附。煤表面含氮侧链与 8 个氧分子吸附的吸附能为 627.16kJ/mol,煤表面含硫侧链与 8 个氧分子吸附的吸附能为 604.51kJ/mol,由此可知,煤表面含氮侧链

最易与氧分子发生吸附,而煤表面中的含磷侧链与氧的亲和性稍大于含硫侧链
与氧的亲和性。

4.6　对氧分子的化学吸附

煤表面对氧分子的化学吸附是氧分子与煤表面的侧链中的原子通过化学键与
煤表面中的原子相互结合形成化学键的过程。氧分子与煤表面化学吸附可视为氧
分子与煤表面通过一个或多个电子轨道的重叠,而进行的一种化学反应。煤表面
与氧分子的化学吸附具有极高的方向性,一般限制在煤表面单层。

4.6.1　O_2 在—CH_2—NH_2 基团上的化学吸附

本节研究氧分子在煤表面的—CH_2—NH_2 基团上的化学吸附,理论计算单氧分
子及多氧分子的发生吸附后的几何平衡构型,定量研究吸附量与吸附能之间的关系。

1. 几何构型

煤表面的—CH_2—NH_2 基团上吸附氧分子及多个氧分子时,应用量子化学
Gaussian03 软件程序包,采用密度泛函在 B3LYP/6-311G 水平上计算得到吸附后
的几何构型如图 4-24~图 4-28 所示。

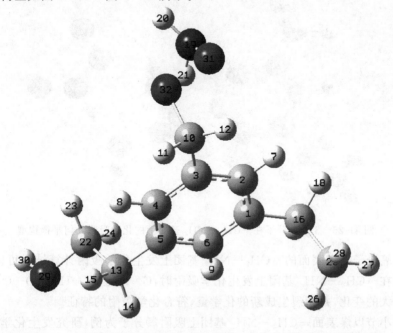

图 4-24　1个氧分子在—CH_2—NH_2 基团上的化学吸附几何平衡构型

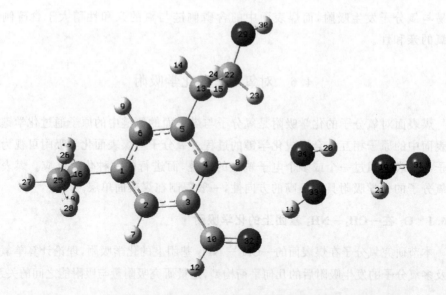

图 4 - 25　2 个氧分子在—CH₂—NH₂ 基团上的化学吸附几何平衡构型

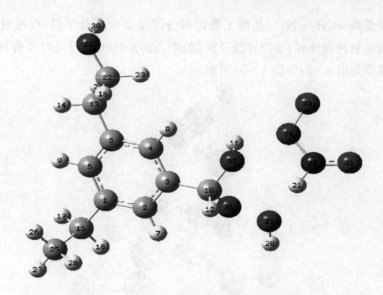

图 4 - 26　3 个氧分子在—CH₂—NH₂ 基团上的化学吸附几何平衡构型

　　从氧分子在煤表面的—CH₂—NH₂ 基团上发生化学吸附计算结果可以看出，氧分子在—CH₂—NH₂ 基团上发生化学吸附时，C—N 键、N—H 键、O—O 键都发生了较大的变化，并断裂生成新的化学键，符合化学吸附的特征。

　　本小节以煤表面—CH₂—NH₂ 基团上吸附氧分子为例，研究发生化学吸附前后煤表面结构的变化。

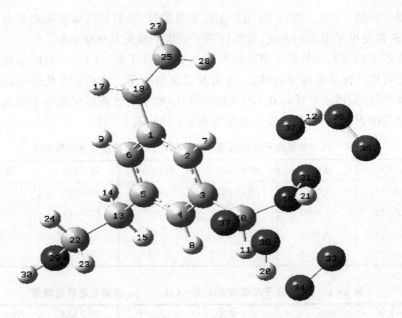

图 4-27　4 个氧分子在—CH$_2$—NH$_2$ 基团上的化学吸附几何平衡构型

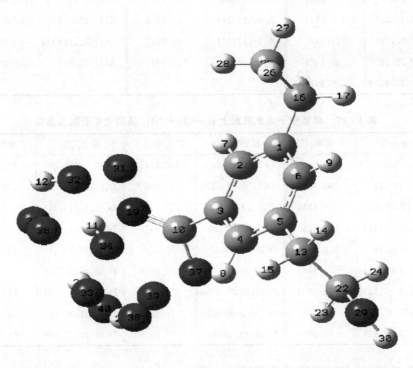

图 4-28　5 个氧分子在—CH$_2$—NH$_2$ 基团上的化学吸附几何平衡构型

　　煤表面的—CH₂—NH₂基团发生化学吸附时,吸附前后煤表面和氧分子的键长、键角都发生了很大的变化,这也证明了发生的吸附是化学吸附。

　　在煤表面与单个氧分子组成的吸附态中,氧分子在—CH₂—NH₂基团上的吸附位置可用几何平衡构型的键长、键角及二面角表示。应用量子化学 Gaussian03软件程序包,采用密度泛函在 B3LYP/6-311G 水平上计算得到煤分子表面片段与单氧分子吸附的键长、键角及二面角见表 4-45~表 4-47。

表 4-45　单氧分子与煤表面上的—CH₂—NH₂基团化学吸附键长

原子关系	键长/Å	原子关系	键长/Å	原子关系	键长/Å
R(10,11)	1.093	R(11,32)	2.0109	R(19,20)	1.0134
R(10,12)	1.0911	R(12,32)	2.0899	R(19,21)	1.0139
R(10,19)	3.4401	R(31,32)	1.6225	R(19,31)	1.3643
R(10,32)	1.4632				

表 4-46　单氧分子与煤表面上的—CH₂—NH₂基团化学吸附键角

原子关系	键角/(°)	原子关系	键角/(°)	原子关系	键角/(°)
A(3,10,32)	113.3084	A(10,19,20)	115.1718	A(19,31,32)	108.9472
A(21,19,31)	112.9671	A(10,19,21)	82.5429	A(10,32,31)	105.0211
A(20,19,31)	112.848	A(10,19,31)	34.9731	A(11,32,12)	51.1379
A(12,32,31)	85.6179	A(20,19,21)	115.4934	A(11,32,31)	135.6904
A(19,10,32)	36.961				

表 4-47　单氧分子与煤表面上的—CH₂—NH₂基团化学吸附二面角

原子关系	二面角/(°)	原子关系	二面角/(°)	原子关系	二面角/(°)
D(2,3,10,19)	73.85	D(3,10,19,20)	132.1015	D(12,10,19,20)	-116.6568
D(2,3,10,32)	98.7722	D(3,10,19,21)	17.386	D(12,10,19,21)	128.6277
D(3,10,32,31)	-74.1945	D(3,10,19,31)	-133.5028	D(12,10,19,31)	-22.2611
D(19,10,32,31)	-29.8763	D(11,10,19,20)	14.9666	D(32,10,19,20)	-7.8353
D(4,3,10,19)	-104.0324	D(11,10,19,21)	-99.7489	D(32,10,19,21)	-122.5508
D(4,3,10,32)	-79.1101	D(11,10,19,31)	109.3623	D(32,10,19,31)	86.5604
D(10,19,31,32)	-34.9103	D(13,22,29,30)	179.5897	D(19,31,32,10)	127.013
D(20,19,31,32)	66.7949	D(23,22,29,30)	59.8576	D(19,31,32,11)	137.91
D(21,19,31,32)	-66.5061	D(24,22,29,30)	-60.6406	D(19,31,32,12)	149.5692

　　从图 4-24 可以看到,发生吸附的过程,是一个 C—N 键和 O—O 键断裂,C—O键和 N—O 键生成的过程。C—N 键的键长由发生吸附前的 1.466 69 Å 逐渐拉

长,变为 3.440 10Å 并断裂,断裂后形成的—NH_2 基团中的 N 原子与氧分子中的
O_{31} 原子结合成键,并导致了 O—O 键的拉长断裂,O—O 键的键长由吸附前的
1.2582Å 变为吸附后的 1.622 47Å。O—O 键断裂后的另一个 O 原子向 C_{10} 移动,
最终形成了 C—O 键。同时,在吸附的过程中,煤表面的键角和二面角都发生了比
较大的变化,由此可知,煤表面与氧分子的吸附是化学吸附。通过振动频率计算,
没有虚频,证明图 4-24 所表示的几何构型是正确的。

煤表面上的—CH_2—NH_2 基团上发生化学吸附与 2 个氧分子组成的吸附态
中,氧分子在苯环的吸附位置以及氧分子在支链的吸附位置可用几何平衡构型的
键长、键角及二面角表示。煤分子表面片段与两个氧分子吸附的键长、键角及二面
角见表 4-48~表 4-50。

表 4-48　2 个氧分子在煤表面的—CH_2—NH_2 基团上的化学吸附键长

原子关系	键长/Å	原子关系	键长/Å	原子关系	键长/Å
R(8,34)	2.2014	R(19,20)	1.9653	R(33,34)	1.5176
R(10,12)	1.0998	R(19,21)	1.0533	R(21,33)	2.2606
R(10,32)	1.2485	R(19,31)	1.2382	R(11,33)	0.9938
R(11,32)	1.7432	R(20,34)	0.9887		

表 4-49　2 个氧分子在煤表面的—CH_2—NH_2 基团上的化学吸附键角

原子关系	键角/(°)	原子关系	键角/(°)	原子关系	键角/(°)
A(2,3,10)	118.5777	A(4,8,34)	169.2154	A(20,19,21)	96.2449
A(4,3,10)	121.2858	A(3,10,12)	115.7504	A(20,19,31)	151.3553
A(10,32,11)	140.0019	A(3,10,32)	126.06	A(21,19,31)	112.3997
A(11,33,21)	139.8754	A(12,10,32)	118.1892	A(19,20,34)	140.4892
A(11,33,34)	100.4406	A(8,34,33)	100.3376	A(19,21,33)	106.6305
A(21,33,34)	97.0524	A(20,34,33)	98.7336	A(8,34,20)	149.3549

表 4-50　2 个氧分子在煤表面的—CH_2—NH_2 基团上的化学吸附二面角

原子关系	二面角/(°)	原子关系	二面角/(°)	原子关系	二面角/(°)
D(2,3,10,12)	−4.49	D(21,33,34,8)	−163.1221	D(12,10,32,11)	161.6125
D(2,3,10,32)	175.2715	D(21,33,34,20)	−7.2244	D(10,32,33,21)	160.1219
D(4,3,10,12)	176.1049	D(3,4,8,34)	102.3292	D(10,32,33,34)	42.6185
D(4,3,10,32)	−4.1336	D(4,8,34,20)	150.6914	D(24,22,29,30)	−67.9952
D(5,4,8,34)	−78.1433	D(4,8,34,33)	−81.6692	D(11,33,34,8)	−19.3918
D(11,33,34,20)	136.506	D(3,10,32,11)	−18.1438	D(21,19,20,34)	−1.1706

原子关系	二面角/(°)	原子关系	二面角/(°)	原子关系	二面角/(°)
D(31,19,20,34)	178.9818	D(19,20,34,8)	136.1696	D(19,21,33,11)	−106.4441
D(20,19,21,33)	−4.6131	D(19,20,34,33)	8.183	D(19,21,33,34)	9.0314
D(31,19,21,33)	175.3078				

从图 4-25 可以看出,在煤表面吸附两个氧分子的过程中,煤表面的几何结构发生比较大的变化。首先是 O_{31}—O_{32} 键与煤表面中的 C—N 键发生作用,导致了 C—N 键与 O_{31}—O_{32} 键的断裂,O_{31}—O_{32} 键断裂后形成的两个氧原子,一个向 C_{10} 移动,另一个向 N_{19} 移动,导致了 C—O 键和 N—O 键的形成。而另一个氧分子 O_{33}—O_{34} 键的 O—O 键断裂形成的两个氧原子,分别向 C_{10} 和 N_{19} 移动,并导致了 C—H 键和 N—H 键的拉长断裂,其中 C—H 键的键长由 1.0949Å 变为 2.816 38Å,N—H 键的键长由 1.009 58Å 变为 1.965 35Å。C—H 键和 N—H 键断裂后形成 H 原子向 O_{33}—O_{34} 键断裂后形成的氧原子移动,最终形成了 O—H 键。在上述旧键断裂新键形成的过程中,煤表面的键角以及二面角都发生了较大的变化。由分析可知,煤表面含氨基侧链与两个氧分子发生的吸附作用是化学吸附,通过振动频率计算,结果没有虚频,验证了所得几何结构的正确性。

煤表面的—CH_2—NH_2 基团上发生化学吸附与 3 个氧分子组成的吸附态中,氧分子在支链的吸附位置可用几何平衡构型的键长、键角及二面角表示。煤分子表面片段与 3 个氧分子的化学吸附的键长、键角及二面角见表 4-51～表 4-53。

表 4-51　3 个氧分子与煤表面上的—CH_2—NH_2 基团化学吸附键长

原子关系	键长/Å	原子关系	键长/Å	原子关系	键长/Å
R(19,21)	1.0491	R(10,12)	1.0859	R(33,34)	1.3938
R(19,31)	1.2431	R(10,32)	1.4125	R(35,36)	1.5296
R(19,34)	1.3755	R(10,36)	1.4878	R(21,35)	1.6944
R(20,35)	0.9785	R(11,32)	0.9777		

表 4-52　3 个氧分子与煤表面上的—CH_2—NH_2 基团化学吸附键角

原子关系	键角/(°)	原子关系	键角/(°)	原子关系	键角/(°)
A(2,3,10)	120.1783	A(3,10,36)	103.1609	A(10,32,11)	112.093
A(4,3,10)	120.0271	A(12,10,32)	105.516	A(19,34,33)	114.9457
A(3,10,12)	114.1195	A(12,10,36)	107.5914	A(20,35,21)	123.7185
A(3,10,32)	115.6825	A(22,29,30)	110.5893	A(20,35,36)	100.1795

原子关系	键角/(°)	原子关系	键角/(°)	原子关系	键角/(°)
A(21,35,36)	97.6914	A(31,19,34)	123.0857	A(32,10,36)	110.5858
A(21,19,31)	125.2471	A(19,21,35)	172.8717	A(10,36,35)	106.2742
A(21,19,34)	111.6337				

表 4 - 53　3 个氧分子与煤表面上的—CH₂—NH₂ 基团化学吸附二面角

原子关系	二面角/(°)	原子关系	二面角/(°)	原子关系	二面角/(°)
D(31,19,21,35)	−103.8795	D(3,10,32,11)	−56.2797	D(24,22,29,30)	−62.6167
D(34,19,21,35)	74.062	D(12,10,32,11)	176.5566	D(20,35,36,10)	141.7617
D(21,19,34,33)	−178.3103	D(36,10,32,11)	60.4958	D(21,35,36,10)	−91.8424
D(31,19,34,33)	−0.3167	D(3,10,36,35)	−171.7094	D(4,3,10,32)	−12.179
D(19,21,35,20)	56.659	D(12,10,36,35)	−50.7529	D(4,3,10,36)	−133.051
D(19,21,35,36)	−51.0713	D(32,10,36,35)	64.0094	D(2,3,10,36)	49.0349
D(13,22,29,30)	177.7091	D(2,3,10,32)	169.9069	D(23,22,29,30)	57.9101

　　由图 4 - 26 我们可以看到,在煤表面吸附 3 个氧分子的过程中,煤表面的几何结构发生比较大变化。首先是 O_{31}—O_{32} 键与煤表面中的 C—N 键发生作用,导致了 C—N 键与 O—O 键的断裂,其中 C—N 键的键长由 1.466 69Å 变为 3.869 88Å, O_{31}—O_{32} 键的键长由 1.2582Å 变为吸附后的 4.4629Å; O_{31}—O_{32} 键断裂后形成的两个氧原子,一个向 C_{10} 移动,另一个向 N_{19} 移动,导致了 C—O 键和 N—O 键的形成。同时 $O_{33}O_{34}$ 分子也向 N_{19} 原子移动,导致了 N_{19}—O_{34} 键的生成,使得 O_{33}—O_{34} 键的键长由 1.2582Å 拉长到 1.3938Å,导致了 O—O 键的减弱。$O_{35}O_{36}$ 分子的 O—O 键断裂后形成的两个氧原子分别向 C_{10} 和 N_{19} 移动,O_{35} 原子与 N_{19}—H_{20} 键相互作用,导致了 N—H 键的断裂,O—H 键的生成;O_{36} 原子向 C_{10} 移动,并最终形成了 C—O 键。在如此复杂的变化中,煤表面中的键角和二面角也发生了较大的变化,这证明了煤表面含氨基侧链对 3 个氧分子的吸附作用是化学吸附。最后,通过振动频率计算,计算结果没有虚频,证明计算得到的吸附几何构型是正确的。

　　煤表面的—CH₂—NH₂ 基团上发生化学吸附与 4 个氧分子组成的吸附态中,氧分子在支链的吸附位置可用几何平衡构型的键长、键角及二面角表示。煤分子表面片段与 4 个氧分子吸附的键长、键角及二面角见表 4 - 54～表 4 - 56。

表 4 - 54　4 个氧分子与煤表面上的—CH₂—NH₂ 基团化学吸附键长

原子关系	键长/Å	原子关系	键长/Å	原子关系	键长/Å
R(7,35)	3.8539	R(19,21)	1.0171	R(31,32)	1.656
R(10,11)	1.1047	R(19,31)	1.3346	R(33,34)	1.2971
R(10,19)	1.4579	R(19,35)	3.1286	R(33,38)	3.0698
R(10,34)	2.7769	R(20,33)	2.8074	R(35,36)	1.278
R(10,37)	1.4688	R(20,38)	0.9875	R(37,38)	1.5172
R(11,34)	1.9582	R(21,35)	2.6995	R(21,36)	2.29
R(12,32)	0.985				

表 4 - 55　4 个氧分子与煤表面上的—CH₂—NH₂ 基团化学吸附键角

原子关系	键角/(°)	原子关系	键角/(°)	原子关系	键角/(°)
A(3,10,11)	110.2029	A(10,19,21)	120.1943	A(22,29,30)	110.5975
A(3,10,19)	117.3853	A(10,19,31)	121.9261	A(19,31,32)	109.0219
A(3,10,34)	141.8889	A(10,19,35)	140.3303	A(12,32,31)	96.899
A(3,10,37)	107.0869	A(21,19,31)	116.512	A(20,33,34)	54.9402
A(11,10,19)	106.6836	A(31,19,35)	68.3018	A(34,33,38)	72.0221
A(11,10,37)	107.4296	A(19,21,36)	116.8574	A(10,34,33)	80.2579
A(19,10,34)	78.4608	A(20,38,37)	102.7755	A(11,34,33)	94.8435
A(19,10,37)	107.6481	A(33,38,37)	96.748	A(19,35,36)	67.6723
A(34,10,37)	99.292	A(10,37,38)	107.6533		

表 4 - 56　4 个氧分子与煤表面上的—CH₂—NH₂ 基团化学吸附二面角

原子关系	二面角/(°)	原子关系	二面角/(°)	原子关系	二面角/(°)
D(2,3,10,11)	174.4768	D(3,10,37,38)	-174.2746	D(34,10,19,21)	-85.9748
D(2,3,10,19)	-63.1697	D(11,10,37,38)	67.354	D(34,10,19,31)	107.8431
D(2,3,10,34)	-170.35	D(19,10,37,38)	-47.2058	D(34,10,19,35)	-158.2051
D(2,3,10,37)	57.9238	D(34,10,37,38)	33.5492	D(37,10,19,21)	10.2243
D(4,3,10,11)	-2.606	D(3,10,19,21)	131.0251	D(37,10,19,31)	-155.9579
D(4,3,10,19)	119.7475	D(3,10,19,31)	-35.157	D(37,10,19,35)	-62.006
D(4,3,10,34)	12.5672	D(3,10,19,35)	58.7948	D(3,10,34,33)	116.1757
D(4,3,10,37)	-119.1589	D(11,10,19,21)	-104.8307	D(10,37,38,20)	-72.9974
D(19,10,34,33)	-3.8486	D(11,10,19,31)	88.9871	D(10,19,21,36)	-160.7776
D(37,10,34,33)	-110.1168	D(11,10,19,35)	-177.061	D(31,19,21,36)	6.1296

续表

原子关系	二面角/(°)	原子关系	二面角/(°)	原子关系	二面角/(°)
D(10,19,31,32)	89.1563	D(31,19,35,36)	−93.9314	D(19,31,32,12)	167.0246
D(21,19,31,32)	−77.5059	D(38,33,34,10)	50.2512	D(20,33,34,10)	58.7077
D(35,19,31,32)	−47.576	D(38,33,34,11)	61.3478	D(20,33,34,11)	69.8043
D(10,19,35,36)	151.7517	D(34,33,38,37)	−78.9	D(10,37,38,33)	−6.6907

由图 4-27 可以看到,在煤表面吸附 4 个氧分子的过程中,煤表面的几何结构发生比较大的变化。首先是 O_{31}—O_{32} 键与煤表面中的 C—N 键发生作用,导致了 C—N 键的缩短与 O_{31}—O_{32} 键的断裂,其中 C—N 键的键长由 1.466 69Å 变为 1.457 93Å,O_{31}—O_{32} 键的键长由 1.2582Å 变为吸附后的 4.4629Å;O_{31}—O_{32} 键断裂后形成的两个氧原子,一个向 C_{10} 移动,另一个向 N_{19} 移动,导致了 C—O 键和 N—O 键的形成,使得 C_{10}—H_{12} 键长由 1.094 90Å 拉长到 4.097 77Å 并断裂,同时也导致了 O_{32}—H_{12} 键的形成。$O_{37}O_{38}$ 分子 O—O 键由 1.2582Å 拉长到 1.517 16Å 并断裂,形成了 O_{37} 与 O_{38} 两个氧原子,其中 O_{37} 原子向 C_{10} 移动,最终形成了 C—O 键;O_{38} 原子向 N_{19}—N_{20} 键移动,使得 N_{19}—H_{20} 的键长由 1.009 58Å 拉长到 3.016 86Å 并断裂,N_{19}—H_{20} 键断裂后形成的 H 原子与 O_{38} 原子形成 O—H 键。其他两个氧分子的 O—O 键虽然没有断裂,但是也都有不同程度的拉长,其中 O_{33}—O_{34} 键的键长由 1.2582Å 变为 1.297 05Å,O_{35}—O_{36} 键的键长由 1.2582Å 变为 1.277 98Å。在如此复杂的变化中,煤表面中的键角和二面角也发生了较大的变化,这证明了煤表面含氨基侧链对 4 个氧分子的吸附作用是化学吸附。最后,通过振动频率计算,计算结果没有虚频,说明计算得到的吸附几何构型是正确的。

煤表面的—CH_2—NH_2 基团上发生化学吸附与 5 个氧分子组成的吸附态中,氧分子在支链的吸附位置可用几何平衡构型的键长、键角及二面角表示。煤分子表面片段与 5 个氧分子吸附的键长、键角及二面角见表 4-57～表 4-59。

表 4-57　5 个氧分子与煤表面上的—CH_2—NH_2 基团化学吸附键长

原子关系	键长/Å	原子关系	键长/Å	原子关系	键长/Å
R(10,19)	1.3065	R(19,31)	1.4482	R(31,32)	1.5187
R(10,37)	1.3764	R(20,38)	0.9908	R(33,34)	1.4823
R(11,32)	1.8697	R(20,40)	1.8672	R(33,38)	1.5051
R(11,34)	0.992	R(21,36)	1.7626	R(35,36)	1.275
R(12,32)	0.9847	R(21,40)	1.0	R(37,39)	1.5478
R(12,36)	2.2694	R(39,40)	1.4614		

表 4-58　5个氧分子与煤表面上的—CH₂—NH₂基团化学吸附键角

原子关系	键角/(°)	原子关系	键角/(°)	原子关系	键角/(°)
A(3,10,19)	129.9678	A(10,19,31)	112.9559	A(22,29,30)	110.6049
A(3,10,37)	110.9393	A(38,20,40)	168.2587	A(19,31,32)	105.5122
A(19,10,37)	119.0802	A(36,21,40)	171.1406	A(11,32,12)	124.5401
A(32,11,34)	170.2271	A(20,38,33)	101.9743	A(11,32,31)	112.6269
A(32,12,36)	120.7228	A(37,39,40)	109.2416	A(12,32,31)	100.806
A(12,36,35)	127.3941	A(20,40,21)	115.8963	A(34,33,38)	107.4528
A(21,36,35)	118.6174	A(20,40,39)	111.7162	A(11,34,33)	103.6961
A(10,37,39)	114.41	A(21,40,39)	102.0621	A(12,36,21)	112.0869

表 4-59　5个氧分子与煤表面上的—CH₂—NH₂基团化学吸附二面角

原子关系	二面角/(°)	原子关系	二面角/(°)	原子关系	二面角/(°)
D(2,3,10,19)	-48.7185	D(3,10,19,31)	-4.5337	D(10,19,31,32)	-106.0207
D(2,3,10,37)	129.9469	D(37,10,19,31)	176.8927	D(40,20,38,33)	86.8672
D(4,3,10,19)	131.9444	D(3,10,37,39)	176.6206	D(38,20,40,21)	-64.0449
D(4,3,10,37)	-49.3902	D(19,10,37,39)	-4.5498	D(38,20,40,39)	52.2764
D(19,31,32,11)	57.2718	D(34,11,32,12)	-162.0092	D(40,21,36,12)	-75.0045
D(19,31,32,12)	-77.5503	D(34,11,32,31)	75.75	D(40,21,36,35)	90.4618
D(38,33,34,11)	98.4891	D(32,11,34,33)	-173.7972	D(36,21,40,20)	90.6613
D(34,33,38,20)	-109.5551	D(36,12,32,11)	-71.7313	D(36,21,40,39)	-30.9627
D(10,37,39,40)	-67.145	D(36,12,32,31)	55.6319	D(13,22,29,30)	175.1899
D(37,39,40,20)	-26.8615	D(32,12,36,21)	34.7353	D(23,22,29,30)	55.4041
D(37,39,40,21)	97.5984	D(32,12,36,35)	-129.1668	D(24,22,29,30)	-65.1754

　　由图 4-28 可以看到,在煤表面吸附 5 个氧分子的过程中,煤表面的几何结构发生比较大变化。O_{31} O_{32} 分子与 C_{10}—H_{12} 键发生相互作用,导致 O_{31}—O_{32} 键与 C_{10}—H_{12} 键的拉长断裂,其中 O_{31}—O_{32} 键的键长由 1.2582Å 变为 1.518 66Å,C_{10}—H_{12} 键的键长由 1.094 90Å 变为 3.664Å,同时形成了 O_{32}—H_{12} 键。O_{33} O_{34} 分子与 C_{10}—H_{11} 键发生相互作用,导致 O_{33}—O_{34} 键与 C_{10}—H_{11} 键的拉长断裂,其中 O_{33}—O_{34} 键的键长由 1.2582Å 变为 1.482 30Å,C_{10}—H_{11} 键的键长由 1.094 90Å 变为 3.214 13Å,同时形成了 O_{34}—H_{11} 键。O_{39} O_{40} 分子与 N_{14}—H_{21} 键发生相互作用,导致 O_{39}—O_{40} 键与 N_{14}—H_{21} 键的拉长断裂,其中 O_{39}—O_{40} 键的键长由 1.2582Å 变为 1.461 40Å,N_{14}—H_{21} 键的键长由 1.011 09Å 变为 2.448 21Å,同时形成了 O_{40}—H_{21} 键。O_{37} O_{38} 分子的 O—O 键与煤表面中的 C—N 键相互作用,导

致了 O—O 键的键长由 1.2582Å 拉长到 3.255 49Å 并断裂,O—O 键断裂后形成的两个氧原子分别向 C_{10} 与 N_{19} 原子移动,最终 O_{37} 原子与 C_{10} 形成 C—O 键,O_{38} 原子与 N_{19}—H_{20} 键作用,导致 N—H 键的断裂,并与 N—H 键的断裂后形成的 H 原子结合形成了 O_{38}—H_{20} 键。

　　通过上述分析,煤表面与 5 个氧分子形成了稳定的吸附结构,在形成吸附结构的过程中煤表面中的键角和二面角也发生了较大的变化,这证明了煤表面含氨基侧链对 5 个氧分子的吸附作用是化学吸附。最后,通过振动频率计算,计算结果没有虚频,证明计算得到的吸附几何构型是正确的。

　　2. 吸附能

　　表 4-60 列出了由 B3LYP/6-311G 基组水平上计算所得的煤表面、氧分子以及煤表面吸附氧分子后组成的吸附态的能量、零点能以及考虑零点能校正后的能量(E),并利用式(4-1)分别计算出了煤表面含氨基侧链吸附不同氧分子数时的吸附能。

表 4-60　氧分子在煤表面上的—CH_2—NH_2 基团上发生化学吸附能

名称	E(B3lYP)	ZPE	ZPE+E(B3lYP)	吸附能/(kJ/mol)
R	−559.362 230 71	0.263 512	−559.098 719	—
O_2	−150.259 126 81	0.003 273	−150.255 854	—
R+O_2	−709.676 428 61	0.270 172	−709.406 257	135.69
R+2O_2	−860.061 147 09	0.271 746	−859.789 401	469.89
R+3O_2	−1010.368 646 72	0.282 653	−1010.085 993	576.85
R+4O_2	−1160.553 482 90	0.285 061	−1160.268 422	384.07
R+5O_2	−1310.920 080 62	0.291 524	−1310.628 557	657.86

　　从表 4-60 可以看出,当煤分子片段含氨基侧链吸附不同氧分子数时,吸附后组成的吸附态所得到的吸附能是不同的,总体来说,吸附能随着吸附氧分子数的增加而增大。吸附 1 个氧分子时的吸附能为 135.69kJ/mol,吸附 2 个氧分子时的吸附能为 469.89kJ/mol,吸附 3 个氧分子时的吸附能为 576.85kJ/mol,吸附 4 个氧分子时的吸附能为 384.07kJ/mol,吸附 5 个氧分子时的吸附能为 657.86kJ/mol。以吸附氧分子数为横坐标,吸附不同氧分子数放出的吸附能为纵坐标,作出吸附能与吸附氧分子数的关系如图 4-29 所示。

　　煤表面上的—CH_2—NH_2 基团对氧分子的化学吸附量与吸附能之间的关系可用以下的数学表达式来表示:

$$y = -37.450 53 + 290.602 44x - 29.976 52x^2 \qquad (4-3)$$

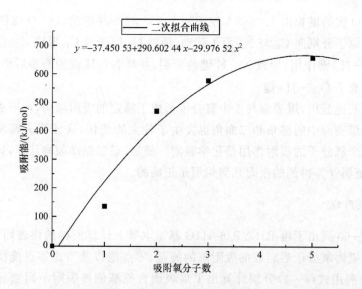

图 4 - 29　氧分子在煤表面上的—CH₂—NH₂ 基团上发生化学吸附能量图

式中：x 为吸附氧分子的个数；y 为吸附能，kJ/mol。

4.6.2　O₂ 在—CH₂—CH₃ 基团上的化学吸附

本节研究氧分子在煤表面上的—CH₂—CH₃ 基团上的化学吸附，理论计算单氧分子及多氧分子发生吸附后的几何平衡构型，定量研究吸附量与吸附能之间的关系。

1. 几何构型

煤表面上的—CH₂—CH₃ 基团吸附单氧分子及多个氧分子时，应用量子化学 Gaussian03 软件程序包，采用密度泛函在 B3LYP/6-311G 水平上计算得到吸附后的几何构型如图 4 - 30～图 4 - 34 所示。

本小节以煤表面上的—CH₂—CH₃ 基团上吸附不同个数的氧分子时，研究发生化学吸附前后煤表面与氧分子化学结构的变化。

从图 4 - 29 单个氧分子在煤表面的—CH₂—CH₃ 基团上发生化学吸附达到平衡后的优化后几何构型可以看出，氧分子与—CH₂—CH₃ 基团的化学吸附是两个氧原子分别—CH₂—CH₃ 中的两个碳原子形成化学键的过程。在图 4 - 30 中，两个氧分子中的一个氧原子与—CH₂—CH₃ 中的碳原子形成新的化学键，另一个氧原子虽然没与其他原子形成化学键，但 O—O 键拉长。在煤表面的—CH₂—CH₃ 基团上吸附 4 个氧分子优化后的平衡几何构型中，氧分子的 O—O 键都拉长断裂，并与其他原子生成新的化学键，在 5 个氧分子与煤表面的—CH₂—CH₃ 基团

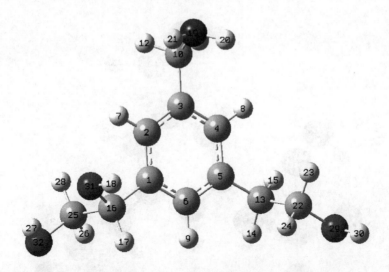

图 4-30　1 个氧分子在—CH_2—CH_3 基团上的化学吸附几何平衡构型

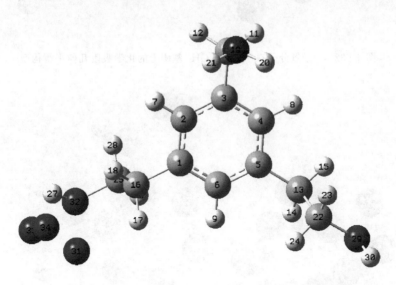

图 4-31　2 个氧分子在—CH_2—CH_3 基团上的化学吸附几何平衡构型

发生化学吸附优化后的平衡几何构型中,氧分子与—CH_2—CH_3 基团发生了更为复杂的化学结构变化。从氧分子在煤表面的—CH_2—CH_3 基团上发生化学吸附计算结果可以看出,在氧分子与—CH_2—CH_3 基团发生化学吸附时,C—C 键、C—H 键、O—O 键都发生了较大的变化,并断裂生成新的化学键,符合化学吸附的特征。

　　煤表面的—CH_2—CH_3 基团上发生化学吸附时,吸附前后煤表面和氧分子的键长、键角都发生了很大的变化,这也证明了发生的吸附是化学吸附。

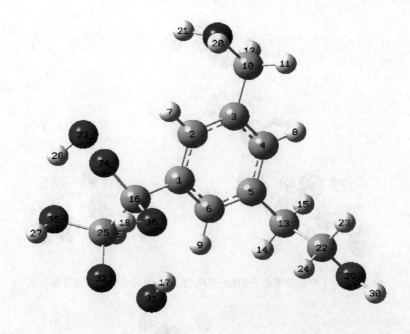

图 4-32　3 个氧分子在—CH_2—CH_3 基团上的化学吸附几何平衡构型

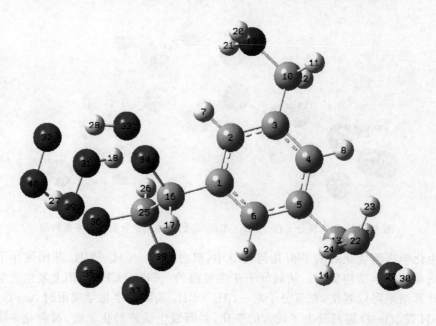

图 4-33　5 个氧分子在—CH_2—CH_3 基团上的化学吸附几何平衡构型

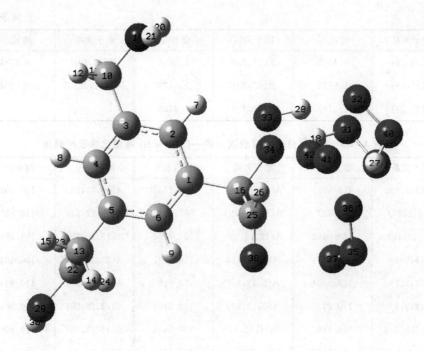

图 4 - 34 6 个氧分子在—CH_2—CH_3 基团上的化学吸附几何平衡构型

在煤表面的—CH_2—CH_3 基团与 1 个氧分子组成的吸附态中,氧分子在—CH_2—CH_3 基团的吸附位置以及氧分子在支链的吸附位置可用几何平衡构型的键长、键角及二面角表示。应用量子化学 Gaussian03 软件程序包,采用密度泛函在 B3LYP/6-311G 水平上计算得到煤表面与单氧分子吸附的键长、键角及二面角见表 4 - 61～表 4 - 63。

表 4 - 61 1 个氧分子与煤表面上的—CH_2—CH_3 基团化学吸附键长

原子关系	键长/Å	原子关系	键长/Å	原子关系	键长/Å
R(1,2)	1.3999	R(5,6)	1.4011	R(16,17)	1.0943
R(1,6)	1.4016	R(5,13)	1.5153	R(16,18)	2.0291
R(1,16)	1.513	R(6,9)	1.0846	R(16,25)	1.5283
R(2,3)	1.4017	R(10,11)	1.0916	R(16,31)	1.4723
R(2,7)	1.0827	R(10,12)	1.0914	R(18,31)	0.9723
R(3,4)	1.4011	R(10,19)	1.4733	R(19,20)	1.012
R(3,10)	1.5236	R(13,14)	1.0913	R(19,21)	1.0118
R(4,5)	1.4029	R(13,15)	1.0914	R(22,23)	1.0957
R(4,8)	1.0848	R(13,22)	1.529	R(22,24)	1.0957

原子关系	键长/Å	原子关系	键长/Å	原子关系	键长/Å
R(22,29)	1.4577	R(25,28)	1.0945	R(29,30)	0.9724
R(25,26)	1.0871	R(25,32)	1.4473	R(31,32)	2.7294
R(25,27)	1.9703	R(27,32)	0.9756		

表 4 - 62　1 个氧分子与煤表面上的—CH₂—CH₃ 基团化学吸附键角

原子关系	键角/(°)	原子关系	键角/(°)	原子关系	键角/(°)
A(2,1,6)	119.1975	A(11,10,12)	106.6431	A(13,22,23)	110.0397
A(2,1,16)	120.701	A(11,10,19)	107.8346	A(13,22,24)	110.0228
A(6,1,16)	120.0182	A(12,10,19)	107.4268	A(13,22,29)	106.5819
A(1,2,3)	120.93	A(5,13,14)	110.5891	A(23,22,24)	108.4021
A(1,2,7)	118.8554	A(5,13,15)	110.509	A(23,22,29)	110.8848
A(3,2,7)	120.2127	A(5,13,22)	112.6464	A(24,22,29)	110.909
A(2,3,4)	118.676	A(14,13,15)	107.0458	A(16,25,26)	110.5002
A(2,3,10)	120.5369	A(14,13,22)	107.9259	A(16,25,27)	91.838
A(4,3,10)	120.7652	A(15,13,22)	107.9118	A(16,25,28)	108.8563
A(3,4,5)	121.6391	A(1,16,17)	110.0545	A(16,25,32)	110.3917
A(3,4,8)	119.2345	A(1,16,18)	99.0607	A(26,25,27)	134.5666
A(5,4,8)	119.1238	A(1,16,25)	113.7546	A(26,25,28)	109.073
A(4,5,6)	118.3762	A(1,16,31)	112.284	A(26,25,32)	106.7154
A(4,5,13)	120.8118	A(17,16,18)	93.8923	A(27,25,28)	99.4543
A(6,5,13)	120.7968	A(17,16,25)	108.1375	A(28,25,32)	111.2884
A(1,6,5)	121.1774	A(17,16,31)	109.0514	A(22,29,30)	110.5958
A(1,6,9)	119.4975	A(18,16,25)	129.6684	A(16,31,32)	63.0271
A(5,6,9)	119.3237	A(25,16,31)	103.2506	A(18,31,32)	147.2051
A(3,10,11)	109.4256	A(10,19,20)	113.7417	A(25,32,31)	59.5048
A(3,10,12)	109.7354	A(10,19,21)	113.9184	A(27,32,31)	51.652
A(3,10,19)	115.4031	A(20,19,21)	111.097		

表 4 - 63　1 个氧分子与煤表面上的—CH$_2$—CH$_3$ 基团化学吸附二面角

原子关系	二面角/(°)	原子关系	二面角/(°)	原子关系	二面角/(°)
D(6,1,2,3)	−0.1262	D(3,4,5,6)	0.3065	D(1,16,25,26)	62.2571
D(6,1,2,7)	−179.6273	D(3,4,5,13)	−178.2848	D(1,16,25,27)	−158.1405
D(16,1,2,3)	−176.8097	D(8,4,5,6)	−179.1019	D(1,16,25,28)	−57.5012
D(16,1,2,7)	3.6893	D(8,4,5,13)	2.3069	D(1,16,25,32)	−179.9305
D(2,1,6,5)	−0.2776	D(4,5,6,1)	0.1891	D(17,16,25,26)	−60.3186
D(2,1,6,9)	−179.8441	D(4,5,6,9)	179.7563	D(17,16,25,27)	79.2838
D(16,1,6,5)	176.4289	D(13,5,6,1)	178.7806	D(17,16,25,28)	179.9231
D(16,1,6,9)	−3.1375	D(13,5,6,9)	−1.6522	D(17,16,25,32)	57.4939
D(2,1,16,17)	−157.5542	D(4,5,13,14)	−150.9812	D(18,16,25,26)	−171.6925
D(2,1,16,18)	−60.0042	D(4,5,13,15)	−32.6317	D(18,16,25,27)	−32.09
D(2,1,16,25)	80.9304	D(4,5,13,22)	88.1561	D(18,16,25,28)	68.5492
D(2,1,16,31)	−35.8772	D(6,5,13,14)	30.4618	D(18,16,25,32)	−53.88
D(6,1,16,17)	25.7895	D(6,5,13,15)	148.8112	D(31,16,25,26)	−175.7871
D(6,1,16,18)	123.3395	D(6,5,13,22)	−90.4009	D(31,16,25,27)	−36.1846
D(6,1,16,25)	−95.7259	D(3,10,19,20)	60.3959	D(31,16,25,28)	64.4546
D(6,1,16,31)	147.4664	D(3,10,19,21)	−68.3044	D(31,16,25,32)	−57.9746
D(1,2,3,4)	0.6016	D(11,10,19,20)	−62.2577	D(1,16,31,32)	151.1572
D(1,2,3,10)	−177.71	D(11,10,19,21)	169.042	D(17,16,31,32)	−86.5948
D(7,2,3,4)	−179.9041	D(12,10,19,20)	−176.8609	D(25,16,31,32)	28.2186
D(7,2,3,10)	1.7843	D(12,10,19,21)	54.4388	D(13,22,29,30)	−179.7957
D(2,3,4,5)	−0.6964	D(5,13,22,23)	−59.691	D(23,22,29,30)	60.4487
D(2,3,4,8)	178.7113	D(5,13,22,24)	59.6872	D(24,22,29,30)	−60.047
D(10,3,4,5)	177.6112	D(5,13,22,29)	−179.9921	D(16,25,32,31)	31.1066
D(10,3,4,8)	−2.981	D(14,13,22,23)	177.9348	D(26,25,32,31)	151.2219
D(2,3,10,11)	−156.9	D(14,13,22,24)	−62.687	D(28,25,32,31)	−89.8841
D(2,3,10,12)	−40.2099	D(14,13,22,29)	57.6337	D(16,31,32,25)	−34.3341
D(2,3,10,19)	81.2972	D(15,13,22,23)	62.5724	D(16,31,32,27)	170.9961
D(4,3,10,11)	24.8239	D(15,13,22,24)	−178.0495	D(18,31,32,25)	−120.7009
D(4,3,10,12)	141.514	D(15,13,22,29)	−57.7288	D(18,31,32,27)	84.6292
D(4,3,10,19)	−96.9789				

　　由表 4 - 61～表 4 - 63 可知,当煤表面与一个氧分子发生化学吸附时,氧分子与煤分子的 C$_{15}$—C$_{25}$ 键发生作用,O$_{31}$—O$_{32}$ 键的键长由 1.258 15 Å 拉长到 2.729 38 Å 并断裂,O—O 键断裂后形成两个氧原子。O$_{31}$ 原子向 C$_{16}$—H$_{18}$ 键移动并相互作

用,导致 C_{16}—H_{18} 键的键长由 1.093 49 Å 拉长到 2.029 07 并断裂,O_{31} 继续向 C_{16} 及 H_{18} 移动,最终形成 C_{16}—O_{31} 键与 O_{31}—H_{18} 键;O_{32} 原子向 C_{25}—H_{27} 键移动并发生相互作用,导致 C_{25}—H_{27} 的键长拉长并最终断裂以及 C_{25}—O_{32} 键和 O_{32}—H_{27} 键的形成,其中 C_{25}—H_{27} 键长由 1.092 16 Å 变为 1.970 35 Å。由表 4-63 可知,在 C_{16}—O_{31} 键、O_{31}—H_{18} 键、C_{25}—O_{32} 键和 O_{32}—H_{27} 键的形成过程中,煤分子的键角和二面角都发生了比较大的变化,说明通过计算得到的煤分子片段对氧分子吸附组成的吸附态是化学吸附。通过振动频率计算,结果无虚频,证明了所得几何结构的正确性。

　　2 个氧分子与煤表面的—CH_2—CH_3 基团发生化学吸附达到平衡后,应用量子化学优化计算得到吸附平衡态的几何构型参数见表 4-64~表 4-66。

表 4-64　2 个氧分子与煤表面上的—CH_2—CH_3 基团化学吸附键长

原子关系	键长/Å	原子关系	键长/Å	原子关系	键长/Å
R(1,2)	1.401	R(10,12)	1.0916	R(22,23)	1.0956
R(1,6)	1.4017	R(10,19)	1.4729	R(22,24)	1.0954
R(1,16)	1.5191	R(13,14)	1.0915	R(22,29)	1.4573
R(2,3)	1.4013	R(13,15)	1.0913	R(25,26)	1.0842
R(2,7)	1.0849	R(13,22)	1.5292	R(25,27)	2.1397
R(3,4)	1.4014	R(16,17)	1.0887	R(25,28)	1.0894
R(3,10)	1.5238	R(16,18)	1.0918	R(25,32)	1.5073
R(4,5)	1.4019	R(16,25)	1.5248	R(25,33)	3.4897
R(4,8)	1.0848	R(16,31)	2.9727	R(26,32)	2.0474
R(5,6)	1.4021	R(16,34)	3.3767	R(27,32)	1.012
R(5,13)	1.5151	R(17,31)	2.5607	R(28,33)	4.0564
R(6,9)	1.0843	R(18,34)	2.7798	R(29,30)	0.9724
R(7,34)	5.0802	R(19,20)	1.0119	R(31,32)	1.5385
R(10,11)	1.0915	R(19,21)	1.012	R(33,34)	1.2995

表 4-65　2 个氧分子与煤表面上的—CH_2—CH_3 基团化学吸附键角

原子关系	键角/(°)	原子关系	键角/(°)	原子关系	键角/(°)
A(2,1,6)	118.8392	A(2,3,10)	120.6718	A(6,5,13)	120.6215
A(2,1,16)	120.792	A(4,3,10)	120.73	A(1,6,5)	121.3072
A(6,1,16)	120.3495	A(3,4,5)	121.6094	A(1,6,9)	119.4358
A(1,2,3)	121.2529	A(3,4,8)	119.2579	A(5,6,9)	119.257
A(1,2,7)	119.406	A(5,4,8)	119.131	A(3,10,11)	109.6097
A(3,2,7)	119.3405	A(4,5,6)	118.4339	A(3,10,12)	109.6092
A(2,3,4)	118.554	A(4,5,13)	120.928	A(3,10,19)	115.3045

原子关系	键角/(°)	原子关系	键角/(°)	原子关系	键角/(°)
A(11,10,12)	106.6468	A(18,16,31)	98.0276	A(26,25,27)	128.3152
A(11,10,19)	107.6341	A(25,16,31)	57.9672	A(26,25,28)	110.1432
A(12,10,19)	107.6706	A(25,16,34)	98.4766	A(26,25,32)	103.1651
A(5,13,14)	110.6245	A(31,16,34)	54.3378	A(26,25,33)	124.6898
A(5,13,15)	110.5449	A(10,19,20)	113.8281	A(27,25,28)	95.0934
A(5,13,22)	112.6164	A(10,19,21)	113.8188	A(27,25,33)	21.9614
A(14,13,15)	107.0474	A(20,19,21)	110.9984	A(28,25,32)	103.6434
A(14,13,22)	107.8642	A(13,22,23)	110.0497	A(32,25,33)	35.4417
A(15,13,22)	107.9296	A(13,22,24)	110.0573	A(22,29,30)	110.6156
A(1,16,17)	111.1657	A(13,22,29)	106.4674	A(16,31,32)	58.0472
A(1,16,18)	110.3961	A(23,22,24)	108.399	A(17,31,32)	79.0573
A(1,16,25)	110.1116	A(23,22,29)	110.9155	A(25,32,31)	111.6956
A(1,16,31)	151.5717	A(24,22,29)	110.9516	A(27,32,31)	94.4059
A(1,16,34)	150.0517	A(16,25,26)	112.9416	A(25,33,34)	98.7412
A(17,16,18)	106.7773	A(16,25,27)	95.4163	A(28,33,34)	101.1146
A(17,16,25)	108.2433	A(16,25,28)	113.498	A(16,34,33)	84.4101
A(17,16,34)	65.9378	A(16,25,32)	112.5939	A(18,34,33)	92.8581
A(18,16,25)	110.0714	A(16,25,33)	77.7011		

表 4-66　2 个氧分子与煤表面上的—CH₂—CH₃基团化学吸附二面角

原子关系	二面角/(°)	原子关系	二面角/(°)	原子关系	二面角/(°)
D(6,1,2,3)	−0.0738	D(2,1,16,31)	154.9377	D(2,3,4,5)	−0.6757
D(6,1,2,7)	−179.7951	D(2,1,16,34)	−66.2	D(2,3,4,8)	178.8379
D(16,1,2,3)	−178.4834	D(6,1,16,17)	37.1731	D(10,3,4,5)	176.9212
D(16,1,2,7)	1.7953	D(6,1,16,18)	155.4804	D(10,3,4,8)	−3.5652
D(2,1,6,5)	−0.2816	D(6,1,16,25)	−82.779	D(2,3,10,11)	−148.0868
D(2,1,6,9)	179.7498	D(6,1,16,31)	−23.4478	D(2,3,10,12)	−31.3585
D(16,1,6,5)	178.1352	D(6,1,16,34)	115.4144	D(2,3,10,19)	90.3011
D(16,1,6,9)	−1.8334	D(1,2,3,4)	0.5412	D(4,3,10,11)	34.3674
D(2,1,16,17)	−144.4413	D(1,2,3,10)	−177.0571	D(4,3,10,12)	151.0957
D(2,1,16,18)	−26.134	D(7,2,3,4)	−179.7372	D(4,3,10,19)	−87.2447
D(2,1,16,25)	95.6065	D(7,2,3,10)	2.6644	D(3,4,5,6)	0.3344

原子关系	二面角/(°)	原子关系	二面角/(°)	原子关系	二面角/(°)
D(3,4,5,13)	−178.1913	D(15,13,22,29)	−57.3938	D(18,16,31,32)	78.768
D(8,4,5,6)	−179.1798	D(1,16,25,26)	62.6631	D(25,16,31,32)	−29.9309
D(8,4,5,13)	2.2945	D(1,16,25,27)	−161.5797	D(34,16,31,32)	101.5962
D(4,5,6,1)	0.154	D(1,16,25,28)	−63.6208	D(1,16,34,33)	172.5601
D(4,5,6,9)	−179.8773	D(1,16,25,32)	179.0236	D(17,16,34,33)	−96.462
D(13,5,6,1)	178.6844	D(1,16,25,33)	−174.6359	D(25,16,34,33)	9.8032
D(13,5,6,9)	−1.3468	D(17,16,25,26)	−59.0429	D(31,16,34,33)	−30.113
D(4,5,13,14)	−147.7472	D(17,16,25,27)	76.7143	D(13,22,29,30)	−178.7618
D(4,5,13,15)	−29.3509	D(17,16,25,28)	174.6732	D(23,22,29,30)	61.5233
D(4,5,13,22)	91.4646	D(17,16,25,32)	57.3176	D(24,22,29,30)	−59.0174
D(6,5,13,14)	33.7593	D(17,16,25,33)	63.6581	D(16,25,32,31)	−55.5973
D(6,5,13,15)	152.1556	D(18,16,25,26)	−175.4036	D(26,25,32,31)	66.4708
D(6,5,13,22)	−87.0289	D(18,16,25,27)	−39.6464	D(28,25,32,31)	−178.6499
D(3,10,19,20)	65.189	D(18,16,25,28)	58.3126	D(33,25,32,31)	−66.3213
D(3,10,19,21)	−63.3584	D(18,16,25,32)	−59.0431	D(16,25,33,34)	9.6679
D(11,10,19,20)	−57.4826	D(18,16,25,33)	−52.7026	D(26,25,33,34)	119.1973
D(11,10,19,21)	173.9699	D(31,16,25,26)	−88.4545	D(27,25,33,34)	−133.3646
D(12,10,19,20)	−172.112	D(31,16,25,27)	47.3027	D(32,25,33,34)	179.5408
D(12,10,19,21)	59.3405	D(31,16,25,28)	145.2616	D(16,31,32,25)	27.4199
D(5,13,22,23)	−59.4202	D(31,16,25,32)	27.906	D(16,31,32,27)	−91.5487
D(5,13,22,24)	59.9818	D(31,16,25,33)	34.2465	D(17,31,32,25)	26.1092
D(5,13,22,29)	−179.6954	D(34,16,25,26)	−126.4039	D(17,31,32,27)	−92.8593
D(14,13,22,23)	178.2234	D(34,16,25,27)	9.3532	D(25,33,34,16)	−4.2694
D(14,13,22,24)	−62.3746	D(34,16,25,28)	107.3122	D(25,33,34,18)	10.6842
D(14,13,22,29)	57.9481	D(34,16,25,32)	−10.0435	D(28,33,34,16)	−18.4912
D(15,13,22,23)	62.8814	D(34,16,25,33)	−3.703	D(28,33,34,18)	−3.5376
D(15,13,22,24)	−177.7166	D(1,16,31,32)	−102.2464		

　　由表 4-64～表 4-66 的计算结果可知,当煤表面与两个氧分子发生吸附时,$O_{31}O_{32}$ 分子先与煤分子中的 C_{25}—H_{27} 键发生作用并断裂,其中,O_{31}—O_{32} 键的键长由 1.258 15 Å 变为 1.538 46 Å,C_{25}—H_{27} 键的键长由 1.092 16 Å 变为 2.139 74 Å。氧分子断裂后形成两个氧原子,O_{32} 原子向 C_{25} 和 H_{27} 移动,最终形成了 C_{25}—O_{32} 键、O_{32}—H_{27} 键。$O_{33}O_{34}$ 分子的 O—O 键虽然没有断裂,但是有明显的拉长趋势,O—

O 键的键长由吸附前的 1.258 15 Å 变为吸附后的 1.299 51 Å。吸附后 $O_{33}O_{34}$ 分子与 $O_{31}O_{32}$ 分子的距离也发生了明显的变化,吸附后 O_{31} 原子与 O_{33} 原子的距离为 2.098 40 Å,O_{31} 原子与 O_{34} 原子的距离为 2.921 44 Å;O_{32} 原子与 O_{33} 原子的距离为 2.424 72 Å,O_{32} 原子与 O_{34} 原子的距离为 3.272 08 Å。在煤与两个氧分子组成的吸附态中,煤分子的键角和二面角都发生了比较大的变化并通过振动频率计算,结果无虚频,证明了所得几何构型的正确性。

3 个氧分子与煤表面的—CH_2—CH_3 基团发生化学吸附达到平衡后,应用量子化学优化计算得到吸附平衡态的几何构型参数见表 4-67~表 4-69。

表 4-67 3 个氧分子与煤表面上的—CH_2—CH_3 基团化学吸附键长

原子关系	键长/Å	原子关系	键长/Å	原子关系	键长/Å
R(1,2)	1.3998	R(10,12)	1.094	R(22,23)	1.0956
R(1,6)	1.3991	R(10,19)	1.4561	R(22,24)	1.0955
R(1,16)	1.5099	R(13,14)	1.0914	R(22,29)	1.458
R(2,3)	1.3941	R(13,15)	1.0913	R(25,26)	1.0836
R(2,7)	1.0772	R(13,22)	1.5289	R(25,32)	1.459
R(3,4)	1.4024	R(16,25)	1.5869	R(25,35)	1.4364
R(3,10)	1.5325	R(16,34)	1.4709	R(27,35)	0.9757
R(4,5)	1.3988	R(16,36)	1.4544	R(28,33)	0.9914
R(4,8)	1.0853	R(17,31)	0.993	R(28,35)	1.8659
R(5,6)	1.4037	R(17,36)	1.9179	R(29,30)	0.9724
R(5,13)	1.5154	R(18,36)	0.9773	R(31,32)	1.5055
R(6,9)	1.0823	R(19,20)	1.0088	R(33,34)	1.5087
R(10,11)	1.0939	R(19,21)	1.0089		

表 4-68 3 个氧分子与煤表面上的—CH_2—CH_3 基团化学吸附键角

原子关系	键角/(°)	原子关系	键角/(°)	原子关系	键角/(°)
A(2,1,6)	119.6854	A(4,3,10)	119.6481	A(1,6,9)	120.3942
A(2,1,16)	119.8582	A(3,4,5)	121.5533	A(5,6,9)	118.9658
A(6,1,16)	120.3885	A(3,4,8)	119.3795	A(3,10,11)	108.5782
A(1,2,3)	120.6819	A(5,4,8)	119.0653	A(3,10,12)	108.413
A(1,2,7)	119.6299	A(4,5,6)	118.565	A(3,10,19)	117.8214
A(3,2,7)	119.6744	A(4,5,13)	121.0016	A(11,10,12)	105.5041
A(2,3,4)	118.8692	A(6,5,13)	120.4162	A(11,10,19)	107.9685
A(2,3,10)	121.4802	A(1,6,5)	120.6371	A(12,10,19)	107.8883

原子关系	键角/(°)	原子关系	键角/(°)	原子关系	键角/(°)
A(5,13,14)	110.6247	A(10,19,20)	116.145	A(16,25,35)	112.6761
A(5,13,15)	110.5193	A(10,19,21)	116.1402	A(26,25,32)	110.9486
A(5,13,22)	112.5736	A(20,19,21)	112.7816	A(26,25,35)	107.1892
A(14,13,15)	107.0918	A(13,22,23)	110.0276	A(32,25,35)	102.6998
A(14,13,22)	107.9159	A(13,22,24)	110.0324	A(22,29,30)	110.5386
A(15,13,22)	107.9071	A(13,22,29)	106.5723	A(17,31,32)	99.2754
A(1,16,25)	114.393	A(23,22,24)	108.4218	A(25,32,31)	108.6859
A(1,16,34)	113.134	A(23,22,29)	110.8747	A(28,33,34)	99.3485
A(1,16,36)	108.2355	A(24,22,29)	110.9111	A(16,34,33)	109.6693
A(25,16,34)	109.1095	A(16,25,26)	111.5937	A(25,35,27)	110.0767
A(25,16,36)	110.0797	A(16,25,32)	111.3403	A(16,36,18)	109.5379
A(34,16,36)	101.0458				

表 4 - 69　3 个氧分子与煤表面上的—CH₂—CH₃ 基团化学吸附二面角

原子关系	二面角/(°)	原子关系	二面角/(°)	原子关系	二面角/(°)
D(6,1,2,3)	1.055	D(7,2,3,10)	−0.0435	D(13,5,6,1)	178.2649
D(6,1,2,7)	179.6969	D(2,3,4,5)	0.0469	D(13,5,6,9)	−1.122
D(16,1,2,3)	178.0713	D(2,3,4,8)	179.5362	D(4,5,13,14)	−147.234
D(16,1,2,7)	−3.2868	D(10,3,4,5)	−179.3804	D(4,5,13,15)	−28.7986
D(2,1,6,5)	−0.5165	D(10,3,4,8)	0.109	D(4,5,13,22)	91.9408
D(2,1,6,9)	178.8616	D(2,3,10,11)	124.4593	D(6,5,13,14)	34.3014
D(16,1,6,5)	−177.5167	D(2,3,10,12)	−121.3916	D(6,5,13,15)	152.7368
D(16,1,6,9)	1.8615	D(2,3,10,19)	1.4098	D(6,5,13,22)	−86.5238
D(2,1,16,25)	138.6826	D(4,3,10,11)	−56.1288	D(3,10,19,20)	68.4266
D(2,1,16,34)	12.9054	D(4,3,10,12)	58.0203	D(3,10,19,21)	−67.7438
D(2,1,16,36)	−98.2026	D(4,3,10,19)	−179.1783	D(11,10,19,20)	−54.9305
D(6,1,16,25)	−44.3224	D(3,4,5,6)	0.475	D(11,10,19,21)	168.899
D(6,1,16,34)	−170.0996	D(3,4,5,13)	−178.0174	D(12,10,19,20)	−168.5065
D(6,1,16,36)	78.7924	D(8,4,5,6)	−179.0159	D(12,10,19,21)	55.3231
D(1,2,3,4)	−0.8185	D(8,4,5,13)	2.4917	D(5,13,22,23)	−58.9137
D(1,2,3,10)	178.5978	D(4,5,6,1)	−0.2367	D(5,13,22,24)	60.4871
D(7,2,3,4)	−179.4598	D(4,5,6,9)	−179.6236	D(5,13,22,29)	−179.1901

续表

原子关系	二面角/(°)	原子关系	二面角/(°)	原子关系	二面角/(°)
D(14,13,22,23)	178.7212	D(34,16,25,35)	1.26	D(23,22,29,30)	61.7081
D(14,13,22,24)	−61.878	D(36,16,25,26)	−128.0555	D(24,22,29,30)	−58.807
D(14,13,22,29)	58.4448	D(36,16,25,32)	−3.4823	D(16,25,32,31)	−63.5096
D(15,13,22,23)	63.3124	D(36,16,25,35)	111.2917	D(26,25,32,31)	61.4255
D(15,13,22,24)	−177.2868	D(1,16,34,33)	64.6273	D(35,25,32,31)	175.6715
D(15,13,22,29)	−56.964	D(25,16,34,33)	−63.9319	D(16,25,35,27)	−88.2304
D(1,16,25,26)	−5.942	D(36,16,34,33)	−179.8982	D(26,25,35,27)	148.6251
D(1,16,25,32)	118.6312	D(1,16,36,18)	154.6436	D(32,25,35,27)	31.6667
D(1,16,25,35)	−126.5949	D(25,16,36,18)	−79.6657	D(17,31,32,25)	79.1332
D(34,16,25,26)	121.9128	D(34,16,36,18)	35.58	D(28,33,34,16)	78.0283
D(34,16,25,32)	−113.514	D(13,22,29,30)	−178.5625		

由表 4-67~表 4-69 可知,当煤表面与 3 个氧分子发生吸附时,$O_{31}O_{32}$ 分子与煤分子中的侧链发生相互作用,导致了 C_{16} C_{25} 键的拉长及 C_{16}—H_{17} 键的拉长断裂,其中 C_{16}—C_{25} 键的键长由 1.543 76 Å 拉长到 1.586 89 Å,C_{16}—H_{17} 键的键长由 1.093 49 Å 拉长到 2.611 92 Å。$O_{31}O_{32}$ 分子断裂后形成了两个原子 O_{31}、O_{32},O_{31} 原子向 C_{16}—H_{17} 键断裂后形成的 H_{17} 原子移动并成键,O_{32} 原子向 C_{25} 原子移动并成键。$O_{33}O_{34}$ 分子与煤分子中的侧链发生相互作用,导致了 C_{25}—H_{28} 键和 O_{33}—O_{34} 的键长的拉长断裂,其中 C_{25}—H_{28} 键的键长由 1.091 68 Å 拉长到 2.586 87 Å,O_{33}—O_{34} 键的键长由 1.258 15 Å 拉长到 1.508 68 Å。$O_{33}O_{34}$ 分子断裂后形成了两个原子 O_{33}、O_{34},O_{34} 原子向 C_{16} 原子移动并成键,C_{25}—H_{28} 键断裂后形成的 H_{28} 原子向 O_{34} 原子移动并成键。$O_{35}O_{36}$ 分子与煤分子中的侧链发生相互作用,导致了 O_{35}—O_{36}、C_{25}—H_{27} 键和 C_{16}—H_{18} 键的键长拉长并断裂,其中 O_{35}—O_{36} 键的键长由 1.258 15 Å 变为 3.450 69 Å,C_{25}—H_{27} 键的键长由 1.092 16 Å 变为 1.994 38 Å,C_{16}—H_{18} 键的键长由 1.093 58 Å 变为 2.005 32 Å。O_{35}—O_{36} 键断裂后形成的两个氧原子分别向 C_{16} 和 C_{25} 移动,最终 O_{35}、O_{36} 原子分别与 C_{25}、C_{16} 成键。在煤与 3 个氧分子组成的吸附态中,煤分子的键角和二面角都发生了比较大的变化,并通过振动频率计算,结果无虚频,证明了所得几何构型的正确性。

5 个氧分子与煤表面上的—CH_2—CH_3 基团发生化学吸附达到平衡后,应用量子化学优化计算得到吸附平衡态的几何构型参数见表 4-70~表 4-72。

表 4 - 70　5 个氧分子与煤表面上的—CH₂—CH₃ 基团化学吸附键长

原子关系	键长/Å	原子关系	键长/Å	原子关系	键长/Å
R(1,2)	1.4027	R(13,14)	1.0914	R(25,38)	1.4579
R(1,6)	1.3983	R(13,15)	1.0911	R(27,36)	1.7767
R(1,16)	1.5129	R(13,22)	1.5295	R(27,39)	2.2231
R(2,3)	1.3954	R(16,17)	1.0909	R(27,40)	0.9995
R(2,7)	1.0793	R(16,25)	1.5304	R(28,32)	1.6957
R(3,4)	1.403	R(16,34)	1.4686	R(28,33)	1.0122
R(3,10)	1.533	R(18,31)	1.0026	R(29,30)	0.9724
R(4,5)	1.3996	R(18,34)	1.727	R(31,39)	1.3691
R(4,8)	1.0851	R(19,20)	1.0077	R(32,40)	1.387
R(5,6)	1.4033	R(19,21)	1.0075	R(33,34)	1.5179
R(5,13)	1.5148	R(22,23)	1.0955	R(35,36)	1.5258
R(6,9)	1.0833	R(22,24)	1.0957	R(35,37)	1.4797
R(10,11)	1.0939	R(22,29)	1.4568	R(37,38)	1.5147
R(10,12)	1.094	R(25,26)	1.0828	R(39,40)	2.0204
R(10,19)	1.4533	R(25,36)	1.5042		

表 4 - 71　5 个氧分子与煤表面上的—CH₂—CH₃ 基团化学吸附键角

原子关系	键角/(°)	原子关系	键角/(°)	原子关系	键角/(°)
A(2,1,6)	119.8889	A(6,5,13)	120.6064	A(14,13,22)	107.9291
A(2,1,16)	120.9572	A(1,6,5)	120.7269	A(15,13,22)	107.9299
A(6,1,16)	119.1512	A(1,6,9)	119.9831	A(1,16,17)	111.0617
A(1,2,3)	120.3628	A(5,6,9)	119.2887	A(1,16,25)	112.1336
A(1,2,7)	120.134	A(3,10,11)	108.3613	A(1,16,34)	112.8028
A(3,2,7)	119.4926	A(3,10,12)	108.4556	A(17,16,25)	107.7617
A(2,3,4)	118.9054	A(3,10,19)	117.8009	A(17,16,34)	102.7322
A(2,3,10)	121.4779	A(11,10,12)	105.4321	A(25,16,34)	109.8468
A(4,3,10)	119.6165	A(11,10,19)	108.1237	A(31,18,34)	157.4462
A(3,4,5)	121.7574	A(12,10,19)	107.9935	A(10,19,20)	116.9196
A(3,4,8)	119.2953	A(5,13,14)	110.6252	A(10,19,21)	117.0634
A(5,4,8)	118.9473	A(5,13,15)	110.4893	A(20,19,21)	113.4904
A(4,5,6)	118.357	A(5,13,22)	112.6238	A(13,22,23)	110.0385
A(4,5,13)	121.0068	A(14,13,15)	107.031	A(13,22,24)	110.0821

续表

原子关系	键角/(°)	原子关系	键角/(°)	原子关系	键角/(°)
A(13,22,29)	106.4476	A(36,27,39)	116.2869	A(36,35,37)	100.281
A(23,22,24)	108.3771	A(36,27,40)	169.8087	A(25,36,27)	138.8267
A(23,22,29)	110.9755	A(32,28,33)	161.7093	A(25,36,35)	104.6899
A(24,22,29)	110.9204	A(22,29,30)	110.6478	A(27,36,35)	110.0057
A(16,25,26)	114.8921	A(18,31,39)	105.7129	A(35,37,38)	98.4143
A(16,25,36)	110.093	A(28,32,40)	115.0989	A(25,38,37)	100.7889
A(16,25,38)	111.5454	A(28,33,34)	97.6163	A(27,39,31)	103.5049
A(26,25,36)	108.6666	A(16,34,18)	133.6132	A(31,39,40)	93.8696
A(26,25,38)	106.2959	A(16,34,33)	109.013	A(27,40,32)	107.9054
A(36,25,38)	104.7928	A(18,34,33)	110.5689	A(32,40,39)	98.1235

表 4-72　5 个氧分子与煤表面上的—CH₂—CH₃ 基团化学吸附二面角

原子关系	二面角/(°)	原子关系	二面角/(°)	原子关系	二面角/(°)
D(6,1,2,3)	−0.1783	D(2,3,4,8)	179.6339	D(4,5,13,22)	91.0654
D(6,1,2,7)	−178.986	D(10,3,4,5)	179.8221	D(6,5,13,14)	33.9584
D(16,1,2,3)	−179.5781	D(10,3,4,8)	−0.238	D(6,5,13,15)	152.2998
D(16,1,2,7)	1.6141	D(2,3,10,11)	125.9946	D(6,5,13,22)	−86.9186
D(2,1,6,5)	−0.1843	D(2,3,10,12)	−120.0303	D(3,10,19,20)	68.0741
D(2,1,6,9)	−179.7546	D(2,3,10,19)	2.9341	D(3,10,19,21)	−71.5161
D(16,1,6,5)	179.2264	D(4,3,10,11)	−54.1369	D(11,10,19,20)	−55.1064
D(16,1,6,9)	−0.3439	D(4,3,10,12)	59.8382	D(11,10,19,21)	165.3034
D(2,1,16,17)	−153.6205	D(4,3,10,19)	−177.1974	D(12,10,19,20)	−168.7279
D(2,1,16,25)	85.7463	D(3,4,5,6)	−0.047	D(12,10,19,21)	51.6819
D(2,1,16,34)	−38.9059	D(3,4,5,13)	−178.0752	D(5,13,22,23)	−59.579
D(6,1,16,17)	26.9752	D(8,4,5,6)	−179.9871	D(5,13,22,24)	59.8044
D(6,1,16,25)	−93.658	D(8,4,5,13)	1.9846	D(5,13,22,29)	−179.9083
D(6,1,16,34)	141.6899	D(4,5,6,1)	0.2934	D(14,13,22,23)	178.0136
D(1,2,3,4)	0.4169	D(4,5,6,9)	179.8666	D(14,13,22,24)	−62.603
D(1,2,3,10)	−179.7137	D(13,5,6,1)	178.3298	D(15,13,22,23)	57.6843
D(7,2,3,4)	179.2322	D(13,5,6,9)	−2.0969	D(15,13,22,24)	62.6575
D(7,2,3,10)	−0.8983	D(4,5,13,14)	−148.0577	D(15,13,22,24)	−177.9591
D(2,3,4,5)	−0.306	D(4,5,13,15)	−29.7163	D(15,13,22,29)	−57.6718

原子关系	二面角/(°)	原子关系	二面角/(°)	原子关系	二面角/(°)
D(1,16,25,26)	−51.7359	D(31,18,34,33)	71.6147	D(40,27,36,35)	−176.8882
D(1,16,25,36)	−174.7912	D(13,22,29,30)	179.9599	D(36,27,39,31)	97.6851
D(1,16,25,38)	69.3137	D(23,22,29,30)	60.237	D(36,27,40,32)	−3.2675
D(17,16,25,26)	−174.2612	D(24,22,29,30)	−60.2954	D(33,28,32,40)	−55.211
D(17,16,25,36)	62.6835	D(16,25,36,27)	31.2164	D(32,28,33,34)	−7.3074
D(17,16,25,38)	−53.2117	D(16,25,36,35)	−115.6046	D(18,31,39,27)	−59.4128
D(34,16,25,26)	74.5365	D(26,25,36,27)	−95.4144	D(18,31,39,40)	−84.6387
D(34,16,25,36)	−48.5188	D(26,25,36,35)	117.7646	D(28,32,40,27)	−3.4306
D(34,16,25,38)	−164.4139	D(38,25,36,27)	151.2856	D(28,32,40,39)	87.121
D(1,16,34,18)	−128.8975	D(38,25,36,35)	4.4646	D(28,33,34,16)	130.609
D(1,16,34,33)	83.7982	D(16,25,38,37)	83.5954	D(28,33,34,18)	−24.7
D(17,16,34,18)	−9.25	D(26,25,38,37)	−150.4674	D(37,35,36,25)	29.0202
D(17,16,34,33)	−156.5543	D(36,25,38,37)	−35.5009	D(37,35,36,27)	−128.4344
D(25,16,34,18)	105.2098	D(39,27,36,25)	−58.9486	D(36,35,37,38)	−50.0906
D(25,16,34,33)	−42.0945	D(39,27,36,35)	86.7628	D(35,37,38,25)	54.1483
D(34,18,31,39)	39.1318	D(40,27,36,25)	37.4005	D(31,39,40,32)	4.9251
D(31,18,34,16)	−75.3277				

　　由表 4-70～表 4-72 可知,当煤表面与 5 个氧分子发生吸附时,$O_{31}O_{32}$ 分子、$O_{33}O_{34}$ 分子和 $O_{39}O_{40}$ 分子与煤分子中的侧链发生相互作用,导致了 O_{31}—O_{32} 键、O_{33}—O_{34} 键和 O_{39}—O_{40} 键拉长断裂,其中 O_{31}—O_{32} 键的键长由 1.258 15 Å 拉长到 2.311 85 Å,O_{33}—O_{34} 键的键长由 1.258 15 Å 拉长到 1.517 86 Å,O_{39}—O_{40} 键的键长由 1.258 15 Å 拉长到 2.020 44 Å。O_{31}—O_{32} 键断裂后形成了两个原子 O_{31}、O_{32},O_{31} 原子向 C_{16}—H_{18} 键相互作用并导致其键长由 1.093 58 Å 拉长到 2.939 10 Å 并断裂,最终与 H_{18} 原子成键;O_{33}—O_{34} 键断裂后形成的 O_{33} 原子与 C_{25}—H_{28} 键相互作用,导致 C_{25}—H_{28} 键拉长断裂并与 C_{25}—H_{28} 键断裂后形成的 H_{28} 成键,O_{34} 原子向 C_{16} 原子移动成键;O_{39}—O_{40} 键断裂后形成的 O_{39} 原子与生成的 O_{31}—H_{18} 基团中的 O_{31} 原子成键,O_{40} 原子向 C_{25}—H_{27} 键移动,导致了 C_{25}—H_{27} 键的断裂,O_{40} 原子最终与 C_{25}—H_{27} 键断裂后形成的 H_{27} 原子和 O_{31}—O_{32} 键断裂形成的游离 O_{32} 原子成键。$O_{35}O_{36}$ 分子和 $O_{37}O_{38}$ 分子都向 C_{25} 移动并与之发生相互作用,导致了 O_{35}—O_{36} 键和 O_{37}—O_{38} 键的拉长断裂,其中 O_{35}—O_{36} 键的键长由 1.258 15 Å 变为 1.525 76 Å,O_{37}—O_{38} 键的键长由 1.258 15 Å 变为 1.514 73 Å。O_{35}—O_{36} 键断裂后形成的 O_{36} 原子和 O_{37}—O_{38} 键断裂后形成的 O_{38} 原子都与 C_{25} 分别形成 C—O 键。由表 4-72

分析可知,在煤与 5 个氧分子组成的吸附态中,煤分子的键角和二面角都发生了比较大的变化,并通过振动频率计算,结果无虚频,证明了所得几何构型的正确性。

6 个氧分子与煤表面上的—CH_2—CH_3 基团发生化学吸附达到平衡后,应用量子化学优化计算得到吸附平衡态的几何构型参数见表 4-73～表 4-75。

表 4-73　6 个氧分子与煤表面上的—CH_2—CH_3 基团化学吸附键长

原子关系	键长/Å	原子关系	键长/Å	原子关系	键长/Å
R(1,2)	1.3986	R(16,17)	1.0917	R(27,41)	4.0011
R(1,6)	1.402	R(16,25)	1.5251	R(28,32)	1.7347
R(1,16)	1.5206	R(16,34)	1.4592	R(28,33)	1.0064
R(2,3)	1.3964	R(16,42)	4.3319	R(28,41)	4.1176
R(2,7)	1.0777	R(18,31)	1.0054	R(29,30)	0.9724
R(3,4)	1.4029	R(18,34)	1.6869	R(31,39)	1.3657
R(3,10)	1.5326	R(19,20)	1.0064	R(32,40)	1.3736
R(4,5)	1.4006	R(19,21)	1.0073	R(33,34)	1.5147
R(4,8)	1.0848	R(22,23)	1.0956	R(33,42)	3.1474
R(5,6)	1.4021	R(22,24)	1.0956	R(34,42)	4.0706
R(5,13)	1.5147	R(22,29)	1.4565	R(35,36)	1.3665
R(6,9)	1.0834	R(25,26)	1.0958	R(35,37)	1.3159
R(10,11)	1.0936	R(25,36)	2.8518	R(36,41)	3.4901
R(10,12)	1.0945	R(25,38)	1.2325	R(36,42)	2.7614
R(10,19)	1.4512	R(25,42)	3.3848	R(37,38)	2.7011
R(13,14)	1.0914	R(27,36)	1.6276	R(39,40)	2.03
R(13,15)	1.0911	R(27,39)	2.2088	R(41,42)	1.2592
R(13,22)	1.5295	R(27,40)	1.0151		

表 4-74　6 个氧分子与煤表面上的—CH_2—CH_3 基团化学吸附键角

原子关系	键角/(°)	原子关系	键角/(°)	原子关系	键角/(°)
A(2,1,6)	120.0907	A(2,3,10)	121.2414	A(6,5,13)	120.5742
A(2,1,16)	121.6286	A(4,3,10)	119.5923	A(1,6,5)	120.647
A(6,1,16)	118.2719	A(3,4,5)	121.6154	A(1,6,9)	119.9195
A(1,2,3)	120.1221	A(3,4,8)	119.3588	A(5,6,9)	119.4291
A(1,2,7)	120.1492	A(5,4,8)	119.0218	A(3,10,11)	108.8188
A(3,2,7)	119.7225	A(4,5,6)	118.3566	A(3,10,12)	108.1239
A(2,3,4)	119.1657	A(4,5,13)	121.0595	A(3,10,19)	117.2911

原子关系	键角/(°)	原子关系	键角/(°)	原子关系	键角/(°)
A(11,10,12)	105.5838	A(23,22,29)	110.9652	A(25,36,35)	89.4789
A(11,10,19)	107.749	A(24,22,29)	110.9508	A(25,36,41)	88.2942
A(12,10,19)	108.6684	A(16,25,26)	116.8299	A(27,36,35)	121.4365
A(5,13,14)	110.5774	A(16,25,36)	108.0332	A(27,36,42)	91.4577
A(5,13,15)	110.5047	A(16,25,38)	121.3035	A(35,36,41)	138.0861
A(5,13,22)	112.6493	A(26,25,36)	71.1929	A(35,36,42)	147.0831
A(14,13,15)	107.0611	A(26,25,38)	121.8625	A(35,37,38)	86.8346
A(14,13,22)	107.9086	A(26,25,42)	19.489	A(25,38,37)	90.4789
A(15,13,22)	107.9279	A(36,25,38)	91.3815	A(27,39,31)	105.1675
A(1,16,17)	110.959	A(36,27,39)	111.9604	A(31,39,40)	93.6673
A(1,16,25)	111.07	A(36,27,40)	175.3096	A(27,40,32)	109.3945
A(1,16,34)	113.9412	A(39,27,41)	160.6592	A(32,40,39)	97.6584
A(1,16,42)	117.2662	A(40,27,41)	119.7486	A(27,41,42)	45.2687
A(17,16,25)	107.4811	A(32,28,33)	161.7019	A(16,42,33)	33.4998
A(17,16,34)	102.0329	A(22,29,30)	110.6685	A(16,42,36)	56.4003
A(17,16,42)	130.063	A(18,31,39)	107.4092	A(16,42,41)	159.5073
A(25,16,34)	110.8415	A(28,32,40)	121.7818	A(25,42,33)	51.1997
A(31,18,34)	166.8691	A(28,33,34)	97.881	A(25,42,34)	37.0673
A(10,19,20)	117.9316	A(28,33,42)	69.5652	A(25,42,41)	141.5833
A(10,19,21)	117.4507	A(16,34,18)	134.4769	A(33,42,36)	74.5354
A(20,19,21)	114.206	A(16,34,33)	109.9657	A(33,42,41)	166.6482
A(13,22,23)	110.0633	A(18,34,33)	111.7995	A(34,42,36)	56.4752
A(13,22,24)	110.059	A(18,34,42)	107.991	A(34,42,41)	171.5579
A(13,22,29)	106.4087	A(36,35,37)	116.4049	L(38,25,42,26,-2)	79.6673
A(23,22,24)	108.3933	A(25,36,27)	118.3819		

表 4-75　6 个氧分子与煤表面上的—CH_2—CH_3 基团化学吸附二面角

原子关系	二面角/(°)	原子关系	二面角/(°)	原子关系	二面角/(°)
D(6,1,2,3)	-0.3834	D(2,1,6,5)	0.2131	D(2,1,16,17)	-123.4062
D(6,1,2,7)	178.7065	D(2,1,6,9)	-179.0225	D(2,1,16,25)	117.1022
D(16,1,2,3)	178.5154	D(16,1,6,5)	-178.7223	D(2,1,16,34)	-8.929
D(16,1,2,7)	-2.3947	D(16,1,6,9)	2.0421	D(2,1,16,42)	69.9869

续表

原子关系	二面角/(°)	原子关系	二面角/(°)	原子关系	二面角/(°)
D(6,1,16,17)	55.512	D(3,10,19,20)	80.8526	D(1,16,42,41)	97.2883
D(6,1,16,25)	−63.9797	D(3,10,19,21)	−62.1227	D(17,16,42,33)	120.5356
D(6,1,16,34)	169.9891	D(11,10,19,20)	−42.2586	D(17,16,42,36)	5.4622
D(6,1,16,42)	−111.0949	D(11,10,19,21)	174.7661	D(17,16,42,41)	−66.2946
D(1,2,3,4)	0.5384	D(12,10,19,20)	−156.2052	D(34,18,31,39)	71.3238
D(1,2,3,10)	−179.1869	D(12,10,19,21)	60.8196	D(31,18,34,16)	−123.4945
D(7,2,3,4)	−178.5554	D(5,13,22,23)	−59.1669	D(31,18,34,33)	31.7529
D(7,2,3,10)	1.7192	D(5,13,22,24)	60.2377	D(31,18,34,42)	−14.4012
D(2,3,4,5)	−0.5372	D(5,13,22,29)	−179.4744	D(13,22,29,30)	−179.156
D(2,3,4,8)	178.7283	D(14,13,22,23)	178.4839	D(23,22,29,30)	61.1206
D(10,3,4,5)	179.1927	D(14,13,22,24)	−62.1115	D(24,22,29,30)	−59.4458
D(10,3,4,8)	−1.5417	D(14,13,22,29)	58.1764	D(16,25,36,27)	30.0158
D(2,3,10,11)	109.709	D(15,13,22,23)	63.1042	D(16,25,36,35)	−95.9938
D(2,3,10,12)	−136.0747	D(15,13,22,24)	−177.4913	D(16,25,36,41)	125.8659
D(2,3,10,19)	−12.8544	D(15,13,22,29)	−57.2033	D(26,25,36,27)	−82.9734
D(4,3,10,11)	−70.0152	D(1,16,25,26)	−85.9199	D(26,25,36,35)	151.0171
D(4,3,10,12)	44.2011	D(1,16,25,36)	−163.4884	D(26,25,36,41)	12.8768
D(4,3,10,19)	167.4213	D(1,16,25,38)	93.353	D(38,25,36,27)	153.6867
D(3,4,5,6)	0.366	D(17,16,25,26)	152.5313	D(38,25,36,35)	27.6772
D(3,4,5,13)	−178.508	D(17,16,25,36)	74.9628	D(38,25,36,41)	−110.4631
D(8,4,5,6)	−178.902	D(17,16,25,38)	−28.1958	D(16,25,38,37)	73.2062
D(8,4,5,13)	2.224	D(34,16,25,26)	41.8135	D(26,25,38,37)	−107.5577
D(4,5,6,1)	−0.2003	D(34,16,25,36)	−35.755	D(36,25,38,37)	−38.9468
D(4,5,6,9)	179.039	D(34,16,25,38)	−138.9135	D(37,38,42,33)	82.884
D(13,5,6,1)	178.6793	D(1,16,34,18)	−132.1739	D(37,38,42,34)	69.399
D(13,5,6,9)	−2.0814	D(1,16,34,33)	72.2584	D(37,38,42,41)	−100.3996
D(4,5,13,14)	−146.1802	D(17,16,34,18)	−12.5169	D(26,25,42,33)	−81.0185
D(4,5,13,15)	−27.8219	D(17,16,34,33)	−168.0846	D(26,25,42,34)	−100.1737
D(4,5,13,22)	92.9856	D(25,16,34,18)	101.6749	D(26,25,42,41)	93.4629
D(6,5,13,14)	34.9707	D(25,16,34,33)	−53.8928	D(39,27,36,25)	−69.0313
D(6,5,13,15)	153.329	D(1,16,42,33)	−75.8815	D(39,27,36,35)	39.5199
D(6,5,13,22)	−85.8635	D(1,16,42,36)	169.0452	D(39,27,36,42)	−141.768

续表

原子关系	二面角/(°)	原子关系	二面角/(°)	原子关系	二面角/(°)
D(40,27,36,25)	0.8401	D(28,32,40,27)	-4.2719	D(37,35,36,42)	108.4677
D(40,27,36,35)	109.3913	D(28,32,40,39)	84.3892	D(36,35,37,38)	-71.4618
D(40,27,36,42)	-71.8966	D(28,33,34,16)	138.9763	D(27,36,42,16)	97.422
D(36,27,39,31)	107.5829	D(28,33,34,18)	-22.4901	D(27,36,42,33)	66.1767
D(41,27,39,31)	45.6361	D(28,33,42,16)	-120.5434	D(27,36,42,34)	73.748
D(36,27,40,32)	25.0641	D(28,33,42,25)	-125.1533	D(35,36,42,16)	-84.6003
D(41,27,40,32)	-62.691	D(28,33,42,36)	-69.0281	D(35,36,42,33)	-115.8456
D(39,27,41,42)	-8.3177	D(28,33,42,41)	69.8436	D(35,36,42,34)	-108.2743
D(40,27,41,42)	95.6451	D(18,34,42,25)	-127.6469	D(35,37,38,25)	85.0558
D(33,28,32,40)	-90.5435	D(18,34,42,36)	-54.4245	D(31,39,40,32)	7.5061
D(32,28,33,34)	24.6921	D(18,34,42,41)	-41.3852	D(27,41,42,16)	94.7419
D(32,28,33,42)	140.9322	D(37,35,36,25)	49.5738	D(27,41,42,25)	97.1662
D(18,31,39,27)	-60.5154	D(37,35,36,27)	-73.902	D(27,41,42,33)	-101.7719
D(18,31,39,40)	-85.6577	D(37,35,36,41)	136.4384	D(27,41,42,34)	21.7077

　　由表 4-73～表 4-75 可知,当煤表面与 6 个氧分子发生吸附时,$O_{31}O_{32}$ 分子、$O_{33}O_{34}$ 分子、$O_{37}O_{38}$ 分子和 $O_{39}O_{40}$ 分子与煤分子中的侧链发生相互作用,导致了 O_{31}—O_{32} 键、O_{33}—O_{34} 键、O_{37}—O_{38} 键和 O_{39}—O_{40} 键键长的拉长断裂,其中 O_{31}—O_{32} 键的键长由 1.258 15 Å 拉长到 2.307 32 Å,O_{33}—O_{34} 键的键长由 1.258 15 Å 拉长到 1.514 68 Å,O_{37}—O_{38} 键的键长由 1.258 15 Å 拉长到 2.701 05 Å,O_{39}—O_{40} 键的键长由 1.258 15 Å 拉长到 2.030 01 Å。O_{31}—O_{32} 键断裂后形成了两个原子 O_{31}、O_{32},O_{31} 原子与 C_{16}—H_{18} 键相互作用并导致其断裂,并最终与 H_{18} 原子成键;O_{33}—O_{34} 键断裂后形成的 O_{33} 原子与 C_{25}—H_{28} 键相互作用,导致 C_{25}—H_{28} 键拉长断裂并与 C_{25}—H_{28} 键断裂后形成的 H_{28} 成键;O_{37}—O_{38} 键断裂后形成的 O_{37} 原子向 $O_{35}O_{36}$ 分子移动并与之成键,O_{38} 原子向 C_{25} 移动并与之形成 C≡O 键;O_{39}—O_{40} 键断裂后形成的 O_{39} 原子与生成的 O_{31}—H_{18} 基团中的 O_{31} 原子成键,O_{40} 原子向 C_{25}—H_{27} 键移动,导致了 C_{25}—H_{27} 键的断裂,O_{40} 原子最终与 C_{25}—H_{27} 键断裂后形成的 H_{27} 原子成键。$O_{41}O_{42}$ 分子在与煤分子侧链作用的过程中,O_{41}—O_{42} 键的键长由 1.258 15 Å 拉长到 1.259 18 Å,但最终没有断裂。由表 4-75 可知,在煤与 6 个氧分子组成的吸附态中,煤分子的键角和二面角都发生了比较大的变化,并通过振动频率计算,结果无虚频,证明了所得几何构型的正确性。

2. 吸附能

　　表 4-76 列出了由 B3LYP/6-311G 基组水平上计算所得的煤表面、氧分子以

及煤表面吸附氧分子后组成的吸附态的能量、零点能以及考虑零点能校正后的能量(E),并利用式(4-1)分别计算出了煤表面含烷基侧链吸附不同氧分子数时的吸附能。

表 4-76　氧分子在煤表面上的—CH_2—CH_3 基团上发生化学吸附能

项目	E(B3LYP)	ZPE	ZPE+E	吸附能/(kJ/mol)
R	−559.362 230 71	0.263 512	−559.098 719	
O_2	−150.259 126 81	0.003 273	−150.255 854	
R·O_2	−709.783 746 03	0.272 594	−709.511 152	411.09
R·$2O_2$	−859.933 392 56	0.276 282	−859.657 111	122.57
R·$3O_2$	−1010.475 985 99	0.285 987	−1010.189 999	849.92
R·$5O_2$	−1310.939 986 81	0.297 150	−1310.642 837	695.36
R·$6O_2$	−1461.192 804 76	0.296 050	−1460.896 755	690.28

从表 4-76 可以看出,当煤表面含烷基侧链吸附不同氧分子数时,吸附后组成的吸附态所得到的吸附能是不同的。吸附 1 个氧分子时的吸附能为 411.09kJ/mol,吸附 2 个氧分子时的吸附能为 122.57kJ/mol,吸附 3 个氧分子时的吸附能为 849.92kJ/mol,吸附 5 个氧分子时的吸附能为 695.36kJ/mol,吸附 6 个氧分子时的吸附能为 1766.00kJ/mol。以吸附氧分子数为横坐标,吸附不同氧分子数放出的吸附能为纵坐标,作出吸附能与吸附氧分子数的关系如图 4-35 所示。

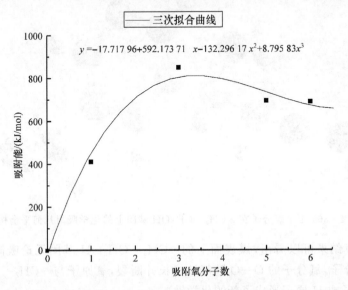

图 4-35　氧分子在煤表面上的—CH_2—CH_3 基团上发生化学吸附能量

煤表面上的—CH_2—CH_3基团对氧分子的化学吸附量与吸附能之间的关系可用式(4-4)的数学表达式来表示：

$$y = -17.717\ 96 + 592.173\ 71x - 132.296\ 17x^2 + 8.798\ 53x^3 \qquad (4-4)$$

式中：x 为吸附氧分子的个数；y 为吸附能，kJ/mol。

4.6.3　O_2 在—CH_2—CH_2OH 基团上的化学吸附

煤表面上的—CH_2—CH_2OH 基团对氧分子的化学吸附是煤发生氧化自燃反应的初始反应，化学吸附放出大量的热量，为后续反应提供了能量。在理论上计算了单氧分子及多氧分子发生吸附后的几何平衡构型，定量研究了吸附量与吸附能之间的关系。

1. 几何构型

煤表面上的—CH_2—CH_2OH 基团吸附单氧分子及多个氧分子时，应用量子化学 Gaussian03 软件程序包，采用密度泛函在 B3LYP/6-311G 水平上计算得到吸附后的几何构型如图 4-36～图 4-40 所示。

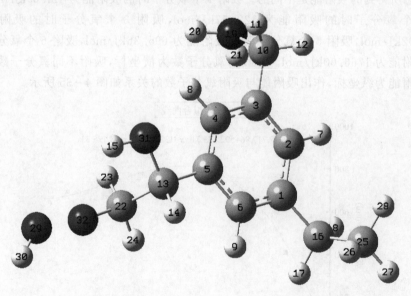

图 4-36　1 个氧分子在—CH_2—CH_2OH 基团上的化学吸附几何平衡构型

从计算结果可以看出，煤表面上的—CH_2—CH_2OH 基团无论吸附单氧分子或是多氧分子，氧分子的 O—O 键都被拉长并断裂，氧原子与—CH_2—CH_2OH 基团的 C 原子或 H 原子形成了新的化学键。

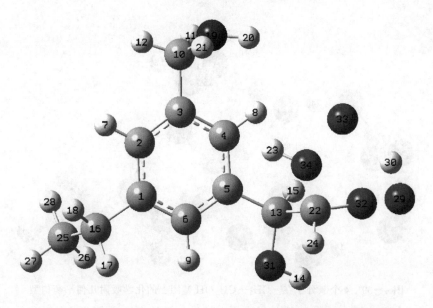

图 4-37　2 个氧分子在—CH_2—CH_2OH 基团上的化学吸附几何平衡构型

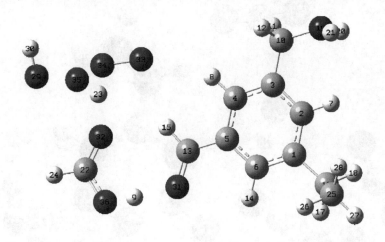

图 4-38　3 个氧分子在—CH_2—CH_2OH 基团上的化学吸附几何平衡构型

本小节以煤表面上的—CH_2—CH_2OH 基团上吸附氧分子为例,研究发生化学吸附前后煤表面结构的变化。

(1) 在煤表面与 5 个氧分子组成的吸附态中,氧分子在—CH_2—CH_2OH 基团的吸附位置以及氧分子在支链的吸附位置可用几何平衡构型的键长、键角及二面角表示。见表 4-77～表 4-79。

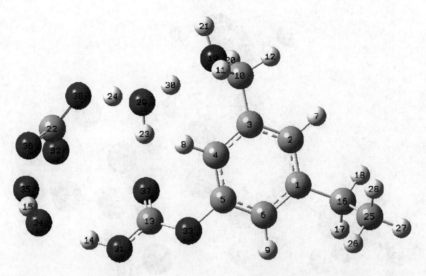

图 4-39　4 个氧分子在—CH₂—CH₂OH 基团上的化学吸附几何平衡构型

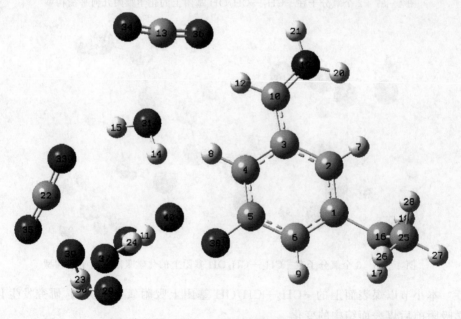

图 4-40　5 个氧分子在—CH₂—CH₂OH 基团上的化学吸附几何平衡构型

表 4 - 77　单氧分子与煤表面上的—CH$_2$—CH$_2$OH 基团化学吸附键长

原子关系	键长/Å	原子关系	键长/Å	原子关系	键长/Å
R(1,2)	1.4036	R(10,12)	1.0917	R(19,20)	1.0122
R(1,6)	1.3999	R(10,19)	1.4745	R(19,21)	1.0125
R(1,16)	1.517	R(13,14)	1.0955	R(22,23)	1.0886
R(2,3)	1.3999	R(13,15)	1.9909	R(22,24)	1.09
R(2,7)	1.085	R(13,22)	1.5327	R(22,29)	2.3787
R(3,4)	1.403	R(13,31)	1.4542	R(22,32)	1.4646
R(3,10)	1.5232	R(13,32)	2.3729	R(25,26)	1.0916
R(4,5)	1.3962	R(14,31)	2.0933	R(25,27)	1.0921
R(4,8)	1.0808	R(15,31)	0.9744	R(25,28)	1.0916
R(5,6)	1.402	R(16,17)	1.0935	R(29,30)	0.9799
R(5,13)	1.5151	R(16,18)	1.0935	R(29,32)	1.5183
R(6,9)	1.0851	R(16,25)	1.5437	R(31,32)	2.777
R(10,11)	1.0914				

表 4 - 78　单氧分子与煤表面上的—CH$_2$—CH$_2$OH 基团化学吸附键角

原子关系	键角/(°)	原子关系	键角/(°)	原子关系	键角/(°)
A(2,1,6)	118.2818	A(1,6,9)	119.2205	A(15,13,22)	89.3667
A(2,1,16)	120.8086	A(5,6,9)	119.6658	A(15,13,32)	63.1114
A(6,1,16)	120.8722	A(3,10,11)	109.649	A(22,13,31)	109.0099
A(1,2,3)	121.6187	A(3,10,12)	109.4772	A(1,16,17)	109.4949
A(1,2,7)	119.1625	A(3,10,19)	115.4557	A(1,16,18)	109.4336
A(3,2,7)	119.2174	A(11,10,12)	106.6924	A(1,16,25)	113.0401
A(2,3,4)	118.8752	A(11,10,19)	107.3836	A(17,16,18)	106.4255
A(2,3,10)	120.8325	A(12,10,19)	107.8113	A(17,16,25)	109.1288
A(4,3,10)	120.2606	A(5,13,14)	109.5419	A(18,16,25)	109.1019
A(3,4,5)	120.5862	A(5,13,15)	136.0191	A(10,19,20)	113.6054
A(3,4,8)	120.7614	A(5,13,22)	111.0194	A(10,19,21)	113.4345
A(5,4,8)	118.636	A(5,13,31)	109.1183	A(20,19,21)	110.8155
A(4,5,6)	119.5272	A(5,13,32)	147.6442	A(13,22,23)	110.0239
A(4,5,13)	120.8007	A(14,13,15)	99.1783	A(13,22,24)	112.4902
A(6,5,13)	119.6623	A(14,13,22)	108.5715	A(13,22,29)	140.5553
A(1,6,5)	121.1097	A(14,13,32)	87.1741	A(23,22,24)	110.537

原子关系	键角/(°)	原子关系	键角/(°)	原子关系	键角/(°)
A(23,22,29)	81.9102	A(16,25,28)	110.9529	A(14,31,15)	97.4445
A(23,22,32)	109.0219	A(26,25,27)	108.1513	A(14,31,32)	61.6595
A(24,22,29)	96.5917	A(26,25,28)	107.6828	A(15,31,32)	51.8903
A(24,22,32)	109.909	A(27,25,28)	108.1186	A(13,32,29)	142.3126
A(16,25,26)	110.9243	A(22,29,30)	126.9175	A(22,32,31)	61.0216
A(16,25,27)	110.883	A(30,29,32)	99.1843	A(29,32,31)	136.1888

表 4 - 79　单氧分子与煤表面上的—CH_2—CH_2OH 基团化学吸附二面角

原子关系	二面角/(°)	原子关系	二面角/(°)	原子关系	二面角/(°)
D(6,1,2,3)	0.19	D(2,3,10,12)	−22.728	D(3,10,19,20)	68.0699
D(6,1,2,7)	179.7603	D(2,3,10,19)	99.1216	D(3,10,19,21)	−59.6713
D(16,1,2,3)	−177.6048	D(4,3,10,11)	42.6129	D(11,10,19,20)	−54.5637
D(16,1,2,7)	1.9656	D(4,3,10,12)	159.3428	D(11,10,19,21)	177.6952
D(2,1,6,5)	0.0713	D(4,3,10,19)	−78.8075	D(12,10,19,20)	−169.1911
D(2,1,6,9)	−179.2036	D(3,4,5,6)	0.3343	D(12,10,19,21)	63.0677
D(16,1,6,5)	177.8647	D(3,4,5,13)	−178.5303	D(5,13,22,23)	−65.1083
D(16,1,6,9)	−1.4103	D(8,4,5,6)	−178.2032	D(5,13,22,24)	58.6026
D(2,1,16,17)	−151.3872	D(8,4,5,13)	2.9322	D(5,13,22,29)	−167.068
D(2,1,16,18)	−35.0924	D(4,5,6,1)	−0.331	D(14,13,22,23)	174.4191
D(2,1,16,25)	86.7209	D(4,5,6,9)	178.9408	D(14,13,22,24)	−61.8701
D(6,1,16,17)	30.8754	D(13,5,6,1)	178.5466	D(14,13,22,29)	72.4593
D(6,1,16,18)	147.1702	D(13,5,6,9)	−2.1816	D(15,13,22,23)	74.9471
D(6,1,16,25)	−91.0166	D(4,5,13,14)	−140.4837	D(15,13,22,24)	−161.3421
D(1,2,3,4)	−0.1863	D(4,5,13,15)	−12.7831	D(15,13,22,29)	−27.0127
D(1,2,3,10)	−178.1437	D(4,5,13,22)	99.62	D(31,13,22,23)	55.1228
D(7,2,3,4)	−179.7563	D(4,5,13,31)	−20.5467	D(31,13,22,24)	178.8337
D(7,2,3,10)	2.2862	D(4,5,13,32)	101.9677	D(31,13,22,29)	−46.8369
D(2,3,4,5)	−0.0802	D(6,5,13,14)	40.6532	D(5,13,32,29)	−28.6562
D(2,3,4,8)	178.426	D(6,5,13,15)	168.3538	D(14,13,32,29)	−151.8771
D(10,3,4,5)	177.8892	D(6,5,13,22)	−79.2431	D(15,13,32,29)	106.3467
D(10,3,4,8)	−3.6046	D(6,5,13,31)	160.5902	D(1,16,25,26)	59.8545
D(2,3,10,11)	−139.4579	D(6,5,13,32)	−76.8954	D(1,16,25,27)	−179.957

续表

原子关系	二面角/(°)	原子关系	二面角/(°)	原子关系	二面角/(°)
D(1,16,25,28)	−59.7908	D(18,16,25,28)	62.2088	D(30,29,32,13)	159.7218
D(17,16,25,26)	−62.2428	D(13,22,29,30)	−70.9297	D(30,29,32,31)	−151.855
D(17,16,25,27)	57.9457	D(23,22,29,30)	177.2562	D(14,31,32,22)	−70.5767
D(17,16,25,28)	178.112	D(24,22,29,30)	67.3628	D(14,31,32,29)	−153.1716
D(18,16,25,26)	−178.146	D(23,22,32,31)	−87.7409	D(15,31,32,22)	161.823
D(18,16,25,27)	−57.9575	D(24,22,32,31)	150.9588	D(15,31,32,29)	79.2282

由表 4-77 可知,煤分子中含羧基侧链与一个氧分子发生吸附作用时,氧分子与煤分子的侧链相互作用,导致了 C_{13}—C_{22} 键的拉长,O_{31}—O_{32} 键的断裂,其中 C_{13}—C_{22} 键的键长由 1.528 54 Å 变为 1.532 70 Å,O_{31}—O_{32} 键的键长由 1.258 15 Å 变为 2.777 03 Å。氧分子断裂后形成了两个原子,O_{31} 原子向 C_{13} 和 H_{15} 移动并与 C_{13}—H_{15} 键相互作用,并导致 C_{13}—H_{15} 键的断裂,O_{31} 原子与 C_{13} 和 H_{15} 的接近并最终成键;O_{32} 原子向 C_{22}—O_{29} 键移动,并导致了 C_{22}—O_{29} 键的拉长断裂,C_{22}—O_{29} 键的键长由 1.458 87 Å 变为 2.378 73 Å,O_{32} 原子最终与 C_{22} 原子成键。在形成吸附态的过程中,由表 4-79 可知,煤分子的键角和二面角发生了较大的变化,通过振动频率计算,结果无虚频,证明通过优化计算得到的煤表面与氧组成的吸附态是正确的。

（2）两个氧分子与煤表面吸附的键长、键角及二面角见表 4-80～表 4-82。

表 4-80 2 个氧分子与煤表面上的—CH₂—CH₂OH 基团化学吸附键长

原子关系	键长/Å	原子关系	键长/Å	原子关系	键长/Å
R(1,2)	1.4053	R(13,14)	2.0067	R(22,29)	2.3565
R(1,6)	1.4026	R(13,15)	1.0925	R(22,32)	1.3908
R(1,16)	1.516	R(13,22)	1.5477	R(22,33)	2.6152
R(2,3)	1.399	R(13,31)	1.4488	R(22,34)	1.5641
R(2,7)	1.0843	R(13,32)	2.3536	R(23,34)	0.9882
R(3,4)	1.4027	R(13,33)	3.5679	R(25,26)	1.0914
R(3,10)	1.5257	R(14,31)	0.9731	R(25,27)	1.0916
R(4,5)	1.404	R(15,33)	3.5798	R(25,28)	1.0915
R(4,8)	1.0859	R(16,17)	1.0928	R(29,30)	1.0209
R(5,6)	1.3975	R(16,18)	1.0931	R(29,32)	1.5132
R(5,13)	1.5126	R(16,25)	1.5441	R(30,34)	2.2876
R(6,9)	1.0804	R(19,20)	1.0108	R(31,32)	3.0839
R(10,11)	1.0921	R(19,21)	1.0099	R(32,33)	2.6452
R(10,12)	1.0915	R(22,23)	2.1307	R(33,34)	1.5593
R(10,19)	1.4669	R(22,24)	1.085		

表 4 - 81　2 个氧分子与煤表面上的—CH$_2$—CH$_2$OH 基团化学吸附键角

原子关系	键角/(°)	原子关系	键角/(°)	原子关系	键角/(°)
A(2,1,6)	118.8593	A(5,13,31)	109.8672	A(23,22,29)	109.4442
A(2,1,16)	120.6453	A(5,13,32)	138.6536	A(23,22,32)	123.6045
A(6,1,16)	120.4871	A(5,13,33)	91.2851	A(23,22,33)	49.4869
A(1,2,3)	121.7239	A(14,13,15)	90.8397	A(24,22,29)	91.2135
A(1,2,7)	119.1371	A(14,13,22)	97.3029	A(24,22,32)	114.5021
A(3,2,7)	119.1385	A(14,13,32)	83.4901	A(24,22,33)	123.3734
A(2,3,4)	118.3631	A(14,13,33)	131.1205	A(24,22,34)	101.1915
A(2,3,10)	122.1372	A(15,13,22)	106.4612	A(29,22,33)	63.2523
A(4,3,10)	119.4314	A(15,13,31)	110.8003	A(29,22,34)	85.0054
A(3,4,5)	120.8087	A(15,13,32)	75.1687	A(32,22,34)	107.7782
A(3,4,8)	119.3971	A(15,13,33)	81.8251	A(16,25,26)	110.9535
A(5,4,8)	119.7937	A(22,13,31)	107.4643	A(16,25,27)	110.7141
A(4,5,6)	119.8423	A(31,13,33)	148.5579	A(16,25,28)	110.9946
A(4,5,13)	118.1209	A(1,16,17)	109.4984	A(26,25,27)	108.1265
A(6,5,13)	121.9786	A(1,16,18)	109.4827	A(26,25,28)	107.8027
A(1,6,5)	120.3364	A(1,16,25)	112.7016	A(27,25,28)	108.1272
A(1,6,9)	120.6754	A(17,16,18)	106.5942	A(22,29,30)	86.7784
A(5,6,9)	118.9849	A(17,16,25)	109.1721	A(30,29,32)	95.3835
A(3,10,11)	109.5443	A(18,16,25)	109.2054	A(14,31,32)	70.9163
A(3,10,12)	109.3484	A(10,19,20)	115.9099	A(13,32,29)	147.4642
A(3,10,19)	114.9854	A(10,19,21)	115.1474	A(22,32,31)	49.2045
A(11,10,12)	106.5461	A(20,19,21)	112.3815	A(29,32,31)	143.6463
A(11,10,19)	107.6512	A(13,22,23)	88.4904	A(29,32,33)	72.2429
A(12,10,19)	108.4242	A(13,22,24)	113.729	A(31,32,33)	115.9605
A(5,13,14)	135.8533	A(13,22,29)	143.7944	A(13,33,34)	40.9599
A(5,13,15)	109.5594	A(13,22,34)	113.3254	A(32,33,34)	63.1995
A(5,13,22)	112.6363	A(23,22,24)	107.4081	A(23,34,33)	103.7308

表 4 - 82　2 个氧分子与煤表面上的—CH$_2$—CH$_2$OH 基团化学吸附二面角

原子关系	二面角/(°)	原子关系	二面角/(°)	原子关系	二面角/(°)
D(6,1,2,3)	1.4558	D(2,1,6,5)	−1.5733	D(2,1,16,17)	−148.1021
D(6,1,2,7)	−178.2811	D(2,1,6,9)	179.0964	D(2,1,16,18)	−31.5741
D(16,1,2,3)	−177.5034	D(16,1,6,5)	177.3876	D(2,1,16,25)	90.1776
D(16,1,2,7)	2.7597	D(16,1,6,9)	−1.9427	D(6,1,16,17)	32.9556

原子关系	二面角/(°)	原子关系	二面角/(°)	原子关系	二面角/(°)
D(6,1,16,18)	149.4836	D(6,5,13,15)	139.1021	D(14,13,33,34)	−99.0955
D(6,1,16,25)	−88.7646	D(6,5,13,22)	−102.6054	D(15,13,33,34)	176.9753
D(1,2,3,4)	0.6085	D(6,5,13,31)	17.1581	D(31,13,33,34)	−66.1016
D(1,2,3,10)	−176.3653	D(6,5,13,32)	−131.3252	D(1,16,25,26)	60.0298
D(7,2,3,4)	−179.6546	D(6,5,13,33)	−139.1178	D(1,16,25,27)	−179.9056
D(7,2,3,10)	3.3716	D(3,10,19,20)	70.2586	D(1,16,25,28)	−59.813
D(2,3,4,5)	−2.5908	D(3,10,19,21)	−63.8244	D(17,16,25,26)	−61.875
D(2,3,4,8)	177.1405	D(11,10,19,20)	−52.1255	D(17,16,25,27)	58.1896
D(10,3,4,5)	174.4671	D(11,10,19,21)	173.7915	D(17,16,25,28)	178.2822
D(10,3,4,8)	−5.8016	D(12,10,19,20)	−167.0235	D(18,16,25,26)	−178.0617
D(2,3,10,11)	−128.2412	D(12,10,19,21)	58.8935	D(18,16,25,27)	−57.9971
D(2,3,10,12)	−11.8217	D(5,13,22,23)	−21.2669	D(18,16,25,28)	62.0955
D(2,3,10,19)	110.3993	D(5,13,22,24)	87.114	D(13,22,29,30)	100.0672
D(4,3,10,11)	54.8163	D(5,13,22,29)	−143.1211	D(23,22,29,30)	−15.7148
D(4,3,10,12)	171.2358	D(5,13,22,34)	−27.7473	D(24,22,29,30)	−124.6694
D(4,3,10,19)	−66.5432	D(14,13,22,23)	−168.1175	D(33,22,29,30)	2.5933
D(3,4,5,6)	2.4925	D(14,13,22,24)	−59.7366	D(34,22,29,30)	−23.5403
D(3,4,5,13)	−174.7888	D(14,13,22,29)	70.0283	D(23,22,32,31)	−135.5455
D(8,4,5,6)	−177.2377	D(14,13,22,34)	−174.5979	D(24,22,32,31)	90.2182
D(8,4,5,13)	5.481	D(15,13,22,23)	98.8287	D(34,22,32,31)	−158.0579
D(4,5,6,1)	−0.3609	D(15,13,22,24)	−152.7904	D(30,29,32,13)	−72.8699
D(4,5,6,9)	178.9806	D(15,13,22,29)	−23.0255	D(30,29,32,31)	−120.9076
D(13,5,6,1)	176.8122	D(15,13,22,34)	92.3483	D(30,29,32,33)	−11.0105
D(13,5,6,9)	−3.8462	D(31,13,22,23)	−142.4112	D(14,31,32,22)	−159.0587
D(4,5,13,14)	−156.5305	D(31,13,22,24)	−34.0303	D(14,31,32,29)	−97.0207
D(4,5,13,15)	−43.6781	D(31,13,22,29)	95.7346	D(14,31,32,33)	167.8584
D(4,5,13,22)	74.6145	D(31,13,22,34)	−148.8915	D(29,32,33,34)	−106.6821
D(4,5,13,31)	−165.622	D(5,13,32,29)	46.5915	D(31,32,33,34)	35.0064
D(4,5,13,32)	45.8946	D(14,13,32,29)	−117.8977	D(13,33,34,23)	−84.3628
D(4,5,13,33)	38.1021	D(15,13,32,29)	149.4959	D(32,33,34,23)	−129.7214
D(6,5,13,14)	26.2497	D(5,13,33,34)	67.3977		

　　由表 4-80 可知,煤表面含羧基侧链与两个氧分子发生吸附作用时,$O_{31}O_{32}$ 分子与煤表面的含羧基侧链相互作用,导致了 C_{13}—C_{22} 键的拉长,O_{31}—O_{32} 键的断裂,其中 C_{13}—C_{22} 键的键长由 1.528 54 Å 变为 1.547 67 Å,O_{31}—O_{32} 键的键长由 1.258 15 Å 变为 3.083 93 Å。$O_{31}O_{32}$ 分子断裂后形成了两个原子,O_{31} 原子向 C_{13} 和 H_{15} 移动并与 C_{13}—H_{15} 键相互作用,并导致 C_{13}—H_{15} 键的断裂,O_{31} 原子与 C_{13} 和 H_{15} 的接近并最终成键;O_{32} 原子向 C_{22}—O_{29} 键移动,并导致了 C_{22}—O_{29} 键的拉长断裂,C_{22}—O_{29} 键的键长由 1.458 87 Å 变为 2.356 48 Å,O_{32} 原子最终与 C_{22} 原子成键。$O_{33}O_{34}$ 分子与 C_{22}—H_{23} 键相互作用,导致 O_{33}—O_{34} 键和 C_{22}—H_{23} 键的拉长断裂,C_{22}—H_{23} 键的键长由 1.095 59 Å 变为 2.130 73 Å,O_{33}—O_{34} 键的键长由 1.258 15 Å 变为 1.559 31 Å,O_{33}—O_{34} 键断裂形成 O_{33}、O_{34} 两个氧原子,其中,O_{33} 原子与 O_{29}—H_{30} 键作用,导致 O_{29}—H_{30} 键的键长由 0.973 10 Å 拉长到 1.020 87 Å;O_{34} 原子与 C_{22}—H_{23} 键断裂后形成的 H_{23} 原子成键。在煤表面与两个氧分子形成吸附态的过程中,由表 4-81、4-82 可知,煤表面的键角和二面角发生了较大的变化,通过振动频率计算,结果无虚频,证明通过优化计算得到的煤表面与氧组成的吸附态是正确的。

　　(3) 3 个氧分子与煤表面吸附的键长、键角及二面角见表 4-83~表 4-85。

表 4-83　3 个氧分子与煤表面上的—CH₂—CH₂OH 基团化学吸附键长

原子关系	键长/Å	原子关系	键长/Å	原子关系	键长/Å
R(1,2)	1.4101	R(9,36)	1.0341	R(22,36)	1.3176
R(1,6)	1.393	R(10,11)	1.0935	R(23,32)	1.4756
R(1,16)	1.5165	R(10,12)	1.0936	R(23,34)	1.0385
R(2,3)	1.3967	R(10,19)	1.4517	R(23,35)	2.1052
R(2,7)	1.083	R(13,15)	1.0935	R(24,29)	3.8136
R(3,4)	1.4003	R(13,31)	1.2609	R(25,26)	1.0914
R(3,10)	1.5334	R(16,17)	1.0926	R(25,27)	1.0917
R(4,5)	1.4045	R(16,18)	1.0936	R(25,28)	1.0919
R(4,8)	1.0844	R(16,25)	1.5436	R(29,30)	0.9825
R(5,6)	1.4085	R(19,20)	1.0061	R(29,35)	1.429
R(5,13)	1.4537	R(19,21)	1.0061	R(33,34)	1.3689
R(6,14)	1.0819	R(22,24)	1.0866	R(34,35)	1.8608
R(9,31)	1.5484	R(22,32)	1.2499		

表 4 - 84　3 个氧分子与煤表面上的—CH₂—CH₂OH 基团化学吸附键角

原子关系	键角/(°)	原子关系	键角/(°)	原子关系	键角/(°)
A(2,1,6)	118.3515	A(3,10,12)	108.3352	A(32,22,36)	123.8671
A(2,1,16)	120.4026	A(3,10,19)	117.755	A(32,23,35)	117.3357
A(6,1,16)	121.2287	A(11,10,12)	105.3056	A(22,24,29)	89.4643
A(1,2,3)	122.4502	A(11,10,19)	108.2301	A(16,25,26)	110.9163
A(1,2,7)	119.3494	A(12,10,19)	108.191	A(16,25,27)	110.7898
A(3,2,7)	118.1998	A(5,13,15)	116.8452	A(16,25,28)	111.1004
A(2,3,4)	118.3617	A(5,13,31)	123.6772	A(26,25,27)	108.124
A(2,3,10)	122.0154	A(15,13,31)	119.4776	A(26,25,28)	107.7462
A(4,3,10)	119.6226	A(1,16,17)	109.3667	A(27,25,28)	108.0343
A(3,4,5)	120.2902	A(1,16,18)	109.4475	A(24,29,30)	162.1219
A(3,4,8)	120.5518	A(1,16,25)	112.9319	A(24,29,35)	83.1158
A(5,4,8)	119.1578	A(17,16,18)	106.5193	A(30,29,35)	104.3077
A(4,5,6)	120.2995	A(17,16,25)	109.2026	A(9,31,13)	120.4313
A(4,5,13)	118.2659	A(18,16,25)	109.1695	A(22,32,23)	142.6073
A(6,5,13)	121.4345	A(10,19,20)	117.9249	A(23,34,33)	107.7535
A(1,6,5)	120.2465	A(10,19,21)	117.9707	A(33,34,35)	112.0375
A(1,6,14)	121.0233	A(20,19,21)	114.686	A(23,35,29)	99.3119
A(5,6,14)	118.7297	A(24,22,32)	122.7739	A(29,35,34)	104.574
A(3,10,11)	108.3382	A(24,22,36)	113.3563	A(9,36,22)	114.2882

表 4 - 85　3 个氧分子与煤表面上的—CH₂—CH₂OH 基团化学吸附二面角

原子关系	二面角/(°)	原子关系	二面角/(°)	原子关系	二面角/(°)
D(6,1,2,3)	0.1964	D(2,1,16,25)	83.9986	D(10,3,4,5)	179.7857
D(6,1,2,7)	−179.5395	D(6,1,16,17)	27.3547	D(10,3,4,8)	−0.3694
D(16,1,2,3)	−178.3119	D(6,1,16,18)	143.6974	D(2,3,10,11)	123.9425
D(16,1,2,7)	1.9522	D(6,1,16,25)	−94.4661	D(2,3,10,12)	−122.3037
D(2,1,6,5)	−0.1375	D(1,2,3,4)	−0.1083	D(2,3,10,19)	0.7917
D(2,1,6,14)	179.6206	D(1,2,3,10)	−179.9277	D(4,3,10,11)	−55.8748
D(16,1,6,5)	178.3579	D(7,2,3,4)	179.6305	D(4,3,10,12)	57.8791
D(16,1,6,14)	−1.8841	D(7,2,3,10)	−0.1889	D(4,3,10,19)	−179.0255
D(2,1,16,17)	−154.1806	D(2,3,4,5)	−0.0382	D(3,4,5,6)	0.0928
D(2,1,16,18)	−37.8379	D(2,3,4,8)	179.8067	D(3,4,5,13)	−179.8472

原子关系	二面角/(°)	原子关系	二面角/(°)	原子关系	二面角/(°)
D(8,4,5,6)	−179.7542	D(12,10,19,20)	−164.9039	D(24,22,32,23)	51.3485
D(8,4,5,13)	0.3057	D(12,10,19,21)	50.3426	D(36,22,32,23)	−129.2883
D(4,5,6,1)	−0.0023	D(5,13,31,9)	176.4026	D(24,22,36,9)	−176.5674
D(4,5,6,14)	−179.7658	D(15,13,31,9)	−3.6405	D(32,22,36,9)	4.0157
D(13,5,6,1)	179.9359	D(1,16,25,26)	60.0675	D(35,23,32,22)	29.0448
D(13,5,6,14)	0.1723	D(1,16,25,27)	−179.8454	D(22,32,34,33)	128.5757
D(4,5,13,15)	1.379	D(1,16,25,28)	−59.7495	D(32,23,35,29)	−90.21
D(4,5,13,31)	−178.663	D(17,16,25,26)	−61.8457	D(22,24,29,30)	102.0018
D(6,5,13,15)	−178.5603	D(17,16,25,27)	58.2413	D(22,24,29,35)	−13.8829
D(6,5,13,31)	1.3976	D(17,16,25,28)	178.3373	D(24,29,35,23)	47.1639
D(13,31,36,22)	12.9628	D(18,16,25,26)	−177.9397	D(24,29,35,34)	76.9072
D(3,10,19,20)	71.9277	D(18,16,25,27)	−57.8526	D(30,29,35,23)	−116.2751
D(3,10,19,21)	−72.8257	D(18,16,25,28)	62.2434	D(30,29,35,34)	−86.5318
D(11,10,19,20)	−51.2776	D(32,22,24,29)	−43.3713	D(33,34,35,29)	168.3518
D(11,10,19,21)	163.9689	D(36,22,24,29)	137.2046		

由表 4 – 81 可知,煤表面中含羧基侧链与 3 个氧分子发生吸附作用时,$O_{31}O_{32}$ 分子与煤表面的含羧基侧链相互作用,导致了 C_{13}—C_{22} 键和 O_{31}—O_{32} 键的拉长并断裂,其中 C_{13}—C_{22} 键的键长由 1.528 54 Å 变为 3.692 65 Å,O_{31}—O_{32} 键的键长由 1.258 15 Å 变为 3.283 16 Å。$O_{31}O_{32}$ 分子断裂后形成了两个原子,O_{31} 原子向 C_{13} 移动并与 C_{13}—H_{14} 键相互作用,并导致 C_{13}—H_{14} 键的键长由 1.091 60 Å 拉长到 2.442 40 Å 然后断裂,O_{31} 原子继续与 C_{13} 接近并最终形成 C_{13}＝O_{31} 键;O_{32} 原子向 C_{22}—O_{23} 键移动,并导致了 C_{22}—O_{23} 键的拉长断裂,C_{22}—H_{23} 键的键长由 1.095 59 Å 变为 2.582 65 Å,O_{32} 原子最终与 C_{22} 原子成键。$O_{33}O_{34}$ 分子与 C_{22}—H_{23} 键断裂后形成的 H_{23} 原子相互作用,导致 O_{33}—O_{34} 键的键长拉长,O_{33}—O_{34} 键的键长由 1.258 15 Å 变为 1.368 88 Å。$O_{35}O_{36}$ 分子与煤分子侧链中的 C_{22}—O_{29} 键作用,导致了 C_{22}—O_{29} 键与 O_{35}—O_{36} 键的拉长断裂,其中 O_{35}—O_{36} 键的键长由 1.258 15 Å 变为 4.546 76 Å,C_{22}—O_{29} 键的键长由 1.458 87 Å 变为 3.955 55 Å,O_{35}—O_{36} 键断裂形成 O_{35}、O_{36} 两个氧原子,其中,O_{35} 原子与 O_{29}—H_{30} 键作用,导致 O_{29}—H_{30} 键的键长由 0.973 10 Å 拉长到 0.982 52 Å,O_{36} 原子与 C_{22} 原子形成 C＝O 键。在表面与 3 个氧分子形成吸附态的过程中,由表 4 – 84、4 – 85 可知,煤表面的键角和二面角发生了较大的变化,通过振动频率计算,结果无虚频,证明通过优化计算得到的煤表面与氧组成的吸附态是正确的。

（4）4 个氧分子与煤表面吸附的键长、键角及二面角见表 4 - 86～表 4 - 88。

表 4 - 86　4 个氧分子与煤表面上的—CH_2—CH_2OH 基团化学吸附键长

原子关系	键长/Å	原子关系	键长/Å	原子关系	键长/Å
R(1,2)	1.4051	R(10,19)	1.5055	R(22,32)	1.4892
R(1,6)	1.4032	R(13,31)	1.3258	R(22,36)	1.2405
R(1,16)	1.5159	R(13,33)	1.3826	R(22,38)	1.2786
R(2,3)	1.4009	R(13,37)	1.2388	R(23,29)	0.9868
R(2,7)	1.0839	R(14,31)	1.0068	R(23,37)	1.7219
R(3,4)	1.3981	R(15,34)	0.9976	R(24,29)	1.0838
R(3,10)	1.5122	R(15,36)	1.8886	R(24,38)	1.3717
R(4,5)	1.3877	R(16,17)	1.0928	R(25,26)	1.0913
R(4,8)	1.0791	R(16,18)	1.093	R(25,27)	1.0915
R(5,6)	1.3884	R(16,25)	1.544	R(25,28)	1.0915
R(5,33)	1.4219	R(19,20)	1.0182	R(29,30)	1.05
R(6,9)	1.0808	R(19,21)	1.0183	R(32,35)	1.4947
R(10,11)	1.09	R(19,30)	1.5601	R(34,35)	1.4985
R(10,12)	1.0925				

表 4 - 87　4 个氧分子与煤表面上的—CH_2—CH_2OH 基团化学吸附键角

原子关系	键角/(°)	原子关系	键角/(°)	原子关系	键角/(°)
A(2,1,6)	118.6597	A(6,5,33)	118.2887	A(1,16,18)	109.4531
A(2,1,16)	120.8776	A(1,6,5)	119.448	A(1,16,25)	112.7861
A(6,1,16)	120.4583	A(1,6,9)	121.2542	A(17,16,18)	106.4981
A(1,2,3)	121.3501	A(5,6,9)	119.296	A(17,16,25)	109.1895
A(1,2,7)	119.1231	A(3,10,11)	110.6673	A(18,16,25)	109.2435
A(3,2,7)	119.5266	A(3,10,12)	110.528	A(10,19,20)	110.8074
A(2,3,4)	119.1847	A(3,10,19)	110.3	A(10,19,21)	111.2775
A(2,3,10)	121.8524	A(11,10,12)	107.7355	A(10,19,30)	114.863
A(4,3,10)	118.8664	A(11,10,19)	106.8487	A(20,19,21)	108.5453
A(3,4,5)	119.234	A(12,10,19)	110.6685	A(20,19,30)	104.5624
A(3,4,8)	120.4725	A(31,13,33)	109.587	A(21,19,30)	106.3772
A(5,4,8)	120.2621	A(31,13,37)	126.8897	A(32,22,36)	118.7577
A(4,5,6)	121.9827	A(33,13,37)	123.5197	A(32,22,38)	107.7237
A(4,5,33)	119.7162	A(1,16,17)	109.474	A(36,22,38)	133.3447

原子关系	键角/(°)	原子关系	键角/(°)	原子关系	键角/(°)
A(29,23,37)	159.1973	A(26,25,28)	107.7714	A(22,32,35)	111.5491
A(29,24,38)	168.4182	A(27,25,28)	108.1314	A(5,33,13)	117.7269
A(16,25,26)	111.0152	A(23,29,24)	111.2519	A(15,34,35)	99.048
A(16,25,27)	110.6771	A(23,29,30)	117.2713	A(32,35,34)	107.4535
A(16,25,28)	111.0286	A(24,29,30)	121.4103	A(13,37,23)	143.1859
A(26,25,27)	108.0921	A(13,31,14)	114.6158	A(22,38,24)	119.0095

表 4-88　4 个氧分子与煤表面上的—CH₂—CH₂OH 基团化学吸附二面角表

原子关系	二面角/(°)	原子关系	二面角/(°)	原子关系	二面角/(°)
D(6,1,2,3)	2.059	D(2,3,10,12)	−18.2869	D(12,10,19,30)	176.4522
D(6,1,2,7)	−177.8071	D(2,3,10,19)	104.4214	D(33,13,31,14)	167.5537
D(16,1,2,3)	−177.1856	D(4,3,10,11)	46.0479	D(37,13,31,14)	−13.1163
D(16,1,2,7)	2.9483	D(4,3,10,12)	165.3161	D(31,13,33,5)	−168.3778
D(2,1,6,5)	−1.8926	D(4,3,10,19)	−71.9756	D(37,13,33,5)	12.265
D(2,1,6,9)	177.6073	D(3,4,5,6)	3.9338	D(31,13,37,23)	109.3494
D(16,1,6,5)	177.3553	D(3,4,5,33)	−177.3718	D(33,13,37,23)	−71.4078
D(16,1,6,9)	−3.1449	D(8,4,5,6)	−178.0933	D(1,16,25,26)	59.8488
D(2,1,16,17)	−146.0777	D(8,4,5,33)	0.6011	D(1,16,25,27)	179.8863
D(2,1,16,18)	−29.6962	D(4,5,6,1)	−1.0946	D(1,16,25,28)	−60.018
D(2,1,16,25)	92.1402	D(4,5,6,9)	179.3957	D(17,16,25,26)	−62.094
D(6,1,16,17)	34.6914	D(33,5,6,1)	−179.8069	D(17,16,25,27)	57.9435
D(6,1,16,18)	151.0728	D(33,5,6,9)	0.6834	D(17,16,25,28)	178.0393
D(6,1,16,25)	−87.0908	D(4,5,33,13)	52.7801	D(18,16,25,26)	−178.1966
D(1,2,3,4)	0.7485	D(6,5,33,13)	−128.4775	D(18,16,25,27)	−58.1591
D(1,2,3,10)	−175.6374	D(3,10,19,20)	−64.3738	D(18,16,25,28)	61.9367
D(7,2,3,4)	−179.3859	D(3,10,19,21)	174.7541	D(10,19,29,23)	−60.9878
D(7,2,3,10)	4.2281	D(3,10,19,30)	53.8262	D(10,19,29,24)	82.4065
D(2,3,4,5)	−3.6957	D(11,10,19,20)	175.2802	D(20,19,29,23)	60.7484
D(2,3,4,8)	178.3358	D(11,10,19,21)	54.4081	D(20,19,29,24)	−155.8573
D(10,3,4,5)	172.799	D(11,10,19,30)	−66.5197	D(21,19,29,23)	175.2331
D(10,3,4,8)	−5.1694	D(12,10,19,20)	58.2522	D(21,19,29,24)	−41.3726
D(2,3,10,11)	−137.555	D(12,10,19,21)	−62.6199	D(36,22,32,35)	4.7836

原子关系	二面角/(°)	原子关系	二面角/(°)	原子关系	二面角/(°)
D(38,22,32,35)	−179.3798	D(37,23,29,30)	94.1394	D(29,24,38,22)	−64.1904
D(32,22,38,24)	−23.5108	D(29,23,37,13)	−17.0033	D(22,32,35,34)	−61.9836
D(36,22,38,24)	151.4684	D(38,24,29,23)	47.596	D(15,34,35,32)	72.6573
D(37,23,29,24)	−51.9191	D(38,24,29,30)	−96.848		

　　由表 4-86 可知,煤表面中含羧基侧链与 4 个氧分子发生吸附作用时,O_{31} O_{32} 分子与煤表面的含羧基侧链相互作用,导致了 C_{13}—C_{22} 键和 O_{31}—O_{32} 键的拉长并断裂,其中 C_{13}—C_{22} 键的键长由 1.528 54 Å 变为 4.166 30 Å,O_{31}—O_{32} 键的键长由 1.258 15 Å 变为 3.734 03 Å。O_{31} O_{32} 分子断裂后形成了两个原子,O_{32} 原子向 C_{22} 移动并形成了 C=O 键;O_{31} 原子向 C_{13}—H_{14} 键移动,并导致了 C_{13}—H_{14} 键的拉长断裂,C_{13}—H_{14} 键的键长由 1.095 59 Å 变为 1.970 64 Å,O_{31} 原子最终与 C_{13} 和 H_{14} 原子成键。O_{33} O_{34} 分子与 C_5—C_{13} 键相互作用,导致 O_{33}—O_{34} 键和 C_5—C_{13} 键的键长拉长并断裂,O_{33}—O_{34} 键的键长由 1.258 15 Å 变为 4.681 23 Å,C_5—C_{13} 键的键长由 1.515 67 Å 变为 2.400 53 Å,O—O 键断裂后形成的 O_{33} 原子分别与 C_5、C_{13} 成键,O_{34} 原子与 C_{13}—H_{15} 键相互作用,最终导致了 C_{13}—H_{15} 键的断裂并与 H_{15} 原子成键。O_{35} O_{36} 分子与煤分子侧链的 C_{22} 作用,导致了 O_{35}—O_{36} 键的拉长断裂,O_{35}—O_{36} 键的键长由 1.258 15 Å 变为 2.654 34 Å,O_{35}—O_{36} 键断裂形成 O_{35}、O_{36} 两个氧原子,O_{36} 原子继续向 C_{22} 原子移动并与之形成 C=O 键。O_{37} O_{38} 分子与煤分子侧链中的—CH_2OH 相互作用,导致 O_{37}—O_{38} 键的键长由 1.258 15 Å 拉长到 3.847 25 Å 并断裂,O_{37}—O_{38} 键断裂后形成的 O_{37} 原子向 C_{13} 移动并成键,O_{38} 原子向 C_{22} 原子移动并成键。在煤表面与 4 个氧分子形成吸附态的过程中,由表 4-87、4-88 可知,煤表面的键角和二面角发生了较大的变化,通过振动频率计算,结果无虚频,证明通过优化计算得到的煤表面与氧组成的吸附态是正确的。

　　(5) 5 个氧分子与煤表面吸附的键长、键角及二面角见表 4-89~表 4-91。

表 4-89　5 个氧分子与煤表面上的—CH_2—CH_2OH 基团化学吸附键长

原子关系	键长/Å	原子关系	键长/Å	原子关系	键长/Å
R(1,2)	1.3933	R(3,10)	1.4204	R(8,31)	2.1559
R(1,6)	1.4092	R(4,5)	1.3968	R(10,12)	1.0835
R(1,16)	1.5165	R(4,8)	1.0787	R(10,19)	1.3202
R(2,3)	1.4187	R(5,6)	1.404	R(11,32)	1.0275
R(2,7)	1.0836	R(5,38)	1.3646	R(11,40)	1.5802
R(3,4)	1.4124	R(6,9)	1.0818	R(12,36)	2.1314

续表

原子关系	键长/Å	原子关系	键长/Å	原子关系	键长/Å
R(13,31)	2.5812	R(16,25)	1.5433	R(25,26)	1.0912
R(13,34)	1.1789	R(19,20)	1.0084	R(25,27)	1.0911
R(13,36)	1.1921	R(19,21)	1.0077	R(25,28)	1.0916
R(14,31)	0.9879	R(22,33)	1.1855	R(29,30)	0.9793
R(14,40)	1.8308	R(22,35)	1.1843	R(29,32)	1.5207
R(15,31)	0.9732	R(23,29)	1.9623	R(30,35)	2.3265
R(15,33)	1.985	R(23,39)	0.9872	R(37,39)	1.5098
R(16,17)	1.0929	R(24,37)	1.0035	R(38,40)	1.5072
R(16,18)	1.0929	R(24,40)	1.7203		

表 4 - 90　5 个氧分子与煤表面上的—CH_2—CH_2OH 基团化学吸附键角

原子关系	键角/(°)	原子关系	键角/(°)	原子关系	键角/(°)
A(2,1,6)	119.0392	A(3,10,19)	126.7808	A(37,24,40)	162.937
A(2,1,16)	121.2102	A(12,10,19)	115.4293	A(16,25,26)	111.2091
A(6,1,16)	119.7282	A(32,11,40)	169.9196	A(16,25,27)	110.5939
A(1,2,3)	119.5988	A(10,12,36)	144.6428	A(16,25,28)	111.0751
A(1,2,7)	118.941	A(31,13,34)	92.8569	A(26,25,27)	107.9512
A(3,2,7)	121.4581	A(31,13,36)	94.3499	A(26,25,28)	107.7333
A(2,3,4)	120.8204	A(34,13,36)	172.7396	A(27,25,28)	108.145
A(2,3,10)	124.5616	A(31,14,40)	149.8348	A(23,29,30)	101.3634
A(4,3,10)	114.575	A(31,15,33)	160.5878	A(23,29,32)	98.426
A(3,4,5)	119.3989	A(1,16,17)	109.2343	A(30,29,32)	98.8755
A(3,4,8)	120.5921	A(1,16,18)	109.353	A(29,30,35)	117.8784
A(5,4,8)	120.0065	A(1,16,25)	113.0186	A(8,31,13)	106.4106
A(4,5,6)	119.3219	A(17,16,18)	106.3954	A(8,31,14)	62.3396
A(4,5,38)	123.5038	A(17,16,25)	109.242	A(8,31,15)	127.6253
A(6,5,38)	117.1697	A(18,16,25)	109.3816	A(13,31,14)	140.2761
A(1,6,5)	121.7903	A(10,19,20)	122.573	A(13,31,15)	108.4609
A(1,6,9)	120.2387	A(10,19,21)	120.4206	A(14,31,15)	107.385
A(5,6,9)	117.971	A(20,19,21)	116.9939	A(11,32,29)	101.4331
A(4,8,31)	160.9646	A(33,22,35)	173.6285	A(15,33,22)	144.5648
A(3,10,12)	117.7391	A(29,23,39)	142.5492	A(22,35,30)	109.9029

原子关系	键角/(°)	原子关系	键角/(°)	原子关系	键角/(°)
A(12,36,13)	138.8236	A(11,40,14)	108.8071	A(14,40,24)	101.3291
A(24,37,39)	100.3108	A(11,40,24)	97.8976	A(14,40,38)	129.5287
A(5,38,40)	111.5833	A(11,40,38)	106.0871	A(24,40,38)	108.7412
A(23,39,37)	101.9818				

表 4-91　5 个氧分子与煤表面上的—CH_2—CH_2OH 基团化学吸附二面角

原子关系	二面角/(°)	原子关系	二面角/(°)	原子关系	二面角/(°)
D(6,1,2,3)	-0.321	D(4,3,10,19)	179.7894	D(32,11,40,38)	-146.6671
D(6,1,2,7)	179.1605	D(3,4,5,6)	-1.9676	D(10,12,36,13)	-135.6087
D(16,1,2,3)	-178.5954	D(3,4,5,38)	177.2246	D(34,13,31,8)	-169.6585
D(16,1,2,7)	0.8861	D(8,4,5,6)	178.5926	D(34,13,31,14)	-103.4116
D(2,1,6,5)	0.32	D(8,4,5,38)	-2.2152	D(34,13,31,15)	50.0532
D(2,1,6,9)	-179.754	D(3,4,8,31)	-112.3529	D(36,13,31,8)	11.2235
D(16,1,6,5)	178.6205	D(5,4,8,31)	67.0802	D(36,13,31,14)	77.4704
D(16,1,6,9)	-1.4535	D(4,5,6,1)	0.841	D(36,13,31,15)	-129.0648
D(2,1,16,17)	-137.6536	D(4,5,6,9)	-179.0867	D(31,13,36,12)	5.5505
D(2,1,16,18)	-21.5878	D(38,5,6,1)	-178.4019	D(34,13,36,12)	-167.4626
D(2,1,16,25)	100.5114	D(38,5,6,9)	1.6704	D(40,14,31,8)	-64.0519
D(6,1,16,17)	44.0837	D(4,5,38,40)	3.8247	D(40,14,31,13)	-146.4854
D(6,1,16,18)	160.1495	D(6,5,38,40)	-176.9669	D(40,14,31,15)	59.8767
D(6,1,16,25)	-77.7513	D(4,8,31,13)	89.4424	D(31,14,40,11)	-19.7746
D(1,2,3,4)	-0.8303	D(4,8,31,14)	-49.225	D(31,14,40,24)	-122.2646
D(1,2,3,10)	176.65	D(4,8,31,15)	-140.4814	D(31,14,40,38)	111.5671
D(7,2,3,4)	179.7016	D(3,10,12,36)	114.5883	D(33,15,31,8)	42.1395
D(7,2,3,10)	-2.8181	D(19,10,12,36)	-62.9989	D(33,15,31,13)	171.4397
D(2,3,4,5)	1.9897	D(3,10,19,20)	1.3836	D(33,15,31,14)	-25.9686
D(2,3,4,8)	-178.5738	D(3,10,19,21)	-177.2888	D(31,15,33,22)	-0.0617
D(10,3,4,5)	-175.7288	D(12,10,19,20)	178.7172	D(1,16,25,26)	59.7129
D(10,3,4,8)	3.7077	D(12,10,19,21)	0.0448	D(1,16,25,27)	179.6455
D(2,3,10,12)	-175.1106	D(40,11,32,29)	-138.9158	D(1,16,25,28)	-60.2661
D(2,3,10,19)	2.1686	D(32,11,40,14)	-3.7295	D(17,16,25,26)	-62.1178
D(4,3,10,12)	2.5102	D(32,11,40,24)	101.1481	D(17,16,25,27)	57.8149

原子关系	二面角/(°)	原子关系	二面角/(°)	原子关系	二面角/(°)
D(17,16,25,28)	177.9032	D(29,23,39,37)	−110.6198	D(23,29,32,11)	51.8056
D(18,16,25,26)	−178.2041	D(40,24,37,39)	−15.6526	D(30,29,32,11)	154.7924
D(18,16,25,27)	−58.2714	D(37,24,40,11)	−12.1901	D(29,30,35,22)	31.6783
D(18,16,25,28)	61.817	D(37,24,40,14)	98.8935	D(24,37,39,23)	78.6575
D(35,22,33,15)	−163.8909	D(37,24,40,38)	−122.2181	D(5,38,40,11)	95.7616
D(33,22,35,30)	148.7727	D(23,29,30,35)	42.0997	D(5,38,40,14)	−36.5358
D(39,23,29,30)	−85.6251	D(32,29,30,35)	−58.4248	D(5,38,40,24)	−159.8286
D(39,23,29,32)	15.2612				

由表 4-89 可知,煤表面上含羧基侧链与 5 个氧分子发生吸附作用时,$O_{31}O_{32}$ 分子、$O_{33}O_{34}$ 分子、$O_{35}O_{36}$ 分子、$O_{37}O_{38}$ 分子和 $O_{39}O_{40}$ 分子与煤表面的含羧基侧链相互作用,导致了 C_{13}—C_{22} 键、C_5—C_{13} 键、C_{22}—O_{29} 键、C_{22}—H_{23} 键、C_{22}—H_{24} 键、C_{13}—H_{15} 键、C_{13}—H_{14} 键、O_{31}—O_{32} 键、O_{33}—O_{34} 键、O_{35}—O_{36} 键、O_{37}—O_{38} 键和 O_{39}—O_{40} 键的拉长并断裂,其中 C_{13}—C_{22} 键的键长由 1.528 54 Å 变为 5.951 17 Å,C_5—C_{13} 键的键长由 1.515 67 Å 变为 5.775 06 Å,C_{22}—O_{29} 键的键长由 1.458 87 Å 变为 3.241 87 Å,C_{22}—H_{23} 键的键长由 1.095 59 Å 变为 2.968 46 Å,C_{22}—H_{24} 键的键长由 1.095 52 Å 变为 4.001 19 Å,C_{13}—H_{14} 键的键长由 1.091 60 Å 变为 3.400 15 Å,C_{13}—H_{15} 键的键长由 1.091 49 Å 变为 3.033 23 Å,O_{31}—O_{32} 键、O_{33}—O_{34} 键、O_{35}—O_{36} 键、O_{37}—O_{38} 键和 O_{39}—O_{40} 键的键长分别由 1.258 15 Å 变为 3.929 07 Å、4.617 38 Å、7.584 79 Å、3.547 11 Å 和 3.087 70 Å。$O_{31}O_{32}$ 分子断裂后形成的 O_{31} 原子向 C_{13} 移动并与 C_{13}—H_{14} 键断裂后形成的 H_{14} 原子和 C_{13}—H_{15} 键断裂后形成的 H_{15} 原子成键。O_{33}—O_{34} 键断裂后形成的两个氧原子分别向 C_{13} 和 C_{22} 移动,最终 O_{33} 和 O_{34} 原子分别与 C_{22} 和 C_{13} 成键。O_{35}—O_{36} 键断裂后形成的 O_{35} 原子向 C_{22} 移动并形成 C—O 键,O_{36} 原子向 C_{13} 移动并同样形成 C—O 键。O_{37}—O_{38} 键断裂后形成的 O_{37} 原子与 C_{22}—H_{24} 键断裂后形成的 H_{24} 原子形成 O—H 键,O_{38} 原子向 C_5 移动并与 C_5 形成 C—O 键。O_{39}—O_{40} 键断裂后形成的 O_{39} 原子与 C_{22}—H_{23} 键断裂后形成的 H_{23} 原子形成 O—H 键,O_{40} 原子则与 O_{38} 及 H_{24} 之间都具有一定的作用,但没有成键。在煤表面与 5 个氧分子形成吸附态的过程中,由表 4-90、4-91可知,煤表面的键角和二面角发生了较大的变化,通过振动频率计算,结果无虚频,证明通过优化计算得到的煤表面与氧组成的吸附态是正确的。

2. 吸附能

表 4-92 列出了由 B3LYP/6-311G 基组水平上计算所得的煤表面、氧分子以及煤表面吸附氧分子后组成的吸附态的能量、零点能以及考虑零点能校正后的能量

(E),并利用式(4-1)分别计算出了煤表面含羧基侧链吸附不同氧分子数时的吸附能。

表 4-92　氧分子与煤表面上的—CH_2—CH_2OH 基团化学吸附能

项目	E(B3LYP)	ZPE	ZPE+E	吸附能/(kJ/mol)
R	−559.362 230 71	0.263 512	−559.098 719	—
O_2	−150.259 126 81	0.003 273	−150.255 854	—
R·O_2	−709.709 928 25	0.270 493	−709.439 435	222.81
R·2O_2	−860.008 019 18	0.277 604	−859.730 415	315.03
R·3O_2	−1010.431 363 79	0.279 678	−1010.151 686	749.33
R·4O_2	−1161.032 377 95	0.291 155	−1160.741 223	1625.42
R·5O_2	−1311.343 527 95	0.292 905	−1311.050 623	1766.00

从表 4-92 可以看出,当煤表面含羧基侧链吸附不同氧分子数时,吸附后组成的吸附态所得到的吸附能是不同的,总体来说,吸附能随着吸附氧分子数的增加而增大。吸附 1 个氧分子时的吸附能为 222.81kJ/mol,吸附 2 个氧分子时的吸附能为 315.03kJ/mol,吸附 3 个氧分子时的吸附能为 749.33kJ/mol,吸附 4 个氧分子时的吸附能为 1625.42kJ/mol,吸附 5 个氧分子时的吸附能为 1766.00kJ/mol。以吸附氧分子数为横坐标,吸附不同氧分子数放出的吸附能为纵坐标,作出吸附能与吸附氧分子数的关系如图 4-41 所示。

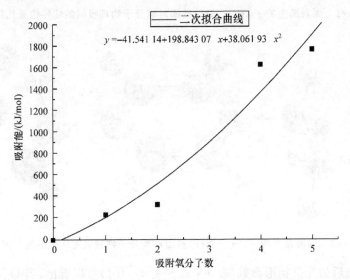

图 4-41　氧分子在煤表面上的—CH_2—CH_2OH 基团上发生化学吸附能量图

煤表面上的—CH_2—CH_2OH 基团对氧分子的化学吸附量与吸附能之间的关系可用式(4-5)表示。

$$y = -41.541\ 14 + 198.843\ 07x + 38.061\ 93x^2 \qquad (4-5)$$

式中：x 为吸附氧分子的个数；y 为吸附能，kJ/mol。

4.7　物理吸附与化学吸附的临界位置

煤表面含氨基基团对氧分子的物理吸附与化学吸附存在一个临界位置（见图4-42），应用量子化学密度泛函理论计算结果表明，当氧分子中的氧原子与这个基团的 C、N 和 H 为原子大于某一距离时发生物理吸附（见图4-43），小于临界距离时发生化学吸附（见图4-44）。图4-42 应用量子化学密度泛函理论 B_3LYP 在6-311G水平上，计算得到煤表面胺基团侧键与氧分子发生物理吸附与化学吸附的临界位置几何构形参数如下表4-93～表4-101。

图4-42　煤表面上的—CH_2—NH_2基团对氧分子物理吸附的临界位置几何构型

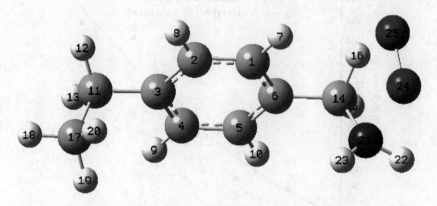

图4-43　煤表面上的—CH_2—NH_2基团对氧分子物理吸附优化后的几何构型

从优化后的几何构形参数（表4-93～表4-101）可以看出，当 O_{24} 与 C_{14} 的距离为 1.811 70 Å，O_{24} 与 N_{21} 的距离为 1.220 33 Å，O_{24} 与 H_{22} 的距离为 1.343 14 Å，O_{24} 与 H_{23} 的距离为 1.999 31 Å，O_{24} 与 H_{15} 的距离为 2.466 41 Å，O_{24} 与 H_{16} 的距离为 1.616 64 Å，O_{25} 与 C_{14} 的距离为 1.220 35 Å，O_{25} 与 N_{21} 的距离为 1.794 25 Å，O_{25} 与 H_{22} 的距离为 2.055 27 Å，O_{25} 与 H_{23} 的距离为 2.721 46 Å，O_{25} 与 H_{15} 的距离

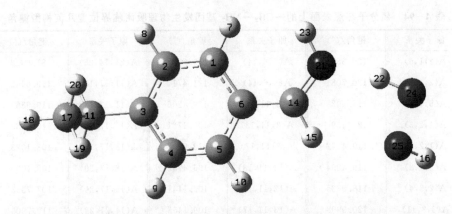

图 4 - 44　煤表面上的—CH₂—NH₂ 基团对氧分子化学吸附优化后的几何构型

为 1.675 87 Å，O_{25} 与 H_{16} 的距离为 1.100 53 Å 时，发生物理吸附。物理吸附后 O_{24} 与 C_{14} 的距离为 2.726 78 Å，O_{24} 与 N_{21} 的距离为 2.071 25 Å，O_{24} 与 H_{22} 的距离为 2.367 13 Å，O_{24} 与 H_{23} 的距离为 2.346 00 Å，O_{24} 与 H_{15} 的距离为 3.532 85 Å，O_{24} 与 H_{16} 的距离为 2.339 35 Å，O_{25} 与 C_{14} 的距离为 2.676 03 Å，O_{25} 与 N_{21} 的距离为 2.733 35 Å，O_{25} 与 H_{22} 的距离为 3.179 69 Å，O_{25} 与 H_{23} 的距离为 3.182 16 Å，O_{25} 与 H_{15} 的距离为 3.449 79 Å，O_{25} 与 H_{16} 的距离为 1.801 72 Å。

　　当氧分子的两个氧原子小于上述距离时发生化学吸附，化学吸附后 O_{24} 与 C_{14} 的距离为 3.389 62 Å，O_{24} 与 N_{21} 的距离为 2.709 03 Å，O_{24} 与 H_{22} 的距离为 1.013 71 Å，O_{24} 与 H_{23} 的距离为 3.485 27 Å，O_{24} 与 H_{15} 的距离为 3.123 62 Å，O_{24} 与 H_{16} 的距离为 1.935 22 Å，O_{25} 与 C_{14} 的距离为 3.218 00 Å，O_{25} 与 N_{21} 的距离为 3.136 76 Å，O_{25} 与 H_{22} 的距离为 1.947 08 Å，O_{25} 与 H_{23} 的距离为 4.121 50 Å，O_{25} 与 H_{15} 的距离为 2.489 20 Å，O_{25} 与 H_{16} 的距离为 0.976 07 Å。

表 4 - 93　氧分子在煤表面上的—CH₂—NH₂ 基团发生物理吸附临界位置几何构型键长

原子关系	键长/Å	原子关系	键长/Å	原子关系	键长/Å
R(1,2)	1.3958	R(5,10)	1.0836	R(16,25)	1.1005
R(1,6)	1.4024	R(6,14)	1.5119	R(17,18)	1.092
R(1,7)	1.0827	R(11,12)	1.0932	R(17,19)	1.0918
R(2,3)	1.4032	R(11,13)	1.0934	R(17,20)	1.0917
R(2,8)	1.0832	R(11,17)	1.5439	R(21,22)	1.0061
R(3,4)	1.4038	R(14,15)	1.091	R(21,23)	1.0063
R(3,11)	1.5161	R(14,16)	1.1234	R(21,24)	1.2203
R(4,5)	1.3955	R(14,21)	1.38	R(22,24)	1.3431
R(4,9)	1.0834	R(14,25)	1.2204	R(24,25)	1.3335
R(5,6)	1.4016				

表 4-94 氧分子在煤表面上的—CH₂—NH₂基团发生物理吸附临界位置几何构型键角

原子关系	键角/(°)	原子关系	键角/(°)	原子关系	键角/(°)
A(2,1,6)	120.3854	A(1,6,14)	119.7358	A(21,14,25)	87.0333
A(2,1,7)	120.7081	A(5,6,14)	121.4714	A(11,17,18)	110.8442
A(6,1,7)	118.902	A(3,11,12)	109.4206	A(11,17,19)	110.9867
A(1,2,3)	121.169	A(3,11,13)	109.4761	A(11,17,20)	110.9433
A(1,2,8)	119.4172	A(3,11,17)	112.9988	A(18,17,19)	108.1023
A(3,2,8)	119.4094	A(12,11,13)	106.4752	A(18,17,20)	108.1006
A(2,3,4)	118.0835	A(12,11,17)	109.1141	A(19,17,20)	107.7355
A(2,3,11)	120.9998	A(13,11,17)	109.1456	A(14,21,22)	119.7905
A(4,3,11)	120.9037	A(6,14,15)	102.918	A(14,21,23)	119.4928
A(3,4,5)	121.0036	A(6,14,16)	98.7687	A(14,21,24)	88.1052
A(3,4,9)	119.4286	A(6,14,21)	112.9946	A(22,21,23)	116.8981
A(5,4,9)	119.5661	A(6,14,25)	150.0063	A(22,21,24)	73.5001
A(4,5,6)	120.5678	A(15,14,16)	142.63	A(23,21,24)	127.5118
A(4,5,10)	119.7188	A(15,14,21)	104.1477	A(21,24,25)	89.1541
A(6,5,10)	119.7108	A(15,14,25)	92.7749	A(14,25,24)	90.2605
A(1,6,5)	118.7894	A(16,14,21)	94.6932	A(16,25,24)	82.6433

表 4-95 氧分子在煤表面上的—CH₂—NH₂基团发生物理吸附临界位置几何构型二面角

原子关系	二面角/(°)	原子关系	二面角/(°)	原子关系	二面角/(°)
D(6,1,2,3)	−0.2824	D(2,3,4,9)	−179.2219	D(4,5,6,1)	−0.0644
D(6,1,2,8)	−179.5173	D(11,3,4,5)	−178.3962	D(4,5,6,14)	179.2541
D(7,1,2,3)	178.9343	D(11,3,4,9)	2.0738	D(10,5,6,1)	179.3387
D(7,1,2,8)	−0.3005	D(2,3,11,12)	31.8724	D(10,5,6,14)	−1.3428
D(2,1,6,5)	0.3314	D(2,3,11,13)	148.209	D(1,6,14,15)	−166.2975
D(2,1,6,14)	−178.9992	D(2,3,11,17)	−89.9192	D(1,6,14,16)	−16.937
D(7,1,6,5)	−178.8994	D(4,3,11,12)	−149.4613	D(1,6,14,21)	82.0024
D(7,1,6,14)	1.77	D(4,3,11,13)	−33.1247	D(1,6,14,25)	−46.5141
D(1,2,3,4)	−0.0386	D(4,3,11,17)	88.7472	D(5,6,14,15)	14.3903
D(1,2,3,11)	178.6644	D(3,4,5,6)	−0.2593	D(5,6,14,16)	163.7508
D(8,2,3,4)	179.1963	D(3,4,5,10)	−179.6623	D(5,6,14,21)	−97.3097
D(8,2,3,11)	−2.1007	D(9,4,5,6)	179.2701	D(5,6,14,25)	134.1737
D(2,3,4,5)	0.3081	D(9,4,5,10)	−0.1329	D(3,11,17,18)	−179.9146

原子关系	二面角/(°)	原子关系	二面角/(°)	原子关系	二面角/(°)
D(3,11,17,19)	−59.7722	D(6,14,21,24)	−138.7402	D(25,14,21,24)	18.2017
D(3,11,17,20)	59.974	D(15,14,21,22)	40.5841	D(6,14,25,24)	117.2434
D(12,11,17,18)	58.1215	D(15,14,21,23)	−116.7407	D(15,14,25,24)	−120.6366
D(12,11,17,19)	178.2639	D(15,14,21,24)	110.3181	D(21,14,25,24)	−16.6009
D(12,11,17,20)	−61.9899	D(16,14,21,22)	−106.8787	D(14,21,24,25)	−16.5893
D(13,11,17,18)	−57.8572	D(16,14,21,23)	95.7965	D(22,21,24,25)	105.298
D(13,11,17,19)	62.2852	D(16,14,21,24)	−37.1447	D(23,21,24,25)	−143.1441
D(13,11,17,20)	−177.9686	D(25,14,21,22)	−51.5322	D(21,24,25,14)	18.8255
D(6,14,21,22)	151.5259	D(25,14,21,23)	151.1429	D(21,24,25,16)	76.1073
D(6,14,21,23)	−5.7989				

表 4-96　煤表面上的—CH_2—NH_2基团对氧分子物理吸附键长

原子关系	键长/Å	原子关系	键长/Å	原子关系	键长/Å
R(1,2)	1.3957	R(5,10)	1.0836	R(16,25)	1.8017
R(1,6)	1.4025	R(6,14)	1.5121	R(17,18)	1.092
R(1,7)	1.0827	R(11,12)	1.0933	R(17,19)	1.0918
R(2,3)	1.4033	R(11,13)	1.0933	R(17,20)	1.0917
R(2,8)	1.0832	R(11,17)	1.5438	R(21,22)	1.0061
R(3,4)	1.4037	R(14,15)	1.091	R(21,23)	1.0063
R(3,11)	1.5161	R(14,16)	1.1233	R(21,24)	2.0713
R(4,5)	1.3956	R(14,21)	1.4399	R(22,24)	2.3671
R(4,9)	1.0834	R(14,25)	2.676	R(24,25)	1.3281
R(5,6)	1.4015				

表 4-97　煤表面上的—CH_2—NH_2基团对氧分子物理吸附键角

原子关系	键角/(°)	原子关系	键角/(°)	原子关系	键角/(°)
A(2,1,6)	120.386	A(2,3,4)	118.0839	A(4,5,6)	120.5637
A(2,1,7)	120.7139	A(2,3,11)	120.9673	A(4,5,10)	119.7184
A(6,1,7)	118.896	A(4,3,11)	120.9355	A(6,5,10)	119.7152
A(1,2,3)	121.1662	A(3,4,5)	121.006	A(1,6,5)	118.793
A(1,2,8)	119.4083	A(3,4,9)	119.4197	A(1,6,14)	119.7286
A(3,2,8)	119.4212	A(5,4,9)	119.5728	A(5,6,14)	121.4747

原子关系	键角/(°)	原子关系	键角/(°)	原子关系	键角/(°)
A(3,11,12)	109.435	A(15,14,16)	106.9313	A(19,17,20)	107.7336
A(3,11,13)	109.4657	A(15,14,21)	110.3242	A(14,21,22)	120.533
A(3,11,17)	112.994	A(15,14,25)	127.4395	A(14,21,23)	119.5503
A(12,11,13)	106.4704	A(16,14,21)	105.6435	A(14,21,24)	100.3522
A(12,11,17)	109.1162	A(21,14,25)	76.7735	A(22,21,23)	116.8764
A(13,11,17)	109.149	A(11,17,18)	110.8467	A(22,21,24)	94.1415
A(6,14,15)	112.2998	A(11,17,19)	110.9726	A(23,21,24)	92.7648
A(6,14,16)	108.5991	A(11,17,20)	110.9537	A(21,24,25)	104.9279
A(6,14,21)	112.6442	A(18,17,19)	108.1094	A(14,25,24)	77.9027
A(6,14,25)	111.6906	A(18,17,20)	108.0964	A(16,25,24)	95.5455

表 4-98　煤表面上的—CH$_2$—NH$_2$基团对氧分子物理吸附二面角

原子关系	二面角/(°)	原子关系	二面角/(°)	原子关系	二面角/(°)
D(6,1,2,3)	−0.2703	D(4,3,11,12)	−147.6256	D(3,11,17,18)	179.9813
D(6,1,2,8)	−179.5052	D(4,3,11,13)	−31.2925	D(3,11,17,19)	−59.875
D(7,1,2,3)	178.9895	D(4,3,11,17)	90.573	D(3,11,17,20)	59.8665
D(7,1,2,8)	−0.2453	D(3,4,5,6)	−0.258	D(12,11,17,18)	58.0007
D(2,1,6,5)	0.3189	D(3,4,5,10)	−179.6604	D(12,11,17,19)	178.1444
D(2,1,6,14)	−178.9891	D(9,4,5,6)	179.2883	D(12,11,17,20)	−62.1141
D(7,1,6,5)	−178.9542	D(9,4,5,10)	−0.1141	D(13,11,17,18)	−57.9753
D(7,1,6,14)	1.7378	D(4,5,6,1)	−0.0585	D(13,11,17,19)	62.1684
D(1,2,3,4)	−0.0434	D(4,5,6,14)	179.2369	D(13,11,17,20)	−178.0901
D(1,2,3,11)	178.6445	D(10,5,6,1)	179.3439	D(6,14,21,22)	151.7798
D(8,2,3,4)	179.1914	D(10,5,6,14)	−1.3607	D(6,14,21,23)	−7.8908
D(8,2,3,11)	−2.1207	D(1,6,14,15)	−150.1046	D(6,14,21,24)	−107.0936
D(2,3,4,5)	0.3062	D(1,6,14,16)	−32.0622	D(15,14,21,22)	25.4126
D(2,3,4,9)	−179.2408	D(1,6,14,21)	84.5955	D(15,14,21,23)	−134.2581
D(11,3,4,5)	−178.3822	D(1,6,14,25)	0.3849	D(15,14,21,24)	126.5391
D(11,3,4,9)	2.0708	D(5,6,14,15)	30.6064	D(16,14,21,22)	−89.8156
D(2,3,11,12)	33.7239	D(5,6,14,16)	148.6489	D(16,14,21,23)	110.5137
D(2,3,11,13)	150.057	D(5,6,14,21)	−94.6934	D(16,14,21,24)	11.3109
D(2,3,11,17)	−88.0775	D(5,6,14,25)	−178.904	D(25,14,21,22)	−99.9602

续表

原子关系	二面角/(°)	原子关系	二面角/(°)	原子关系	二面角/(°)
D(25,14,21,23)	100.3692	D(21,14,25,24)	−1.8302	D(23,21,24,25)	−123.0823
D(25,14,21,24)	1.1664	D(14,21,24,25)	−2.3682	D(21,24,25,14)	1.2817
D(6,14,25,24)	107.5691	D(22,21,24,25)	119.7062	D(21,24,25,16)	−4.2617
D(15,14,25,24)	−107.4596				

表 4-99　煤表面上的—CH₂—NH₂ 基团对氧分子化学吸附键长

原子关系	键长/Å	原子关系	键长/Å	原子关系	键长/Å
R(1,2)	1.3907	R(5,10)	1.0829	R(16,25)	0.9761
R(1,6)	1.4064	R(6,14)	1.4721	R(17,18)	1.0916
R(1,7)	1.0831	R(11,12)	1.0932	R(17,19)	1.0915
R(2,3)	1.4065	R(11,13)	1.093	R(17,20)	1.0916
R(2,8)	1.0829	R(11,17)	1.5445	R(21,22)	1.7075
R(3,4)	1.403	R(14,15)	1.0871	R(21,23)	1.0241
R(3,11)	1.5145	R(14,16)	4.0767	R(21,24)	2.709
R(4,5)	1.3933	R(14,21)	1.2896	R(22,24)	1.0137
R(4,9)	1.0828	R(14,25)	3.218	R(24,25)	1.522
R(5,6)	1.4053				

表 4-100　煤表面上的—CH₂—NH₂ 基团对氧分子化学吸附键角

原子关系	键角/(°)	原子关系	键角/(°)	原子关系	键角/(°)
A(2,1,6)	120.655	A(4,5,6)	120.8737	A(6,14,15)	116.1665
A(2,1,7)	119.087	A(4,5,10)	119.9045	A(6,14,16)	155.0069
A(6,1,7)	120.2574	A(6,5,10)	119.2216	A(6,14,21)	128.8357
A(1,2,3)	121.1441	A(1,6,5)	118.2977	A(6,14,25)	156.3618
A(1,2,8)	119.5437	A(1,6,14)	123.2137	A(15,14,16)	39.9633
A(3,2,8)	119.3117	A(5,6,14)	118.4884	A(15,14,21)	114.9977
A(2,3,4)	118.1143	A(3,11,12)	109.4958	A(15,14,25)	40.2357
A(2,3,11)	120.8418	A(3,11,13)	109.4248	A(16,14,21)	75.5255
A(4,3,11)	121.0231	A(3,11,17)	112.85	A(21,14,25)	74.7778
A(3,4,5)	120.9149	A(12,11,13)	106.5611	A(11,17,18)	110.682
A(3,4,9)	119.4465	A(12,11,17)	109.1446	A(11,17,19)	111.0059
A(5,4,9)	119.6382	A(13,11,17)	109.1679	A(11,17,20)	111.0573

原子关系	键角/(°)	原子关系	键角/(°)	原子关系	键角/(°)
A(18,17,19)	108.124	A(14,21,23)	116.4448	A(23,21,24)	132.6491
A(18,17,20)	108.0904	A(14,21,24)	110.8582	A(21,24,25)	91.2776
A(19,17,20)	107.7549	A(22,21,23)	128.4736	A(14,25,24)	83.0663
A(14,21,22)	115.04	A(22,21,24)	4.1821	A(16,25,24)	99.2144

表 4-101　煤表面上的—CH₂—NH₂ 基团对氧分子化学吸附二面角

原子关系	二面角/(°)	原子关系	二面角/(°)	原子关系	二面角/(°)
D(6,1,2,3)	0.0494	D(3,4,5,10)	−179.9009	D(13,11,17,19)	62.0978
D(6,1,2,8)	−179.676	D(9,4,5,6)	179.7151	D(13,11,17,20)	−178.0433
D(7,1,2,3)	179.7664	D(9,4,5,10)	−0.1303	D(6,14,21,22)	177.973
D(7,1,2,8)	0.041	D(4,5,6,1)	−0.0748	D(6,14,21,23)	0.1184
D(2,1,6,5)	0.0778	D(4,5,6,14)	−179.944	D(6,14,21,24)	177.9219
D(2,1,6,14)	179.9403	D(10,5,6,1)	179.7715	D(15,14,21,22)	−1.9559
D(7,1,6,5)	−179.6359	D(10,5,6,14)	−0.0976	D(15,14,21,23)	−179.8104
D(7,1,6,14)	0.2266	D(1,6,14,15)	−179.4327	D(15,14,21,24)	−2.007
D(1,2,3,4)	−0.1768	D(1,6,14,16)	−164.7165	D(16,14,21,22)	−8.3608
D(1,2,3,11)	178.1814	D(1,6,14,21)	0.6391	D(16,14,21,23)	173.7847
D(8,2,3,4)	179.5492	D(1,6,14,25)	177.684	D(16,14,21,24)	−8.4119
D(8,2,3,11)	−2.0926	D(5,6,14,15)	0.4296	D(25,14,21,22)	−0.7995
D(2,3,4,5)	0.1795	D(5,6,14,16)	15.1458	D(25,14,21,23)	−178.654
D(2,3,4,9)	−179.5915	D(5,6,14,21)	−179.4985	D(25,14,21,24)	−0.8506
D(11,3,4,5)	−178.1756	D(5,6,14,25)	−2.4537	D(6,14,25,24)	−176.1895
D(11,3,4,9)	2.0534	D(3,11,17,18)	−179.8846	D(15,14,25,24)	179.8026
D(2,3,11,12)	33.5339	D(3,11,17,19)	−59.8099	D(21,14,25,24)	1.4253
D(2,3,11,13)	149.9874	D(3,11,17,20)	60.0491	D(14,21,24,25)	1.7359
D(2,3,11,17)	−88.2498	D(12,11,17,18)	58.1338	D(22,21,24,25)	−177.6292
D(4,3,11,12)	−148.1559	D(12,11,17,19)	178.2085	D(23,21,24,25)	179.0617
D(4,3,11,13)	−31.7024	D(12,11,17,20)	−61.9326	D(21,24,25,14)	−0.6548
D(4,3,11,17)	90.0604	D(13,11,17,18)	−57.977	D(21,24,25,16)	146.8119
D(3,4,5,6)	−0.0556				

4.8　结　　论

（1）建立了非晶体微观吸附理论。定义了煤表面分子片段是煤表面的最小结构单元，研究煤表面与氧分子的吸附，从而揭开煤与氧的吸附机理与计算方法，很好地从微观方面解决了煤与氧的吸附问题，建立了非晶体微观吸附理论。

（2）煤表面对氧分子的物理吸附是电荷转移的结果。由前沿轨道理论中能量相近的原理结合表 4 - 101，可以认为形成吸附态时，主要应是 $C_9H_{13}N$ 的 HOMO 轨道和 O_2 的 LUMO 轨道作用，即电子从煤分子片段 $C_9H_{13}N$ 向 O_2 转移的结果。

（3）建立了煤表面对氧分子的物理吸附模型。建立了煤表面对单个氧分子及多个氧分子的物理吸附模型，确定了各个吸附模型的吸附位置及平衡吸附距离。

（4）煤表面对氧分子的物理吸附量呈近似的一次曲线关系。计算煤表面对单氧分子和多氧分子的吸附能，吸附量与吸附能成正比，呈现线性递增关系。

（5）建立了煤表面对不同气体分子的混合物理吸附模型。研究了煤表面除了吸附氧气外，还可吸附氮气、二氧化碳、甲烷、水蒸气和一氧化碳等气体的混合吸附，应用量子化学理论计算的方法从微观方面研究煤表面对多组分气体的吸附，得到了吸附平衡后的几何构型，建立了混合吸附模型。

（6）煤表面对多组分气体发生混合吸附的亲和性不同。比较各气体与表面分子片段吸附能，得出多组分气体分子的混合吸附与煤表面吸附的竞争性和亲和性。

煤表面对矿井采空区多种气体发生吸附时，吸附能的大小顺序为

$R \cdot O_2(30.94kJ/mol) > R \cdot H_2O(16.03kJ/mol) > R \cdot CO_2(6.09 \ kJ/mol) >$
$R \cdot N_2(2.91kJ/mol) > R \cdot CO(2.11kJ/mol) > R \cdot CH_4(0.45 \ kJ/mol)$

煤表面与矿井采空区各种气体发生吸附时的亲和顺序为

氧气＞水＞二氧化碳＞氮气＞一氧化碳＞甲烷

所以在煤的自燃防治技术中，采用水和二氧化碳防止煤自燃能够起到很好的效果。

（7）发生吸附后氧分子的振动频率变小。煤表面苯环及侧链上的 C 原子的电子向氧分子中的氧原子转移，形成物理吸附平衡态后氧分子的振动频率变小，是煤表面对氧分子的分子间的作用力，束缚了氧分子的结果。

（8）化学吸附生成了新的化学键。煤表面对氧分子的化学吸附是氧分子中的 O—O 键断裂，氧原子与煤表面侧链基团形成新的化学键的复杂过程。

（9）O_2 在煤表面侧链基团的化学吸附能与吸附氧分子数是曲线关系。氧分子在煤表面上的—CH_2—NH_2 基团上的化学吸附能随着吸附氧分子数的增加而增大，当增大一定量的时候变小的原因是被吸附的氧分子并不都发生化学吸附，个别氧分子发生了物理吸附。吸附能与氧分子关系表达式为：

$$y=-37.450\ 53+290.602\ 44x-29.976\ 52x^2$$

氧分子在煤表面上的—CH$_2$—CH$_3$基团上的化学吸附能与吸附氧分子数是 3 次曲线关系：

$$y=-17.717\ 96+592.173\ 71x-132.296\ 17x^2+8.798\ 53x^3$$

氧分子在煤表面上的—CH$_2$—CH$_2$OH 基团上的化学吸附能与吸附氧分子数是 2 次曲线关系：

$$y=-41.541\ 14+198.843\ 07x+38.061\ 93x^2$$

(10) 化学吸附放出的热量大于物理吸附的热量。化学吸附释放的能量远大于物理吸附所放出的能量，最大为物理吸附能的 13.7 倍，最小为 1.3 倍。化学吸附释放的平均能量为物理吸附释放平均能量的 2.8 倍。物理吸附吸附氧的平均吸附能为 73.31kJ/mol，化学吸附吸附氧的平均吸附能为 205.8kJ/mol。

(11) 物理吸附与化学吸附存在一个临界位置。根据分子动力学理论，当氧分子具有足够的能量运动到煤表面某一位置时才能够发生化学吸附。

(12) 所有煤的氧化自燃首先发生在非碳氢原子的侧链基团上。理论计算表明，煤表面对多氧分子的吸附主要集中在侧链基团中的—CH$_2$—NH$_2$、—CH$_2$—SH、—CH$_2$—PH$_2$ 等基团部位。所以煤的氧化自燃首先发生在非碳氢原子的侧链基团上。其中—CH$_2$—NH$_2$ 与 8 个氧分子吸附放出的能量为 627.16kJ/mol，—CH$_2$—SH 与 8 个氧分子吸附放出的能量为 604.51kJ/mol，—CH$_2$—PH$_2$ 与 8 个氧分子吸附放出的能量为 606.09kJ/mol，—CH$_2$—NH$_2$ 的吸附能分别比—CH$_2$—SH 的吸附能和—CH$_2$—PH$_2$ 的吸附能大 22.55kJ/mol 和 21.07kJ/mol，所以氧分子首先吸附在煤表面含 N 侧链上。

参 考 文 献

[1] 王继仁,邓存宝,洪林. 氧在散体煤中的分形反应动力学研究. 煤炭学报,2005,30.5.585~588.

[2] 虞继舜. 煤化学. 北京:冶金工业出版社,2003.

[3] 赵振国. 吸附作用应用原理. 北京:化学工业出版社,2005.

[4] 顾惕人,等. 表面化学. 北京:科学出版社,1994.

第5章 煤中有机大分子与氧发生化学反应机理研究

为了便于计算,将本书第 3 章建立的煤分子结构模型进行简化,保留煤分子结构的侧链,简化苯环骨架,得到以下的煤分子结构模型。采用量子化学密度泛函(DFT)理论计算方法,在 B3LYP/6-311G 计算水平上,对构建的煤分子化学基本结构单元进行了优化,得到了分子构型参数(键长、键角及二面角)和振动频率。所有计算均由 Gaussian03 完成。基于氧化反应煤分子化学基本结构单元的建立由 Gauss View 完成。经全优化计算得到构建的煤分子化学基本结构单元的平衡几何构型如图 5-1 所示,键长、键角及二面角见表 5-1~表 5-3。

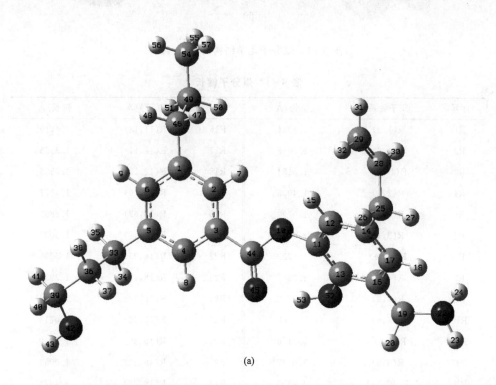

(a)

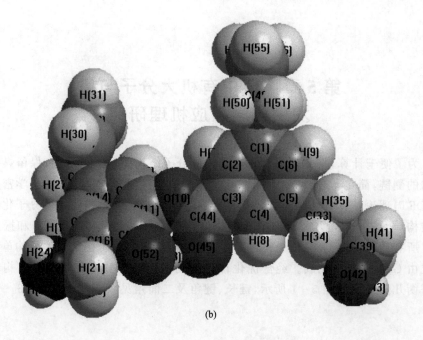

(b)

图 5-1　煤分子化学结构简化图（续）

表 5-1　煤分子键长

序号	原子关系	键长/Å	序号	原子关系	键长/Å
R1	R(1,2)	1.3984	R16	R(11,13)	1.4019
R2	R(1,6)	1.4038	R17	R(12,14)	1.3965
R3	R(1,46)	1.5154	R18	R(12,15)	1.0808
R4	R(2,3)	1.4033	R19	R(13,16)	1.4077
R5	R(2,7)	1.0799	R20	R(13,52)	1.3855
R6	R(3,4)	1.4028	R21	R(14,17)	1.4032
R7	R(3,44)	1.4729	R22	R(14,25)	1.5238
R8	R(4,5)	1.3987	R23	R(16,17)	1.3936
R9	R(4,8)	1.0812	R24	R(16,19)	1.5206
R10	R(5,6)	1.403	R25	R(17,18)	1.0813
R11	R(5,33)	1.5146	R26	R(19,20)	1.0935
R12	R(6,9)	1.0847	R27	R(19,21)	1.0953
R13	R(10,11)	1.4355	R28	R(19,22)	1.4674
R14	R(10,44)	1.3703	R29	R(22,23)	1.0085
R15	R(11,12)	1.393	R30	R(22,24)	1.0107

续表

序号	原子关系	键长/Å	序号	原子关系	键长/Å
R31	R(25,26)	1.0951	R46	R(39,42)	1.4607
R32	R(25,27)	1.0947	R47	R(42,43)	0.9721
R33	R(25,28)	1.5104	R48	R(44,45)	1.2474
R34	R(28,29)	1.3344	R49	R(45,53)	1.7163
R35	R(28,30)	1.0869	R50	R(46,47)	1.0939
R36	R(29,31)	1.0826	R51	R(46,48)	1.0945
R37	R(29,32)	1.0846	R52	R(46,49)	1.5473
R38	R(33,34)	1.0903	R53	R(49,50)	1.0941
R39	R(33,35)	1.0946	R54	R(49,51)	1.0944
R40	R(33,36)	1.5453	R55	R(49,54)	1.535
R41	R(36,37)	1.0926	R56	R(52,53)	0.988
R42	R(36,38)	1.0946	R57	R(54,55)	1.0917
R43	R(36,39)	1.5214	R58	R(54,56)	1.0931
R44	R(39,40)	1.0953	R59	R(54,57)	1.0929
R45	R(39,41)	1.097			

表 5-2 煤分子键角

序号	原子关系	键角/(°)	序号	原子关系	键角/(°)
A1	A(2,1,6)	118.4533	A15	A(6,5,33)	121.0641
A2	A(2,1,46)	120.7678	A16	A(1,6,5)	122.2282
A3	A(6,1,46)	120.7533	A17	A(1,6,9)	118.8812
A4	A(1,2,3)	120.3355	A18	A(5,6,9)	118.8905
A5	A(1,2,7)	120.3453	A19	A(11,10,44)	126.7608
A6	A(3,2,7)	119.319	A20	A(10,11,12)	113.5607
A7	A(2,3,4)	120.176	A21	A(10,11,13)	124.7405
A8	A(2,3,44)	121.8754	A22	A(12,11,13)	121.4864
A9	A(4,3,44)	117.9486	A23	A(11,12,14)	120.372
A10	A(3,4,5)	120.5225	A24	A(11,12,15)	118.4063
A11	A(3,4,8)	118.8423	A25	A(14,12,15)	121.2144
A12	A(5,4,8)	120.6352	A26	A(11,13,16)	118.38
A13	A(4,5,6)	118.283	A27	A(11,13,52)	124.4844
A14	A(4,5,33)	120.6365	A28	A(16,13,52)	117.0992

序号	原子关系	键角/(°)	序号	原子关系	键角/(°)
A29	A(12,14,17)	118.2179	A65	A(33,36,37)	109.5339
A30	A(12,14,25)	120.7022	A66	A(33,36,38)	109.9016
A31	A(17,14,25)	121.0778	A67	A(33,36,39)	112.8948
A32	A(13,16,17)	119.6925	A68	A(37,36,38)	107.04
A33	A(13,16,19)	118.5101	A69	A(37,36,39)	108.4999
A34	A(17,16,19)	121.7971	A70	A(38,36,39)	108.7908
A35	A(14,17,16)	121.8396	A71	A(36,39,40)	109.9422
A36	A(14,17,18)	121.0376	A72	A(36,39,41)	110.3573
A37	A(16,17,18)	117.1208	A73	A(36,39,42)	107.1625
A38	A(16,19,20)	108.4944	A74	A(40,39,41)	108.4796
A39	A(16,19,21)	108.451	A75	A(40,39,42)	110.4103
A40	A(16,19,22)	112.6498	A76	A(41,39,42)	110.491
A41	A(20,19,21)	105.4434	A77	A(39,42,43)	110.8087
A42	A(20,19,22)	108.1079	A78	A(3,44,10)	112.9765
A43	A(21,19,22)	113.3494	A79	A(3,44,45)	124.2301
A44	A(19,22,23)	114.6588	A80	A(10,44,45)	122.79
A45	A(19,22,24)	114.5737	A81	A(1,46,47)	109.5685
A46	A(23,22,24)	111.9596	A82	A(1,46,48)	109.6546
A47	A(14,25,26)	109.9934	A83	A(1,46,49)	113.2144
A48	A(14,25,27)	108.0765	A84	A(47,46,48)	106.5055
A49	A(14,25,28)	113.7645	A85	A(47,46,49)	108.8339
A50	A(26,25,27)	106.3002	A86	A(48,46,49)	108.8391
A51	A(26,25,28)	109.1599	A87	A(46,49,50)	108.9204
A52	A(27,25,28)	109.2722	A88	A(46,49,51)	109.0132
A53	A(25,28,29)	125.0907	A89	A(46,49,54)	112.738
A54	A(25,28,30)	115.3642	A90	A(50,49,51)	106.2152
A55	A(29,28,30)	119.5445	A91	A(50,49,54)	109.897
A56	A(28,29,31)	121.8858	A92	A(51,49,54)	109.8405
A57	A(28,29,32)	121.7293	A93	A(13,52,53)	110.5718
A58	A(31,29,32)	116.3841	A94	A(49,54,55)	111.1785
A59	A(5,33,34)	110.2725	A95	A(49,54,56)	111.1994
A60	A(5,33,35)	109.5595	A96	A(49,54,57)	111.2025
A61	A(5,33,36)	112.8884	A97	A(55,54,56)	107.7267
A62	A(34,33,35)	106.8968	A98	A(55,54,57)	107.7048
A63	A(34,33,36)	108.0556	A99	A(56,54,57)	107.6549
A64	A(35,33,36)	108.9765			

表 5 - 3　煤分子二面角

序号	原子关系	二面角/(°)	序号	原子关系	二面角/(°)
D1	D(6,1,2,3)	0.3612	D33	D(33,5,6,1)	178.4618
D2	D(6,1,2,7)	−179.8162	D34	D(33,5,6,9)	−1.6636
D3	D(46,1,2,3)	−177.8101	D35	D(4,5,33,34)	−35.6597
D4	D(46,1,2,7)	2.0124	D36	D(4,5,33,35)	−153.05
D5	D(2,1,6,5)	−0.2764	D37	D(4,5,33,36)	85.3099
D6	D(2,1,6,9)	179.849	D38	D(6,5,33,34)	145.8393
D7	D(46,1,6,5)	177.8952	D39	D(6,5,33,35)	28.4491
D8	D(46,1,6,9)	−1.9794	D40	D(6,5,33,36)	−93.1911
D9	D(2,1,46,47)	−30.9834	D41	D(44,10,11,12)	−141.077
D10	D(2,1,46,48)	−147.5434	D42	D(44,10,11,13)	44.1715
D11	D(2,1,46,49)	90.7021	D43	D(11,10,44,3)	171.116
D12	D(6,1,46,47)	150.8875	D44	D(11,10,44,45)	−9.5309
D13	D(6,1,46,48)	34.3275	D45	D(10,11,12,14)	−174.9714
D14	D(6,1,46,49)	−87.427	D46	D(10,11,12,15)	4.0543
D15	D(1,2,3,4)	−0.1018	D47	D(13,11,12,14)	−0.0284
D16	D(1,2,3,44)	179.9114	D48	D(13,11,12,15)	178.9973
D17	D(7,2,3,4)	−179.9262	D49	D(10,11,13,16)	173.4913
D18	D(7,2,3,44)	0.087	D50	D(10,11,13,52)	−4.2436
D19	D(2,3,4,5)	−0.259	D51	D(12,11,13,16)	−0.8658
D20	D(2,3,4,8)	179.7213	D52	D(12,11,13,52)	−178.6007
D21	D(44,3,4,5)	179.7284	D53	D(11,12,14,17)	0.8759
D22	D(44,3,4,8)	−0.2914	D54	D(11,12,14,25)	−178.6155
D23	D(2,3,44,10)	−0.2185	D55	D(15,12,14,17)	−178.1221
D24	D(2,3,44,45)	−179.5608	D56	D(15,12,14,25)	2.3866
D25	D(4,3,44,10)	179.7944	D57	D(11,13,16,17)	0.8937
D26	D(4,3,44,45)	0.4521	D58	D(11,13,16,19)	−179.3368
D27	D(3,4,5,6)	0.3416	D59	D(52,13,16,17)	178.7964
D28	D(3,4,5,33)	−178.2002	D60	D(52,13,16,19)	−1.434
D29	D(8,4,5,6)	−179.6382	D61	D(11,13,52,53)	−33.0397
D30	D(8,4,5,33)	1.8199	D62	D(16,13,52,53)	149.1989
D31	D(4,5,6,1)	−0.0735	D63	D(12,14,17,16)	−0.8444
D32	D(4,5,6,9)	179.8011	D64	D(12,14,17,18)	179.6822

序号	原子关系	二面角/(°)	序号	原子关系	二面角/(°)
D65	D(25,14,17,16)	178.6449	D102	D(34,33,36,37)	65.8768
D66	D(25,14,17,18)	-0.8284	D103	D(34,33,36,38)	-176.7926
D67	D(12,14,25,26)	69.2522	D104	D(34,33,36,39)	-55.1408
D68	D(12,14,25,27)	-175.094	D105	D(35,33,36,37)	-178.3143
D69	D(12,14,25,28)	-53.5551	D106	D(35,33,36,38)	-60.9837
D70	D(17,14,25,26)	-110.2245	D107	D(35,33,36,39)	60.6681
D71	D(17,14,25,27)	5.4294	D108	D(33,36,39,40)	-178.0743
D72	D(17,14,25,28)	126.9682	D109	D(33,36,39,41)	-58.4523
D73	D(13,16,17,14)	-0.0464	D110	D(33,36,39,42)	61.904
D74	D(13,16,17,18)	179.4467	D111	D(37,36,39,40)	60.3222
D75	D(19,16,17,14)	-179.8081	D112	D(37,36,39,41)	179.9442
D76	D(19,16,17,18)	-0.3151	D113	D(37,36,39,42)	-59.6995
D77	D(13,16,19,20)	-71.8504	D114	D(38,36,39,40)	-55.7975
D78	D(13,16,19,21)	42.204	D115	D(38,36,39,41)	63.8245
D79	D(13,16,19,22)	168.4998	D116	D(38,36,39,42)	-175.8193
D80	D(17,16,19,20)	107.914	D117	D(36,39,42,43)	-178.7756
D81	D(17,16,19,21)	-138.0316	D118	D(40,39,42,43)	61.5021
D82	D(17,16,19,22)	-11.7357	D119	D(41,39,42,43)	-58.5045
D83	D(16,19,22,23)	148.7558	D120	D(1,46,49,50)	-57.8611
D84	D(16,19,22,24)	-79.7624	D121	D(1,46,49,51)	57.6283
D85	D(20,19,22,23)	28.8824	D122	D(1,46,49,54)	179.8806
D86	D(20,19,22,24)	160.3643	D123	D(47,46,49,50)	64.2355
D87	D(21,19,22,23)	-87.6252	D124	D(47,46,49,51)	179.7249
D88	D(21,19,22,24)	43.8567	D125	D(47,46,49,54)	-58.0227
D89	D(14,25,28,29)	122.3407	D126	D(48,46,49,50)	179.9284
D90	D(14,25,28,30)	-57.3769	D127	D(48,46,49,51)	-64.5823
D91	D(26,25,28,29)	-0.9224	D128	D(48,46,49,54)	57.6701
D92	D(26,25,28,30)	179.36	D129	D(46,49,54,55)	-179.8695
D93	D(27,25,28,29)	-116.7877	D130	D(46,49,54,56)	-59.836
D94	D(27,25,28,30)	63.4947	D131	D(46,49,54,57)	60.1227
D95	D(25,28,29,31)	179.6422	D132	D(50,49,54,55)	58.4233
D96	D(25,28,29,32)	-0.0121	D133	D(50,49,54,56)	178.4567
D97	D(30,28,29,31)	-0.6511	D134	D(50,49,54,57)	-61.5846
D98	D(30,28,29,32)	179.6946	D135	D(51,49,54,55)	-58.0837
D99	D(5,33,36,37)	-56.3455	D136	D(51,49,54,56)	61.9498
D100	D(5,33,36,38)	60.9851	D137	D(51,49,54,57)	-178.0915
D101	D(5,33,36,39)	-177.3631			

5.1　煤分子易与氧气发生化学反应的部位及其化学反应

根据分子轨道理论,前沿轨道(HOMO 和 LUMO)及其附近的分子轨道对物质反应活性影响最大,HOMO 及附近的占据轨道具有优先提供电子的作用,LUMO 及附近的空轨道具有接受电子的重要作用[1]。煤的氧化自燃反应,应当发生在前沿轨道中各基团电子云密度最大之处,当氧分子攻击煤分子时,应发生在最高占有轨道中电子云密度最大的某个基团的原子部位上。前沿轨道的能量,在一定程度上反映了分子得失电子的难易,从而可以分析其参与反应的难易程度。煤分子中侧链基团各原子的电荷密度分布见表 5 - 4。

表 5 - 4　煤分子的前沿轨道分析

项目	—CH$_2$—NH$_2$		—CH$_2$—CH=CH$_2$		—CH$_2$—CH$_2$—CH$_3$		—CH$_2$—CH$_2$—CH$_2$OH	
	电荷密度		电荷密度		电荷密度		电荷密度	
HOMO −0.18848	C$_{19}$	−0.259 383	C$_{25}$	−0.526 093	C$_{46}$	−0.445 192	C$_{33}$	−0.442 479
	N$_{22}$	−0.718 480	C$_{28}$	−0.048 712	C$_{49}$	−0.325 277	C$_{36}$	−0.333 787
			C$_{29}$	−0.339 711	C$_{54}$	−0.518 703	C$_{39}$	−0.090 654

从简化后的煤分子基本结构单元分子轨道的计算结果可知,煤的氧化自燃反应就发生在电荷密度较大的原子部位,所以 N$_{22}$、C$_{25}$、C$_{29}$、C$_{46}$、C$_{49}$、C$_{54}$、C$_{33}$、C$_{36}$ 等基团位置的原子在受到氧分子的攻击时,容易发生氧化自燃反应。

从宏观反应动力学来看,煤氧化自燃的化学反应步骤是,煤在受采动等外力的作用下,使煤体破碎形成散体煤,氧气通过散体煤的孔隙扩散到散体煤的表面,扩散到散体煤表面的氧分子被煤分子吸附,被吸附的氧分子与煤分子发生复杂的化学反应,生成中间体、过渡态到产物,生成的气体产物分子从煤的表面脱附到空气中。

根据煤在氧化自燃过程中生成主要的气体,即水、一氧化碳、二氧化碳、甲烷和乙烯等,应用分子轨道理论分析得到煤氧化自燃最容易发生的原子部位,根据化学反应机理理论[2]可以确定煤在氧化自燃过程中的化学反应如式(5-1)~式(5-7)所示。

$$\text{(5-1)}$$

$$+CH_4 \quad (5-2)$$

$$+H_2O \quad (5-3)$$

$$+CO$$

$$(5-4)$$

$$+H_2O \quad (5-5)$$

$$+CO_2 \quad (5-6)$$

$$+H_2O \qquad (5-7)$$

煤在加热失水后煤分子氧化自燃生成水的反应有以下 3 个途径：一是氧分子首先攻击苯环侧链上的伯胺中的氮原子，生成与苯环相连的氧化胺基团（$-CH_2-N=O$）和水，可用式（5-7）表示；二是氧分子攻击苯环侧链上丙基末端上的碳原子，使苯环侧链上丙基生成了带醛的基团（$-CH_2-CH_2-COH$）和水，可用式（5-3）表示；三是氧分子攻击苯环侧链上丙醇基末端上的碳原子，使苯环侧链上丙醇基生成了带酸的基团（$-CH_2-CH_2-COOH$）和水，如以上反应式（5-5）所示。

煤分子氧化自燃生成甲烷的反应是氧分子攻击苯环侧链上的丙基中间的碳原子，使苯环侧链上丙基生成了带酸的基团（$-CH_2-COOH$）和甲烷。可用式（5-2）表示。

煤分子氧化自燃生成乙烯的反应是氧分子攻击苯环侧链上乙烯基团中间的碳原子，使苯环侧链上乙烯基团生成了带酸的基团（$-COOH$）和乙烯。可用式（5-1）表示。

煤分子氧化自燃生成一氧化碳的反应是氧分子攻击苯环侧链上丙基末端上的碳原子，经过一系列复杂的反应使苯环侧链上丙基生成了带醛的基团（$-CH_2-CH_2-COH$），如式（5-3）所示，带醛的基团（$-CH_2-CH_2-COH$）继续分解生成一氧化碳，可用式（5-4）表示。

煤分子氧化自燃生成二氧化碳的反应是氧分子攻击苯环侧链上丙醇末端上的碳原子，使苯环侧链上丙醇生成了带酸的基团（$-CH_2-CH_2-COOH$）和水，如式（5-5）所示，带酸的基团（$-CH_2-CH_2-COOH$）继续分解生成二氧化碳，可用式（5-6）表示。

5.2　计 算 方 法

全部计算应用量子化 Gaussian03 软件程序包。采用密度泛函（DFT）在 B3LYP/6-311G 水平上对反应物、产物、中间体和过渡态分子进行几何优化，计算反应各驻点的振动频率,并通过振动分析,确认所得的每一个过渡态的真实性。获得零点振动能(ZPE),并在同一水平下进行内禀反应坐标(IRC)计算,讨论反应沿极小能量途径相互作用分子间结构和位能的变化,由此确定过渡态结构和反应物、中间体、产物之间的正确连接。全部计算工作在 PC 机上完成。在以下的论述中,R 表示反应物,MI 表示反应生成的中间体,TS 表示过渡态,P 表示产物。

5.3　煤分子氧化自燃生成甲烷的反应的计算结果讨论

煤分子氧化自燃生成甲烷的反应是氧分子攻击苯环侧链上的丙基中间的碳原子,使得苯环侧链上丙基生成带酸的基团(—CH$_2$—COOH)和甲烷,如前文中的化学反应方程式(5-3)所示。

5.3.1　各驻点几何构型

煤氧化自燃最终生成 CH$_4$ 的反应是一个非常复杂的物理化学反应过程,其分步反应过程用下式表示:

$$R+O_2 \longrightarrow MI_1 \longrightarrow TS_1 \longrightarrow MI_2 \longrightarrow TS_2 \longrightarrow MI_3 \longrightarrow P+CH_4$$

煤分子氧化自燃生成甲烷的反应体系,理论计算所得的各反应的微观机理及优化后的反应物、中间体、过渡态及产物的分子构型如图 5-2 所示。

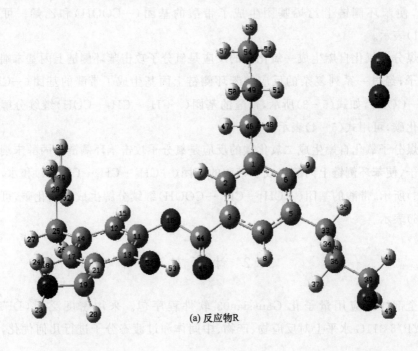

(a) 反应物R

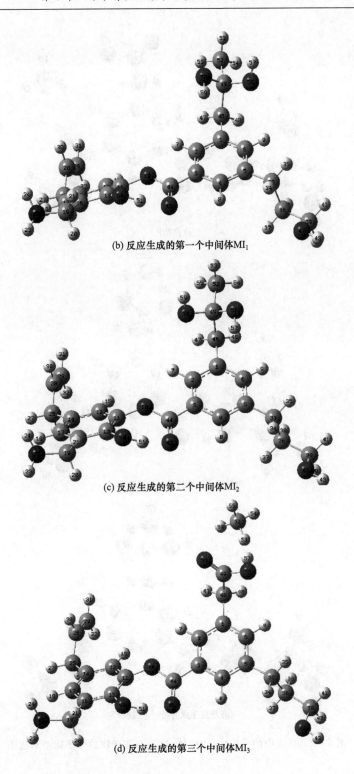

(b) 反应生成的第一个中间体MI₁

(c) 反应生成的第二个中间体MI₂

(d) 反应生成的第三个中间体MI₃

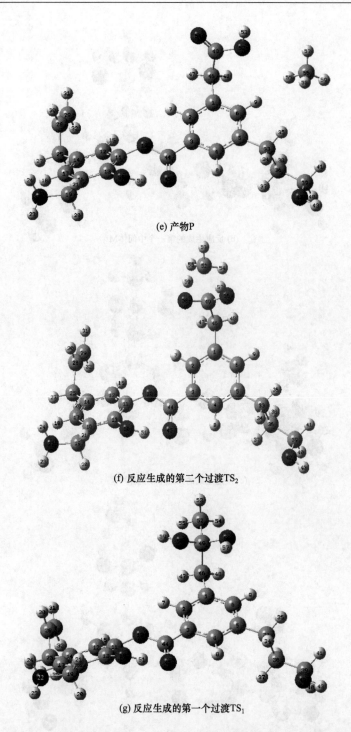

(e) 产物P

(f) 反应生成的第二个过渡TS₂

(g) 反应生成的第一个过渡TS₁

图 5-2　反应中的反应物、中间体、过渡态和产物的分子构型示意图

在煤分子氧化自燃生成甲烷的反应过程中参加化学反应的基团的化学结构变化参数见表 5-5。

表 5-5　煤分子氧化自燃生成甲烷的反应过程中含甲基侧链中间体过渡态结构变化

项目	MI_1	TS_1	MI_2	TS_2	MI_3
R(46,49)	1.5411	1.5494	1.5416	1.5122	1.5082
R(49,58)	1.4445	1.4621	1.4536	1.3747	1.2302
R(49,56)	1.457	1.4351	1.447	1.3643	1.3804
R(49,52)	1.5199	1.5203	1.5198	*2.09515*	*4.09125*
R(58,59)	0.9759	0.9747	0.9745	1.2775	2.819
R(56,57)	0.9745	0.9726	0.9759	0.9779	0.9779
A(46,49,52)	113.4302	112.9536	113.4444	*102.23686*	*169.0628*
A(49,58,59)	109.7872	111.7308	109.2776	*69.99851*	*107.99883*
A(49,56,57)	108.8936	109.0009	109.416	109.4893	110.9269
A(52,49,58)	105.7472	111.4422	111.0765	*95.05713*	*64.93826*
A(52,49,56)	110.8341	106.7596	105.7166	*105.27348*	*57.37345*
A(46,49,56)	105.3391	110.7457	111.9789	112.5779	111.7306
A(46,49,58)	112.1083	109.3522	105.2136	120.8055	125.9576
A(56,49,58)	109.4243	105.2951	109.463	116.4143	122.3096
D(52,49,58,59)	175.193	41.8809	−61.8263	*5.31677*	*0.04263*
D(52,49,56,57)	63.1275	158.9864	−178.0025	*89.36595*	*1.57266*
D(46,49,58,59)	51.1046	−83.7114	175.0343	*−102.5708*	*178.93653*
D(46,49,56,57)	−173.8103	−77.6746	−53.9967	−160.0551	−177.3572
D(58,49,56,57)	−53.1104	40.4213	62.2838	−14.3829	2.1323
D(56,49,58,59)	−65.383	157.2585	54.5389	*115.14733*	*−0.47775*

注：R. 键长，Å；A. 键角，(°)；D. 二面角，(°)。

图 5-2 是反应通道涉及的反应物、过渡态、中间体和产物在 B3LYP/6-311G 计算水平上的优化构型。

根据化学反应机理理论和量子化学计算反应过程可知，在煤的氧化自燃过程中，氧分子攻击煤分子中的侧链基团—C(45)H₂—C(49)H₂—C(54)H₃ 中的 C(49)原子，氧分子吸引—C(49)H₂ 中的 2 个 H 原子，使得 C(49)H₂ 中的 C—H 键变长拉断，并与氧原子形成—O—H 化学键，再经反转等复杂的变化过程，C(49)与—O—H 基团中的氧相互吸引，生成—C(45)H₂—C(49)(OH)₂—C(54)H₃ 基团，从而生成较为稳定的中间体 MI_1。

随着能量的积累，化学反应在向产物进行的过程中，形成过渡态 TS_1。由 MI_1

向 TS$_1$ 的变化过程中,—O—H 基团中的 O—H 键长 R(58,59)由 0.9759Å 变为 0.9747Å,R(56,57)的键长由 0.9745Å 变为 0.9726Å;—C(OH)$_2$—CH$_3$ 基团的 R(49,52)的键长由 1.5199Å 变为 1.5203Å。键角 A(56,49,58)由 109.4243°变为 105.2951°;A(49,58,59)由 109.7872°变为 111.7308°;A(49,56,57)由 108.8936°变为 109.0009°。二面角 D(52,49,56,57)由 63.1275°变为 158.9864°;D(52,49,58,59)由 175.193°变为 41.8809°。由计算数据可以看出,—O—H 基团中的 O—H 键变短,使得—O—H 基团更为稳定;—CH$_2$—CH$_3$ 中的 C—C 键变长,有利于向生成甲烷的方向发展;O—C—O 键角变小,C—O—H 键角变大;从二面角变化来看,O—H 键有较大的旋转。在 B3LYP/6-311G 水平下对 TS$_1$ 的结构进行优化,从优化结果来看,H 向基团—CH$_3$ 方向摆动,沿摆动方向有且仅有一个大的虚频为 187.663icm^{-1}。

从过渡态 TS$_1$ 到中间体 MI$_2$ 的几何构型参数变化可知,—O—H 基团中的 O—H 键长 R(58,59)由 0.9747Å 变为 0.9745Å,R(56,57)的键长由 0.9726Å 变为 0.9759Å;—C(OH)$_2$—CH$_3$ 基团的 R(49,52)的键长由 1.5203Å 变为 1.5198Å。键角 A(56,49,58)由 105.2951°变为 109.463°;A(49,58,59)由 111.7308°变为 109.2776°;A(49,56,57)由 109.0009°变为 109.416°。二面角 D(52,49,56,57)由 158.9864°变为 −178.0025°;D(52,49,58,59)由 41.8809°变为 −61.8263°。由计算数据可以看出,两个—O—H 基团中的 O—H 键一个变短,一个变长,—CH$_2$—CH$_3$ 中的 C—C 键变短,C—C 键趋于稳定;O—C—O 键角变大,C—O—H 键角变化不大;从二面角变化来看,O—H 键有较大的旋转。

从中间体 MI$_2$ 到过渡态 TS$_2$ 有较大的变化,—C(OH)$_2$—CH$_3$ 基团的 R(49,52)的键长由 1.5198Å 变为 2.095 15Å,并在拉长的过程中断裂,—O—H 基团中的 O—H 键的键长 R(58,59)由 0.9745Å 变为 1.2775Å,拉长断裂,H 向—CH$_3$ 方向移动。从 B3LYP/6-311G 水平下对 TS$_2$ 的优化结果来看,H 向基团—CH$_3$ 方向摆动,有且仅有一个大的虚频为 2255.65icm^{-1}。

从过渡态 TS$_2$ 到中间体 MI$_3$ 的几何构型参数变化来看,—O—H 基团中的 O—H 键长 R(58,59)由 1.2775Å 变为 2.819Å,拉长断裂,H 向—CH$_3$ 方向继续移动,—C(OH)$_2$—CH$_3$ 基团的 R(49,52)的键长由 2.095 15Å 变为 4.091 25Å,并与—CH$_3$ 基团结合形成化学键 CH$_4$。

对 MI$_1$、MI$_2$、MI$_3$、TS$_1$ 和 TS$_2$ 的几何结构进行全优化,MI$_1$、MI$_2$ 和 MI$_3$ 没有虚频,TS$_1$ 和 TS$_2$ 有且只有一个虚频。

5.3.2　IRC 反应路径分析

对反应通道分别进行 IRC 路径分析,用密度泛函理论、B3LYP/6-311G 方法、以鞍点(saddle point)为中心、步长为 0.05 Born/S,分别向前向后寻找 50 个点,其结果表明在各个反应过程中,侧链烷烃基团各原子间键长、键角和二面角的变化及化学键的断裂和形成与机理理论分析相一致,通过能量分析和对各驻点的几何构形的全参数优化,进一步证实所找的中间体和过渡态是正确的,也证明了煤氧化自燃生成甲烷的反应通道是合理的。反应过程中位能沿反应坐标(IRC)的变化如图 5-3 和图 5-4 所示,从位能图中容易看出在反应进程中形成过渡态 TS_1 和 TS_2 时,体系的能量最高,这也从侧面说明了反应过渡态的真实性。

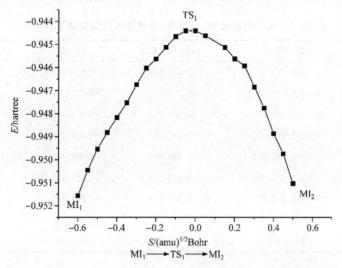

图 5-3　由 $MI_1 \longrightarrow TS_1 \longrightarrow MI_2$ 过程反应位能沿反应坐标(IRC)的变化

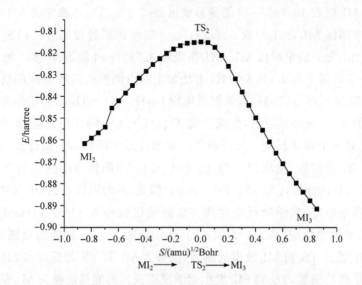

图 5-4　由 $MI_2 \longrightarrow TS_2 \longrightarrow MI_3$ 过程反应位能沿反应坐标(IRC)的变化

5.3.3　反应位垒的计算

表 5-6 列出了在 B3LYP/6-311G 基组水平上计算所得的反应物、中间体、过渡态和产物的能量、零点能以及考虑零点能校正后的能量（E），同时还列出了以 $C_{23}H_{29}NO_4 + O_2$ 能量为参比的中间体、过渡态和产物的相对能量 E_{rel}。根据相对能量 E_{rel} 的值，分别计算出了反应通道的控制步骤反应活化能。

表 5-6　反应的反应物、过渡态、中间体和产物总能量/hartree

项目	E(B3LYP)	ZPE(B3LYP)	E+ZPE	E_{rel}/(kJ · mol)
R	−1249.511 518 69	0.480 887	−1249.030 632	0
O_2	−150.259 126 81	0.003 273	−150.255 854	0
MI_1	−1399.952 200 65	0.488 951	−1399.463 249	−464.1
TS_1	−1399.944 410 49	0.487 496	−1399.456 914	16.6
MI_2	−1399.951 599 24	0.488 958	−1399.462 641	−15.0
TS_2	−1399.815 071 54	0.479 725	−1399.335 347	334.2
MI_3	−1399.961 966 26	0.484 818	−1399.477 148	−372.3
P	−1359.438 941 70	0.438 730	−1359.000 212	3.7
CH_4	−40.520 626 53	0.045 102	−40.475 524	3.7

从表 5-6 可以看到，反应物和氧气反应，首先放出 464.1kJ/mol 能量形成中间体 MI_1，MI_1 吸收 16.6kJ/mol 能量形成过渡态 TS_1，TS_1 不稳定放出 15.0kJ/mol 能量形成中间体 MI_2，MI_2 吸收 334.2kJ/mol 能量形成过渡态 TS_2，TS_2 很不稳定放出 372.3kJ/mol 能量形成 MI_3，MI_3 再吸收 3.7kJ/mol 能量，产生产物 P。

图 5-5 是基于 B3LYP/6-311G 方法加上零点能校正后所得到的反应位能剖面图。图 5-5 中标示的能量值是把反应物 $C_{23}H_{29}NO_4 + O_2$ 总能量作为零点的相对值。从图 5-5 中容易看出，生成产物 $C_{22}H_{25}NO_6 + CH_4$ 的反应途径都不是基元反应，而是一个两步反应。反应的第一步即经过中间体 MI_1 到过渡态 TS_1 再到达中间体 MI_2 的过程，反应位垒为 16.6kJ/mol。中间体 MI_2 在热力学上是稳定的，它比反应物的能量还低 462.49kJ/mol。但是，同时可以看到，中间体 MI_2 在动力学上不是很稳定，它继续反应生成 TS_2 的活化位垒为 334.2 kJ/mol 能量。从 TS_2 到 MI_3 是放热反应，放出 −372.3 kJ/mol 能量。另外，位能剖面图显示，反应物 R 到 MI_1 以及 TS_1 到 MI_2 放出的热能，能够为 MI_1 到 TS_1 的反应和 MI_2 到 TS_2 的反应提供足够的能量，TS_2 到 MI_3 发生化学反应放出的能量能够为 MI_3 最终发生化学反应生成产物 $C_{22}H_{25}NO_6 + CH_4$ 提供所需的能量。

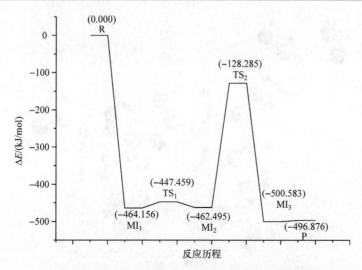

图 5 - 5　经 B3LYP 能量校正后的反应位能剖面示意图

5.4　煤分子氧化自燃生成二氧化碳和水的反应的计算结果讨论

煤分子氧化自燃生成二氧化碳和水的反应是氧分子攻击苯环侧链上的丙醇基末端的碳原子,使苯环侧链上丙醇基生成了带酸的基团($-CH_2-CH_2-COOH$)和水,化学反应方程式可用式(5 - 5)表示。而带酸的基团($-CH_2-CH_2-COOH$)继续分解生成二氧化碳和乙基基团($-CH_2-CH_3$),化学反应方程式可用式(5 - 6)表示。

5.4.1　各驻点几何构型

煤氧化自燃最终生成 CO_2 和 H_2O 的反应是一个非常复杂的物理化学反应过程,其分步反应过程用下式表示:

$$R+O_2 \longrightarrow MI_1 \longrightarrow TS_1 \longrightarrow MI_2 \longrightarrow TS_2 \longrightarrow MI_3 \longrightarrow P+H_2O \longrightarrow TS_3 \longrightarrow$$
$$MI_4 \longrightarrow TS_4 \longrightarrow MI_5 \longrightarrow P_1+CO_2$$

煤分子氧化自燃生成 CO_2 和 H_2O 的反应体系,理论计算所得的各反应的微观机理及优化了的反应物、中间体、过渡态及产物的分子构型及构型参数见图 5 - 6。

煤分子氧化自燃生成 H_2O 和 CO_2 的反应过程中参加化学反应的基团的化学结构变化参数见表 5 - 7 和表 5 - 8。

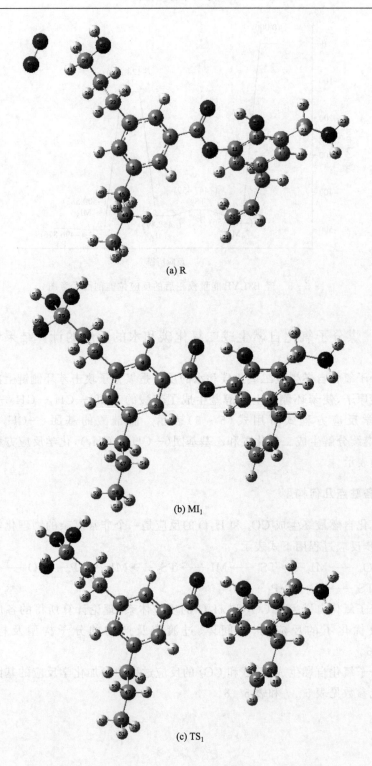

(a) R

(b) MI₁

(c) TS₁

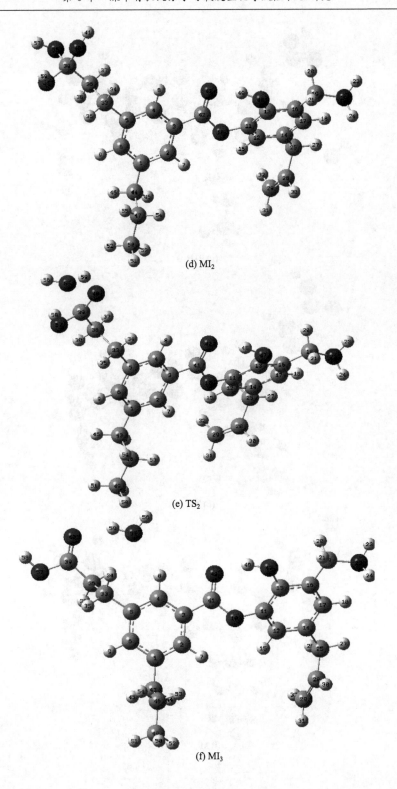

(d) MI₂

(e) TS₂

(f) MI₃

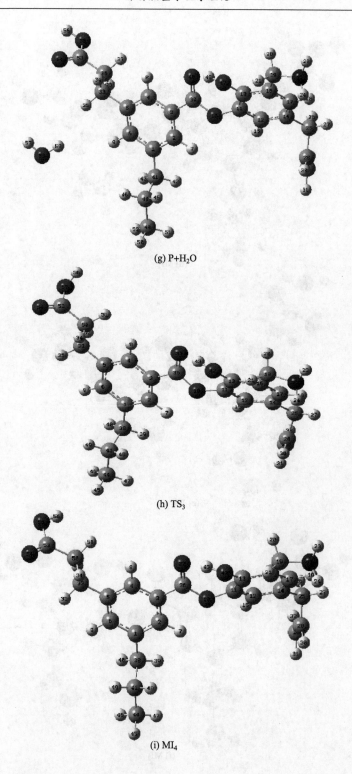

(g) P+H_2O

(h) TS_3

(i) MI_4

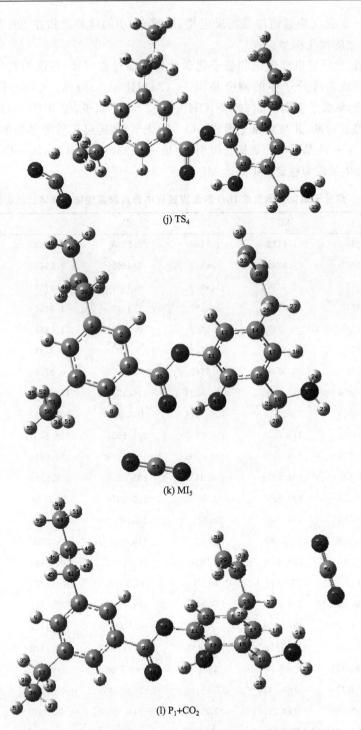

(j) TS$_4$

(k) MI$_5$

(l) P$_1$+CO$_2$

图 5-6 反应中的反应物、中间体、过渡态和产物构型示意图

图 5-6 是反应通道涉及的反应物、过渡态、中间体和产物在 B3LYP/6-311G 计算水平上的优化构型。

根据化学反应机理理论和量子化学计算反应过程可知,在煤的氧化自燃过程中,氧分子攻击煤分子中的侧链基团—C(33)H$_2$—C(36)H$_2$—C(39)H$_2$OH 中的 C(39)原子,氧分子吸引—C(39)H$_2$OH 中的 2 个 H 原子,使得 C(39)H$_2$OH 中的 C—H 键变长拉断,并与氧原子形成—O—H 化学键,再经反转等复杂的变化过程,C(39)与—O—H 基团中的氧相互吸引,生成—C(33)H$_2$—C(36)H$_2$—C(39)(OH)$_3$ 基团,从而生成较为稳定的中间体 MI$_1$。

表 5-7 煤分子氧化自燃生成 H$_2$O 的反应过程中含丙醇基侧链中间体过渡态结构变化

项目	MI$_1$	TS$_1$	MI$_2$	TS$_2$	MI$_3$
R(36,39)	1.5178	1.5184	1.5178	1.4958	1.4961
R(39,56)	1.4266	1.4151	1.4265	1.8543	3.3271
R(39,58)	1.4269	1.4558	1.4269	1.3737	1.3712
R(39,40)	1.4511	1.4197	1.4422	1.3453	1.2415
R(40,41)	0.9729	0.9614	0.9729	1.2321	1.8987
R(56,57)	0.975	0.9748	0.975	0.9741	0.9678
R(58,59)	0.9749	0.9745	0.9749	0.9776	0.9781
A(36,39,40)	113.3363	114.8531	113.3301	122.2261	125.4317
A(36,39,56)	107.238	107.5144	107.246	103.4609	70.2596
A(36,39,58)	111.5895	112.3762	111.5921	113.3784	113.6329
A(39,56,57)	109.4132	109.0993	109.4135	120.0815	144.4890
A(39,58,59)	108.8252	106.3451	108.8256	109.5219	110.8315
A(39,40,41)	110.2055	89.6072	110.1979	86.1768	112.4492
A(40,39,58)	103.9619	99.5214	103.9633	116.5941	120.9163
A(40,39,56)	110.092	112.6269	110.0949	85.4735	55.1762
A(56,39,58)	110.6586	109.8276	110.6494	106.6898	175.5624
D(36,39,40,41)	75.3071	59.71	75.3543	104.8773	0.3880
D(36,39,56,57)	158.6841	163.3899	158.6349	118.1215	131.7634
D(36,39,58,59)	127.4326	119.8628	127.345	162.4627	178.5596
D(58,39,56,57)	36.7649	40.8331	36.713	−3.1439	−76.5259
D(56,39,40,41)	−44.79	−63.8205	−44.7508	1.8081	1.1994
D(58,39,40,41)	−163.3475	179.5148	−163.2997	−107.9615	178.6941
D(56,39,58,59)	−113.2397	−120.507	−113.3218	−82.4471	27.6971
D(40,39,58,59)	4.9279	−2.1371	4.8456	12.4527	0.0662

表 5 - 8　煤分子氧化自燃生成 CO_2 的反应过程中含丙醇基侧链中间体过渡态结构变化

项目	TS_3	MI_4	TS_4	MI_5
R(53,54)	1.2205	1.2223	1.1973	1.1862
R(50,53)	1.5059	1.5143	1.9235	5.6161
R(53,55)	1.4125	1.3903	1.2959	1.1831
R(55,56)	0.9727	0.9745	1.345	7.2845
A(53,55,56)	115.5539	113.4847	70.7167	5.6538
A(50,53,54)	125.7122	125.481	115.8647	17.489
A(50,53,55)	113.2839	115.3272	101.5429	164.3773
D(33,50,53,54)	−3.8377	−4.161	51.4123	−96.1882
D(33,50,53,55)	−178.5366	176.3899	−127.0742	86.2926
D(50,53,55,56)	−85.1864	−1.0105	3.0670	19.8035
D(51,50,53,54)	−127.5544	−126.7723	−65.6931	101.7493
D(51,50,53,55)	57.7468	53.7786	115.8204	−75.7698
D(52,50,53,54)	119.2985	117.9808	179.9455	156.5059
D(52,50,53,55)	−55.4004	−61.4683	1.4590	−21.0132

　　随着能量的积累,化学反应在向产物进行的过程中,形成过渡态 TS_1。由 $MI_1 \longrightarrow TS_1 \longrightarrow MI_2$ 的变化,由表 5 - 7 计算结果可以看出,—C(39)(OH)$_3$ 基团的 C—O 键长经过了较大的变化,其中 R(39,56)由 1.4266Å 变为 1.4151Å,再变为 1.4265Å;R(39,58)由 1.4269Å 变为 1.4558Å,再变为 1.4269Å;R(39,40)由 1.4511Å 变为 1.4197Å,再变为 1.4422Å。中间体过渡态的变化经历了一个大小变化的过程,是一个由较为稳定的中间体到不稳定的过渡态再到较为稳定中间体的变化过程,其他的键长变化不大。键角 A(39,40,41)和 A(40,39,58)变化最大,其中 A(39,40,41)由 110.2055°变为 89.6072°;A(40,39,58)由 103.9619°变为 99.5214 °;其他的键角变化不大。二面角也发生了变化,但变化不大。从计算数据可以看出,—C(39)(OH)$_3$ 基团的 C—O 键的键长变长,向有利于生成水的方向发展。在 B3LYP/6-311G 水平下对 TS_1 的结构进行优化,从优化结果来看,—O(40)H(41)基团向基团—O(56)H(57)方向摆动,沿摆动方向有且仅有一个大的虚频为 584.016icm^{-1}。

　　从中间体 MI_2 到过渡态 TS_2 有较大的变化,—C(39)(OH)$_3$ 基团的一个—OH 与 C(39)断开,另一个—OH 中的 H 与 O 断开。H 向—OH 方向移动。从

B3LYP/6-311G 水平下对 TS$_2$ 的优化结果来看,H 向基团—CH$_3$ 方向摆动,有且仅有一个大的虚频为 1653.11 icm^{-1}。

从过渡态 TS$_2$ 到中间体 MI$_3$ 的变化来看,H 与—O—H 基团结合形成化学键 H—O—H,从而形成较为稳定的中间体 MI$_3$。MI$_3$ 继续反应生成产物 P 与水,产物 P 发生化学反应生成过渡态 TS$_3$。经过渡态 TS$_3$ 到中间体 MI$_4$ 的过程,键长、键角和二面角发生了变化,但变化不大。

从 MI$_4$——→TS$_4$——→MI$_5$ 反应的化学结构变化来看,—C(50)H$_2$—C(53)=O(54)O(55)H 基团中的 C=O 双键 R(53,54)由 1.2223Å 变为 1.1973Å,再变为 1.1862Å;C—C 键 R(50,53)由 1.5143Å 变为 1.9235Å,再变为 5.6161Å;R(53,55)C—O 由 1.3903Å 变为 1.2959Å,再变为 1.1831Å;R(55,56)O—H 键由 0.9745Å 变为 1.345Å,再变为 7.2845Å。键角 A(53,55,56)由 113.4847°,减小为 70.7167°,再减小为 5.6538°;键角 A(50,53,54)由 125.481°减小为 115.8647°,再减小为 17.489°。键角 A(50,53,55)由 115.3272°先减小到 101.5429°,再增大到 164.3773°。二面角 D(33,50,53,54)、D(33,50,53,55)、D(51,50,53,54)、D(51,50,53,55)、D(52,50,53,54)和 D(52,50,53,55) 的大小有很大的变化,从化学结构上看 —COOH 基团做了大角度的旋转。

对 MI$_1$、MI$_2$、MI$_3$、MI$_4$、MI$_5$、TS$_1$、TS$_2$、TS$_3$ 和 TS$_4$ 的几何结构进行全优化,MI$_1$、MI$_2$、MI$_3$、MI$_4$ 和 MI$_5$ 没有虚频,TS$_1$、TS$_2$、TS$_3$ 和 TS$_4$ 各有且只有一个虚频,分别为 584.06 icm^{-1}、1653.11 icm^{-1}、564.75 icm^{-1} 和 2016.01icm^{-1}。

5.4.2　IRC 反应路径分析

对反应通道分别进行 IRC 路径分析,用密度泛函理论,B3LYP/6-311G 方法,以鞍点(saddle point)为中心,步长为 0.05 Born/S,分别向前向后寻找 50 个点。其结果表明在各个反应过程中,苯环侧链上丙醇基,基团各原子间键长、键角和二面角的变化及化学键的断裂和形成与机理分析相一致,通过能量分析和对各驻点的几何构形的全参数优化,进一步证实所找的中间体和过渡态是正确的,也证明了煤氧化自燃生成水和二氧化碳的反应通道是合理的。反应过程中位能沿反应坐标(IRC)的变化如图 5-7、图 5-8、图 5-9 和图 5-10 所示,从位能图中容易看出在反应进程中形成过渡态 TS$_1$、TS$_2$、TS$_3$ 和 TS$_4$ 时,体系的能量最高,这也从侧面说明了反应过渡态的真实性。

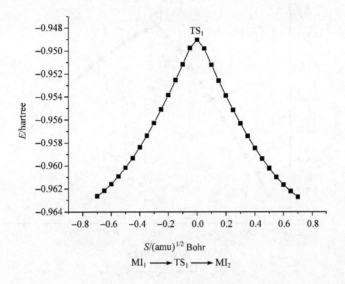

图 5 - 7　由 $MI_1 \longrightarrow TS_1 \longrightarrow MI_2$ 过程反应位能沿反应坐标(IRC)的变化

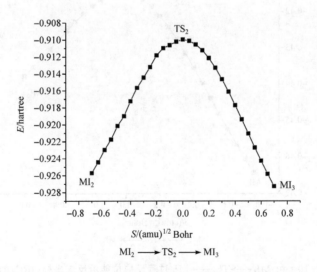

图 5 - 8　由 $MI_2 \longrightarrow TS_2 \longrightarrow MI_3$ 过程反应位能沿反应坐标(IRC)的变化

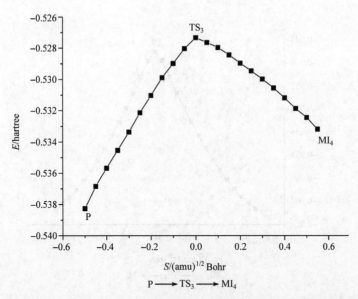

图 5 - 9　由 P ——→ TS$_3$ ——→ MI$_4$ 过程反应位能沿反应坐标(IRC)的变化

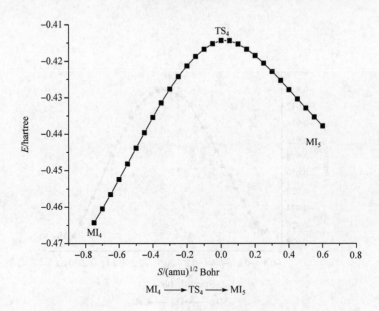

图 5 - 10　由 MI$_4$ ——→ TS$_4$ ——→ MI$_5$ 过程反应位能沿反应坐标(IRC)的变化

5.4.3　反应位垒的计算

表 5 - 9 和表 5 - 10 列出了由 B3LYP/6-311G 基组水平上计算所得的反应物、中间体、过渡态和产物的能量、零点能以及考虑零点能校正后的能量(E),同时还

列出了以 $C_{23}H_{29}NO_4 + O_2$ 和 $C_{23}H_{27}NO_5$ 的能量为参比的中间体、过渡态和产物的相对能量 E_{rel}，根据相对能量 E_{rel} 的值，分别计算出了反应通道的控制步骤反应活化能。

表 5 - 9　生成 H_2O 反应的反应物、过渡态、中间体和产物总能量/hartree

项目	E(B3LYP)	ZPE(B3LYP)	$E+$ZPE	$E_{rel}/$(kJ/mol)
R	−1249.511 518 69	0.480 887	−1249.030 632	0
O_2	−150.259 126 81	0.003 273	−150.255 854	0
MI_1	−1399.964 875 48	0.488 223	−1399.476 653	−499.28
TS_1	−1399.949 050 42	0.486 877	−1399.462 174	38.01
MI_2	−1399.964 875 64	0.485 209	−1399.479 667	−45.93
TS_2	−1399.909 956 06	0.482 718	−1399.427 238	137.65
MI_3	−1399.980 945 34	0.486 876	−1399.494 070	−175.47
H_2O	−76.415 928 88	0.020 648	−76.395 281	33.31
P	−1323.548 518 47	0.462 416	−1323.086 103	33.31

表 5 - 10　生成 CO_2 反应的反应物、过渡态、中间体和产物总能量/hartree

项目	E(B3LYP)	ZPE(B3LYP)	$E+$ZPE	$E_{rel}/$(kJ/mol)
P	−1323.548 518 47	0.462 416	−1323.086 103	0
TS_3	−1323.527 335 62	0.460 339	−1323.066 997	50.16
MI_4	−132 353 759 266	0.461 890	−1323.075 703	−22.86
TS_4	−1323.413 962 31	0.453 399	−1322.960 563	302.30
MI_5	−1323.556 109 35	0.458 878	−1323.097 232	−358.82
P_1	−1134.993 626 02	0.447 749	−1134.545 877	12.42
CO_2	−188.557 232 69	0.010 606	−188.546 626	12.42

从表 5 - 9 可以看到，反应物和氧气反应，首先放出 499.28kJ/mol 能量形成中间体 MI_1，MI_1 吸收 38.01kJ/mol 能量形成过渡态 TS_1，TS_1 不稳定放出 45.93 kJ/mol 能量形成中间体 MI_2，MI_2 吸收 137.65kJ/mol 能量形成过渡态 TS_2，TS_2 很不稳定放出 175.47kJ/mol 能量形成 MI_3，MI_3 再吸收 33.31kJ/mol 能量，产生产物 P 与水。

图 5 - 11 是基于 B3LYP/6-311G 方法加上零点能校正后所得到的反应位能剖面图。图 5 - 11 中标示的能量值是把反应物 $C_{23}H_{29}NO_4 + O_2$ 总能量作为零点的相对值。从图中容易看出，生成产物 $C_{23}H_{27}NO_5 + H_2O$ 的反应途径不是基元反应，而是一个多步反应，反应的第一步即经过中间体 MI_1 到渡态 TS_1 再到达中间体

MI_2 的过程,反应位垒为 38.01kJ/mol。中间体 MI_2 在热力学上是稳定的,它比反应物的能量还低 507.20kJ/mol。但是,同时可以看到,中间体 MI_2 在动力学上不是很稳定,它继续反应生成 TS_2 的活化位垒为 137.65kJ/mol 能量。从 TS_2 到 MI_3 是放热反应,放出 175.47 kJ/mol 能量。另外,位能剖面图显示,反应物 R 到 MI_1 以及 TS_1 到 MI_2 放出的热能,能够为 MI_1 到 TS_1 的反应和 MI_2 到 TS_2 的反应提供足够的能量,TS_2 到 MI_3 发生化学反应放出的能量能够为 MI_3 最终发生化学反应生成产物 $C_{23}H_{27}NO_5 + H_2O$ 提供所需的能量。

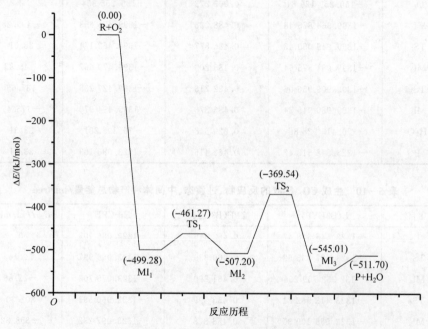

图 5-11　经 B3LYP 能量校正后的反应位能剖面示意图

从表 5-10 可以看到,产物 P 首先吸收 50.16kJ/mol 能量形成过渡态 TS_3,TS_3 放出 22.86kJ/mol 能量形成中间体 MI_4,MI_4 吸收 302.30kJ/mol 能量形成不稳定的过渡态 TS_4,TS_4 放出 358.82kJ/mol 能量形成中间体 MI_5,MI_5 吸收 12.42kJ/mol 能量产生产物 P_1 与 CO_2。

图 5-12 是基于 B3LYP/6-311G 方法加上零点能校正后所得到的反应位能剖面图。图 5-12 中标示的能量值是把反应物 $C_{23}H_{27}NO_5$ 的能量作为零点的相对值。从图 5-12 中可以看到,同反应物比较,产物 $C_{22}H_{27}NO_3 + CO_2$ 的总能量要低 (-16.80kJ/mol),从热力学角度来说,反应比较容易进行。另外,从位能剖面图可以知道,煤分子自燃生成水后的结构能够通过能量的积累突破一个较小的位垒(50.16kJ/mol)形成不稳定 TS_3,TS_3 放出 22.86kJ/mol 能量生成 MI_4。MI_4 需要克服一个比较大的位垒而生成 TS_4,TS_4 放出大量热形成 MI_5,MI_5 是一个富能的

中间体,可以发生进一步的解离,得到产物 $P_1 + CO_2$,而且整个体系是一个放热反应。

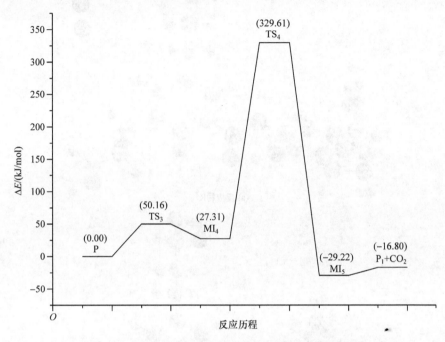

图 5 - 12　经 B3LYP 能量校正后的反应位能剖面示意图

5.5　煤分子氧化自燃生成一氧化碳和水的反应的计算结果讨论

煤分子氧化自燃生成一氧化碳的反应是氧分子攻击苯环侧链上丙基末端上的碳原子,使苯环侧链上丙基生成了带醛的基团($-CH_2-CH_2-COH$)和水,可用式(5-3)表示,带醛的基团($-CH_2-CH_2-COH$)继续分解生成一氧化碳,可用式(5-4)表示。

5.5.1　各驻点几何构型

煤氧化自燃最终生成 CO 和 H_2O 的反应是一个非常复杂的物理化学反应过程,其分步反应过程用下式表示:

$$R + O_2 \longrightarrow MI_1 \longrightarrow TS_1 \longrightarrow MI_2 \longrightarrow TS_2 \longrightarrow MI_3 \longrightarrow P + H_2O \longrightarrow MI_4 \longrightarrow$$
$$TS_3 \longrightarrow MI_5 \longrightarrow P_1 + CO$$

煤分子氧化自燃生成 CO 和 H_2O 的反应体系,理论计算所得的各反应的微观机理及优化了的反应物、中间体、过渡态及产物的分子构型及构型参数见图5-13。

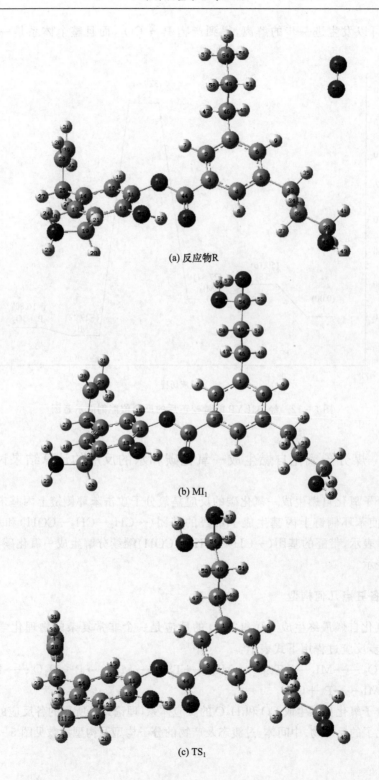

(a) 反应物R

(b) MI₁

(c) TS₁

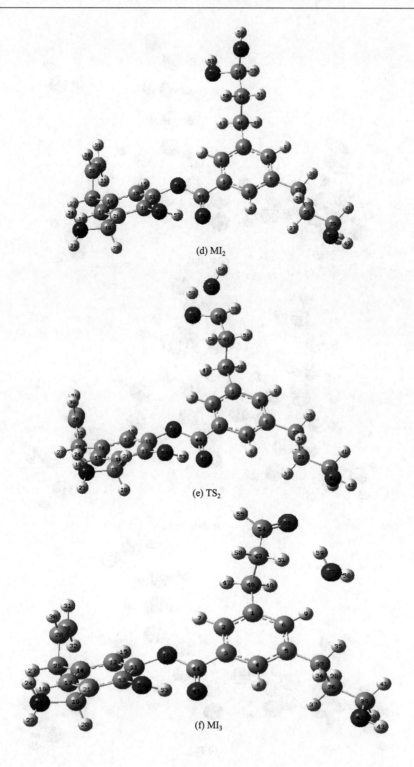

(d) MI$_2$

(e) TS$_2$

(f) MI$_3$

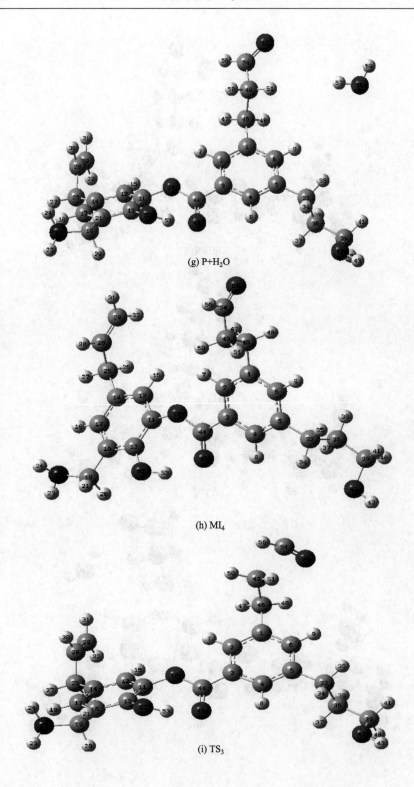

(g) P+H₂O

(h) MI₄

(i) TS₃

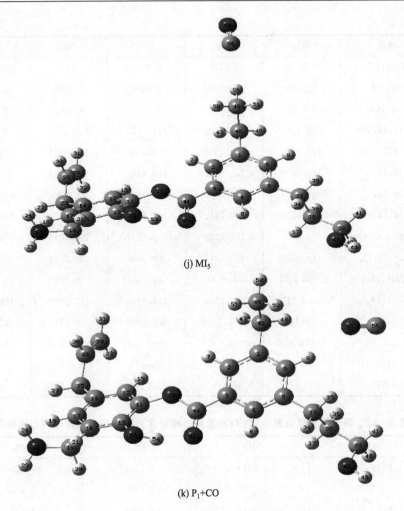

(j) MI$_5$

(k) P$_1$+CO

图 5 - 13　反应中的反应物、中间体、过渡态和产物构型示意图

图 5 - 13 是反应通道涉及的反应物、过渡态、中间体和产物在 B3LYP/6-311G 计算水平下的优化构型。

煤分子氧化自燃生成 H$_2$O 和 CO 的反应过程中参加化学反应基团的主要化学结构的变化参数见表 5 - 11 和表 5 - 12。

表 5 - 11　煤分子氧化自燃生成水的反应过程中含丙基侧链中间体过渡态结构变化

项目	MI$_1$	TS$_1$	MI$_2$	TS$_2$	MI$_3$
R(49,54)	1.5181	1.5183	1.5136	1.5011	1.4992
R(54,56)	1.4434	1.4552	1.4469	1.3474	1.2428
R(54,55)	1.0909	1.0974	1.0982	1.0962	1.0997

项目	MI_1	TS_1	MI_2	TS_2	MI_3
R(56,57)	0.9755	0.9727	0.9729	1.3091	1.8777
R(54,58)	1.4438	1.4286	1.4426	1.7778	3.4361
R(58,59)	0.9736	0.9734	0.9735	0.9762	0.9687
A(49,54,55)	112.1668	111.4382	111.7796	116.2174	118.256
A(49,54,56)	112.5136	112.4357	107.4595	119.0157	123.0503
A(49,54,58)	106.9473	108.0525	106.6107	106.6449	72.2599
A(54,56,57)	109.5627	111.8548	111.8634	82.3583	114.5231
A(54,58,59)	109.9513	109.6432	111.5196	120.3984	135.8724
A(55,54,56)	103.5581	108.0603	109.1847	117.5842	118.6645
A(55,54,58)	110.9652	110.0912	109.5934	101.7524	166.9618
D(49,54,56,57)	−55.5195	36.3941	−165.3049	110.8478	5.252
D(49,54,58,59)	−178.7472	164.9448	174.4625	122.2022	151.7393
D(55,54,58,59)	−56.1209	−73.1478	53.3193	−0.0177	6.4809
D(55,54,56,57)	−176.858	−87.0113	−43.888	−99.8634	−172.7453
D(58,54,56,57)	64.1253	154.6514	77.8175	2.6115	−2.5797
D(56,54,58,59)	58.3214	43.8499	−68.1523	−117.8969	−35.148

表 5 - 12　煤分子氧化自燃生成 CO 的反应过程中含丙基侧链中间体过渡态结构变化

项目	MI_4	TS_3	MI_5
R(49,54)	1.5046	2.1797	4.2356
R(54,56)	1.1034	1.0855	3.1451
R(54,55)	1.2344	1.1926	1.1473
A(49,54,56)	115.6858	107.7487	0.7417
A(49,54,55)	124.51	55.3329	174.6815
A(55,54,56)	119.8041	162.8386	174.8542
D(46,49,54,55)	−1.2519	−28.3017	142.1331
D(46,49,54,56)	178.8781	148.4706	−110.4917
D(50,49,54,55)	−124.9578	−152.7253	21.6843
D(50,49,54,56)	55.17216	24.047	129.0594
D(51,49,54,55)	122.2618	89.037	−95.09340
D(51,49,54,56)	−57.60826	−94.1908	12.2818

根据化学反应机理理论和量子化学计算反应过程可知,在煤的氧化自燃过程中,氧分子攻击煤分子中的侧链基团—C(45)H₂—C(49)H₂—C(54)H₃ 中的 C(54)原子,氧分子吸引—C(54)H₃ 中的 2 个 H 原子,使得 C(54)H₃ 中的 C—H 键变长拉断,并与氧原子形成—O—H 化学键,再经反转等复杂的变化过程,C(54)与—O—H 基团中的氧相互吸引,生成—C(45)H₂—C(49)H₂—C(54)H(OH)₂ 基团,从而生成较为稳定的中间体 MI₁。

随着能量的积累,化学反应在向产物进行的过程中,—C(54)H(OH)₂ 基团中的化学键发生了复杂的变化,形成过渡态 TS₁。由 MI₁→TS₁→MI₂ 的变化,由表 5-11 计算结果可以看出,—C(54)H(OH)₂ 基团的 C—O 键长发生了较大的变化,其中 R(54,56)由 1.4434Å 变为 1.4552Å,再变为 1.4469Å;R(54,58)由 1.4438Å 变为 1.4286Å,再变为 1.4426Å。中间体过渡态键长的变化经历了一个大小变化的过程,是一个由较为稳定的中间体到不稳定的过渡态再到较为稳定中间体的变化过程,其他的键长变化不大。

键角 A(49,54,55)由 112.1668° 变为 111.4382° 变为 111.7796°;键角 A(49,54,56) 由 112.5136° 变为 112.4357° 变为 107.4595°;键角 A(49,54,58)由 106.9473° 变为 108.0525° 变为 106.6107°;键角 A(54,56,57)由 109.5627° 变为 111.8548° 变为 111.8634°;键角 A(54,58,59)由 109.9513° 变为 109.6432° 变为 111.5196°;键角 A(55,54,56)由 103.5581° 变为 108.0603° 变为 109.1847°;键角 A(55,54,58)由 110.9652° 变为 110.0912° 变为 109.5934°。其中,键角 A(49,54,56)和键角 A(55,54,56)的键角变化较大。

二面角也发生了较大的变化,其中变化较大的有二面角 D(49,54,56,57)由 −55.5195° 变为 36.3941° 变为 −165.3049°;二面角 D(49,54,58,59)由 −178.7472° 变为 164.9448° 变为 174.4625°;二面角 D(55,54,58,59)由 −56.1209° 变为 −73.1478° 变为 53.3193°;二面角 D(55,54,56,57)由 −176.858° 变为 −87.0113° 变为 −43.888°;二面角 D(58,54,56,57)由 64.1253° 变为 154.6514° 变为 77.8175°;二面角 D(56,54,58,59)由 58.3214° 变为 43.8499° 变为 −68.1523°。

从计算数据可以看出,—C(54)H(OH)₂ 基团中的 C—O 键变长,向有利于生成水的方向发展。在 B3LYP/6-311G 计算水平下对 TS₁ 的结构进行优化,从优化结果来看,—C(54)H(OH)₂ 基团中—O(56)H(57)基团的氢向基团—O(58)H(59)方向摆动,正在向生成 H₂O 的方向发展。沿摆动方向有且仅有一个大的虚频为 260.183icm⁻¹。

从中间体 MI₂ 到过渡态 TS₂ 有较大的变化,—C(54)H(OH)₂ 基团中的一个 R(56,57)O—H 键由 0.9729Å 变为 1.3091Å,H 与 O 断开。另一个 R(54,58)—

OH 与 C(54)的键长由 1.4426Å 变为 1.7778Å,R(54,58)—OH 与 C(54)断开,H 向—OH 方向移动,向生成水的方向发展。在 B3LYP/6-311G 计算水平下对 TS$_2$ 的优化结果来看,H 向基团—CH$_3$ 方向摆动,有且仅有一个大的虚频为 1729.92icm^{-1}。

从过渡态 TS$_2$ 到中间体 MI$_3$ 的变化来看,H 与—O—H 基团结合形成化学键 H—O—H,从而形成较为稳定的中间体 MI$_3$。MI$_3$ 继续反应生成产物 P 与水,产物 P 发生化学反应生成中间体 MI$_4$。MI$_4$ 再经过渡态 TS$_3$ 到中间体 MI$_5$ 的过程。

从 MI$_4$——TS$_3$——MI$_5$ 发生反应的化学结构变化来看,键长有很大的变化。—C(46)H$_2$—C(49)H$_2$—C(54)H(56)O(55)基团中的—C(54)H(56)O(55)醛基团都具有很大的变化。其中键长 C—C 键 R(49,54)由 1.5046Å 变为 2.1797Å 变为 4.2356Å,C—H 键 R 的键长(54,56)由 1.1034Å 变为 1.0855Å 变为 3.1451Å,C=O 键 R(54,55)的键长由 1.2344Å 变为 1.1926Å 变为 1.1473Å。

—C(46)H$_2$—C(49)H$_2$—C(54)H(56)O(55)基团中的键角 A(49,54,56)由 115.6858°变为 107.7487°变为 0.7417°;A(49,54,55)由 124.51°变为 55.3329°变为 174.6815°;A(55,54,56)由 119.8041°变为 162.8386°变为 174.8542°。

—C(46)H$_2$—C(49)H$_2$—C(54)H(56)O(55)基团中的二面角 D(46,49,54,55)由—1.2519°变为—28.3017°变为 142.1331°;D(46,49,54,56)变为 178.8781°变为 148.4706°变为—110.4917°;D(50,49,54,55)由—124.9578°变为—152.7253°变为 21.6843°;D(50,49,54,56)由 55.172 16°变为 24.047°变为 129.0594°,D(51,49,54,55)由 122.2618°变为 89.037°变为—95.093 40°;D(51,49,54,56)由—57.608 26°变为—94.1908°变为 12.2818°。从二面角的变化来看,—C(54)H(56)O(55)基团中的—COOH 基团做了大角度的旋转。

对化学反应生成的中间体 MI$_1$、MI$_2$、MI$_3$、MI$_4$、MI$_5$ 和过渡态 TS$_1$、TS$_2$ 和 TS$_3$ 的几何结构进行全优化,MI$_1$、MI$_2$、MI$_3$、MI$_4$ 和 MI$_5$ 没有虚频,TS$_1$、TS$_2$ 和 TS$_3$ 有且只有一个虚频,分别为 260.183 icm^{-1}、1729.92 icm^{-1} 和 1582.12icm^{-1},证明了化学反应生成的中间体和过渡态是正确的。

5.5.2　IRC 反应路径分析

对反应通道分别进行 IRC 路径分析,采用密度泛函理论,B3LYP/6-311G 方法,以鞍点(saddle point)为中心,步长为 0.05 Born/S,分别向前向后寻找 50 个点。其结果表明在各个反应过程中,苯环侧链上丙基基团各原子间键长、键角和二面角的变化及化学键的断裂和形成与机理分析相一致,通过能量分析和对各驻点的几何构形的全参数优化,进一步证实所找的中间体和过渡态是正确的,也证明了煤氧化自燃生成水和一氧化碳的反应通道是合理的。反应过程中位能沿反应坐标(IRC)的变化如图 5-14～图 5-16 所示,从位能图中容易看出在反应进程中形成过渡态 TS_1、TS_2 和 TS_3 时,体系的能量最高,这也从侧面说明了反应过渡态的真实性。

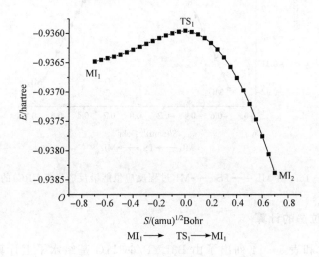

图 5-14　由 MI_1 ——→ TS_1 ——→ MI_2 过程反应位能沿反应坐标(IRC)的变化

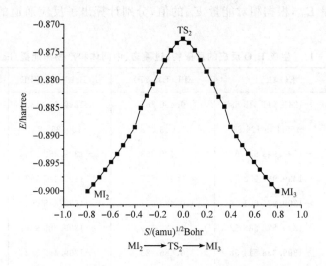

图 5-15　由 MI_2 ——→ TS_2 ——→ MI_3 过程反应位能沿反应坐标(IRC)的变化

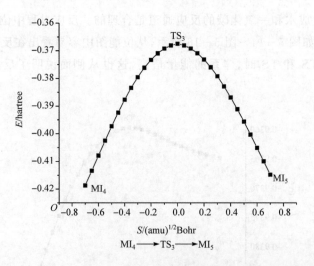

$$MI_4 \longrightarrow TS_3 \longrightarrow MI_5$$

图 5 - 16　由 $MI_4 \longrightarrow TS_3 \longrightarrow MI_5$ 过程反应位能沿反应坐标(IRC)的变化

5.5.3　反应位垒的计算

表 5 - 13 和表 5 - 14 列出了由 B3LYP/6-311G 基组水平上计算所得的反应物、中间体、过渡态和产物的能量、零点能以及考虑零点能校正后的能量(E),同时还列出了以 $C_{23}H_{29}NO_4 + O_2$ 和 $C_{23}H_{27}NO_5$ 的能量为参比的中间体、过渡态和产物的相对能量 E_{rel},根据相对能量 E_{rel} 的值,分别计算出了反应通道的控制步骤反应活化能。

表 5 - 13　生成 H_2O 反应的反应物、过渡态、中间体和产物总能量/hartree

项目	E(B3LYP)	ZPE(B3LYP)	E(B3LYP)+ZPE	$E_{rel}/(kJ/mol)$
R	−1249.511 518 69	0.480 887	−1249.030 632	0
O_2	−150.259 126 81	0.003 273	−150.255 854	0
MI_1	−1399.942 937 64	0.490 003	−1399.452 935	−437.01
TS_1	−1399.935 953 85	0.488 657	−1399.447 297	14.8
MI_2	−1399.936 651 06	0.488 557	−1399.448 094	−2.09
TS_2	−1399.872 588 62	0.482 649	−1399.389 939	152.69
MI_3	−1399.938 514 68	0.486 123	−1399.452 392	−163.97
P	−1323.503 755 45	0.461 618	−1323.042 138	29.31
H_2O	−76.415 928 88	0.020 648	−76.395 281	39.31

表 5 - 14　生成 CO 反应的反应物、过渡态、中间体和产物总能量/hartree

项目	E(B3LYP)	ZPE(B3LYP)	E(B3LYP)+ZPE	E_{rel}/(kJ/mol)
P	−1323.503 755 45	0.461 618	−1323.042 138	0
MI_4	−1323.505 992 65	0.461 557	−1323.044 435	−6.03
TS_3	−1323.367 394 72	0.445 445	−1322.921 954	321.57
MI_5	−1323.496 516 48	0.457 347	−1323.039 169	−307.74
P_1	−1210.199 147 38	0.452 675	−1209.746 472	1.53
CO	−113.296 813 60	0.004 700	−113.292 114	

从表 5 - 13 可以看到，反应物和氧气反应，首先放出 437.01kJ/mol 能量形成中间体 MI_1，MI_1 吸收 14.8kJ/mol 能量形成过渡态 TS_1，TS_1 不稳定放出 2.09kJ/mol 能量形成中间体 MI_2，MI_2 吸收 152.69kJ/mol 能量形成过渡态 TS_2，TS_2 很不稳定放出 163.97kJ/mol 能量形成 MI_3，MI_3 再吸收 39.31kJ/mol 能量，生成产物 P 与水。

图 5 - 17 是基于 B3LYP/6-311G 计算方法加上零点能校正后所得到的反应位能剖面图。图 5 - 17 中标示的能量值是把反应物 $C_{23}H_{29}NO_4+O_2$ 总能量作为零点的相对值。从图 5 - 17 中容易看出，生成产物 $C_{23}H_{27}NO_5+H_2O$ 的反应途径不是基元反应，而是个多步反应，反应的第一步即经过中间体 MI_1 到过渡态 TS_1 再到达中间体 MI_2 的过程，反应位垒为 14.8kJ/mol。中间体 MI_2 在热力学上是稳定的。但是，同时可以看到，中间体 MI_2 在动力学上不是很稳定，它继续反应生成 TS_2 的活化位垒为 152.69 kJ/mol 能量。从 TS_2 到 MI_3 是放热反应，放出 163.97 kJ/mol 能量。另外，位能剖面图显示，反应物 R 到 MI_1 以及 TS_1 到 MI_2 放出的热能，能够为 MI_1 到 TS_1 的反应和 MI_2 到 TS_2 的反应提供足够的能量，TS_2 到 MI_3 发生化学反应放出的能量能够为 MI_3 最终发生化学反应生成产物 $C_{23}H_{27}NO_5+H_2O$ 提供所需的能量。

从表 5 - 14 我们可以看到，产物 P 放出 6.03kJ/mol 能量形成 MI_4，MI_4 吸收 321.57kJ/mol 能量形成过渡态 TS_3，TS_3 放出 307.74kJ/mol 能量形成 MI_5，MI_5 吸收 1.53kJ/mol 能量生成最终产物 P_1 和 CO。

图 5 - 18 是基于 B3LYP/6-311G 计算方法加上零点能校正后所得到的反应位能剖面图。图 5 - 18 中标示的能量值是把反应物 $C_{23}H_{27}NO_5$ 的能量作为零点的相对值。从图 5 - 18 中可以看到，同反应物比较，产物 $C_{22}H_{27}NO_4+CO$ 的总能量要高 9.33kJ/mol，此反应是一个吸热反应，从热力学角度来说，反应比较难进行。另外，从位能剖面图可以知道，煤分子自燃生成水后的结构通过放热形成中间体 MI_4，MI_4 能够通过能量的积累突破一个较大的位垒（321.57kJ/mol）形成不稳定的 TS_3，TS_3 放出 307.74kJ/mol 能量生成 MI_5，MI_5 可以发生进一步的解离，得到产物 P_1+CO。

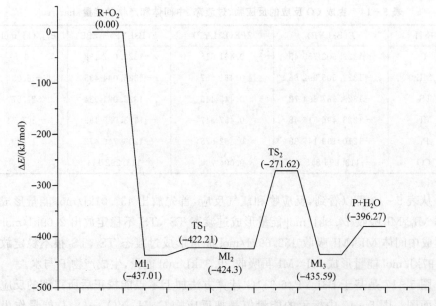

图 5 - 17　经 B3LYP 能量校正后的反应位能剖面示意图

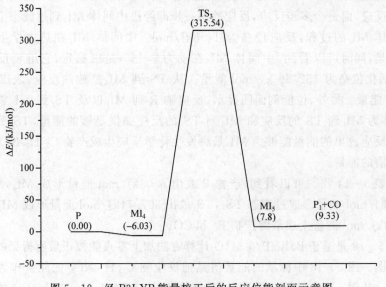

图 5 - 18　经 B3LYP 能量校正后的反应位能剖面示意图

5.6　煤分子氧化自燃生成乙烯反应的计算结果讨论

　　煤分子氧化自燃生成乙烯的反应是氧分子攻击煤分子苯环侧链上的丙烯基团 —C(25)H₂—C(26)H ═C(27)H₂ 中间的 C(25)碳原子,使煤分子苯环侧链上丙

烯基团生成了带酸的基团（—CH₂—COOH）和乙烯。化学反应方程式可用式
（5 - 1）表示。

5.6.1　各驻点几何构型

煤氧化自燃最终生成 C_2H_4 的反应是一个非常复杂的物理化学反应过程，其
分步反应过程用下式表示：

$$R+O_2 \longrightarrow MI_1 \longrightarrow TS \longrightarrow MI_2 \longrightarrow P+C_2H_4$$

煤分子氧化自燃生成乙烯的反应体系，理论计算所得的各反应的微观机理及
优化了的反应物、中间体、过渡态及产物的分子构型及构型参数见图 5 - 19。图
5 - 19 是反应通道涉及的反应物、过渡态、中间体和产物在 B3LYP/6-311G 计算水
平上的优化构型。

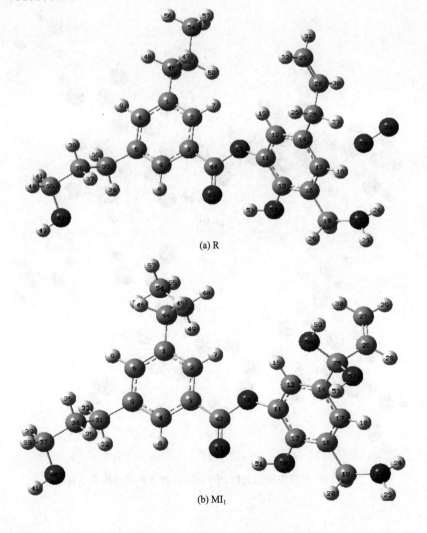

(a) R

(b) MI₁

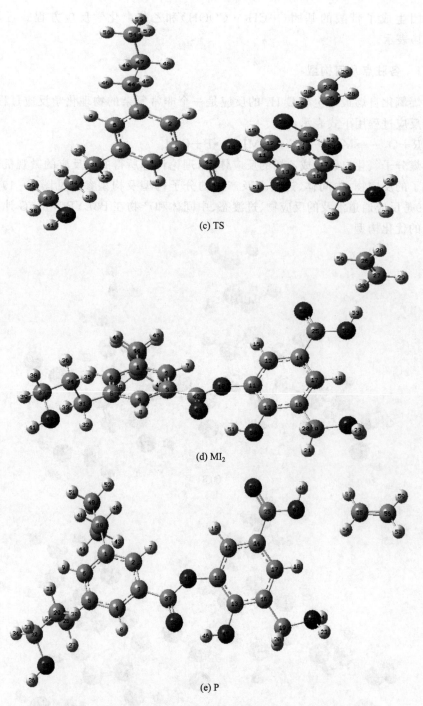

(c) TS

(d) MI₂

(e) P

图 5-19　反应中的反应物、中间体、过渡态和产物构型示意图

　　煤分子氧化自燃生成乙烯的整个反应过程中的反应部位分子结构变化参数见表 5-15。

表 5-15　煤分子氧化自燃生成乙烯反应过程中含丙烯基侧链中间体过渡态结构变化

项目	MI_1	TS	MI_2
R(14,25)	1.5211	1.4614	1.4697
R(25,26)	1.5149	2.1213	3.8891
R(25,58)	1.4475	1.3805	1.2429
R(25,52)	1.4526	1.3679	1.3767
R(26,27)	1.3311	1.3424	1.3352
R(52,53)	0.9753	0.977	0.9815
R(58,59)	0.9746	1.252	2.8729
A(14,25,26)	112.8203	106.296	167.5834
A(14,25,52)	111.1671	114.4795	113.5557
A(14,25,58)	106.9271	121.3852	125.0817
A(25,26,28)	113.6613	112.8542	126.0733
A(25,52,53)	109.0297	108.7906	110.5596
A(25,58,59)	108.413	77.8734	108.6192
A(25,26,27)	124.744	122.8038	85.1934
A(26,25,52)	104.3966	102.5152	58.2411
A(26,25,58)	111.9555	89.5735	63.9161
A(52,25,58)	109.6101	116.2318	121.3626
D(14,25,26,27)	100.6881	19.1001	125.6588
D(14,25,26,28)	−78.5009	−136.381	−0.8898
D(25,26,27,29)	−179.3659	−158.4976	−130.1441
D(25,26,27,30)	0.0433	21.3022	50.8153
D(28,26,25,52)	42.3271	−15.9094	−52.1557
D(28,26,25,58)	160.8215	100.9063	137.9262
D(53,52,25,58)	69.5078	−17.0054	0.275
D(52,25,58,59)	58.2387	106.1	−21.4487

　　根据化学反应机理理论和量子化学计算反应过程可知,在煤的氧化自燃过程中,氧分子攻击煤分子中的侧链基团—C(25)H$_2$—C(26)H=C(27)H$_2$ 中的 C(25)原子,氧分子吸引—C(25)H$_2$ 中的 2 个 H 原子,使得 C(25)H$_2$ 中的 C—H 键变长拉断,并与氧原子形成 O—H 化学键,再经反转等复杂的变化过程,C(25)与—O—

H 基团中的氧相互吸引,生成—C(25)(OH)₂—C(26)H ═C(27)H₂ 基团,从而生成较为稳定的中间体 MI₁。随着能量的积累,化学反应在向产物进行的过程中,—C(25)(OH)₂ 基团中的化学键发生了复杂的变化,形成过渡态 TS。由 MI₁⟶ TS ⟶MI₂ 的变化,由表 5 – 15 计算结果可以看出—C(25)(OH)₂—C(26)H ═ C(27)H₂ 基团的 C(25)—C(26)键长发生了较大的变化。由中间体 MI₁ 到过渡态 TS 再到中间体 MI₂ 的反应过程中,—C(25)O(52)H(53)O(58)H(59)—C(26)H(28)═C(27)H(29)H(30)基团键长都发生了变化。其中 R(14,25)由 1.5211Å 变为 1.4614Å 再变为 1.4697Å;R(25,26)由 1.5149Å 变为 2.1213Å 再变为 3.8891Å;R(25,58)由 1.4475Å 变为 1.3805Å 再变为 1.2429Å;R(25,52)由 1.4526Å 变为 1.3679Å 再变为 1.3767Å;R(58,59)由 0.9746Å 变为 0.252Å 再变为 0.8729Å。其他键长变化不大。

从 MI₁⟶TS ⟶MI₂ 变化过程,—C(25)O(52)H(53)O(58)H(59)—C(26)H(28)═C(27)H(29)H(30)基团的键角发生了以下变化。A(14,25,26)由 112.8203°变为 106.296°,再变为 167.5834°;A(14,25,52)由 111.1671°变为 114.4795°,再变为 113.5557°;A(14,25,58)由 106.9271°变为 121.3852°,再变为 125.0817°;A(25,26,28)由 113.6613°变为 112.8542°,再变为 126.0733°;A(25,52,53)由 109.0297°变为 108.7906°再变为 110.5596°;A(25,58,59)由 108.413°变为 77.8734°再变为 108.6192°;A(25,26,27)由 124.744°变为 122.8038°,再变为 85.1934°;A(26,25,52)由 104.3966°变为 102.5152°,再变为 58.2411°;A(26,25,58)由 111.9555°变为 89.5735°,再变为 63.9161°。从以上的分析可以看出,参加反应基团的键角都发生了较大的变化。

从 MI₁⟶TS ⟶MI₂ 的变化过程,二面角也发生了较大的变化,其中变化较大的二面角有 D(14,25,26,27)由 100.6881°变为 19.1001°变为 125.6588°;D(14,25,26,28)由 −78.5009°变为 −136.381°再变为 −0.8898°;D(25,26,27,30)由 0.0433°变为 21.3022°变为 50.8153°;D(28,26,25,52)由 42.3271°变为 −15.9094°再变为 −52.1557°;D(28,26,25,58)由 160.8215°变为 100.9063°再变为 137.9262°;D(53,52,25,58)由 69.5078°变为 −17.0054°再变为 0.275°;D(52,25,58,59)由 58.2387°变为 106.1°再变为 −21.4487°。从以上的变化可以看出,反应基团在整个反应过程中,发生了较大的旋转。

从计算数据可以看出,—C(25)H₂—C(26)H ═C(27)H₂ 基团中的 C—C 键变长,向有利于生成乙烯的方向发展。在 B3LYP/6-311G 水平下对 TS 的结构进行优化,从优化结果来看,—C(25)O(58)H(59)基团中的—O(58)—H(59)基团中的氢向基团—C(26)H ═C(27)H₂ 方向摆动,正在向生成 C₂H₄ 的方向发展。沿摆动方向有且仅有一个大的虚频为 2255.08i cm⁻¹。

对化学反应生成的中间体 MI₁、MI₂ 和过渡态 TS 的几何结构进行全优化,MI₁

和 MI_2 没有虚频,TS 有且只有一个虚频为 $2255.08 icm^{-1}$,证明了化学反应生成的中间体和过渡态是正确的。

5.6.2　IRC 反应路径分析

对反应通道分别进行 IRC 路径分析,采用密度泛函理论,在 B3LYP/6-311G 方法水平上计算,以鞍点(saddle point)为中心,步长为 0.05 Bohr/S,分别向前向后寻找 50 个点。其结果表明在各个反应过程中,苯环侧链上丙烯基团各原子间键长、键角和二面角的变化及化学键的断裂和形成与机理分析相一致,通过分析和对各驻点的几何构形的全参数优化,进一步证实所找的中间体和过渡态是正确的,也证明了煤氧化自燃生成乙烯的反应通道是合理的。反应过程中位能沿反应坐标(IRC)的变化如图 5-20 所示,从位能图中容易看出在反应进程形成过渡态 TS 时,体系的能量最高,这也从侧面说明了反应过渡态的真实性。

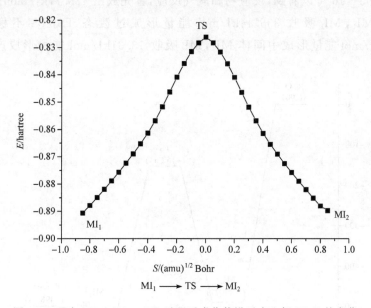

图 5-20　由 $MI_1 \to TS_1 \to MI_2$ 过程反应位能沿反应坐标(IRC)的变化

5.6.3　反应位垒的计算

表 5-16 列出了由 B3LYP/6-311G 基组水平上计算所得的反应物、中间体、过渡态和产物的能量、零点能以及考虑零点能校正后的能量 E,同时还列出了以 $C_{23}H_{29}NO_4 + O_2$ 的能量为参比的中间体、过渡态和产物的相对能量 E_{rel},根据相对能量 E_{rel} 的值,分别计算出了反应通道的控制步骤反应活化能。

表 5 - 16　反应的反应物、过渡态、中间体和产物总能量/hartree

项目	E(B3LYP)	ZPE(B3LYP)	$E+$ZPE	E_{rel}/(kJ/mol)
R	−1249.511 518 69	0.480 887	−1249.030 632	0
O_2	−150.259 126 81	0.003 273	−150.255 854	0
MI_1	−1399.946 227 08	0.473 577	−1399.472 650	−488.77
TS_1	−1399.825 449 12	0.480 827	−1399.344 622	336.14
MI_2	−1399.967 614 13	0.486 156	−1399.481 458	−359.26
P	−1321.369 423 57	0.433 639	−1320.935 785	13.31
C_2H_4	−78.591 776 63	0.051 175	−78.540 602	13.31

　　从表 5 - 16 可以看到,反应物和氧气反应,首先放出 488.77kJ/mol 能量形成中间体 MI_1,MI_1 吸收 336.14kJ/mol 能量形成过渡态 TS,TS 不稳定放出 359.26kJ/mol 能量形成中间体 MI_2,MI_2 吸收 13.31kJ/mol 能量形成产物 P 与乙烯。

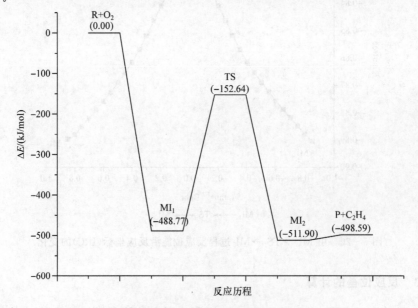

图 5 - 21　经 B3LYP 能量校正后的反应位能剖面示意图

　　图 5 - 21 是基于 B3LYP/6-311G 计算方法加上零点能校正后所得到的反应位能剖面图。图 5 - 21 中标示的能量值是把反应物 $C_{23}H_{29}NO_4+O_2$ 总能量作为零点的相对值。从图 5 - 21 中容易看出,生成产物 $C_{21}H_{25}NO_6+C_2H_4$ 的反应

经过中间体 MI$_1$ 到过渡态 TS 再到达中间体 MI$_2$ 的过程,反应位垒为 336.14 kJ/mol。中间体 MI$_2$ 在热力学上是稳定的。但是,同时可以看到,中间体 MI$_2$ 在动力学上不是很稳定,它继续反应生成产物 C$_{21}$H$_{25}$NO$_6$＋C$_2$H$_4$ 的活化位垒为 13.31kJ/mol 能量。另外,位能剖面图显示,反应物 R 到 MI$_1$ 放出的热能,能够为 MI$_1$ 到 TS 的反应提供足够的能量,所以煤氧化自燃生成乙烯的反应通道是正确的。

5.7　煤分子氧化自燃生成水反应的计算结果讨论

煤分子氧化自燃生成水的反应是氧分子攻击煤分子苯环侧链上的伯胺基团 —C(29)H$_2$—N(22)H$_2$ 中间的 N(22)原子,使煤分子苯环侧链上伯胺基团生成了基团—CH$_2$—N＝O 和水。化学反应方程式可用式(5-7)表示。

5.7.1　各驻点几何构型

煤氧化自燃最终生成 C$_{23}$H$_{27}$NO$_5$ 和水的反应是一个非常复杂的物理化学反应过程,其分步反应过程用下式表示:

$$R+O_2 \longrightarrow MI_1 \longrightarrow TS_1 \longrightarrow MI_2 \longrightarrow TS_2 \longrightarrow MI_3 \longrightarrow P+H_2O$$

煤分子氧化自燃生成水的反应体系,理论计算所得的各反应的微观机理及优化了的反应物、中间体、过渡态及产物的分子构型及构型参数见图 5-22。

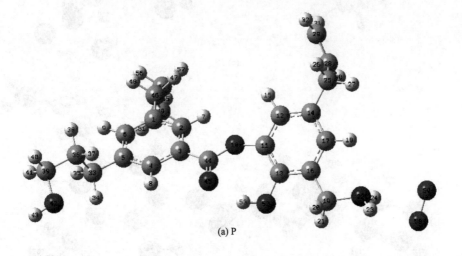

(a) P

为达到活化 MI 构型需 $\Rightarrow$ TS 能量比中间体 MI$_1$ 初始 MI$_1$ 内反应活化位垒为 394. 1

kJ·mol，说明其反应为放热过程，其值 [略] 可看 [略]，如图中看到

[略] 过渡态构型需吸收大 [略] 对比 [略]，均可 M$_1$ 反应在此过程中无需吸

收 51kJ·mol。依据 [略] 方程计算活化 [略]，因此上升 MI 阶段其产物，此过

程 MI$_2$ 到 TS$_1$ [略] 中间体 [略]，该产物更稳定，MI$_2$ 到 TS$_1$ [略] 反应放出更多

的能。

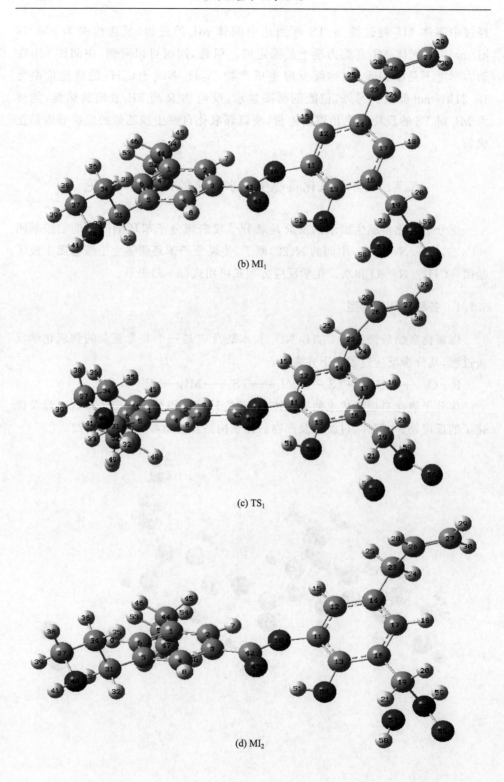

(b) MI$_1$

(c) TS$_1$

(d) MI$_2$

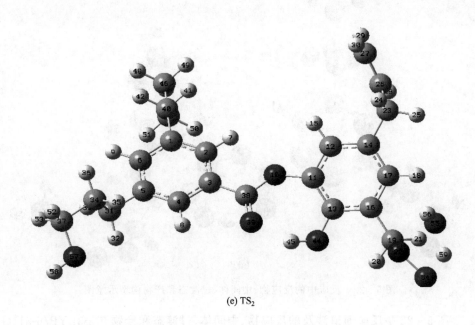

(e) TS₂

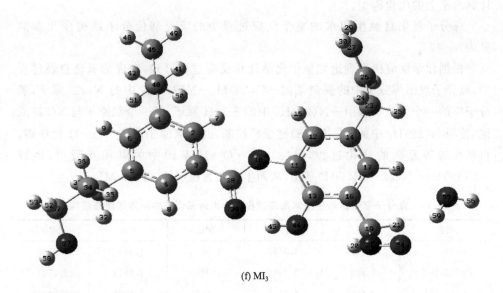

(f) MI₃

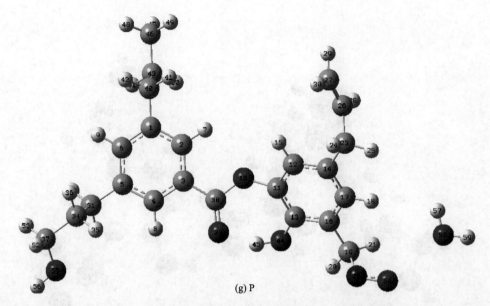

(g) P

图 5 - 22　反应中的反应物、中间体、过渡态和产物构型示意图

图 5 - 22 是反应通道涉及的反应物、中间体、过渡态和产物在 B3LYP/6-311G 计算水平上的优化构型。

煤分子氧化自燃生成水的整个反应过程中的反应部位分子结构变化参数见表 5-17。

根据化学反应机理理论和量子化学计算反应过程可知,在煤的氧化自燃过程中,氧分子攻击煤分子中的侧链基团—C(19)H$_2$—N(22)H$_2$ 中的 N(22)原子,氧分子中的一个氧原子吸引—N(22)H$_2$ 中的 1 个 H 原子,另一个氧原子与 N(22)成键,使得 N(22)H$_2$ 中的 N—H(58)键变长拉断,并与氧原子形成—O—H 化学键,再经反转等复杂的变化过程,N(22)与—O—H 基团中的氧相互吸引,生成—C(19)H$_2$—N(22)OH(OH)基团,从而生成较为稳定的中间体 MI$_1$。

表 5 - 17　煤分子氧化自燃生成水反应过程中含丙烯基侧链中间体过渡态结构变化

项目	MI$_1$	TS$_1$	MI$_2$	TS$_2$	MI$_3$
R(19,22)	1.5313	1.5189	1.5255	1.4887	1.5133
R(22,56)	1.318	1.2985	1.3250	1.3973	1.2501
R(22,57)	1.6065	1.6715	1.5966	1.8554	3.5407
R(57,58)	0.9837	0.9842	0.9818	0.9772	0.96862
R(22,59)	1.0256	1.0304	1.0325	1.7683	2.7854
A(16,19,22)	115.3173	111.8689	113.8593	112.3351	107.0936

续表

项目	MI₁	TS₁	MI₂	TS₂	MI₃
A(19,22,56)	112.7334	115.807	113.5675	109.3459	114.127
A(19,22,57)	106.8266	101.3529	106.0436	105.1034	68.6996
A(19,22,59)	111.5036	111.498	111.3286	118.8708	79.0975
A(20,19,22)	103.9788	104.333	103.7164	102.8568	105.1619
A(21,19,22)	103.0112	105.093	104.1269	108.8504	109.7394
A(56,22,59)	115.1346	114.8711	115.0591	44.833	36.5733
A(56,22,57)	115.3983	111.8643	113.9037	84.903	47.8888
A(22,57,58)	103.2983	105.4576	100.1091	108.3837	137.8776
D(16,19,22,56)	−171.1191	169.0704	−175.7865	−166.0527	−109.7494
D(16,19,22,57)	−43.345	−69.6635	−49.953	−76.2115	−94.17
D(16,19,22,59)	57.5771	35.2368	52.424	−117.7117	−98.9881
D(20,19,22,56)	65.7291	47.5718	61.9189	75.6324	133.1126
D(20,19,22,57)	−166.4968	168.8378	−172.2476	165.4735	148.6921
D(20,19,22,59)	−65.5747	−86.2619	−69.8707	123.9733	143.874
D(21,19,22,56)	−48.307	−68.8786	−52.9148	−39.4902	11.5756
D(21,19,22,57)	79.4671	52.3875	72.9187	50.3509	27.1551
D(21,19,22,59)	−179.6109	157.2878	175.2957	8.8508	22.337
D(19,22,57,58)	−55.9711	104.9801	−88.5532	130.6294	−107.8989
D(58,57,22,56)	70.2225	−131.0324	37.0748	−120.6827	52.8074
D(58,57,22,59)	−169.7173	−9.3419	157.466	−112.4016	47.3895

随着能量的积累,化学反应在向产物进行的过程中,—N(22)OH(OH)基团中的化学键发生了复杂的变化,形成过渡态 TS₁。由 MI₁──→TS₁──→MI₂ 的变化,由表 5-17 计算结果可以看出—N(22)OH(OH)基团的 N(22)—O(57)、N(22)—H(59)键长发生了较大的变化,其中 R(22,57)由 1.6065Å 变为 1.6715Å,再变为1.5966Å;R(22,59)由 1.0256Å 变为 1.0304Å,再变为 1.0325Å。中间体过渡态键长的变化经历了一个变化过程,是一个由较为稳定的中间体到不稳定的过渡态再到较为稳定中间体的变化过程,其他的键长变化不大。

键角 A(16,19,22)由 115.3173°变为 111.8689°,再变为 113.8593°;A(19,22,56)由 112.7334°变为 115.807°,再变为 113.5675°;A(19,22,57)由 106.8266°变为 101.3529°,再变为 106.0436°;A(19,22,59)由 111.5036°变为 111.498°,再变为 111.3286°;A(20,19,22)由 103.9788°变为 104.333°,再变为 103.7164°;A(21,19,22)由 103.0112°变为 105.093°,再变为 104.1269°;A(56,22,59)由 115.1346°变为

114.8711°,再变为 115.0591°;A(56,22,57)由 115.3983°变为 111.8643°,再变为 113.9037°;A(22,57,58)由 103.2983°变为 105.4576°,再变为 100.1091°。其中, 键角 A(16,19,22)和键角 A(19,22,56)的变化较大。

二面角也发生了较大的变化,其中变化较大的二面角有 D(16,19,22,56)由 −171.1191°变为 169.0704°,再变为 −175.7865°;D(58,57,22,59)由 −169.7173° 变为 −9.3419°,再变为 157.466°;D(21,19,22,59)由 −179.6109°变为 157.2878°, 再变为 175.2957°;D(20,19,22,57)由 −166.4968°变为 168.8378°,再变为 −172.2476°;D(19,22,57,58)由 −55.9711°变为 104.9801°,再变为 −88.5532°。

从计算数据可以看出,—N(22)OH(OH)基团中的 N—H 键变长,向有利于 生成水的方向发展。在 B3LYP/6-311G 水平下对 TS_1 的结构进行优化,从优化结 果来看,—N(22)OH(OH)基团中的氢向—O(57)H(58)基团的摆动,使得 —O(57)H(58)基团中的 O(58)与 H(59)的距离缩短,这说明基团—O(57)H(58) 正在向生成 H_2O 的方向发展。沿摆动方向有且仅有一个大的虚频 为 317.339icm^{-1}。

从中间体 MI_2 到过渡态 TS_2 有较大的变化,—N(22)OH(OH)基团中的一个 R(22,59)N—H 键长由 1.0325Å 变为 1.7683Å,N 与 H 断开。另一个 R(22,57) N—O 键的键长由 1.5966Å 变为 1.8554Å,H 向—OH 方向移动,向生成水的方向 发展。从 B3LYP/6-311G 水平上对 TS_2 的优化结果来看,H 向基团—OH 方向摆 动,有且仅有一个大的虚频为 1880.68icm^{-1}。

从过渡态 TS_2 到中间体 MI_3 的变化来看,H 与—O—H 基团结合形成化学键 H—O—H,从而形成较为稳定的中间体 MI_3。MI_3 继续反应生成产物 P 与水。

对化学反应生成的中间体 MI_1、MI_2、MI_3 和过渡态 TS_1、TS_2 的几何结构进行 全优化,MI_1、MI_2 和 MI_3 没有虚频,TS_1 和 TS_2 各有且只有一个虚频,分别为 317.339icm^{-1} 和 1880.68icm^{-1},证明了化学反应生成的中间体和过渡态是正 确的。

5.7.2　IRC 反应路径分析

对反应通道分别进行 IRC 路径分析,采用密度泛函理论,B3LYP/6-311G 方 法,以鞍点(saddle point)为中心,步长为 0.05 Bohr/S,分别向前向后寻找 50 个 点。其结果表明在各个反应过程中,苯环侧链上伯胺基基团各原子间键长、键角和 二面角的变化及化学键的断裂和形成与机理分析一致,通过能量分析和对各驻 点的几何构形的全参数优化,进一步证实所找的中间体和过渡态是正确的,也证明 了煤氧化自燃生成水的反应通道是合理的。反应过程中位能沿反应坐标(IRC)的 变化如图 5-23 和图 5-24 所示,从位能图中容易看出在反应进程形成过渡态 TS_1 和 TS_2 时,体系的能量最高,这从侧面说明了反应过渡态的真实性。

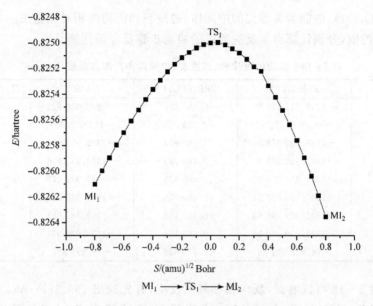

图 5 - 23　MI$_1$→TS$_1$→MI$_2$ 过程反应位能沿反应坐标(IRC)的变化

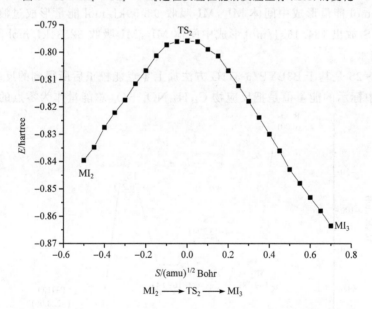

图 5 - 24　MI$_2$──→TS$_2$──→MI$_3$ 过程反应位能沿反应坐标(IRC)的变化

5.7.3　反应位垒的计算

表 5-18 列出了由 B3LYP/6-311G 基组水平上计算所得的反应物、中间体、过渡态和产物的能量、零点能以及考虑零点能校正后的能量(E),同时还列出了以

$C_{23}H_{29}NO_4 + O_2$ 的能量为参比的中间体、过渡态和产物的相对能量 E_{rel}，根据相对能量 E_{rel} 的值，分别计算出了反应通道的控制步骤反应活化能。

表 5-18　反应的反应物、过渡态、中间体和产物总能量/hartree

项目	E(B3LYP)	ZPE(B3LYP)	E+ZPE	$E_{rel}/(kJ/mol)$
R	−1249.511 518 69	0.480 887	−1249.030 632	0
O_2	−150.259 126 81	0.003 273	−150.255 854	0
MI_1	−1399.839 673 24	0.488 972	−1399.351 001	−169.38
TS_1	−1399.824 988 32	0.486 993	−1399.337 996	34.14
MI_2	−1399.839 610 09	0.488 439	−1399.351 172	−34.59
TS_2	−1399.795 882 35	0.480 358	−1399.315 524	93.59
MI_3	−1399.869 798 95	0.484 132	−1399.385 667	−184.16
P	−1323.438 202 36	0.460 134	−1322.978 069	32.34
H_2O	−76.415 928 88	0.020 648	−76.395 281	32.34

从表 5-18 可以看到，反应物和氧气反应，首先放出 169.38kJ/mol 能量形成中间体 MI_1，MI_1 吸收 34.14kJ/mol 能量形成过渡态 TS_1，TS_1 不稳定放出 34.59kJ/mol 能量形成中间体 MI_2，MI_2 吸收 93.59kJ/mol 能量形成过渡态 TS_2，过渡态 TS_2 放出 184.16kJ/mol 形成中间体 MI_3，MI_3 吸收 32.34kJ/mol 能量产生产物 P 与水。

图 5-25 是基于 B3LYP/6-311G 方法加上零点能校正后所得到的反应位能剖面图，图中标示的能量值是把反应物 $C_{23}H_{29}NO_4 + O_2$ 总能量作为零点的相对值。

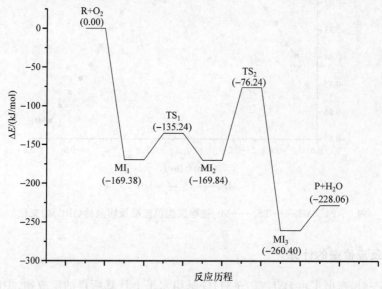

图 5-25　经 B3LYP 能量校正后的反应位能剖面示意图

从图中容易看出，生成产物 $C_{23}H_{27}NO_5 + H_2O$ 的反应经过中间体 MI_1 到过渡态 TS_1 再到达中间体 MI_2 的过程，反应位垒为 34.14kJ/mol。中间体 MI_2 在热力学上是稳定的。但是，同时可以看到，中间体 MI_2 在动力学上不是很稳定，它继续反应生成中间体 MI_3 的反应位垒为 93.59 kJ/mol，MI_3 生成产物 $C_{23}H_{27}NO_5 + H_2O$ 的活化位垒为 32.34kJ/mol 能量。另外，位能剖面图显示，反应物 R 到 MI_1 放出的热能，能够为 MI_1 到 TS_1 的反应提供足够的能量，所以煤氧化自燃生成水的反应通道是正确的。

5.8　通道间竞争性的讨论

从反应物开始，共得到 5 种能量上可行产物，分别是 $C_{23}H_{27}NO_5$ 和 H_2O、$C_{21}H_{25}NO_6$ 和 C_2H_4、$C_{22}H_{25}NO_6$ 和 CH_4、$C_{22}H_{27}NO_3$ 和 CO_2、$C_{22}H_{27}NO_4$ 和 CO，下面分别就生成这些产物的反应通道与机理进行讨论。

$$R + O_2 \longrightarrow MI_1 \longrightarrow TS_1 \longrightarrow MI_2 \longrightarrow TS_2 \longrightarrow MI_3 \longrightarrow P + CH_4$$
$$R + O_2 \longrightarrow MI_1 \longrightarrow TS_1 \longrightarrow MI_2 \longrightarrow TS_2 \longrightarrow MI_3 \longrightarrow P + H_2O \longrightarrow TS_3 \longrightarrow$$
$$MI_4 \longrightarrow TS_4 \longrightarrow MI_5 \longrightarrow P_1 + CO_2$$
$$R + O_2 \longrightarrow MI_1 \longrightarrow TS_1 \longrightarrow MI_2 \longrightarrow TS_2 \longrightarrow MI_3 \longrightarrow P + H_2O \longrightarrow MI_4 \longrightarrow$$
$$TS_3 \longrightarrow MI_5 \longrightarrow P_1 + CO$$
$$R + O_2 \longrightarrow MI_1 \longrightarrow TS \longrightarrow MI_2 \longrightarrow P + C_2H_4$$
$$R + O_2 \longrightarrow MI_1 \longrightarrow TS_1 \longrightarrow MI_2 \longrightarrow TS_2 \longrightarrow MI_3 \longrightarrow P + H_2O$$

煤氧化自燃各反应过程的位垒即各反应通道位垒见表 5-19。

表 5-19　各反应通道位垒（单位：kJ/mol）

项目	$MI_1 \longrightarrow TS_1$	$MI_2 \longrightarrow TS_2$	$P \longrightarrow TS_3$	$MI_3 \longrightarrow TS_4$
生成 $P + CH_4$ 通道	16.60	334.20	—	—
生成 $P + H_2O + CO_2$ 通道	38.01	137.65	50.16	302.30
生成 $P + H_2O + CO$ 通道	14.8	152.69	—	321.57
生成 $P + C_2H_4$ 通道	336.14			
生成 $P + H_2O$ 通道	34.14	93.59	—	—

从表 5-19 可以看出，煤氧化自燃过程中，煤分子与氧分子发生化学反应生成 $P + H_2O$ 通道越过的最大位垒是 93.59 kJ/mol。生成 $P + H_2O + CO_2$ 通道中，生成 H_2O 的最大位垒是 137.65 kJ/mol，生成 CO_2 的最大位垒是 302.3 kJ/mol。生成 $P + H_2O + CO$ 通道中，生成 H_2O 的最大位垒是 152.69 kJ/mol，生成 CO 的位垒是 321.57kJ/mol。生成 $P + CH_4$ 通道的最大位垒是 334.20 kJ/mol。生成 P+

C_2H_4 通道位垒是 336.14 kJ/mol。在煤的氧化自燃过程中，各反应通道的优先顺序为

生成 P+H_2O 通道＞生成 P+H_2O+CO_2 通道＞生成 P+H_2O+CO 通道＞生成 P+CH_4 通道＞生成 P+C_2H_4 通道。

根据通道的优先顺序，可知煤分子结构各基团的活泼顺序为

—C(19)H_2—N(22)H_2＞—C(33)H_2—C(36)H_2—C(39)H_2OH＞—C(46)H_2—C(49)H_2—C(54)H_3＞—C(25)H_2C(28)H＝C(29)H_2。

为了直观起见将各通道反应能级进行比较作图，如图 5-26 所示。

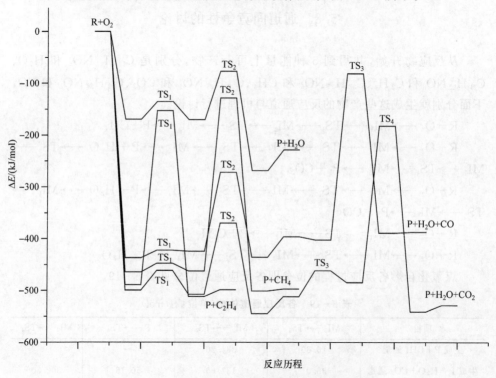

图 5-26　煤氧化自燃过程中各通道反应能级比较图

5.9　煤氧化自燃机理结论

采用密度泛函理论(DFT)在 B3LYP/6-311G 水平下对反应物、产物、中间体和过渡态分子进行几何优化，计算了反应各驻点的振动频率，并通过振动分析，确认所得到的每一个过渡态的真实性。获得了零点振动能(ZPE)，并在同一水平下进行了内禀反应坐标(IRC)计算，讨论反应沿极小能量途径相互作用的分子间结构和位能的变化，由此确定过渡态结构和反应物、中间体、产物之间的正确连接，研

究了煤有机大分子氧化自燃的反应机理。应用量子化学理论和红外光谱技术对煤氧化自燃反应进行研究,得出以下结论。

5.9.1　建立了煤氧化自燃机理模型

根据煤有机大分子与氧分子发生氧化自燃反应生成 CH_4、CO_2、CO、C_2H_4 和 H_2O 等气体产物,应用化学反应机理理论和量子化学理论建立煤氧化自燃的整个过程的机理模型为

$$R+O_2 \longrightarrow MI_1 \longrightarrow TS_1 \longrightarrow MI_2 \longrightarrow TS_2 \longrightarrow MI_3 \longrightarrow P+CH_4$$

$$R+O_2 \longrightarrow MI_1 \longrightarrow TS_1 \longrightarrow MI_2 \longrightarrow TS_2 \longrightarrow MI_3 \longrightarrow P+H_2O \longrightarrow TS_3 \longrightarrow$$
$$MI_4 \longrightarrow TS_4 \longrightarrow MI_5 \longrightarrow P_1+CO_2$$

$$R+O_2 \longrightarrow MI_1 \longrightarrow TS_1 \longrightarrow MI_2 \longrightarrow TS_2 \longrightarrow MI_3 \longrightarrow P+H_2O \longrightarrow MI_4 \longrightarrow$$
$$TS_3 \longrightarrow MI_5 \longrightarrow P_1+CO$$

$$R+O_2 \longrightarrow MI_1 \longrightarrow TS \longrightarrow MI_2 \longrightarrow P+C_2H_4$$

$$R+O_2 \longrightarrow MI_1 \longrightarrow TS_1 \longrightarrow MI_2 \longrightarrow TS_2 \longrightarrow MI_3 \longrightarrow P+H_2O$$

5.9.2　煤的氧化自燃是一个分步式的自发反应

煤与氧发生氧化自燃的化学反应的过程中,由于反应物的总能量大于过渡态的能量,所以煤的氧化自燃是一个自发反应。以生成 CH_4 的反应为例,反应途径不是基元反应,而是一个分步反应。反应经过中间体 MI_1 到过渡态 TS_1 再到达中间体 MI_2,反应位垒为 16.6 kJ/mol。中间体 MI_2 在热力学性质上是稳定的,它比反应物的能量还低 462.49 kJ/mol。但中间体 MI_2 在动力学上不是很稳定,它继续反应生成过渡态 TS_2,TS_2 的活化位垒为 334.2 kJ/mol。从 TS_2 到 MI_3 是放热反应,放出 372.3 kJ/mol 能量。反应物 R 到 MI_1 以及 TS_1 到 MI_2 放出的热能,能够为 MI_1 到 TS_1 的反应和 MI_2 到 TS_2 的反应提供足够的能量,TS_2 到 MI_3 发生化学反应放出的能量能够为 MI_3 最终发生化学反应生成产物 $C_{22}H_{25}NO_6+CH_4$ 提供所需的能量。

5.9.3　量子化学理论计算得到煤分子结构中侧链基团活性顺序

比较 5 条反应通道化学反应的活化位垒,在煤的氧化自燃过程中,煤分子与氧分子发生化学反应生成 $P+H_2O$ 通道越过的最大位垒是 93.59 kJ/mol。生成 $P+H_2O+CO_2$ 通道中,生成 H_2O 的最大位垒是 137.65 kJ/mol,生成 CO_2 的最大位垒是 302.3 kJ/mol。生成 $P+H_2O+CO$ 通道中,生成 H_2O 的最大位垒是 152.69 kJ/mol,生成 CO 的位垒是 321.57kJ/mol。生成 $P+CH_4$ 通道的最大位垒是 334.20 kJ/mol。生成 $P+C_2H_4$ 通道的位垒是 336.14 kJ/mol。在煤的氧化自燃过程中,各反应通道的优先顺序为:

生成 $P+H_2O$ 通道＞生成 $P+H_2O+CO_2$ 通道＞生成 $P+H_2O+CO$ 通道＞生成 $P+CH_4$ 通道＞生成 $P+C_2H_4$ 通道。根据反应通道的优先顺序,可知煤分子结构各基团的活泼顺序为:

$-C(19)H_2-N(22)H_2＞-C(33)H_2-C(36)H_2-C(39)H_2OH＞-C(46)H_2-C(49)H_2-C(54)H_3＞-C(25)H_2C(28)H=C(29)H_2$。

以上的理论计算结果与煤氧化自燃生成气体的红外光谱实验研究相一致。

5.9.4　煤氧化自燃热量的来源与积聚

热量的来源与积聚煤在受采动等外力的作用下,煤体破碎形成散体煤,氧气通过散体煤的孔隙扩散到散体煤的表面发生等温吸附反应并放出热量。根据量子化学理论计算结果可知,从煤吸附氧气开始到生成第一个中间体所放出的热量大于整个煤的氧化自燃反应过程所需能量。同时由于空气中的水分子与散体煤表面及孔隙发生湿润现象生成液体膜,煤中的无机盐发生溶解现象放出热量。在蓄热环境好的条件下,散体煤局部的温度逐渐升高,当能量积累到一定程度就能使氧与煤分子的官能团发生氧化反应。所以,从煤吸附氧开始到生成第一个中间体所放出的热量和溶解热是煤自燃发生的源动力。

参 考 文 献

[1]　林梦海.量子化学计算方法与应用.北京:科学出版社,2004.
[2]　魏运洋,李建.化学反应机理理论.北京:科学出版社,2004.

第6章 煤结构中低分子化合物氧化自燃的反应机理

6.1 引 言

煤有机质的整体是由大分子骨架结构同其中分布的一定数量的低分子化合物共同构成的,但由于煤大分子结构在整个煤有机结构中的主导地位,长期以来,有关煤结构性质的研究也常常集中在探讨煤大分子基本结构单元的结构及连接其基本结构单元的化学键性质这一问题上。而对于煤中低分子化合物的结构、性质和存在形态及其在煤整体结构中的地位的研究则尚未引起人们的足够重视。

煤中低分子化合物主要是指游离或镶嵌于煤大分子主体结构中的一些相对分子质量小于 500 的有机化合物,包括含氧化合物和烃类。它们的来源是成煤植物成分(如树脂、树蜡、萜烯、菌醇)以及成煤过程中形成的未参加进一步缩聚的化合物等。初步研究结果表明,这部分低分子化合物在除高阶煤外的其他煤中所占的质量百分比远远超过人们以往的估计,甚至有人认为,在褐煤和低阶煤中它们要占煤总重量的 10%～23%左右[1]。低分子化合物大体上是均匀嵌布在煤的整体结构中的。有人认为是被吸附在煤的孔隙中,也有人认为是形成固体和"溶液"。有机大分子的与低分子化合物的结合力有氢键力、范德华力和电子给予-接受结合力等。上述几种力叠加起来比较可观,再加上孔隙结构的空间阻碍,故部分低分子化合物很难抽提,甚至在不发生化学变化的条件下根本不能完全抽提出来。煤中低分子化合物对煤的氧化自燃过程中所起的作用以及化学反应机理,还没有人做过研究。

由于这几种物质结构相似,自燃机理相同,所以本节的主要研究以下 4 个方面:①在煤的氧化自燃过程中,煤中低分子化合物酮类物质的自燃机理研究;②煤中低分子化合物酸类物质的自燃机理研究;③煤中低分子化合物醇类物质的自燃机理研究;④煤中低分子化合物烃类物质的自燃机理研究。

6.2 研究和计算方法

本章应用量子化学理论和计算方法研究煤中低分子化合物的自燃机理。首先采用量子化学密度泛函(DFT)理论计算方法,优化得到煤中低分子化合物的分子构型;根据分子前沿轨道理论,分析低分子化合物的电荷密度,找出低分子化合物在发生氧化自燃反应过程中容易受到氧分子攻击的部位;再根据化学反应机理理论,确定煤在氧化自燃过程中的化学反应方程式;通过量子化学计算分析各条反应通道,得到不同反应通道中间体、过渡态、产物的结构变化,对各反应通道进行 IRC 路径分析并计算反应位垒,得到各条反应通道的优先顺序。最终形成完整的煤中低分子化合物发生氧化自燃反应的反应机理。

全部计算应用 Gaussian03 程序完成。采用密度泛函(DFT)在 B3LYP/6-311G 水平上对反应物、产物、中间体和过渡态分子进行几何优化,计算反应各驻点的振动频率,并通过振动分析,确认所得的每一个过渡态的真实性。获得零点振动能(ZPE),并在同一水平下进行内禀反应坐标(IRC)计算,讨论反应沿极小能量途径相互作用分子间结构和位能的变化,由此确定过渡态结构和反应物、中间体、产物之间的正确连接。全部计算工作在 PC 机上完成。在以下的论述中,R 表示反应物,MI 表示反应生成的中间体,TS 表示过渡态,P 表示产物。

6.3　烷烃类低分子化合物自燃反应机理

在组成煤的低分子化合物中,化学成分主要包括两大类,一类为各种烃类,另一类为含氧化合物。存在 C 原子数从 $C_1 \sim C_{30}$ 的烃类物质,有各种脂肪烃类,包括烷烃、长链烯烃、脂环烃和 $1 \sim 6$ 个环的芳烃等烃类物质。在低分子化合物中烃类物质所占的比例最大,但在现有的研究中没有明确的数据。烃类物质作为低分子化合物的重要组成部分,对烃类物质的化学反应过程及化学反应机理做深入的研究,对研究煤的氧化自燃机理,具有非常重要的意义。

6.3.1　戊烷分子的几何构型

采用量子化学密度泛函(DFT)理论计算方法,在 B3LYP/6-311G 计算水平上,对戊烷分子的化学基本结构单元进行优化,得到了分子构型参数(键长、键角及二面角)和振动频率。所有计算均由 Gaussian03 完成。基于氧化反应煤分子化学基本结构单元的建立由 Gauss View 完成。经全优化计算得到戊烷分子化学基本结构单元的平衡几何构型如图 6-1 所示,键长、键角及二面角见表 6-1、表 6-2 和表 6-3。

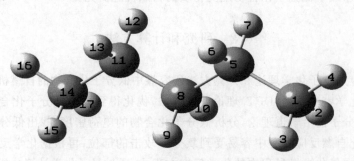

图 6-1　戊烷分子的几何构型

表 6 - 1　戊烷分子键长

序号	原子关系	键长/Å	序号	原子关系	键长/Å
R1	R(1,2)	1.0932	R9	R(8,10)	1.0968
R2	R(1,3)	1.0932	R10	R(8,11)	1.5383
R3	R(1,4)	1.0923	R11	R(11,12)	1.0957
R4	R(1,5)	1.5362	R12	R(11,13)	1.0957
R5	R(5,6)	1.0957	R13	R(11,14)	1.5362
R6	R(5,7)	1.0957	R14	R(14,15)	1.0932
R7	R(5,8)	1.5383	R15	R(14,16)	1.0923
R8	R(8,9)	1.0968	R16	R(14,17)	1.0932

表 6 - 2　戊烷分子键角

序号	原子关系	键角/(°)	序号	原子关系	键角/(°)
A1	A(2,1,3)	107.6192	A16	A(9,8,10)	106.1457
A2	A(2,1,4)	107.7402	A17	A(9,8,11)	109.1874
A3	A(2,1,5)	111.0682	A18	A(10,8,11)	109.1873
A4	A(3,1,4)	107.7404	A19	A(8,11,12)	109.135
A5	A(3,1,5)	111.0685	A20	A(8,11,13)	109.1349
A6	A(4,1,5)	111.4302	A21	A(8,11,14)	113.2277
A7	A(1,5,6)	109.4662	A22	A(12,11,13)	106.1663
A8	A(1,5,7)	109.4663	A23	A(12,11,14)	109.4663
A9	A(1,5,8)	113.2277	A24	A(13,11,14)	109.4662
A10	A(6,5,7)	106.1663	A25	A(11,14,15)	111.0684
A11	A(6,5,8)	109.1351	A26	A(11,14,16)	111.4302
A12	A(7,5,8)	109.1349	A27	A(11,14,17)	111.0684
A13	A(5,8,9)	109.1875	A28	A(15,14,16)	107.7403
A14	A(5,8,10)	109.1871	A29	A(15,14,17)	107.6192
A15	A(5,8,11)	113.6725	A30	A(16,14,17)	107.7403

表 6 - 3　戊烷分子二面角

序号	原子关系	二面角/(°)	序号	原子关系	二面角/(°)
D1	D(2,1,5,6)	−178.1307	D4	D(3,1,5,6)	62.1327
D2	D(2,1,5,7)	−62.1453	D5	D(3,1,5,7)	178.118
D3	D(2,1,5,8)	59.8619	D6	D(3,1,5,8)	−59.8747

续表

序号	原子关系	二面角/(°)	序号	原子关系	二面角/(°)
D7	D(4,1,5,6)	−57.9992	D22	D(9,8,11,12)	179.9814
D8	D(4,1,5,7)	57.9862	D23	D(9,8,11,13)	64.3659
D9	D(4,1,5,8)	179.9934	D24	D(9,8,11,14)	−57.8263
D10	D(1,5,8,9)	57.8212	D25	D(10,8,11,12)	−64.37
D11	D(1,5,8,10)	−57.8274	D26	D(10,8,11,13)	−179.9855
D12	D(1,5,8,11)	−180.0029	D27	D(10,8,11,14)	57.8223
D13	D(6,5,8,9)	−64.371	D28	D(8,11,14,15)	59.8674
D14	D(6,5,8,10)	179.9803	D29	D(8,11,14,16)	−180.001
D15	D(6,5,8,11)	57.8048	D30	D(8,11,14,17)	−59.8693
D16	D(7,5,8,9)	−179.9865	D31	D(12,11,14,15)	−178.1253
D17	D(7,5,8,10)	64.3648	D32	D(12,11,14,16)	−57.9936
D18	D(7,5,8,11)	−57.8107	D33	D(12,11,14,17)	62.138
D19	D(5,8,11,12)	57.8054	D34	D(13,11,14,15)	−62.1399
D20	D(5,8,11,13)	−57.81	D35	D(13,11,14,16)	57.9918
D21	D(5,8,11,14)	179.9977	D36	D(13,11,14,17)	178.1234

　　根据分子轨道理论,前沿轨道(HOMO 和 LUMO)及其附近的分子轨道对物质反应活性影响最大,HOMO 及附近的占据轨道具有优先提供电子的作用,LUMO 及附近的空轨道具有接受电子的重要作用[2]。分析戊烷分子的前沿轨道及其分布有助于确定戊烷分子的活性部位,探索煤发生氧化自燃反应机理。戊烷分子的氧化自燃反应,应当发生在前沿轨道中各基团电子云密度最大之处,当氧分子攻击戊烷分子时,应发生在最高占有轨道中电子云密度最大的某个原子部位上。前沿轨道的能量,在一定程度上反映了分子得失电子的难易,从而可以分析其参与反应的难易程度。戊烷分子中各原子的电荷密度分布见表 6-4。

表 6-4　戊烷分子的前沿轨道分析

HOMO/hartree	原子	C_1	C_5	C_8	C_{11}	C_{14}
−0.253	电荷密度	−0.515 246	−0.342 014	−0.313 028	−0.342 014	−0.515 246

　　从戊烷分子轨道的计算结果可知,戊烷分子的氧化自燃反应就发生在电荷密度较大的原子部位,所以 C_1、C_5、C_8、C_{11} 和 C_{14} 原子在受到氧分子的攻击时,容易发生氧化自燃反应。

　　根据煤在氧化自燃过程中生成主要的气体,即水、一氧化碳、二氧化碳和甲烷等,应用分子轨道理论分析得到煤氧化自燃最容易发生的原子部位,根据化学反应机理理论[3]可以确定煤在氧化自燃过程中的化学反应为式(6-1)～式(6-7)所示的化学反应方程式。

　　煤中低分子化合物中的戊烷分子在煤氧化自燃过程中与氧发生化学反应有以下途径:氧原子首先攻击戊烷分子的 C1 原子的 CH_3—基团,生成戊醛 $CH_3CH_2CH_2CH_2CH \cdot$ 和 H_2O 或丁烷 $CH_3CH_2CH_2CH_3$ 和甲酸 $HCHO$,可用式(6-1)和式(6-2)来表示;氧原子攻击戊烷分子中 C5 原子的 CH_3CH_2—中的末端—CH_2—基团,生成 $CH_3CH_2CH_2CHO$ 和 CH_4 或 $CH_3CH_2CH_3$ 和 CH_3CHO 或 $CH_3CH_2CH_2C \cdot CH_3$ 和 H_2O,可用反应式(6-3)、式(6-4)和式(6-5)表示;氧原子攻击戊烷分子中 $CH_3CH_2CH_2$—基团的—CH_2—基团,生成 $CH_3CH_2C \cdot CH_2CH_3$ 和 H_2O 或 CH_3CH_2CHO 和 CH_3CH_3,可用反应式(6-6)和式(6-7)表示。

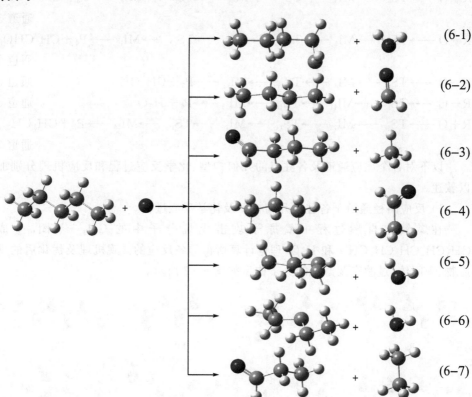

(6-1)

(6-2)

(6-3)

(6-4)

(6-5)

(6-6)

(6-7)

6.3.2　氧化自燃反应的计算

煤中戊烷分子在煤氧化自燃过程中发生化学反应有 7 条反应通道,在本节对 7 条通道的化学反应过程和反应机理分别加以讨论。

1. 各驻点几何构型及化学反应过程分析

煤中低分子化合物中的戊烷分子在煤氧化自燃过程中与氧发生化学反应的过程,其分步反应过程分别用以下 7 条通道表示:

$$R+O \longrightarrow TS_1 \longrightarrow MI_1 \longrightarrow TS_2 \longrightarrow MI_2 \longrightarrow TS_3 \longrightarrow MI_3 \longrightarrow P_1+H_2O$$
通道 1

$$R+O \longrightarrow TS_1 \longrightarrow MI_1 \longrightarrow TS_4 \longrightarrow MI_4 \longrightarrow TS_5 \longrightarrow MI_5 \longrightarrow P_2+HCHO$$
通道 2

$$R+O \longrightarrow TS_6 \longrightarrow MI_6 \longrightarrow TS_7 \longrightarrow MI_7 \longrightarrow TS_8 \longrightarrow MI_8 \longrightarrow P_3+CH_4$$
通道 3

$$R+O \longrightarrow TS_6 \longrightarrow MI_6 \longrightarrow TS_9 \longrightarrow MI_9 \longrightarrow TS_{10} \longrightarrow MI_{10} \longrightarrow P_4+CH_3CHO$$
通道 4

$$R+O \longrightarrow TS_6 \longrightarrow MI_6 \longrightarrow TS_{11} \longrightarrow MI_{11} \longrightarrow P_5+CH_3OH \qquad 通道 5$$

$$R+O \longrightarrow TS_{12} \longrightarrow MI_{12} \longrightarrow TS_{13} \longrightarrow MI_{13} \longrightarrow P_6+H_2O \qquad 通道 6$$

$$R+O \longrightarrow TS_{12} \longrightarrow MI_{12} \longrightarrow TS_{14} \longrightarrow MI_{14} \longrightarrow TS_{15} \longrightarrow MI_{15} \longrightarrow P_7+CH_3CH_3$$
通道 7

以下对各个反应通道及各驻点的几何构型、化学反应过程和反应机理分别加以叙述。

1) 反应路径通道 1 各驻点几何构型及化学反应过程

在煤氧化自燃过程中氧原子攻击戊烷分子中的 CH_3—基团,生成 $CH_3CH_2CH_2CH_2CH \cdot$ 和 H_2O,理论计算所得的各反应的微观机理及优化后的反应物、中间体、过渡态及产物的分子构型如图 6-2 所示。

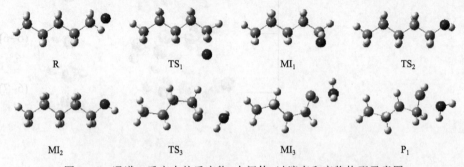

图 6-2　通道 1 反应中的反应物、中间体、过渡态和产物构型示意图

在煤氧化自燃过程中,O 原子攻击戊烷分子的甲基基团 CH_3—,生成 $CH_3CH_2CH_2CH_2CH \cdot$ 和 H_2O,参加化学反应的基团的化学结构变化参数见表 6-5。

表 6-5 反应路径通道 1 中间体过渡态结构变化

项目	TS$_1$	MI$_1$	TS$_2$	MI$_2$	TS$_3$	MI$_3$
R(11,14)	1.534 06	1.528 92	1.524 62	1.520 63	1.521 23	1.521 23
R(14,15)	1.118 19	1.088 77	1.095 24	1.096 76	1.106 50	1.108 93
R(14,16)	1.092 81	1.095 57	1.092 91	1.096 77	1.820 33	2.183 92
R(14,17)	1.118 20	2.011 38	2.026 77	2.017 25	2.573 43	2.421 60
R(14,18)	1.917 21	1.462 81	1.464 75	1.460 35	2.113 09	1.943 09
R(15,18)	1.611 22	2.030 17	2.119 87	2.111 03	2.421 08	2.260 23
R(16,18)	2.609 65	2.108 16	2.075 63	2.111 00	0.997 09	0.972 14
R(17,18)	1.610 61	0.973 90	0.970 19	0.972 55	0.973 82	0.972 86
A(11,14,18)	122.640 35	112.551 40	109.615 46	107.206 85	105.404 76	100.895 39
A(14,18,15)	35.632 56	31.282 62	28.842 44	29.123 34	27.175 50	29.372 40
A(14,18,16)	21.786 87	29.200 42	30.124 81	29.124 38	59.388 92	90.740 86
A(14,18,17)	35.633 98	109.634 25	111.053 63	110.414 60	107.085 00	107.582 70
D(11,14,18,15)	92.835 65	120.324 27	−122.159 69	−120.100 33	109.356 03	107.013 47
D(11,14,18,16)	−179.972 55	−123.656 00	119.878 79	120.094 27	−134.283 22	−145.674 82
D(11,14,18,17)	−92.817 13	−63.671 65	−121.111 15	−121.111 15	−31.286 78	−34.103 52

注:R. 键长,Å;A. 键角,(°);D. 二面角,(°)。

图 6-2 是反应路径通道 1 涉及的反应物、过渡态、中间体和产物在 B3LYP/6-311G 计算水平上的优化构型。根据化学反应机理理论和量子化学计算反应过程可知,戊烷分子在煤氧化自燃过程中通道 R+O ——→TS$_1$ ——→MI$_1$ ——→TS$_2$ ——→ MI$_2$ ——→TS$_3$ ——→MI$_3$ ——→P$_1$+H$_2$O 的化学反应机理是,氧原子攻击戊烷分子 CH_3—基团,氧原子吸引 CH_3—基团中的 3 个 H 原子,使得 CH_3—基团中的 3 个 C—H 键的键长分别由 1.092 31Å 变为 1.092 81Å、1.118 19Å、1.118 20Å 拉长断裂,生成不稳定的过渡态 TS$_1$。不稳定的过渡态 TS$_1$ 有且仅有一个虚频大小为 1322icm^{-1}。拉长断裂后的一个 H 原子远离 C 原子向 O 原子靠近并形成化学键,O 原子向 C 原子靠近并与 C 原子成键,生成较为稳定的中间体 MI$_1$。中间体 MI$_1$ 经过复杂的化学变化,表现为键角和二面角都有较大的变化,形成了过渡态 TS$_2$,不稳定的过渡态 TS$_2$ 有且仅有一个虚频大小为 297icm^{-1}。TS$_2$ 的—OH 基团经过大角度反转后形成较为稳定的中间体 MI$_2$。中间体 MI$_2$ 中 CH_2OH 基团的 C—O 键的键长由 1.460 35Å 变为 2.113 09Å 拉长断开,C—H 键的键长由 1.096 76Å

变为 1.820 33Å 拉长断开,形成不稳定的过渡态 TS_3,不稳定的过渡态 TS_3 有且仅有一个虚频大小为 $2067 icm^{-1}$。C—H 键拉断的 H 原子移向 CH_2OH 中 C—O 键断开后形成的—OH 基团的 O 原子移动并与 O 原子形成化学键,形成较为稳定的中间体 MI_3,中间体 MI_3 容易分解形成最终产物。

2) 反应途径通道 2 各驻点几何构型及化学反应过程

在煤氧化自燃过程中氧原子攻击戊烷分子中的 CH_3—基团,生成 $CH_3CH_2CH_2CH_3$ 和 HCHO,理论计算所得的各反应的微观机理及优化后的反应物、中间体、过渡态及产物的分子构型见图 6-3。

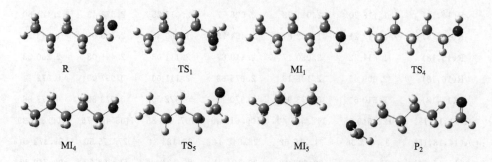

图 6-3　通道 2 反应中的反应物、中间体、过渡态和产物构型示意图

在煤氧化自燃过程中,O 原子攻击戊烷分子中 CH_3—基团,生成 $CH_3CH_2CH_2CH_3$ 和 HCHO,参加化学反应的基团的化学结构变化参数见表 6-6。

表 6-6　反应路径通道 2 中间体过渡态结构变化表

项目	TS_1	MI_1	TS_4	MI_4	TS_5	MI_5
R(11,14)	1.534 06	1.528 92	1.527 10	1.527 97	1.971 34	4.585 24
R(14,15)	1.118 19	1.088 77	1.092 39	1.088 55	1.092 26	1.098 57
R(14,16)	1.092 81	1.095 57	1.092 38	1.096 57	1.092 00	1.099 00
R(14,17)	1.118 20	2.011 38	2.019 36	2.009 48	1.285 44	3.533 22
R(14,18)	1.917 21	1.462 81	1.463 44	1.460 24	1.395 61	1.229 27
R(15,18)	1.611 22	2.030 17	2.731 04	2.029 15	2.136 22	2.036 93
R(16,18)	2.609 65	2.108 16	2.731 41	2.110 35	1.092 00	2.033 70
R(17,18)	1.610 61	0.973 90	0.972 42	0.973 53	1.394 92	2.671 45
A(11,14,18)	122.640 35	112.551 4	112.661 17	112.383 00	108.887 69	41.977 35
A(14,18,15)	35.632 56	31.282 62	30.157 96	31.277 53	26.886 45	27.218 82
A(14,18,16)	21.786 87	29.200 42	30.159 72	30.159 72	29.135 35	27.394 06
A(14,18,17)	35.633 98	109.634 25	110.366 23	109.689 10	109.689 10	125.735 60
D(11,14,18,15)	92.835 65	120.324 27	−121.852 90	−120.171 23	−109.964 64	−0.306 03
D(11,14,18,16)	−179.972 55	−123.656 00	121.848 53	123.759 31	107.334 17	179.679 38
D(11,14,18,17)	−92.817 13	−63.671 65	−0.043 60	62.239 98	−4.233 84	−0.292 76

图 6-3 是反应路径通道 2 涉及的反应物、过渡态、中间体和产物在 B3LYP/6-311G计算水平上的优化构型。

根据化学反应机理理论和量子化学计算反应过程可知,戊烷分子在煤氧化自燃过程中通道 $R+O \longrightarrow TS_1 \longrightarrow MI_1 \longrightarrow TS_4 \longrightarrow MI_4 \longrightarrow TS_5 \longrightarrow MI_5 \longrightarrow P_2+HCHO$ 的化学反应机理是,氧原子攻击戊烷分子 CH_3—基团,氧原子吸引 CH_3—基团中的 3 个 H 原子,使 CH_3—基团中的 3 个 C—H 键的键长分别由 1.092 31Å 变为 1.092 81Å、1.118 19Å、1.118 20Å 拉长断裂,生成不稳定的过渡态 TS_1。不稳定的过渡态 TS_1 有且仅有一个虚频大小为 $1322icm^{-1}$。拉长断裂后的一个 H 原子远离 C 原子向 O 原子靠近并形成化学键,O 原子向 C 原子靠近并与 C 原子成键,生成较为稳定的中间体 MI_1。中间体 MI_1 经过复杂的化学变化,表现为键角和二面角都有较大的变化,形成了过渡态 TS_4,不稳定的过渡态 TS_4 有且仅有一个虚频大小为 $337icm^{-1}$。TS_4 的—OH 基团经过大角度反转后形成较为稳定的中间体 MI_4。中间体 MI_4 中—CH_2CH_2OH 基团中的 C—C 键的键长由 1.527 97Å 变为 1.971 34Å 拉长断开,O—H 键由 0.973 53Å 变为 1.394 92Å 拉长断开,形成不稳定的过渡态 TS_5,不稳定的过渡态 TS_5 有且仅有一个虚频大小为 $2000icm^{-1}$。—OH键拉断的 H 原子移向—CH_2CH_2OH 中 C—C 键断开后形成的—CH—基团的 C 原子移动并与 C 原子形成化学键,形成较为稳定的中间体 MI_5,中间体 MI_5 容易分解形成最终产物。

3) 反应路径通道 3 各驻点几何构型及化学反应过程

在煤氧化自燃过程中氧原子攻击戊烷分子中—CH_2CH_3 的—CH_2—基团,生成 $CH_3CH_2CH_2CHO$ 和 CH_4,理论计算所得的各反应的微观机理及优化后的反应物、中间体、过渡态及产物的分子构型见图 6-4。

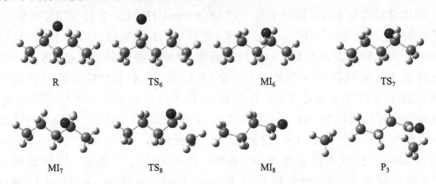

R　　　　　　　　TS_6　　　　　　　　MI_6　　　　　　　　TS_7

MI_7　　　　　　　　TS_8　　　　　　　　MI_8　　　　　　　　P_3

图 6-4　通道 3 反应中的反应物、中间体、过渡态和产物构型示意图

在煤氧化自燃过程中,O 原子攻击戊烷分子中—CH_2CH_3 的—CH_2—基团,生成 $CH_3CH_2CH_2CHO$ 和 CH_4,参加化学反应的基团的化学结构变化参数见表 6-7。

表 6-7　反应路径通道 3 中间体过渡态结构变化

项目	TS$_6$	MI$_6$	TS$_7$	MI$_7$	TS$_8$	MI$_8$
R(8,11)	1.544 80	1.534 12	1.530 51	1.527 00	1.507 84	1.502 15
R(11,12)	1.119 61	1.090 77	1.094 60	1.098 31	1.094 26	1.104 10
R(11,13)	1.119 66	2.015 76	2.030 48	2.022 85	1.363 31	3.578 71
R(11,14)	1.532 12	1.528 32	1.527 44	1.528 49	2.000 22	4.638 75
R(11,18)	1.934 11	1.471 39	1.474 14	1.470 82	1.391 10	1.234 47
R(12,18)	1.603 52	2.019 18	2.064 27	2.099 84	2.117 06	2.024 94
R(13,18)	1.603 51	0.975 24	0.971 87	0.973 03	1.364 19	2.627 88
A(8,11,14)	119.994 53	113.276 51	113.244 34	113.346 52	104.002 35	158.295 60
A(8,11,18)	121.595 17	110.712 59	108.089 34	105.815 56	117.492 68	124.315 96
A(14,11,18)	118.410 30	110.159 17	110.684 33	110.073 96	103.883 11	36.289 78
A(11,18,12)	35.360 26	31.759 19	30.643 64	29.684 32	27.602 25	28.218 77
A(11,18,13)	35.361 99	109.271 34	110.537 75	110.061 26	59.303 25	132.430 64
D(8,11,18,12)	88.505 25	−116.926 75	−116.873 34	−117.197 22	−142.359 51	−179.348 11
D(8,11,18,13)	−88.495 92	65.508 07	123.265 31	−175.661 20	115.782 67	−166.251 75
D(14,11,18,12)	−91.500 26	116.997 07	118.578 00	119.980 32	103.460 94	−13.168 13
D(14,11,18,13)	91.498 57	−60.568 12	−1.283 36	61.516 34	1.603 12	−0.071 77

　　图 6-4 是反应路径通道 3 涉及的反应物、过渡态、中间体和产物在 B3LYP/6-311G 计算水平上的优化构型。

　　在 R+O ⟶ TS$_6$ ⟶ MI$_6$ ⟶ TS$_7$ ⟶ MI$_7$ ⟶ TS$_8$ ⟶ MI$_8$ ⟶ P$_3$ + CH$_4$ 的化学反应过程中，氧原子攻击戊烷分子—CH$_2$CH$_3$ 中的—CH$_2$—基团，氧原子吸引—CH$_2$—基团中的 2 个 H 原子，使得—CH$_2$—基团中的两个 C—H 键的键长由 1.095 70Å 变为 1.119 61Å 拉长断裂，生成不稳定的过渡态 TS$_6$。不稳定的过渡态 TS$_6$ 有且仅有一个虚频大小为 1308icm^{-1}。拉长断裂后的一个 H 原子远离 C 原子向 O 原子靠近并形成化学键，O 原子向 C 原子靠近并与 C 原子成键，生成较为稳定的中间体 MI$_6$。中间体 MI$_6$ 中的基团—CHOH—中的 O—H 键旋转一定的角度形成过渡态 TS$_7$，过渡态 TS$_7$ 有且仅有一个虚频大小为 316icm^{-1}。中间体 MI$_7$ 经过复杂的化学变化，基团—CHOHCH$_3$ 中的 C—C 键的键长由 1.528 49Å 变为 2.000 22Å 拉长断开，—CHOH—基团的 O—H 键的键长由 0.973 03Å 变为 1.364 19Å 拉长断开，形成不稳定的过渡态 TS$_8$，不稳定的过渡态 TS$_8$ 有且仅有一个虚频大小为 2149icm^{-1}。—CHOH—基团的 O—H 键拉断后的 H 原子移向—CHOHCH$_3$ 基团中 C—C 键断开后形成的—CH$_3$ 中 C 原子并与 C 原子形成化学键，形成较为稳定的中间体 MI$_8$，中间体 MI$_8$ 容易分解形成最终产物。

4）反应路径通道 4 各驻点几何构型及化学反应过程

在煤氧化自燃过程中，氧原子攻击戊烷分子中—CH_2CH_3 的—CH_2—基团，生成 $CH_3CH_2CH_3$ 和 CH_3CHO，理论计算所得的各反应的微观机理及优化后的反应物、中间体、过渡态及产物的分子构型见图 6-5。

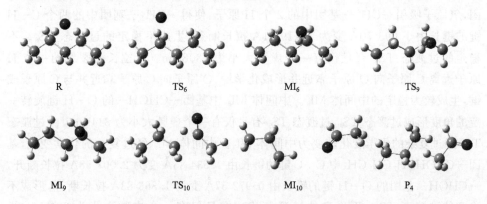

图 6-5　通道 4 反应中的反应物、中间体、过渡态和产物构型示意图

在煤氧化自燃过程中，O 原子攻击戊烷分子中—CH_2CH_3 的—CH_2—基团，生成 $CH_3CH_2CH_3$ 和 CH_3CHO，参加反应的基团的化学结构变化参数见表 6-8。

表 6-8　反应路径通道 4 中间体过渡态结构变化

项目	TS_6	MI_6	TS_9	MI_9	TS_{10}	MI_{10}
R(8,11)	1.544 80	1.534 12	1.533 64	1.534 85	2.007 58	4.612 45
R(11,12)	1.119 61	1.090 77	1.095 03	1.098 61	1.093 36	1.102 44
R(11,13)	1.119 66	2.015 76	2.034 32	2.034 32	1.323 55	3.574 98
R(11,14)	1.532 12	1.528 32	1.524 98	1.521 60	1.503 34	1.498 69
R(11,18)	1.934 11	1.471 39	1.473 69	1.470 96	1.399 24	1.234 07
R(12,18)	1.603 52	2.019 18	2.066 06	2.099 05	2.122 26	2.023 14
R(13,18)	1.603 51	0.975 24	0.971 79	0.972 57	1.366 83	2.637 89
A(8,11,14)	119.994 53	113.276 51	113.262 06	113.170 95	104.765 08	162.245 39
A(8,11,18)	121.595 17	110.712 59	111.461 92	110.916 54	105.004 67	38.287 33
A(14,11,18)	118.410 30	110.159 17	107.311 31	105.316 38	116.985 79	124.123 17
A(11,18,12)	35.360 26	31.759 19	30.603 42	29.722 55	27.534 10	28.201 41
A(11,18,13)	35.361 99	109.271 34	110.911 31	110.192 15	57.159 58	131.323 22
D(8,11,18,12)	88.505 25	−116.926 75	−118.585 57	−119.838 35	−102.503 10	3.366 63
D(8,11,18,13)	−88.495 92	65.508 07	−1.495 06	−67.705 11	2.553 62	1.838 15
D(14,11,18,12)	−91.500 26	116.997 07	116.870 88	117.381 24	141.865 56	−179.980 10
D(14,11,18,13)	91.498 57	−60.568 12	−126.038 61	169.514 49	−113.077 72	178.491 42

图 6-5 是反应路径通道 4 涉及的反应物、过渡态、中间体和产物在 B3LYP/6-311G 计算水平上的优化构型。

在 R+O $\longrightarrow$ TS$_6$ $\longrightarrow$ MI$_6$ $\longrightarrow$ TS$_9$ $\longrightarrow$ MI$_9$ $\longrightarrow$ TS$_{10}$ $\longrightarrow$ MI$_{10}$ $\longrightarrow$ P$_4$ + CH$_3$CHO 的化学反应过程中,氧原子攻击戊烷分子中—CH$_2$CH$_3$ 的—CH$_2$—基团,氧原子吸引—CH$_2$—基团中的 2 个 H 原子,使得—CH$_2$—基团中的两个 C—H 键的键长由 1.095 70Å 变为 1.119 61Å 拉长断裂,生成不稳定的过渡态 TS$_6$。不稳定的过渡态 TS$_6$ 有且仅有一个虚频大小为 1308icm^{-1}。拉长断裂后的一个 H 原子远离 C 原子向 O 原子靠近并形成化学键,O 原子向 C 原子靠近并与 C 原子成键,生成较为稳定的中间体 MI$_6$。中间体 MI$_6$ 中基团—CHOH—的 O—H 键旋转一定的角度形成过渡态 TS$_9$,过渡态 TS$_9$ 有且仅有一个虚频大小为 314icm^{-1}。过渡态 TS$_9$ 经过复杂的化学变化转变为中间体 MI$_9$。中间体 MI$_9$ 经过复杂的化学变化,基团—CHOHCH$_2$CH$_2$CH$_3$ 中 C—C 键的键长由 1.534 85Å 变为 2.007 58Å 拉长断开,—CHOH—基团的 O—H 键的键长由 0.972 57Å 变为 1.366 83Å 拉长断开,形成不稳定的过渡态 TS$_{10}$,不稳定的过渡态 TS$_{10}$ 有且仅有一个虚频大小为 2045icm^{-1}。—CHOH—基团的 O—H 键拉断后的 H 原子移向—CHOHCH$_2$CH$_2$CH$_3$ 基团中 C—C 键断开后形成的—CH$_2$CH$_2$CH$_3$ 中 C 原子并与 C 原子形成化学键,形成较为稳定的中间体 MI$_{10}$,中间体 MI$_{10}$ 容易分解形成最终产物。

5) 反应路径通道 5 各驻点几何构型及化学反应过程

在煤氧化自燃过程中,戊烷分子(CH$_3$CH$_2$CH$_2$CH$_2$CH$_3$)中的 CH$_3$CH$_2$—基团末端的—CH$_2$—与 O 原子发生化学反应生成 CH$_3$CH$_2$CH$_2$C·CH$_3$ 和 H$_2$O 的反应过程中,理论计算所得的各反应的微观机理及优化后的反应物、中间体、过渡态及产物的分子构型见图 6-6。

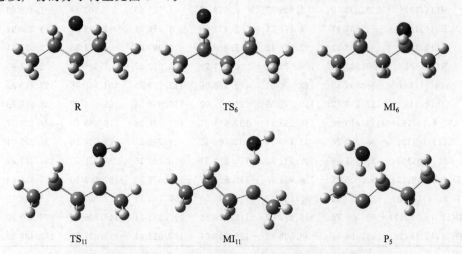

图 6-6　通道 5 反应中的反应物、中间体、过渡态和产物构型示意图

在煤氧化自燃过程中,O 原子攻击戊烷分子($CH_3CH_2CH_2CH_2CH_3$)中的 CH_3CH_2—基团末端的—CH_2—,生成 $CH_3CH_2CH_2C\cdot CH_3$ 和 H_2O,参加化学反应的基团的化学结构变化参数见表 6-9。

表 6-9　反应路径通道 5 中间体过渡态结构变化

项目	TS_6	MI_6	TS_{11}	MI_{11}
R(8,11)	1.544 80	1.534 12	1.488 31	1.479 42
R(11,12)	1.119 61	1.090 77	1.455 31	1.827 88
R(11,13)	1.119 66	2.015 76	2.728 47	3.232 22
R(11,14)	1.532 12	1.528 32	1.493 90	1.485 66
R(11,18)	1.934 11	1.471 39	2.273 76	2.708 17
R(12,18)	1.603 52	2.019 18	1.096 75	1.004 65
R(13,18)	1.603 51	0.975 24	0.975 32	0.971 05
A(8,11,14)	119.994 53	113.276 51	115.426 28	114.596 85
A(8,11,18)	121.595 17	110.712 59	104.274 59	106.224 38
A(14,11,18)	118.410 30	110.159 17	109.517 24	119.743 17
A(11,18,12)	35.360 26	31.759 19	31.447 64	23.177 08
A(11,18,13)	35.361 99	109.271 34	107.359 41	114.368 85
D(8,11,18,12)	88.505 25	−116.926 75	120.357 72	−158.054 59
D(8,11,18,13)	−88.495 92	65.508 07	−139.626 38	118.058 98
D(14,11,18,12)	−91.500 26	116.997 07	−110.217 47	−110.217 47
D(14,11,18,13)	91.498 57	−60.568 12	−15.555 49	−26.331 04

图 6-6 是反应路径通道 5 涉及的反应物、过渡态、中间体和产物在 B3LYP/6-311G 计算水平上的优化构型。

在 R+O ——→TS_6 ——→MI_6 ——→TS_{11} ——→MI_{11} ——→P_5＋H_2O 的化学反应过程中,氧原子攻击戊烷分子中—CH_2CH_3 的—CH_2—基团,氧原子吸引—CH_2—基团中的 2 个 H 原子,使得—CH_2—基团中的两个 C—H 键的键长由 1.095 70Å 变为 1.119 61Å 拉长断裂,生成不稳定的过渡态 TS_6。不稳定的过渡态 TS_6 有且仅有一个虚频大小为 1308icm^{-1}。拉长断裂后的一个 H 原子远离 C 原子向 O 原子靠近并形成化学键,O 原子向 C 原子靠近并与 C 原子成键,生成较为稳定的中间体 MI_6。中间体 MI_6 经过复杂的化学变化,基团—CHOH—中 C—O 键的键长由 1.471 39Å 变为 2.273 76Å 拉长断开,—CHOH—基团的 C—H 键的键长由 1.090 77 变为 1.455 31Å 拉长断开,形成不稳定的过渡态 TS_{11},不稳定的过渡态 TS_{11} 有且仅有一个虚频大小为 514icm^{-1}。—CHOH—基团的 C—H 键拉断后的

H 原子移向—CHOH—基团中 C—O 键断开后形成的—OH 中 C 原子并与 O 原子形成化学键,形成较为稳定的中间体 MI_{11} ,中间体 MI_{11} 容易分解形成最终产物。

6) 反应路径通道 6 各驻点几何构型及化学反应过程

在煤氧化自燃过程中,戊烷分子($CH_3CH_2CH_2CH_2CH_3$)中的 $CH_3CH_2CH_2$—基团末端的—CH_2—与 O 原子发生化学反应生成 $CH_3CH_2C \cdot CH_2CH_3$ 和 H_2O 的反应过程中,理论计算所得的各反应的微观机理及优化后的反应物、中间体、过渡态及产物的分子构型见图 6-7。

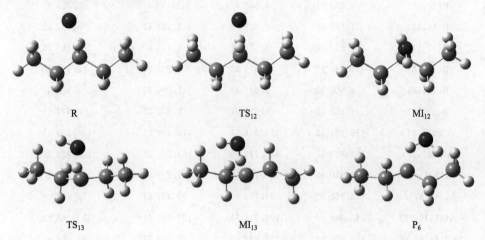

R　　　　　　　　　　TS_{12}　　　　　　　　　　MI_{12}

TS_{13}　　　　　　　　　　MI_{13}　　　　　　　　　　P_6

图 6-7　通道 6 反应中的反应物、中间体、过渡态和产物构型示意图

在煤氧化自燃过程中,O 原子攻击戊烷分子($CH_3CH_2CH_2CH_2CH_3$)中的 $CH_3CH_2CH_2$—基团末端的—CH_2—,生成 $CH_3CH_2C \cdot CH_2CH_3$ 和 H_2O,参加化学反应的基团的化学结构变化参数见表 6-10。

表 6-10　反应路径通道 6 中间体过渡态结构变化

项目	TS_{12}	MI_{12}	TS_{13}	MI_{13}
R(5,8)	1.544 39	1.534 76	1.493 32	1.483 51
R(8,11)	1.544 39	1.534 76	1.490 80	1.480 11
R(8,9)	1.118 58	1.091 76	1.423 71	1.811 15
R(8,10)	1.118 57	2.015 82	2.783 64	3.251 46
R(8,18)	1.941 24	1.471 98	2.285 60	2.672 73
R(9,18)	1.612 19	2.020 55	1.117 33	1.005 65
R(10,18)	1.612 15	0.975 58	0.975 61	0.971 29
A(5,8,11)	119.306 21	113.240 17	115.634 70	114.983 91
A(5,8,18)	120.348 57	110.539 46	112.854 80	113.008 20

续表

项目	TS$_{12}$	MI$_{12}$	TS$_{13}$	MI$_{13}$
A(11,8,18)	120.345 21	110.539 60	103.220 36	107.454 74
A(8,18,9)	35.174 47	31.765 36	29.498 36	24.935 04
A(8,18,10)	35.174 42	109.211 39	110.650 78	118.596 39
D(5,8,18,9)	90.001 89	116.908 76	113.491 24	115.514 10
D(5,8,18,10)	−89.999 31	−63.090 45	19.599 11	40.182 46
D(11,8,18,9)	−90.000 89	−116.908 94	−120.967 52	−116.567 62
D(11,8,18,10)	89.997 92	63.091 85	145.140 35	168.100 74

图 6-7 是反应路径通道 6 涉及的反应物、过渡态、中间体和产物在 B3LYP/6-311G 计算水平上的优化构型。

在 R+O $\longrightarrow$ TS$_{12}$ $\longrightarrow$ MI$_{12}$ $\longrightarrow$ TS$_{13}$ $\longrightarrow$ MI$_{13}$ $\longrightarrow$ P$_6$+H$_2$O 的化学反应过程中，氧原子攻击戊烷分子中 CH$_3$CH$_2$CH$_2$—基团末端的—CH$_2$—，氧原子吸引—CH$_2$—基团中的 2 个 H 原子使得 C—H 键的键长由 1.096 84Å 变为 1.118 58Å，生成不稳定的过渡态 TS$_{12}$。不稳定的过渡态 TS$_{12}$ 有且仅有一个虚频大小为 1284icm^{-1}。随后—CH$_2$—基团中的一个 C—H 键的键长由 1.118 58Å 变为 2.015 82Å 拉长断开，C 原子与 O 原子形成化学键，断开的 H 原子与氧原子形成化学键，形成较为稳定的中间体 MI$_{12}$。中间体 MI$_{12}$ 中—CHOH—基团的 C—O 键的键长由 1.471 98Å 变为 2.285 60Å 拉长断开，—CHOH—基团中的 C—H 键的键长由 1.091 76Å 变为 1.423 71Å 拉长断开，形成不稳定的过渡态 TS$_{13}$。不稳定的过渡态 TS$_{13}$ 有且仅有一个虚频大小为 651icm^{-1}。不稳定的过渡态 TS$_{13}$ 中—CHOH—基团的 C—H 键断开后的 H 原子移向—CHOH—基团 C—O 键断开后形成的—OH 基团并与—OH 基团成键，生成 H$_2$O 并生成较为稳定的中间体 MI$_{13}$。中间体 MI$_{13}$ 容易分解形成最终产物。

7) 反应路径通道 7 各驻点几何构型及化学反应过程

在煤氧化自燃过程中，戊烷分子(CH$_3$CH$_2$CH$_2$CH$_2$CH$_3$)中 CH$_3$CH$_2$CH$_2$—基团末端的—CH$_2$—与 O 原子发生化学反应生成 CHOCH$_2$CH$_3$ 和 CH$_3$CH$_3$ 的反应过程中，理论计算所得的各反应的微观机理及优化后的反应物、中间体、过渡态及产物的分子构型见图 6-8。

在煤氧化自燃过程中，O 原子攻击戊烷分子(CH$_3$CH$_2$CH$_2$CH$_2$CH$_3$)中 CH$_3$CH$_2$CH$_2$—基团末端的—CH$_2$—，生成 CHOCH$_2$CH$_3$ 和 CH$_3$CH$_3$，参加化学反应的基团的化学结构变化参数见表 6-11。

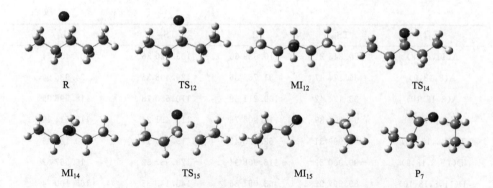

图 6-8 通道 7 反应中的反应物、中间体、过渡态和产物构型示意图

表 6-11 反应路径通道 7 中间体过渡态结构变化

项目	TS$_{12}$	MI$_{12}$	TS$_{14}$	MI$_{14}$	TS$_{15}$	MI$_{15}$
R(5,8)	1.544 39	1.534 76	1.534 00	1.534 88	2.001 20	4.609 45
R(8,11)	1.544 39	1.534 76	1.531 21	1.528 05	1.511 73	1.503 95
R(8,9)	1.118 58	1.091 76	1.096 34	1.099 60	1.094 54	1.104 16
R(8,10)	1.118 57	2.015 82	2.033 97	2.026 70	1.319 06	3.578 60
R(8,18)	1.941 24	1.471 98	1.473 57	1.471 12	1.401 63	1.234 38
R(9,18)	1.612 19	2.020 55	2.068 52	2.100 77	2.124 15	2.025 45
R(10,18)	1.612 15	0.975 58	0.971 57	0.972 01	1.371 02	2.654 23
A(5,8,11)	119.306 21	113.240 17	113.091 08	113.109 46	105.199 56	163.691 00
A(5,8,18)	120.348 57	110.539 46	111.373 59	110.641 23	105.209 57	39.481 07
A(11,8,18)	120.345 21	110.539 60	107.710 49	105.795 08	116.789 63	124.410 99
A(8,18,9)	35.174 47	31.765 36	30.582 46	29.712 75	27.566 29	28.196 55
A(8,18,10)	35.174 42	109.211 39	110.904 67	110.435 14	56.802 10	130.294 94
D(5,8,18,9)	90.001 89	116.908 76	118.685 76	119.780 87	−102.543 28	3.381 87
D(5,8,18,10)	−89.999 31	−63.090 45	2.812 51	72.013 78	3.545 41	−0.450 11
D(11,8,18,9)	−90.000 89	−116.908 94	−116.766 53	−117.369 91	141.248 25	179.879 86
D(11,8,18,10)	89.997 92	63.091 85	127.360 22	−165.137 00	−112.663 06	176.047 88

图 6-8 是反应路径通道 7 涉及的反应物、过渡态、中间体和产物在 B3LYP/6-311G 计算水平上的优化构型。

在 R+O $\longrightarrow$ TS$_{12}$ $\longrightarrow$ MI$_{12}$ $\longrightarrow$ TS$_{14}$ $\longrightarrow$ MI$_{14}$ $\longrightarrow$ TS$_{15}$ $\longrightarrow$ MI$_{15}$ $\longrightarrow$ P$_7$+CH$_3$CH$_3$ 的化学反应过程中,氧原子攻击戊烷分子中 CH$_3$CH$_2$CH$_2$—基团的末端—CH$_2$—,氧原子吸引—CH$_2$—基团中的 2 个 H 原子使得 C—H 键的键长由 1.096 84Å 变为 1.118 58Å,生成不稳定的过渡态 TS$_{12}$。不稳定的过渡态 TS$_{12}$ 有且仅有一个虚频大小为 1284icm^{-1}。随后—CH$_2$—基团中的一个 C—H 键的键长由 1.118 58Å 变为 2.015 82Å 拉长断开,C 原子与氧原子形成化学键,断开的 H

原子与氧原子形成化学键,形成较为稳定的中间体 MI_{12}。中间体 MI_{12} 中的—OH 基团经过大角度的反转后生成过渡态 TS_{14},不稳定的过渡态 TS_{14} 有且仅有一个虚频大小为 $314icm^{-1}$。不稳定的过渡态 TS_{14} 的分子结构经过复杂的变化,生成较为稳定的中间体 MI_{14},MI_{14} 是 TS_{14} 的同分异构体。MI_{14} 中—$CHOH$—CH_2CH_3 基团的—$CHOH$—CH_2—中的 C—C 键的键长由 1.534 88Å 变为2.001 20Å 拉长断开,—CHOH—基团中的 O—H 键的键长由 0.972 01Å 变为 1.371 02Å 拉长断开,形成了活泼的过渡态 TS_{15}。不稳定的过渡态 TS_{15} 有且仅有一个虚频大小为 $2034icm^{-1}$。不稳定的过渡态 TS_{15} 中—CHOH—基团的 O—H 键断开后的 H 原子移向—CH_2CH_3 基团并与—CH_2—基团成键,生成 CH_3CH_3 并生成较为稳定的中间体 MI_{15}。中间体 MI_{15} 容易分解形成最终产物。

2. IRC 反应路径分析

对反应通道分别进行 IRC 路径分析,用密度泛函理论,B3LYP/6-311G 方法,以鞍点(saddle point)为中心,步长为 0.05 Bohr/S,分别向前向后寻找 50 个点。其结果表明在煤中戊烷分子发生氧化自燃反应的各个反应过程中,基团 $CH_3CH_2CH_2$—中—CH_2—、基团 CH_3CH_2—中—CH_2—和基团—CH_3 中各原子间键长、键角和二面角的变化及化学键的断裂和形成与机理理论分析相一致,通过能量分析和对各驻点的几何构形的全参数优化,进一步证实所找的中间体和过渡态是正确的,也证明了煤中戊烷分子发生氧化自燃反应的各个反应通道是合理的。反应过程中位能沿反应坐标(IRC)的变化如图 6-9~图 6-23 所示,从位能图中容易看出在反应进程中形成过渡态 TS_1、TS_2、TS_3、TS_4、TS_5、TS_6、TS_7、TS_8、TS_9、TS_{10}、TS_{11}、TS_{12}、TS_{13}、TS_{14} 和 TS_{15} 时,体系的能量最高,这也从侧面说明了反应过渡态的真实性。

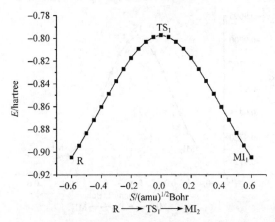

图 6-9　由 R —→ TS_1 —→ MI_1 过程反应位能沿反应坐标(IRC)的变化

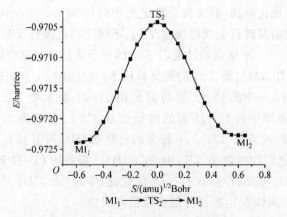

图 6-10　由 $MI_1 \longrightarrow TS_2 \longrightarrow MI_2$ 过程反应位能沿反应坐标(IRC)的变化

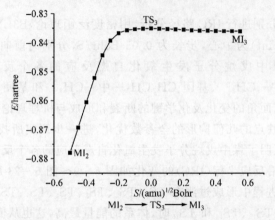

图 6-11　由 $MI_2 \longrightarrow TS_3 \longrightarrow MI_3$ 过程反应位能沿反应坐标(IRC)的变化

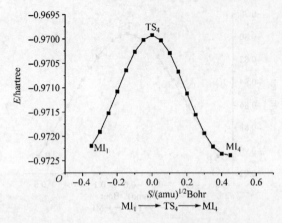

图 6-12　由 $MI_1 \longrightarrow TS_4 \longrightarrow MI_4$ 过程反应位能沿反应坐标(IRC)的变化

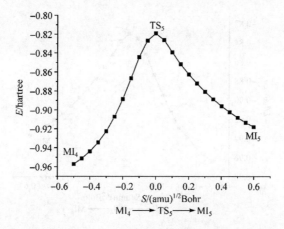

图 6 - 13　由 $MI_4 \longrightarrow TS_5 \longrightarrow MI_5$ 过程反应位能沿反应坐标(IRC)的变化

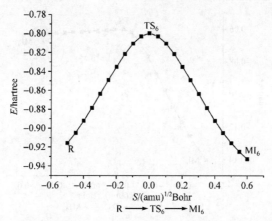

图 6 - 14　由 $R \longrightarrow TS_6 \longrightarrow MI_6$ 过程反应位能沿反应坐标(IRC)的变化

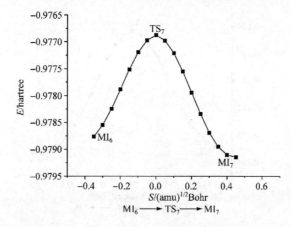

图 6 - 15　由 $MI_6 \longrightarrow TS_7 \longrightarrow MI_7$ 过程反应位能沿反应坐标(IRC)的变化

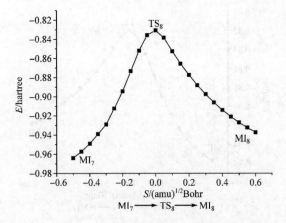

图 6 - 16　由 MI$_7$ ——→TS$_8$ ——→MI$_8$ 过程反应位能沿反应坐标(IRC)的变化

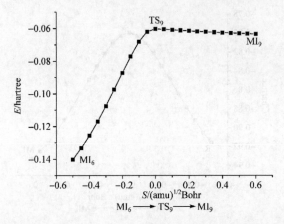

图 6 - 17　由 MI$_6$ ——→TS$_9$ ——→MI$_9$ 过程反应位能沿反应坐标(IRC)的变化

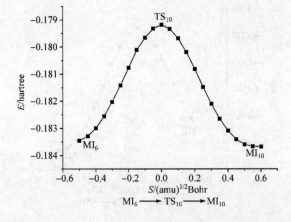

图 6 - 18　由 MI$_6$ ——→TS$_{10}$——→MI$_{10}$过程反应位能沿反应坐标(IRC)的变化

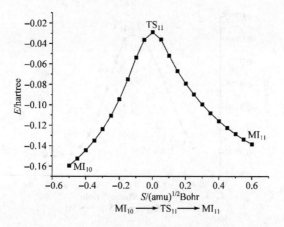

图 6-19　由 MI_{10} —→ TS_{11} —→ MI_{11} 过程反应位能沿反应坐标(IRC)的变化

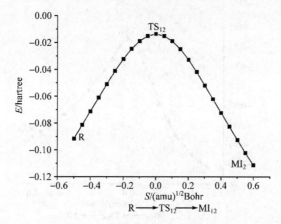

图 6-20　由 R —→ TS_{12} —→ MI_{12} 过程反应位能沿反应坐标(IRC)的变化

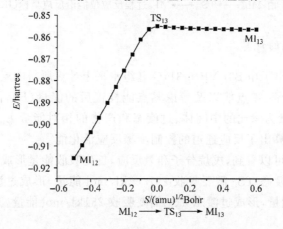

图 6-21　由 MI_{12} —→ TS_{13} —→ MI_{13} 过程反应位能沿反应坐标(IRC)的变化

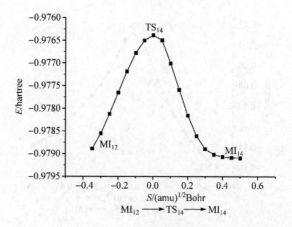

图 6-22　由 $MI_{12} \longrightarrow TS_{14} \longrightarrow MI_{14}$ 过程反应位能沿反应坐标(IRC)的变化

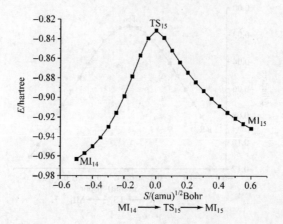

图 6-23　由 $MI_{14} \longrightarrow TS_{15} \longrightarrow MI_{15}$ 过程反应位能沿反应坐标(IRC)的变化

3. 反应位垒的计算

表 6-12 列出了由 B3LYP/6-311G 基组水平上计算所得的反应物、中间体、过渡态和产物的能量、零点能以及考虑零点能校正后的能量(E),同时还列出了以 $C_5 H_{12} + O$ 的能量为参比的中间体、过渡态和产物的相对能量 E_{rel},根据相对能量 E_{rel} 的值,分别计算出了反应通道的控制步骤反应活化能。

从表 6-12 可以看到,戊烷分子和氧反应,首先吸收能量形成过渡态 TS_1、TS_6 或 TS_{12},形成过渡态 TS_1 需要吸收 257.62kJ/mol 能量,形成过渡态 TS_6 需吸收 251.19kJ/mol 能量,形成过渡态 TS_{12} 需要吸收 251kJ/mol 能量。

表 6-12　反应的反应物、过渡态、中间体和产物总能量/hartree

项目	E(B3LYP)	ZPE(B3LYP)	E+ZPE	E_{rel}/(kJ/mol)
R+O	−272.896 851 25	0.161 057	−272.735 794	0
TS_1	−272.797 195 289	0.159 522	−272.637 673	257.62
MI_1	−272.972 832 248	0.165 873	−272.806 959	−444.46
TS_2	−272.970 421 603	0.165 144	−272.805 278	4.41
MI_2	−272.972 273 891	0.165 700	−272.806 574	−3.4
TS_3	−272.835 093 685	0.158 413	−272.676 680	341.04
MI_3	−272.836 015 566	0.154 214	−272.681 802	−13.45
P_1+H_2O	−272.815 148 377	0.155 432	−272.659 717	57.98
TS_4	−272.969 918 633	0.165 211	−272.804 708	5.91
MI_4	−272.972 392 248	0.165 807	−272.806 585	−4.92
TS_5	−272.819 072 715	0.157 542	−272.661 531	380.84
MI_5	−272.952 872 011	0.159 796	−272.793 076	−345.37
P_2+HCHO	−272.951 041 372	0.159 2	−272.791 841	3.24
TS_6	−272.799 622 961	0.159 504	−272.640 119	251.19
MI_6	−272.978 886 072	0.165 121	−272.813 765	−455.91
TS_7	−272.976 872 951	0.164 616	−272.812 257	3.96
MI_7	−272.979 149 167	0.165 108	−272.814 042	−4.69
TS_8	−272.830 663 209	0.156 070	−272.674 593	366.12
MI_8	−272.971 212 926	0.159 177	−272.812 036	−360.86
P_3+CH_4	−272.969 271 517	0.158 408	−272.810 863	3.08
TS_9	−272.976 154 356	0.164 545	−272.811 610	5.66
MI_9	−272.978 700 370	0.164 999	−272.813 701	−5.49
TS_{10}	−272.830 814 121	0.156 902	−272.673 912	367.02
MI_{10}	−272.969 626 966	0.160 140	−272.809 487	−355.95
P_4+CH_3CHO	−272.966 024 202	0.159 162	−272.806 862	6.89
TS_{11}	−272.854 325 017	0.155 123	−272.699 202	300.79
MI_{11}	−272.856 449 764	0.157 025	−272.699 425	−0.58
P_5+H_2O	−272.837 768 448	0.153 828	−272.683 941	40.65
TS_{12}	−272.799 766 724	0.159 574	−272.640 192	251
MI_{12}	−272.979 167 608	0.165 185	−272.813 983	−456.29
TS_{13}	−272.855 015 545	0.154 945	−272.700 070	299.08
MI_{13}	−272.857 850 574	0.157 133	−272.700 718	−1.7

项目	E(B3LYP)	ZPE(B3LYP)	$E+$ZPE	E_{rel}/(kJ/mol)
P_6+H_2O	−272.838 833 741	0.153 979	−272.684 855	41.65
TS_{14}	−272.976 380 757	0.164 525	−272.811 856	5.58
MI_{14}	−272.979 100 929	0.164 992	−272.814 109	−5.92
TS_{15}	−272.831 433 781	0.156 886	−272.674 548	366.42
MI_{15}	−272.969 051 708	0.160 369	−272.808 683	−352.17
$P_7+CH_3CH_3$	−272.967 211 558 4	0.159 655	−272.807 557	2.96

在通道 1 中，从 MI_1 到 TS_2 只需吸收 4.41kJ/mol 能量，TS_2 不稳定放出能量形成中间体 MI_2，MI_2 需要吸收 341.04kJ/mol 能量形成过渡态 TS_3，TS_3 放出能量形成中间体 MI_3，MI_3 最终分解为产生产物 P_1 和水；在通道 2 中，从 MI_1 到过渡态 TS_4 只需越过 5.91kJ/mol 的位垒，可以说这一步反应是很容易进行的，但是从 MI_3 到 TS_4 的反应需要越过位垒达到了 380.84kJ/mol，由于反应所需的能量太高，实际上通道 2 是很难进行的；在通道 3 中，在整个反应过程中，需要越过的最大位垒为 366.12 kJ/mol，虽然从 MI_6 到 TS_7 和 MI_8 分解为产物只需分别吸收 3.96 kJ/mol 和 3.08kJ/mol 能量，但是由于在整个反应过程中需要越过的最大位垒太高，通道 3 也是很难进行的；在通道 4 中，我们也可以看到和通道 3 同样的结果，而且在反应过程中所需越过的最大位垒 367.02kJ/mol 也比通道 3 的最大位垒高，所以此反应通道也很难进行；在通道 5 中，MI_6 吸收 300.79kJ/mol 能量形成过渡态 TS_{11}，过渡态 TS_{11} 不稳定放出能量形成活性中间体 MI_{11}，活性中间体 MI_{11} 吸收 40.65kJ/mol 能量分解为产物 P_4 和水；在通道 6 中，MI_{12} 吸收 299.08kJ/mol 能量形成过渡态 TS_{13}，过渡态 TS_{13} 不稳定放出 1.7kJ/mol 能量形成活性中间体 MI_{13}，活性中间体 MI_{13} 吸收 41.65kJ/mol 能量分解为产物 P_5 和水；在通道 7 中，MI_{12} 只需越过较低的位垒就可以形成过渡态 TS_{14}，TS_{14} 不稳定放出较少的能量形成中间体 MI_{14}，MI_{14} 需要越过较高的位垒生成过渡态 TS_{15}，TS_{15} 放出大量能量形成活性中间体 MI_{15}，MI_{15} 很容易分解为产物 P_7 和 CH_3CH_3。

图 6-24、图 6-25 和图 6-26 是基于 B3LYP/6-311G 方法加上零点能校正后所得到的反应位能剖面图，图中标示的能量值是把反应物 $C_5H_{12}+O$ 总能量作为零点的相对值。从图 6-24～图 6-26 中容易看出，生成多种产物的反应途径都不是基元反应。各个反应都是多步反应，反应的第一步都是先形成过渡态 TS 再到达中间体 MI 的过程，反应位垒分别为 257.62kJ/mol、251.19 kJ/mol 和 251kJ/mol。中间体 MI_1、MI_6 和 MI_{12} 在热力学上是稳定的。但是，同时可以看到，中间体 MI_1、MI_6 和 MI_{12} 在动力学上不是很稳定，它继续吸收能量反应形成更为活泼的过渡态，从而使反应继续进行直至到达最终的产物。从图 6-24、图 6-25 和

图 6-26还可以看出,通道 1、通道 5 和通道 6 都是吸热反应,通道 2、通道 3、通道 4 和通道 7 都是放热反应。同时也可以发现容易进行反应的顺序为通道 6 ＞通道 5 ＞通道 1 ＞通道 3 ＞通道 7 ＞通道 4 ＞通道 2,所以在煤的氧化自燃过程中戊烷分子与氧原子发生化学反应的主要通道是 O 原子攻击戊烷分子中 $CH_3CH_2CH_2$—末端的—CH_2—基团,所以煤中的戊烷分子反应的主要产物是 $CH_3CH_2C \cdot CH_2CH_3$ 和水。

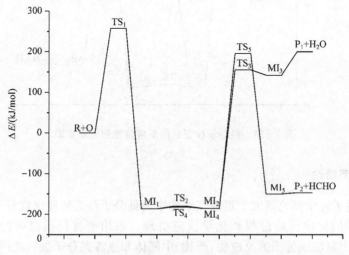

图 6-24　经能量校正后的反应位能剖面示意图

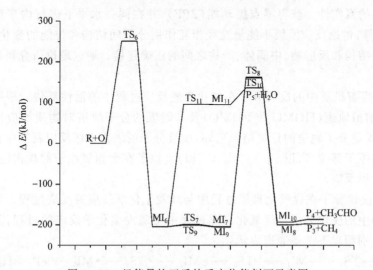

图 6-25　经能量校正后的反应位能剖面示意图

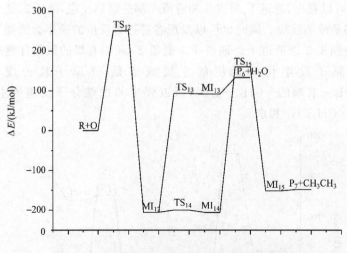

图 6 - 26　经能量校正后的反应位能剖面示意图

6.3.3　本节结论

应用量子化学理论研究了组成煤结构中的低分子烃类物质戊烷分子在煤氧化自燃过程中的化学反应过程和化学反应机理。采用密度泛函(DFT)B3LYP/6-311G 水平上对戊烷分子的反应物、产物、中间体和过渡态分子进行几何优化,得到了分子构型参数,计算反应各驻点的振动频率,并通过振动分析,确认所得的每一个过渡态的真实性。获得零点振动能(ZPE),并在同一水平下进行内禀反应坐标(IRC)计算,讨论反应沿极小能量途径相互作用分子间结构和位能的变化,由此确定过渡态结构和反应物、中间体、产物之间的正确连接。通过理论研究得出了如下结论:

(1)煤有机质中的戊烷分子在氧化自燃反应过程中的活性部位。根据分子轨道理论,前沿轨道(HOMO 和 LUMO)及其附近的分子轨道对物质反应活性影响最大,从戊烷分子轨道的计算结果可知,戊烷分子的氧化自燃反应就发生在电荷密度较大的原子部位,所以 C_1、C_5、C_8、C_{11} 和 C_{14} 原子在受到氧原子的攻击时,容易发生氧化自燃反应。

(2)戊烷分子在煤氧化自燃过程中与氧发生化学反应的反应过程。煤中低分子化合物中的戊烷分子在煤氧化自燃过程中与氧发生化学反应的过程,其分步反应过程分别用以下 7 条通道表示:

$$R+O \longrightarrow TS_1 \longrightarrow MI_1 \longrightarrow TS_2 \longrightarrow MI_2 \longrightarrow TS_3 \longrightarrow MI_3 \longrightarrow P_1+H_2O$$

通道 1

$$R+O \longrightarrow TS_1 \longrightarrow MI_1 \longrightarrow TS_4 \longrightarrow MI_4 \longrightarrow TS_5 \longrightarrow MI_5 \longrightarrow P_2+HCOH$$

通道 2

$$R+O \longrightarrow TS_6 \longrightarrow MI_6 \longrightarrow TS_7 \longrightarrow MI_7 \longrightarrow TS_8 \longrightarrow MI_8 \longrightarrow P_3 + CH_4$$

通道 3

$$R+O \longrightarrow TS_6 \longrightarrow MI_6 \longrightarrow TS_9 \longrightarrow MI_9 \longrightarrow TS_{10} \longrightarrow MI_{10} \longrightarrow P_4 + CH_3CHO$$

通道 4

$$R+O \longrightarrow TS_6 \longrightarrow MI_6 \longrightarrow TS_{11} \longrightarrow MI_{11} \longrightarrow P_5 + CH_3OH \qquad 通道 5$$

$$R+O \longrightarrow TS_{12} \longrightarrow MI_{12} \longrightarrow TS_{13} \longrightarrow MI_{13} \longrightarrow P_6 + H_2O \qquad 通道 6$$

$$R+O \longrightarrow TS_{12} \longrightarrow MI_{12} \longrightarrow TS_{14} \longrightarrow MI_{14} \longrightarrow TS_{15} \longrightarrow MI_{15} \longrightarrow P_7 + CH_3CH_3$$

通道 7

（3）戊烷分子在煤氧化自燃过程中与氧发生化学反应的反应机理是一个旧化学键断裂和新的化学键形成的过程。详尽论述了煤有机质中的戊烷分子在煤氧化自燃过程中与氧发生化学反应从反应物——过渡态——中间体——过渡态——中间体——产物整个化学反应过程中化学键的断裂与形成过程，从理论上得到了化学反应机理理论。

（4）各反应通道的最大位垒分别为 TS_3、TS_5、TS_8、TS_{10}、TS_{11}、TS_{13} 和 TS_{15}。戊烷分子和氧反应，首先吸收能量形成过渡态 TS_1、TS_6 或 TS_{12}，形成过渡态 TS_1 需要吸收 257.62kJ/mol 能量，形成过渡态 TS_6 需吸收 251.19kJ/mol 能量，形成过渡态 TS_{12} 需要吸收 251kJ/mol 能量。

在通道 1 中，从 MI_1 到 TS_2 需吸收 4.41kJ/mol 能量，MI_2 到 TS_3 需吸收 341.04kJ/mol 能量，生成过渡态位垒 $TS_3 > TS_1 > TS_2$，所以 TS_3 是通道 1 的最大位垒；在通道 2 中，从 MI_1 到过渡态 TS_4 需越过 5.91kJ/mol 的位垒，从 MI_4 到 TS_5 的反应需要越过位垒达到了 380.84kJ/mol，$TS_5 > TS_1 > TS_4$ 的位垒，所以 TS_5 是通道 2 的最大位垒；在通道 3 中，从 MI_6 到 TS_7 需要 3.96kJ/mol 位垒，从 MI_7 到 TS_8 的反应需要越过位垒达到了 366.12kJ/mol，$TS_8 > TS_6 > TS_7$ 的位垒，所以 TS_8 是最大位垒；在通道 4 中，从 MI_6 到 TS_9 需要 5.66kJ/mol 位垒，从 MI_9 到 TS_{10} 的反应需要越过位垒达到了 367.02kJ/mol，$TS_{10} > TS_6 > TS_9$ 的位垒，所以 TS_{10} 是最大位垒；在通道 5 中，从 MI_6 到 TS_{11} 需吸收 300.79kJ/mol 能量，生成过渡态位垒 $TS_{11} > TS_6$，所以 TS_{11} 是通道 5 的最大位垒；在通道 6 中，从 MI_{12} 到过渡态 TS_{13} 需越过 299.08kJ/mol 的位垒，$TS_{13} > TS_{12}$ 的位垒，所以 TS_{13} 是通道 6 的最大位垒；在通道 7 中，从 MI_{12} 到过渡态 TS_{14} 需越过 5.58kJ/mol 的位垒，从 MI_{14} 到 TS_{15} 的反应需要越过位垒达到了 366.42kJ/mol，$TS_{15} > TS_{12} > TS_{14}$ 的位垒，所以 TS_{15} 是通道 7 的最大位垒。综上所述，通道 6 所表示的反应是比较容易进行的。

（5）戊烷分子在煤氧化自燃过程中与氧发生化学反应是多步反应。根据 B3LYP/6-311G 方法加上零点能校正后所得到的反应位能剖面图可知，生成多种产物的反应途径都不是基元反应。各个反应都是经过过渡态 TS 到中间体 MI 的多步反应过程。

（6）各反应通道的优先顺序是通道6＞通道5＞通道1＞通道3＞通道7＞通道4＞通道2。通道1、通道5和通道6都是吸热反应,通道2、通道3、通道4和通道7都是放热反应。通道1的最大位垒为341.04kJ/mol,通道2的最大位垒为380.84kJ/mol,通道3的最大位垒为366.12kJ/mol,通道4的最大位垒为367.02kJ/mol,通道5的最大位垒为300.79kJ/mol,通道6的最大位垒为299.08kJ/mol,通道7的最大位垒为366.42kJ/mol,所以容易进行反应的顺序为通道6＞通道5＞通道1＞通道3＞通道7＞通道4＞通道2。所以,在煤的氧化自燃过程中戊烷分子与氧原子发生化学反应的主要通道是O原子攻击戊烷分子中$CH_3CH_2CH_2$—末端的—CH_2—基团,反应的主要产物是$CH_3CH_2C \cdot CH_2CH_3$和水。

6.4　酮类低分子化合物自燃反应机理

本节研究组成煤的低分子化合物中的酮在煤氧化自燃过程中的化学反应过程和反应机理。煤结构中的低分子化合物中酮的碳原子数没有明确的范围,为了研究方便,研究组成煤结构中的低分子含氧化合物3-戊酮在煤氧化自燃过程中的化学反应过程和化学反应机理。

6.4.1　3-戊酮分子的几何构型

采用量子化学密度泛函（DFT）理论计算方法,在B3LYP/6-311G计算水平上,对3-戊酮分子的化学基本结构单元进行优化,得到了分子构型参数［键长（R）、键角（A）及二面角（D）］和振动频率。所有计算均由Gaussian03完成。基于氧化反应煤分子化学基本结构单元的建立由Gauss View完成。经全优化计算得到3-戊酮分子化学基本结构单元的平衡几何构型如图6-27所示,键长、键角及二面角见表6-13～表6-15。

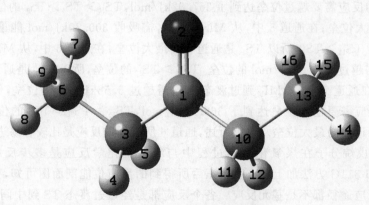

图6-27　3-戊酮分子的几何构型

表 6-13　3-戊酮分子键长

序号	原子关系	键长/Å	序号	原子关系	键长/Å
R1	R(1,2)	1.2405	R9	R(6,9)	1.0905
R2	R(1,3)	1.5201	R10	R(10,11)	1.0976
R3	R(1,10)	1.52	R11	R(10,12)	1.0956
R4	R(3,4)	1.0956	R12	R(10,13)	1.5302
R5	R(3,5)	1.0976	R13	R(13,14)	1.0911
R6	R(3,6)	1.5302	R14	R(13,15)	1.0905
R7	R(6,7)	1.0893	R15	R(13,16)	1.0893
R8	R(6,8)	1.0911			

表 6-14　3-戊酮分子键角

序号	原子关系	键角/(°)	序号	原子关系	键角/(°)
A1	A(2,1,3)	121.5131	A15	A(8,6,9)	108.3239
A2	A(2,1,10)	121.5078	A16	A(1,10,11)	107.3031
A3	A(3,1,10)	116.979	A17	A(1,10,12)	108.494
A4	A(1,3,4)	108.4964	A18	A(1,10,13)	114.0383
A5	A(1,3,5)	107.2992	A19	A(11,10,12)	105.1547
A6	A(1,3,6)	114.0386	A20	A(11,10,13)	110.3648
A7	A(4,3,5)	105.1491	A21	A(12,10,13)	111.0395
A8	A(4,3,6)	111.048	A22	A(10,13,14)	110.6577
A9	A(5,3,6)	110.3623	A23	A(10,13,15)	111.043
A10	A(3,6,7)	110.8741	A24	A(10,13,16)	110.8752
A11	A(3,6,8)	110.6679	A25	A(14,13,15)	108.3323
A12	A(3,6,9)	111.0405	A26	A(14,13,16)	108.62
A13	A(7,6,8)	108.6223	A27	A(15,13,16)	107.1938
A14	A(7,6,9)	107.1929			

表 6-15　3-戊酮分子二面角

序号	原子关系	二面角/(°)	序号	原子关系	二面角/(°)
D1	D(2,1,3,4)	−134.0404	D5	D(10,1,3,5)	−67.1699
D2	D(2,1,3,5)	112.8301	D6	D(10,1,3,6)	170.2847
D3	D(2,1,3,6)	−9.7153	D7	D(2,1,10,11)	112.8855
D4	D(10,1,3,4)	45.9596	D8	D(2,1,10,12)	−133.9778

续表

序号	原子关系	二面角/(°)	序号	原子关系	二面角/(°)
D9	D(2,1,10,13)	−9.6658	D20	D(5,3,6,8)	56.6426
D10	D(3,1,10,11)	−67.1145	D21	D(5,3,6,9)	176.9824
D11	D(3,1,10,12)	46.0222	D22	D(1,10,13,14)	177.5663
D12	D(3,1,10,13)	170.3342	D23	D(1,10,13,15)	−62.0884
D13	D(1,3,6,7)	56.891	D24	D(1,10,13,16)	56.9699
D14	D(1,3,6,8)	177.4963	D25	D(11,10,13,14)	56.7058
D15	D(1,3,6,9)	−62.1638	D26	D(11,10,13,15)	177.0511
D16	D(4,3,6,7)	179.8372	D27	D(11,10,13,16)	−63.8906
D17	D(4,3,6,8)	−59.5574	D28	D(12,10,13,14)	−59.4975
D18	D(4,3,6,9)	60.7824	D29	D(12,10,13,15)	60.8479
D19	D(5,3,6,7)	−63.9627	D30	D(12,10,13,16)	179.9061

3-戊酮易与氧发生化学反应的部位及其化学反应

根据分子轨道理论,前沿轨道(HOMO 和 LUMO)及其附近的分子轨道对物质反应活性影响最大,HOMO 及附近的占据轨道具有优先提供电子的作用,LUMO 及附近的空轨道具有接受电子的重要作用[2]。分析 3-戊酮分子的前沿轨道及其分布有助于确定 3-戊酮分子的活性部位,探索煤发生氧化自燃反应机理。3-戊酮分子的氧化自燃反应,应当发生在前沿轨道中各基团电子云密度最大之处,当氧分子攻击 3-戊酮分子时,应发生在最高占有轨道中电子云密度最大的某个原子部位上。前沿轨道的能量,在一定程度上反映了分子得失电子的难易,从而可以分析其参与反应的难易程度。3-戊酮分子中各原子的电荷密度分布见表 6 – 16。

表 6 – 16　3-戊酮分子的前沿轨道分析

HOMO/hartree	原子	C_1	C_3	C_6	C_{10}	C_{13}
−0.253	电荷密度	0.669 359	−0.047 217	0.059 855	−0.047 241	0.059 889

从 3-戊酮分子轨道的计算结果可知,3-戊酮分子的氧化自燃反应就发生在电荷密度较大的原子部位,所以 C_3 和 C_{10} 原子在受到氧分子的攻击时,容易发生氧化自燃反应。

从宏观反应动力学来看,煤氧化自燃的化学反应步骤是,煤在受采动等外力的作用下,使煤体破碎形成散体煤,氧气通过散体煤的孔隙扩散到散体煤的表面,扩散到散体煤表面的氧分子被煤分子吸附,被吸附的氧分子与煤分子发生复杂的化学反应,生成中间体、过渡态到产物,生成的气体产物分子从煤的表面脱附到空气中。

　　根据煤在氧化自燃过程中生成多种气体产物,即水、一氧化碳、二氧化碳和甲烷等,应用分子轨道理论分析得到煤氧化自燃最容易发生的原子部位,根据化学反应机理理论[3]可以确定煤在氧化自燃过程中的化学反应为式(6-8)～式(6-12)所示的化学反应方程式。

　　煤中低分子化合物中的 3-戊酮分子在煤氧化自燃过程中与氧化学反应有以下 5 个途径:一是氧原子首先攻击 3-戊酮分子末端的—CH_3,生成基团 $CH_3CH_2COCH_2CH·$和水或 $CH_3CH_2COCH_3$ 和 HCHO,可用式(6-8)和式(6-9)表示;二是氧原子攻击 3-戊酮分子中—CH_2—CH_3 的—CH_2—基团,生成 CH_3CH_2CHO 和 CH_3CHO,$CH_3CH_2COCCH_3$ 和 H_2O,CH_3CH_2COCHO 和 CH_4。可用式(6-10)、式(6-11)、式(6-12)表示。

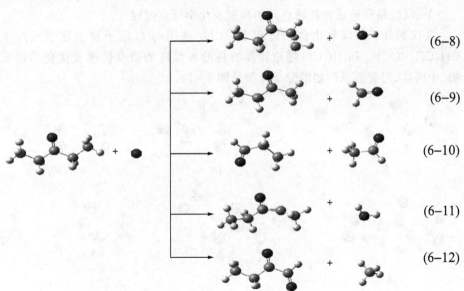

$$(6-8)$$

$$(6-9)$$

$$(6-10)$$

$$(6-11)$$

$$(6-12)$$

6.4.2　3-戊酮分子氧化自燃反应的计算

　　煤中 3-戊酮分子发生氧化自燃反应是氧原子攻击 3-戊酮分子末端的—CH_3 和—CH_2—CH_3 中的—CH_2—基团,生成基团 $CH_3CH_2COCH_2CH·$ 和水,或 $CH_3CH_2COCH_3$ 和 HCHO;生成 CH_3CH_2CHO 和 CH_3CHO,$CH_3CH_2COC·$ CH_3 基团和 H_2O,CH_3CH_2COCHO 和 CH_4,如化学反应式(6-8)、式(6-9)、式(6-10)、式(6-11)和式(6-12)所示。

1. 各驻点几何构型及化学反应过程分析

　　煤中低分子化合物中的 3-戊酮分子在煤氧化自燃过程中与氧发生化学反应

的分步反应过程中,用以下 5 条通道表示:

$$R+O \longrightarrow TS_1 \longrightarrow MI_1 \longrightarrow TS_2 \longrightarrow MI_2 \longrightarrow P_1 + HCHO \qquad 通道 8$$

$$R+O \longrightarrow TS_1 \longrightarrow MI_1 \longrightarrow TS_3 \longrightarrow MI_3 \longrightarrow TS_4 \longrightarrow MI_4 \longrightarrow P_2 + H_2O$$
$$\qquad 通道 9$$

$$R+O \longrightarrow TS_5 \longrightarrow MI_5 \longrightarrow TS_6 \longrightarrow MI_6 \longrightarrow TS_7 \longrightarrow MI_7 \longrightarrow P_3 + CH_4$$
$$\qquad 通道 10$$

$$R+O \longrightarrow TS_5 \longrightarrow MI_5 \longrightarrow TS_8 \longrightarrow MI_8 \longrightarrow TS_9 \longrightarrow MI_9 \longrightarrow P_4 + CH_3CHO$$
$$\qquad 通道 11$$

$$R+O \longrightarrow TS_5 \longrightarrow MI_5 \longrightarrow TS_{10} \longrightarrow MI_{10} \longrightarrow P_5 + H_2O \qquad 通道 12$$

以下对各个反应通道及各驻点的几何构型、化学反应过程分别加以叙述。

1) 反应路径通道 8 各驻点几何构型及化学反应过程

3-戊酮分子在煤氧化自燃过程中—CH_3 基团与 O 原子发生化学反应生成 $CH_3CH_2COCH_3$ 和 HCHO 理论计算所得的各反应的微观机理及优化后的反应物、中间体、过渡态及产物的分子构型见图 6-28。

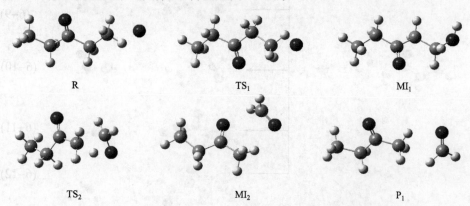

图 6-28 通道 8 反应中的反应物、中间体、过渡态和产物构型示意图

3-戊酮分子在煤氧化自燃过程中—CH_3 基团与 O 原子发生化学反应生成 $CH_3CH_2COCH_3$ 和 HCHO,参加化学反应的基团的化学结构变化参数见表 6-17。

图 6-28 是反应路径通道 8 涉及的反应物、过渡态、中间体和产物在 B3LYP/6-311G 计算水平上的优化构型。

根据化学反应机理理论和量子化学计算反应过程可知,3-戊酮分子在煤氧化自燃过程中通道 $R+O \longrightarrow TS_1 \longrightarrow MI_1 \longrightarrow TS_2 \longrightarrow MI_2 \longrightarrow P_1 + HCHO$ 的化学反应机理是,氧原子攻击 3-戊酮分子末端的—CH_3 基团,氧原子吸引—CH_3 基

表 6 - 17　反应路径通道 8 中间体过渡态结构变化

项目	TS$_1$	MI$_1$	TS$_2$	MI$_2$
R(10,13)	1.517 06	1.527 86	2.060 52	3.773 08
R(13,14)	1.092 28	1.092 86	1.088 75	1.097 07
R(13,15)	1.122 59	1.085 13	1.090 07	1.096 82
R(13,17)	1.116 27	2.014 46	1.357 16	3.024 11
R(16,17)	1.591 28	0.973 17	1.339 16	2.531 28
R(13,16)	1.880 95	1.459 88	1.376 42	1.232 43
R(15,16)	1.635 44	2.037 97	2.120 92	2.038 98
A(13,15,16)	83.794 58	43.663 58	34.905 99	30.809 65
A(14,13,15)	101.197 90	107.791 82	115.401 50	115.938 84
A(13,17,16)	86.121 76	42.863 92	61.387 45	23.558 30
A(10,13,16)	119.309 47	111.002 99	104.721 18	68.575 03
D(1,10,13,16)	100.892 21	174.569 92	−92.015 53	−159.570 49
D(10,13,15,16)	114.599 55	120.022 92	111.404 57	67.561 40
D(10,13,17,16)	−112.896 78	−115.658 11	176.840 68	179.287 51

团中的 2 个 H 原子，使得—CH$_3$ 基团中的 C—H 键拉长，生成不稳定的过渡态 TS$_1$。不稳定的过渡态 TS$_1$ 有且仅有一个虚频大小为 1293icm^{-1}。在从 TS$_1$ 到产物的变化过程中，—CH$_3$ 基团的一个 C—H 键的键长由 1.116 27Å 变为2.014 46Å 拉长并断裂，O 原子与—CH$_3$ 基团中的一个 H 原子和断开并靠近—CH$_3$ 中的 C 原子与另一个 H 原子形成化学键，生成较为稳定的中间体 MI$_1$。中间体 MI$_1$ 经过复杂的化学变化，—CH$_2$—CH$_3$ 基团中的 C—C 键拉长断开，再将从 TS$_1$ 到 MI$_1$ 形成的 O—H 键断开，O 原子与—CH$_3$ 基团的 C 原子形成化学键，从 O—H 键断开的另一个 H 原子向—CH$_2$—CH$_3$ 基团中的—CH$_2$ 靠近，形成不稳定的过渡态 TS$_2$，不稳定的过渡态 TS$_2$ 有且仅有一个虚频大小为 2152icm^{-1}。从—CH$_3$ 基团中断开的 H 原子继续向—CH$_2$—CH$_3$ 基团中的—CH$_2$ 靠近，并与—CH$_2$ 基团形成化学键，—CH$_2$—CH$_3$ 基团中断开后的 C—C 键的键长由 2.060 52Å 变为 3.773 08Å继续拉长，形成较为稳定的中间体 MI$_2$。中间体 MI$_2$ 容易分解形成最终产物。

　　2）反应路径通道 9 各驻点几何构型及化学反应过程

　　3-戊酮分子在煤氧化自燃过程中甲基基团—CH$_3$ 与 O 原子发生化学反应生成 CH$_3$CH$_2$COCH$_2$CH—和水的反应过程中，理论计算所得的各反应的微观机理及优化后的反应物、中间体、过渡态及产物的分子构型见图 6 - 29。

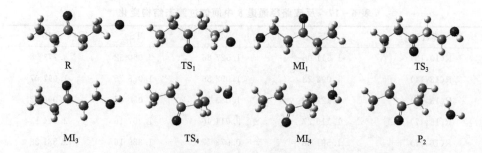

图 6-29　通道 9 反应中的反应物、中间体、过渡态和产物构型示意图

3-戊酮分子在煤氧化自燃过程中甲基基团—CH_3 与 O 原子发生化学反应生成 $CH_3CH_2COCH_2CH$ 和 H_2O,参加化学反应的基团的化学结构变化参数见表6-18。

表 6-18　反应路径通道 9 中间体过渡态结构变化

项目	TS$_1$	MI$_1$	TS$_3$	MI$_3$	TS$_4$	MI$_4$
R(10,13)	1.517 06	1.527 86	1.525 11	1.518 50	1.504 90	1.540 71
R(13,14)	1.092 28	1.092 86	1.090 67	1.092 42	1.099 97	1.103 22
R(13,15)	1.122 59	1.085 13	1.089 47	1.093 44	1.598 37	2.233 46
R(13,17)	1.116 27	2.014 46	2.024 55	2.015 61	2.592 68	2.456 17
R(16,17)	1.591 28	0.973 17	0.970 37	0.972 18	0.975 23	0.976 58
R(13,16)	1.880 95	1.459 88	1.463 40	1.460 31	2.120 39	1.774 46
R(15,16)	1.635 44	2.037 97	2.072 87	2.115 82	1.035 92	0.965 43
A(13,15,16)	83.794 58	43.663 58	42.271 01	40.099 44	105.197 68	50.005 83
A(14,13,15)	101.197 90	107.791 82	107.753 05	108.113 24	107.297 00	112.384 49
A(13,17,16)	86.121 76	42.863 92	42.456 30	42.814 61	51.078 61	36.871 48
A(10,13,16)	119.309 47	111.002 99	108.818 39	105.807 52	108.116 81	101.372 16
D(1,10,13,16)	100.892 21	174.569 92	178.404 99	−179.360 60	173.086 90	−176.571 82
D(10,13,15,16)	114.599 55	120.022 92	118.604 52	117.020 55	64.458 66	73.640 35
D(10,13,17,16)	−112.896 78	−115.658 11	−75.746 63	−0.781 54	154.665 03	−158.198 43

图 6-29 是反应路径通道 9 涉及的反应物、过渡态、中间体和产物在 B3LYP/6-311G 计算水平上的优化构型。

根据化学反应机理理论和量子化学计算反应过程可知,3-戊酮分子在煤氧化自燃过程中通道 R + O ⟶ TS$_1$ ⟶ MI$_1$ ⟶ TS$_3$ ⟶ MI$_3$ ⟶ TS$_4$ ⟶ MI$_4$ ⟶ P$_2$ + H$_2$O 的化学反应机理是,氧原子攻击 3-戊酮分子末端的—CH_3 基团,氧原子吸引—CH_3 基团中的 2 个 H 原子,使得—CH_3 基团中的 C—H 键拉长,生成不稳定的过渡态 TS_1。不稳定的过渡态 TS_1 有且仅有一个虚频大小为 $1293icm^{-1}$。在从 TS_1 到产物的变化过程中,—CH_3 基团的一个 C—H 键的键长由 1.116 27Å 变为 2.014 46Å 拉长并断裂,O 原子与—CH_3 基团中的一个 H 原子和断开并靠近—CH_3 中的 C 原子与另一个 H 原子形成化学键,生成较为稳定的中间体 MI_1。从中间体 MI_1 到过渡态 TS_3 再到中间体 MI_3 分子的化学结构经过复杂的变化,分子的键角和二面角都有较大的变化,过渡态 TS_3 有且仅有一个虚频大小为 $269icm^{-1}$。从中间体 MI_3 到过渡态 TS_4 分子结构的化学变化是,O 原子与—CH_3 基团形成的 C—O 键的键长由 1.460 46Å 变为 2.120 39Å 拉长并断裂,—CH_3 基团中的一个 C—H 键的键长由 1.093 44Å 变为 1.598 37Å 拉长断开并靠近 O 原子,生成不稳定的过渡态 TS_4。不稳定的过渡态 TS_4 有且仅有一个虚频大小为 $393icm^{-1}$。在 TS_4 到 MI_4 的变化过程中,O 原子与—CH_3 基团中的 C 原子的键长由 1.598 37Å 变为 2.233 46Å,H 原子与 O 原子形成化学键,形成较为稳定的中间体 MI_4。中间体 MI_4 容易分解形成最终产物。

3)反应路径通道 10 各驻点几何构型及化学反应过程

3-戊酮分子在煤氧化自燃过程中基团—CH_2—与 O 原子发生化学反应生成基团 CH_3CH_2COCHO 和 CH_4 的反应过程中,理论计算所得的各反应的微观机理及优化后的反应物、中间体、过渡态及产物的分子构型见图 6-30。

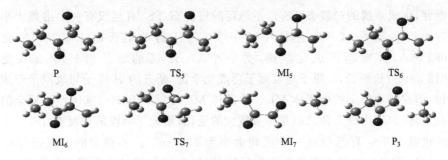

图 6-30　通道 10 反应中的反应物、中间体、过渡态和产物构型示意图

3-戊酮分子在煤氧化自燃过程中基团—CH_2—与氧原子发生化学反应生成 CH_3CH_2COCHO 和 CH_4,参加反应的基团的化学结构变化参数见表 6-19。

图 6-30 是反应路径通道 10 涉及的反应物、过渡态、中间体和产物在 B3LYP/6-311G 计算水平上的优化构型。

在 R+O ⟶ TS_5 ⟶ MI_5 ⟶ TS_6 ⟶ MI_6 ⟶ TS_7 ⟶ MI_7 ⟶ P_3+ CH_4 的化学反应过程中,氧原子攻击 3-戊酮分子的—CH_2—基团,氧原子吸引 —CH_2—基团中的 2 个 H 原子使得 C—H 键的键长由 1.089Å 变为 1.135Å 拉长

表 6-19　反应路径通道 10 中间体过渡态结构变化

项目	TS$_5$	MI$_5$	TS$_6$	MI$_6$	TS$_7$	MI$_7$
R(1,10)	1.518 98	1.534 75	1.532 21	1.528 48	1.532 91	1.518 55
R(10,11)	1.135 25	2.016 38	2.023 31	2.015 16	1.336 13	3.654 76
R(10,12)	1.135 10	1.093 06	1.094 01	1.097 71	1.096 93	1.098 16
R(10,13)	1.523 57	1.526 83	1.529 21	1.529 93	1.920 46	4.705 68
R(10,17)	1.906 61	1.462 54	1.461 75	1.460 13	1.392 99	1.232 77
R(11,17)	1.545 78	0.974 22	0.971 75	0.972 00	1.426 91	2.722 31
R(12,17)	1.545 87	2.022 05	2.059 12	2.098 79	2.130 74	2.046 20
A(1,10,13)	121.176 52	112.600 48	111.597 27	111.748 65	105.171 43	161.114 99
A(10,11,17)	89.296 94	42.946 01	42.453 07	42.815 16	60.443 77	14.687 53
A(10,12,17)	89.297 64	44.655 95	42.905 41	40.992 50	35.557 46	30.476 75
A(11,10,12)	108.065 73	128.848 82	119.787 26	95.904 46	113.970 73	88.616 44
D(1,10,11,17)	116.394 72	104.707 59	71.598 65	-2.418 84	-103.803 73	-1.631 89
D(1,10,12,17)	-116.297 15	-118.166 67	-117.809 02	-116.301 50	137.800 87	-180.000 00
D(13,10,11,17)	-112.837 44	-141.031 43	-175.568 69	127.107 32	-177.952 29	-178.249 18
D(13,10,12,17)	112.763 91	119.896 85	121.583 45	122.820 29	-113.510 88	-0.586 75

并断开,生成活泼的过渡态 TS$_5$。不稳定的过渡态 TS$_5$ 有且仅有一个虚频大小为 1374icm^{-1}。随后—CH$_2$—基团中的一个 C—H 键的键长由 1.135 10Å 变为 1.093 06Å,并重新形成化学键,另一个 C—H 键的键长由 1.135 25Å 变为 2.016 38Å拉长断开,C 原子与氧原子形成化学键,断开的 H 原子与氧原子形成化学键,形成较为稳定的中间体 MI$_5$。中间体 MI$_5$ 中—CHOH—基团经过复杂的变化和反转,表现为键角和二面角都有较大的变化,形成了活泼的过渡态 TS$_6$。不稳定的过渡态 TS$_6$ 有且仅有一个虚频大小为 239icm^{-1}。不稳定的过渡态 TS$_6$ 中—C—O—H基团经过复杂的变化和反转,表现为键角和二面角都有较大的变化,形成了较为稳定的中间体 MI$_6$。中间体 MI$_6$ 到 TS$_7$ 的变化过程是,—CHOH—CH$_3$基团中的 C—C 键的键长由 1.529 93Å 变为 1.920 46Å 变长拉断,基团—CHOH 中的—O—H 键的键长由 0.972 00Å 变为 1.426 91Å 拉长断开,向—CH$_3$基团方向移动形成不稳定的过渡态 TS$_7$。不稳定的过渡态 TS$_7$ 有且仅有一个虚频大小为 2026icm^{-1}。—CHOH—CH$_3$ 基团中的 C—C 键的键长由 1.920 46Å 变为4.705 68Å 变长,基团—CHOH 中的 O—H 键由断开后形成的 H 原子继续向—CH$_3$ 移动并与 C 原子形成化学键,形成较为稳定的中间体 MI$_7$。中间体 MI$_7$ 容易分解形成最终产物。

4）反应路径通道 11 各驻点几何构型及化学反应过程

3-戊酮分子在煤氧化自燃过程中基团—CH_2—与 O 原子发生化学反应生成基团 CH_3CH_2CHO 和 CH_3CHO 的反应过程中，理论计算所得的各反应的微观机理及优化后的反应物、中间体、过渡态及产物的分子构型见图 6-31。

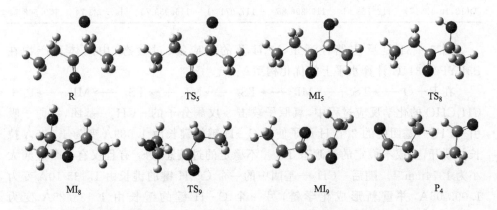

图 6-31 通道 11 反应中的反应物、中间体、过渡态和产物构型示意图

3-戊酮分子在煤氧化自燃过程中基团—CH_2—与 O 原子发生化学反应生成 CH_3CH_2CHO 和 CH_3CHO，参加化学反应的基团的化学结构变化参数见表 6-20。

表 6-20　反应路径通道 11 中间体过渡态结构变化

项目	TS_5	MI_5	TS_8	MI_8	TS_9	MI_9
R(1,10)	1.518 98	1.534 75	1.529 92	1.530 62	2.134 21	3.315 70
R(10,11)	1.135 25	2.016 38	2.044 93	2.022 47	1.309 37	2.935 51
R(10,12)	1.135 10	1.093 06	1.092 64	1.094 10	1.091 47	1.100 65
R(10,13)	1.523 57	1.526 83	1.533 21	1.528 45	1.497 15	1.496 89
R(10,17)	1.906 61	1.462 54	1.462 23	1.462 05	1.397 92	1.237 67
R(11,17)	1.545 78	0.974 22	0.970 14	0.972 99	1.343 46	2.375 63
R(12,17)	1.545 87	2.022 05	2.059 86	2.112 73	2.132 67	2.024 84
A(1,10,13)	121.176 52	112.600 48	110.678 48	110.666 41	102.167 73	106.187 70
A(10,11,17)	89.296 94	42.946 01	41.212 82	42.546 51	63.584 54	24.126 35
A(10,12,17)	89.297 64	44.655 95	42.874 84	40.353 23	35.599 21	32.009 75
A(11,10,12)	108.065 73	128.848 82	118.962 83	90.485 37	106.453 95	102.149 02
D(1,10,11,17)	116.394 72	104.707 59	-175.395 96	112.056 22	172.787 98	173.998 70

项目	TS_5	MI_5	TS_8	MI_8	TS_9	MI_9
D(1,10,12,17)	−116.297 15	−118.166 67	123.461 56	122.929 62	109.328 77	70.152 31
D(13,10,11,17)	−112.837 44	−141.031 43	71.055 91	−23.069 06	103.008 24	114.014 46
D(13,10,12,17)	112.763 91	119.896 85	−117.071 21	−116.959 73	−147.023 74	−179.508 74

图 6-31 是反应路径通道 11 涉及的反应物、过渡态、中间体和产物在 B3LYP/6-311G 计算水平上的优化构型。

在 R+O ⟶ TS_5 ⟶ MI_5 ⟶ TS_8 ⟶ MI_8 ⟶ TS_9 ⟶ MI_9 ⟶ P_4 + CH_3CHO 的化学反应过程中,氧原子攻击 3-戊酮分子的—CH_2—基团,氧原子吸引—CH_2—基团中的 2 个 H 原子使得 C—H 键的键长由 1.089Å 变为 1.135Å 拉长并断开,生成不稳定的过渡态 TS_5。不稳定的过渡态 TS_5 有且仅有一个虚频大小为 1374icm^{-1}。随后—CH_2—基团中的一个 C—H 键的键长由 1.135 10Å 变为 1.093 06Å,并重新形成化学键,另一个 C—H 键的键长由 1.135 25Å 变为 2.016 38Å 拉长断开,C 原子与氧原子形成化学键,断开的 H 原子与氧原子形成化学键,形成较为稳定的中间体 MI_5。中间体 MI_5 中—C—O—H 基团经过复杂的变化和反转,表现为键角和二面角都有较大的变化,形成了活泼的过渡态 TS_8。不稳定的过渡态 TS_8 有且仅有一个虚频大小为 412icm^{-1}。不稳定的过渡态 TS_8 中—C—O—H 基团经过复杂的变化和反转,表现为键角和二面角都有较大的变化,形成了较为稳定的中间体 MI_8。中间体 MI_8 到 TS_9 的变化过程是,—COCHOH 基团中的 C—C 键的键长由 1.530 62Å 变为 2.134 21Å 变长拉断,基团—CHOH 中的—O—H 键的键长由 0.972 99Å 变为 1.343 46Å 拉长断开,向 CH_3HCO 基团方向移动形成不稳定的过渡态 TS_9。不稳定的过渡态 TS_9 有且仅有一个虚频大小为 2038icm^{-1}。—COCHOH—基团中的 C—C 键的键长由 2.134 21Å 变为 3.315 70Å 变长,基团—CHOH 中的—OH 键断开后,H 原子继续向 CH_3HCO 移动并与 C 原子形成化学键,形成较为稳定的中间体 MI_9。中间体 MI_9 容易分解形成最终产物。

5) 反应路径通道 12 各驻点几何构型及化学反应过程

3-戊酮分子在煤氧化自燃过程中基团—CH_2—与 O 原子发生化学反应生成基团 $CH_3CH_2COC·CH_3$ 和 H_2O 的反应过程中,理论计算所得的各反应的微观机理及优化后的反应物、中间体、过渡态及产物的分子构型见图 6-32。

图 6-32 是反应路径通道 12 涉及的反应物、过渡态、中间体和产物在 B3LYP/6-311G 计算水平上的优化构型。

3-戊酮分子在煤氧化自燃过程中基团—CH_2—与 O 原子发生化学反应生成 $CH_3CH_2COC·CH_3$ 和 H_2O,参加反应的基团的化学结构变化参数见表 6-21。

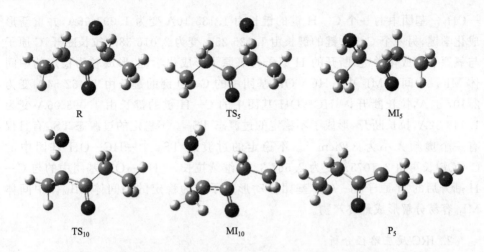

图 6-32　通道 11 反应中的反应物、中间体、过渡态和产物构型示意图

表 6-21　反应路径通道 12 中间体过渡态结构变化

项目	TS$_5$	MI$_5$	TS$_{10}$	MI$_{10}$
R(1,10)	1.518 98	1.534 75	1.444 25	1.410 86
R(10,11)	1.135 25	2.016 38	2.561 91	1.950 49
R(10,12)	1.135 10	1.093 06	1.448 32	3.190 08
R(10,13)	1.523 57	1.526 83	1.486 29	1.471 77
R(10,17)	1.906 61	1.462 54	2.107 51	2.567 33
R(11,17)	1.545 78	0.974 22	0.976 79	0.988 65
R(12,17)	1.545 87	2.022 05	1.095 70	0.971 51
A(1,10,13)	121.176 52	112.600 48	120.827 60	125.025 31
A(10,11,17)	89.296 94	42.946 01	52.079 05	117.978 44
A(10,12,17)	89.297 64	44.655 95	111.116 92	43.053 65
A(11,10,12)	108.065 73	128.848 82	38.733 91	23.644 43
D(1,10,11,17)	116.394 72	104.707 59	−39.991 92	−77.070 74
D(1,10,12,17)	−116.297 15	−118.166 67	78.012 25	−155.497 65
D(13,10,11,17)	−112.837 44	−141.031 43	−165.551 96	68.360 79
D(13,10,12,17)	112.763 91	119.896 85	−75.551 60	−22.789 47

在 R+O —→ TS$_5$ —→ MI$_5$ —→ TS$_{10}$ —→ MI$_{10}$ —→ P$_5$+H$_2$O 的化学反应过程中,氧原子攻击 3-戊酮分子的—CH$_2$—基团,氧原子吸引—CH$_2$—基团中的 2 个 H 原子使得 C—H 键的键长由 1.089Å 变为 1.135Å 拉长并断开,生成不稳定的过渡态 TS$_5$。不稳定的过渡态 TS$_5$ 有且仅有一个虚频,大小为 1374icm^{-1}。随后

—CH₂—基团中的一个 C—H 键的键长由 1. 135 10Å 变为 1. 093 06Å,并重新形成化学键,另一个 C—H 键的键长由 1. 135 25Å 变为 2. 016 38Å 拉长断开,C 原子与氧原子形成化学键,断开的 H 原子与氧原子形成化学键,形成较为稳定的中间体 MI₅。中间体 MI₅ 中—HC—OH 基团中的 C—O 键的键长由 1. 462 54Å 变为 2. 107 51Å,拉长断开,—HC—OH 基团中的 C—H 键的键长由 1. 093 06Å 变为 1. 448 32Å,拉长断开,形成了不稳定的过渡态 TS₁₀。不稳定的过渡态 TS₁₀ 有且仅有一个虚频大小为 832icm⁻¹。不稳定的过渡态 TS₁₀ 中—HC—OH 基团中的 C—O 键长再由 2. 1075Å 变为 2. 567 33Å,继续拉长,—HC—OH 基团中的与 C—H 断开后的 H 原子向—OH 基团移动形成了较为稳定的中间体 MI₁₀。中间体 MI₁₀ 容易分解形成最终产物。

2. IRC 反应路径分析

对反应通道分别进行 IRC 路径分析,用密度泛函理论、B3LYP/6-311G 方法、以鞍点(saddle point)为中心、步长为 0. 05 Bohr/S,分别向前向后寻找 50 个点,其结果表明在煤中 3-戊酮分子发生氧化自燃反应的各个反应过程中,—CH₃ 基团和 —CH₂—基团中各原子间键长、键角和二面角的变化及化学键的断裂和形成与机理理论分析相一致,通过能量分析和对各驻点的几何构形的全参数优化,进一步证实所找的中间体和过渡态是正确的,也证明了煤中 3-戊酮分子发生氧化自燃反应的各个反应通道是合理的。反应过程中位能沿反应坐标(IRC)的变化如图 6-33~图 6-42所示,从位能图中容易看出在反应进程中形成过渡态 TS₁、TS₂、TS₃、TS₄、TS₅、TS₆、TS₇、TS₈、TS₉ 和 TS₁₀ 时,体系的能量最高,这也从侧面说明了反应过渡态的真实性。

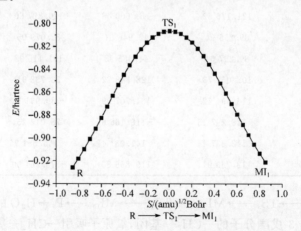

图 6-33　由 R ——→TS₁ ——→MI₁ 过程反应位能沿反应坐标(IRC)的变化

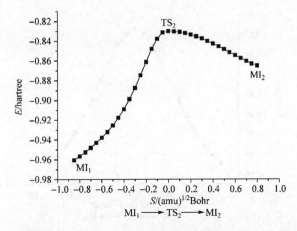

图 6 - 34　由 MI₁ ──→TS₂ ──→MI₂ 过程反应位能沿反应坐标(IRC)的变化

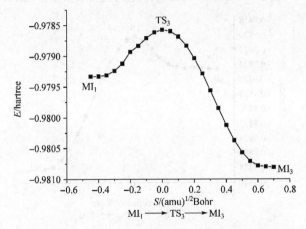

图 6 - 35　由 MI₁ ──→TS₃ ──→MI₃ 过程反应位能沿反应坐标(IRC)的变化

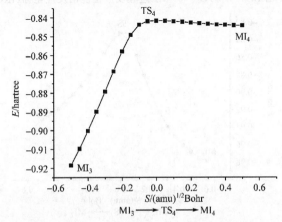

图 6 - 36　由 MI₃ ──→TS₄ ──→MI₄ 过程反应位能沿反应坐标(IRC)的变化

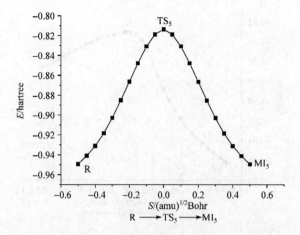

图 6 - 37　由 R ——→TS₅ ——→MI₅ 过程反应位能沿反应坐标(IRC)的变化

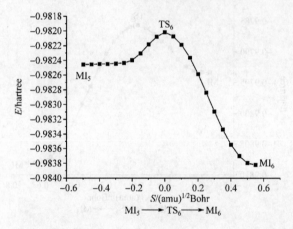

图 6 - 38　由 MI₅ ——→TS₆ ——→MI₆ 过程反应位能沿反应坐标(IRC)的变化

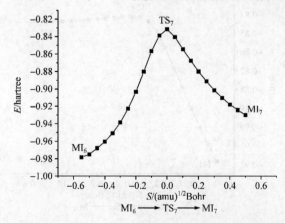

图 6 - 39　由 MI₆ ——→TS₇ ——→MI₇ 过程反应位能沿反应坐标(IRC)的变化

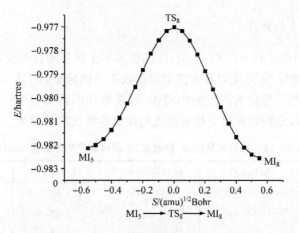

图 6 - 40　由 MI$_5$ ⟶ TS$_8$ ⟶ MI$_8$ 过程反应位能沿反应坐标(IRC)的变化

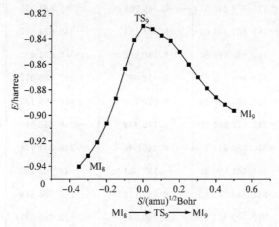

图 6 - 41　由 MI$_8$ ⟶ TS$_9$ ⟶ MI$_9$ 过程反应位能沿反应坐标(IRC)的变化

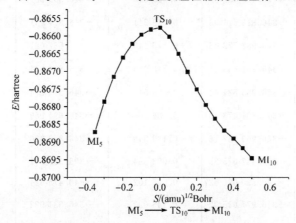

图 6 - 42　由 MI$_5$ ⟶ TS$_{10}$ ⟶ MI$_{10}$ 过程反应位能沿反应坐标(IRC)的变化

3. 反应位垒的计算

表 6-22 列出了在 B3LYP/6-311G 基组水平上计算所得的反应物、中间体、过渡态和产物的能量、零点能以及考虑零点能校正后的能量(E)，同时还列出了以 3-戊酮分子和 O 原子能量为参比的中间体、过渡态和产物的相对能量 E_{rel}。根据相对能量 E_{rel} 的值，分别计算出了反应通道的控制步骤反应活化能。

表 6-22　反应的反应物、过渡态、中间体和产物总能量/hartree

项目	E(B3LYP)	ZPE(B3LYP)	$E+$ZPE	E_{rel}/(kJ/mol)
R	−271.775 446 918	0.141 441	−271.634 006	0
O	−75.129 563 41	0	−75.129 563	0
TS$_1$	−346.806 630 92	0.140 161	−346.666 470	254.93
MI$_1$	−346.979 337 57	0.146 001	−346.833 337	−438.11
TS$_2$	−346.829 951 06	0.137 144	−346.692 807	368.96
MI$_2$	−346.965 482 80	0.140 992	−346.824 491	−345.74
P$_1$	−232.462 742 61	0.112 685	−232.350 057	13.94
HCHO	−114.495 835 16	0.026 710	−114.469 125	13.94
TS$_3$	−346.977 984 26	0.145 439	−346.832 545	2.08
MI$_3$	−346.980 817 49	0.146 044	−346.834 774	−5.85
TS$_4$	−346.841 590 96	0.137 884	−346.703 707	344.12
MI$_4$	−346.846 084 43	0.141 728	−346.704 356	−1.71
P$_2$	−270.409 464 15	0.113 537	−270.295 927	34.52
H$_2$O	−76.415 928 877	0.020 648	−76.395 281	34.52
TS$_5$	−346.813 671 98	0.139 241	−346.674 431	234.03
MI$_5$	−346.982 523 76	0.145 443	−346.837 081	−427.04
TS$_6$	−346.981 359 21	0.145 035	−346.836 324	1.99
MI$_6$	−346.983 821 44	0.145 548	−346.838 274	−5.12
TS$_7$	−346.831 473 58	0.136 505	−346.694 969	376.25
MI$_7$	−346.969 762 18	0.139 843	−346.829 920	−354.31
P$_3$	−306.447 675 33	0.093 884	−306.353 791	1.59
CH$_4$	−40.520 626 527	0.045 102	−40.475 524	1.59
TS$_8$	−346.977 015 02	0.145 093	−346.831 922	13.54
MI$_8$	−346.982 840 99	0.145 609	−346.837 232	−13.94

续表

项目	E(B3LYP)	ZPE(B3LYP)	$E+$ZPE	$E_{rel}/$(kJ/mol)
TS_9	−346.829 885 55	0.137 147	−346.692 738	379.37
MI_9	−346.970 513 78	0.141 762	−346.828 751	−357.11
P_4	−193.138 093 39	0.084 590	−193.053 503	20.08
CH_3CHO	−153.822 957 16	0.055 356	−153.767 601	20.08
TS_{10}	−346.865 757 51	0.136 753	−346.729 004	283.76
$M10$	−346.868 045 74	0.138 628	−346.729 417	−1.08
P_5	−270.436 989 03	0.115 118	−270.321 871	32.20
H_2O	−76.415 928 877	0.020 648	−76.395 281	32.20

从表 6 - 22 可以看到,3-戊酮分子和氧反应,首先吸收能量形成过渡态 TS_1 或 TS_5,形成过渡态 TS_1 需要吸收 254.93kJ/mol 能量,而形成过渡态 TS_5 只需吸收 234.03kJ/mol 能量。在通道 8 中,从 MI_1 到 TS_2 需吸收 368.96kJ/mol 能量,TS_2 不稳定在放出 345.74kJ/mol 能量后形成中间体 MI_2,MI_2 吸收 13.94kJ/mol 能量形成产生产物 P_1 和水;在通道 9 中,从 MI_1 到过渡态 TS_3 只需越过 2.08kJ/mol 的位垒,可以说这一步反应是很容易进行的,但是从 MI_3 到 TS_4 的反应需要越过位垒达到了 344.12kJ/mol,由于反应所需的能量太高,实际上通道 9 是很难进行的;在通道 10 中,在整个反应过程中,需要越过的最大位垒为 376.25 kJ/mol,虽然从 MI_5 到 TS_6 和 MI_7 分解为产物只需分别吸收 1.99 kJ/mol 和 1.59 kJ/mol 能量,但是由于在整个反应过程中需要越过的最大位垒太高,通道 10 也是很难进行的;通道 11 中,我们也可以看到和通道 10 同样的结果,而且在反应过程中所需越过的最大位垒 379.37kJ/mol 也比通道 10 的最大位垒高,甚至在其他的分步反应过程中发生反应所需的能量也比通道 10 高,所以如果要使通道 11 进行反应,需要的外部条件要比通道 10 更为苛刻;在通道 12 中,MI_5 吸收 283.76kJ/mol 能量形成过渡态 TS_{10},过渡态 TS_{10} 不稳定,放出 1.08kJ/mol 能量形成活性中间体 MI_{10},活性中间体 MI_{10} 吸收 32.20kJ/mol 能量分解为产物 P 和水。从表 6 - 22 中可以看出,通道 12 所表示的反应是比较容易进行的。

图 6 - 43 是基于 B3LYP/6-311G 方法加上零点能校正后所得到的反应位能剖面图,图中表示的能量值是把反应物 $C_5H_{10}O+O$ 总能量作为零点的相对值。从图 6 - 43 中容易看出,生成多种产物的反应途径都不是基元反应。各个反应都是多步反应,反应的第一步都是先形成过渡态 TS 再到达中间体 MI 的过程,反应位垒分别为 254.93kJ/mol 和 234.03kJ/mol。中间体 MI_1 和 MI_5 在热力学上是稳定的。但是,同时可以看到,中间体 MI_1 和 MI_5 在动力学上不是很稳定,它继续吸收能量反应形成更为活泼的过渡态,从而使反应继续进行直至到达最终的产物。从

图 6-43 我们还可以看出,通道 9 和通道 12 都是吸热反应,通道 8、通道 10 和通道 11 都是放热反应。同时也可以发现容易进行反应的顺序为通道 12＞通道 9＞通道 8＞通道 10＞通道 11,所以在煤的氧化自燃过程中 3-戊酮分子与 O 原子发生化学反应的主要通道是 O 原子攻击 3-戊酮分子中的—CH_2—基团,所以煤中的 3-戊酮分子反应的主要产物是 $CH_3CH_2COC \cdot CH_3$ 和水。

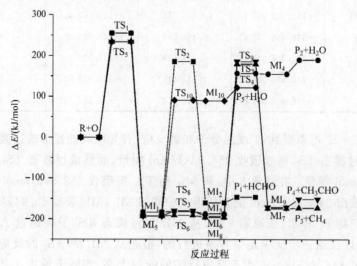

图 6-43　经 B3LYP 能量校正后的反应位能剖面示意图

6.4.3　本节结论

本节研究应用量子化学理论研究了组成煤结构中的低分子含氧化合物 3-戊酮在煤氧化自燃过程中的化学反应过程和化学反应机理。采用密度泛函(DFT)在 B3LYP/6-311G 水平上对 3-戊酮分子的反应物、产物、中间体和过渡态分子进行几何优化,得到了分子构型参数,计算反应各驻点的振动频率,并通过振动分析,确认所得的每一个过渡态的真实性。获得零点振动能(ZPE),并在同一水平下进行内禀反应坐标(IRC)计算,讨论反应沿极小能量途径相互作用分子间结构和位能的变化,由此确定过渡态结构和反应物、中间体、产物之间的正确连接。通过理论研究得出如下结论:

(1)煤中低分子化合物中的 3-戊酮分子在氧化自燃反应过程中的活性部位。根据分子轨道理论,前沿轨道(HOMO 和 LUMO)及其附近的分子轨道对物质反应活性影响最大。从 3-戊酮分子轨道的计算结果可知,3-戊酮分子的氧化自燃反应就发生在电荷密度较大的原子部位,所以 C_3 和 C_{10} 原子在受到氧分子的攻击时,容易发生氧化自燃反应。

(2)3-戊酮分子在煤氧化自燃过程中与氧发生化学反应的过程。煤中低分子

化合物中的 3-戊酮分子在煤氧化自燃过程中与氧发生化学反应,其分步反应过程分别用以下 5 条通道表示:

$$R+O \longrightarrow TS_1 \longrightarrow MI_1 \longrightarrow TS_2 \longrightarrow MI_2 \longrightarrow P_1+HCHO \qquad 通道 8$$

$$R+O \longrightarrow TS_1 \longrightarrow MI_1 \longrightarrow TS_3 \longrightarrow MI_3 \longrightarrow TS_4 \longrightarrow MI_4 \longrightarrow P_2+H_2O$$
$$通道 9$$

$$R+O \longrightarrow TS_5 \longrightarrow MI_5 \longrightarrow TS_6 \longrightarrow MI_6 \longrightarrow TS_7 \longrightarrow MI_7 \longrightarrow P_3+CH_4$$
$$通道 10$$

$$R+O \longrightarrow TS_5 \longrightarrow MI_5 \longrightarrow TS_8 \longrightarrow MI_8 \longrightarrow TS_9 \longrightarrow MI_9 \longrightarrow P_4+CH_3CHO$$
$$通道 11$$

$$R+O \longrightarrow TS_5 \longrightarrow MI_5 \longrightarrow TS_{10} \longrightarrow MI_{10} \longrightarrow P_5+H_2O \qquad 通道 12$$

(3) 3-戊酮分子在煤氧化自燃过程中与氧发生化学反应的机理是一个旧化学键断裂和新的化学键形成的过程。详尽论述了煤中低分子化合物 3-戊酮分子在煤氧化自燃过程中与氧的化学反应,从反应物——过渡态——中间体——过渡态——中间体——产物,整个化学反应过程是化学键的断裂与形成过程,从理论上得到了化学反应机理。

(4) 各反应通道的最大位垒分别为 TS_2、TS_4、TS_7、TS_9 和 TS_{10}。3-戊酮分子和氧反应,首先吸收能量形成过渡态 TS_1 或 TS_5,形成过渡态 TS_1 需要吸收 254.93kJ/mol 能量,而形成过渡态 TS_5 只需吸收 234.03kJ/mol 能量。

在通道 8 中,从 MI_1 到 TS_2 需吸收 368.96kJ/mol 能量,生成过渡态位垒 $TS_2 > TS_1$,所以 TS_2 是通道 8 的最大位垒;在通道 9 中,从 MI_1 到过渡态 TS_3 需越过 2.08kJ/mol 的位垒,从 MI_3 到 TS_4 的反应需要越过位垒达到了 344.12kJ/mol,$TS_4 > TS_1 > TS_3$ 的位垒,所以 TS_4 是通道 9 的最大位垒;在通道 10 中,从 MI_5 到 TS_6 需要 1.99kJ/mol 位垒,从 MI_6 到 TS_7 需吸收 376.25kJ/mol 能量,$TS_7 > TS_5 > TS_6$ 的位垒,所以 TS_7 是最大位垒;在通道 11 中,从 MI_5 到 TS_6 需要 13.54kJ/mol 位垒,从 MI_8 到 TS_9 需吸收 379.37kJ/mol 能量,$TS_9 > TS_5 > TS_8$ 的位垒,所以 TS_9 是最大位垒;在通道 12 中,从 MI_5 到 TS_{10} 需吸收 283.76kJ/mol 能量,生成过渡态位垒 $TS_{10} > TS_5$,所以 TS_{10} 是通道 12 的最大位垒。综上所述,通道 12 所表示的反应是比较容易进行的。

(5) 3-戊酮分子在煤氧化自燃过程中与氧的化学反应是多步反应。根据 B3LYP/6-311G 方法加上零点能校正后所得到的反应位能剖面图可知,生成多种产物的反应途径都不是基元反应。各个反应都是经过过渡态 TS 到中间体 MI 的多步反应过程。

(6) 各反应通道的优先顺序是通道 12 > 通道 9 > 通道 8 > 通道 10 > 通道 11。通道 9 和通道 12 都是吸热反应,通道 8、通道 10 和通道 11 都是放热反应。通道 8 的最大位垒为 368.96kJ/mol,通道 9 的最大位垒为 344.12kJ/mol,通道 10 的最大位垒为 376.25kJ/mol,通道 11 的最大位垒为 379.37kJ/mol,通道 12 的最大位垒为 283.76kJ/mol,所以容易进行反应的顺序为通道 12＞通道 9＞通道 8＞通道 10＞通道 11,所以在煤的氧化自燃过程中 3-戊酮分子与 O 原子发生化学反应的主要通道是 O 原子攻击 3-戊酮分子中的—CH₂—基团,煤中的 3-戊酮分子反应的主要产物是 $CH_3CH_2COC \cdot CH_3$ 和水。

6.5　酸类低分子化合物自燃反应机理

在组成煤的低分子化合物中,存在长链脂肪酸及其衍生物[6,7]。长链脂肪酸及其衍生物在低分子化合物中所占的比例在现有的研究中没有明确的数据。但其作为低分子化合物的重要组成部分,在研究煤的氧化自燃机理过程中对其化学反应过程及化学反应机理做深入的研究,具有非常重要的意义。

本节研究煤结构中重要的低分子化合物中长链脂肪酸及其衍生物在煤氧化自燃过程中的化学反应过程和反应机理。煤结构中的低分子化合物中的长链脂肪酸及其衍生物的碳原子数没有明确的范围,为了研究方便,本节研究对煤结构中的低分子含氧化合物戊酸在煤氧化自燃过程中的化学反应过程和化学反应机理进行研究。

6.5.1　戊酸分子的几何构型

采用量子化学密度泛函(DFT)理论计算方法,在 B3LYP/6-311G 计算水平上,对戊酸分子的化学基本结构单元进行了优化,得到了分子构型参数(键长、键角及二面角)和振动频率。所有计算均由 Gaussian03 完成。基于氧化反应煤分子化学基本结构单元的建立由 Gauss View 完成。经全优化计算得到戊酸分子化学基本结构单元的平衡几何构型如图 6-44 所示,键长、键角及二面角见表 6-23～表 6-25。

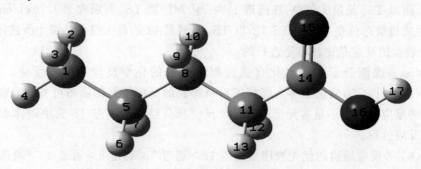

图 6-44　戊酸分子的几何构型

表 6 - 23　戊酸分子键长

序号	原子关系	键长/Å	序号	原子关系	键长/Å
R1	R(1,2)	1.0927	R9	R(8,10)	1.0933
R2	R(1,3)	1.0927	R10	R(8,11)	1.5324
R3	R(1,4)	1.0917	R11	R(11,12)	1.0943
R4	R(1,5)	1.5356	R12	R(11,13)	1.0943
R5	R(5,6)	1.0957	R13	R(11,14)	1.5019
R6	R(5,7)	1.0957	R14	R(14,15)	1.231
R7	R(5,8)	1.5377	R15	R(14,16)	1.384
R8	R(8,9)	1.0933	R16	R(16,17)	0.9771

表 6 - 24　戊酸分子键角

序号	原子关系	键角/(°)	序号	原子关系	键角/(°)
A1	A(2,1,3)	107.6259	A15	A(5,8,11)	112.5431
A2	A(2,1,4)	107.7845	A16	A(9,8,10)	105.8594
A3	A(2,1,5)	111.0731	A17	A(9,8,11)	109.3413
A4	A(3,1,4)	107.7846	A18	A(10,8,11)	109.3415
A5	A(3,1,5)	111.0734	A19	A(8,11,12)	111.0098
A6	A(4,1,5)	111.3308	A20	A(8,11,13)	111.0052
A7	A(1,5,6)	109.4575	A21	A(8,11,14)	113.5252
A8	A(1,5,7)	109.4569	A22	A(12,11,13)	105.4184
A9	A(1,5,8)	112.7999	A23	A(12,11,14)	107.7437
A10	A(6,5,7)	106.1729	A24	A(13,11,14)	107.7402
A11	A(6,5,8)	109.3682	A25	A(11,14,15)	127.0007
A12	A(7,5,8)	109.3687	A26	A(11,14,16)	111.3925
A13	A(5,8,9)	109.7679	A27	A(15,14,16)	121.6068
A14	A(5,8,10)	109.7666	A28	A(14,16,17)	110.2529

表 6 - 25　戊酸分子二面角

序号	原子关系	二面角/(°)	序号	原子关系	二面角/(°)
D1	D(2,1,5,6)	−178.1188	D5	D(3,1,5,7)	178.1126
D2	D(2,1,5,7)	−62.1357	D6	D(3,1,5,8)	−59.8788
D3	D(2,1,5,8)	59.8729	D7	D(4,1,5,6)	−57.9948
D4	D(3,1,5,6)	62.1295	D8	D(4,1,5,7)	57.9883

序号	原子关系	二面角/(°)	序号	原子关系	二面角/(°)
D9	D(4,1,5,8)	179.9969	D23	D(9,8,11,13)	63.8208
D10	D(1,5,8,9)	57.983	D24	D(9,8,11,14)	−57.7218
D11	D(1,5,8,10)	−57.9757	D25	D(10,8,11,12)	−63.7953
D12	D(1,5,8,11)	−179.996	D26	D(10,8,11,13)	179.298
D13	D(6,5,8,9)	−64.0757	D27	D(10,8,11,14)	57.7554
D14	D(6,5,8,10)	179.9657	D28	D(8,11,14,15)	0.0483
D15	D(6,5,8,11)	57.9454	D29	D(8,11,14,16)	−179.9537
D16	D(7,5,8,9)	−179.9587	D30	D(12,11,14,15)	123.4056
D17	D(7,5,8,10)	64.0826	D31	D(12,11,14,16)	−56.5965
D18	D(7,5,8,11)	−57.9377	D32	D(13,11,14,15)	−123.3005
D19	D(5,8,11,12)	58.4653	D33	D(13,11,14,16)	56.6975
D20	D(5,8,11,13)	−58.4414	D34	D(11,14,16,17)	−179.9954
D21	D(5,8,11,14)	−179.984	D35	D(15,14,16,17)	0.0026
D22	D(9,8,11,12)	−179.2725			

容易与氧气发生化学反应的部位及其化学反应

根据分子轨道理论,前沿轨道(HOMO 和 LUMO)及其附近的分子轨道对物质反应活性影响最大,HOMO 及附近的占据轨道具有优先提供电子的作用,LU-MO 及附近的空轨道具有接受电子的重要作用[2]。分析戊酸分子的前沿轨道及其分布有助于确定戊酸分子的活性部位,探索煤发生氧化自燃反应机理。戊酸分子的氧化自燃反应,应当发生在前沿轨道中各基团电子云密度最大之处,当氧分子攻击戊酸分子时,应发生在最高占有轨道中电子云密度最大的某个原子部位上。前沿轨道的能量,在一定程度上反映了分子得失电子的难易,从而可以分析其参与反应的难易程度。戊酸分子中各原子的电荷密度分布见表 6 - 26。

表 6 - 26　戊酸分子的前沿轨道分析

HOMO/hartree	原子	C_1	C_5	C_8	C_{11}	C_{14}
−0.253	电荷密度	−0.515 053	−0.346 333	−0.314 136	−0.465 483 1	0.505 752

从戊酸分子轨道的计算结果可知,戊酸分子的氧化自燃反应就发生在电荷密度较大的原子部位,所以 C_1 和 C_{11} 原子在受到氧分子的攻击时,容易发生氧化自燃反应。

从宏观反应动力学来看,煤氧化自燃的化学反应步骤是,煤在受采动等外力的作用下,使煤体破碎形成散体煤,氧气通过散体煤的孔隙扩散到散体煤的表面,扩散到散体煤表面的氧分子被煤分子吸附,被吸附的氧分子与煤分子发生复杂的化学反应,生成中间体、过渡态到产物,生成的气体产物分子从煤的表面脱附到空气中。

根据煤在氧化自燃过程中生成主要的气体,即水、一氧化碳、二氧化碳和甲烷等,应用分子轨道理论分析得到煤氧化自燃最容易发生的原子部位,根据化学反应机理理论[3]可以确定煤在氧化自燃过程中的化学反应为式(6-13)~式(6-24)所示的化学反应方程式。

煤中低分子化合物中的戊酸分子在煤氧化自燃过程中与氧化学反应有以下 12 个途径:氧原子首先攻击戊酸分子中—CH_2—$COOH$ 的—CH_2—基团,生成 $CH_3CH_2CH_2CHO$ 和 CO_2 或 $CH_3CH_2CH_3$ 和 $CHOCHO$ 或 $CH_3CH_2CH_2CHO$ 和 H_2O+CO 或 $CH_3CH_2CH_2CCOOH$ 和 H_2O,可用式(6-13)、式(6-14)、式(6-15)和式(6-16)表示。氧原子攻击戊酸分子中 CH_3—CH_2—CH_2—中末端—CH_2—基团,生成 $CH_3CH_2C·CH_2COOH$ 和 H_2O 或 CH_3CH_2CHO 和 CH_3COOH 或 $CHOCH_2COOH$ 和 CH_3CH_3,可用式(6-17)、式(6-18)和式(6-19)表示。氧原子攻击戊酸分子中 CH_3—CH_2—基团中的—CH_2—基团,生成 $CH_3·CCH_2CH_2COOH$ 和 H_2O 或 $CHOCH_2CH_2COOH$ 和 CH_4 或 CH_3CH_2COOH 和 CH_3COOH,可用式(6-20)、式(6-21)和式(6-22)表示。四是氧原子攻击戊酸分子中 CH_3—基团,生成 ·$CHCH_2CH_2CH_2COOH$ 和 H_2O 或 $CH_3CH_2CH_2COOH$ 和 $HCOH$,可用式(6-23)和式(6-24)表示。

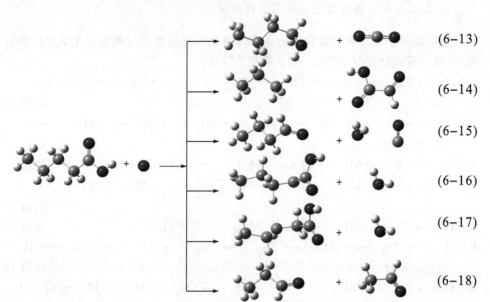

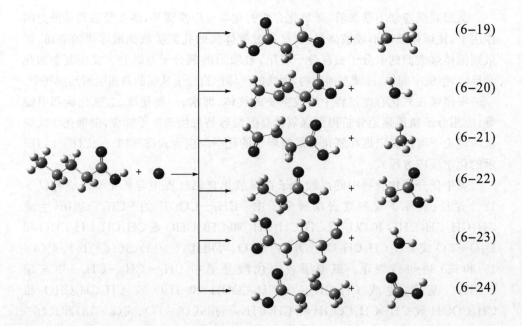

$$(6-19)$$
$$(6-20)$$
$$(6-21)$$
$$(6-22)$$
$$(6-23)$$
$$(6-24)$$

6.5.2 戊酸分子氧化自燃反应的计算

煤中戊酸分子在煤氧化自燃过程中发生化学反应有 12 条反应通道,在本节中对 12 条通道的化学反应过程和反应机理分别加以讨论。

1. 各驻点几何构型及化学反应过程分析

煤中低分子化合物中的戊酸分子在煤氧化自燃过程中与氧发生化学反应的过程,其分步反应过程分别用以下 12 条通道表示:

$R+O \longrightarrow TS_1 \longrightarrow MI_1 \longrightarrow TS_2 \longrightarrow MI_2 \longrightarrow TS_3 \longrightarrow MI_3 \longrightarrow P_1 + CO_2$

通道 13

$R+O \longrightarrow TS_1 \longrightarrow MI_1 \longrightarrow TS_4 \longrightarrow MI_4 \longrightarrow TS_5 \longrightarrow MI_5 \longrightarrow P_2 +$ CHOCOOH

通道 14

$R+O \longrightarrow TS_1 \longrightarrow MI_1 \longrightarrow TS_6 \longrightarrow MI_6 \longrightarrow P_3 + H_2O + CO$ 通道 15

$R+O \longrightarrow TS_1 \longrightarrow MI_1 \longrightarrow TS_7 \longrightarrow MI_7 \longrightarrow TS_9 \longrightarrow MI_9 \longrightarrow P_4 + H_2O$

通道 16

$R+O \longrightarrow TS_8 \longrightarrow MI_8 \longrightarrow TS_9 \longrightarrow MI_9 \longrightarrow P_5 + H_2O$ 通道 17

$R+O \longrightarrow TS_8 \longrightarrow MI_{18} \longrightarrow TS_{10} \longrightarrow MI_{10} \longrightarrow TS_{11} \longrightarrow MI_{11} \longrightarrow P_6 +$ CH_3COOH

通道 18

$R+O \longrightarrow TS_8 \longrightarrow MI_8 \longrightarrow TS_{12} \longrightarrow MI_{12} \longrightarrow TS_{13} \longrightarrow MI_{13} \longrightarrow P_7 + CH_3CH_3$

通道 19

$$R+O \longrightarrow TS_{14} \longrightarrow MI_{14} \longrightarrow TS_{15} \longrightarrow MI_{15} \longrightarrow P_8 + H_2O \qquad 通道\ 20$$

$$R+O \longrightarrow TS_{14} \longrightarrow MI_{14} \longrightarrow TS_{16} \longrightarrow MI_{16} \longrightarrow TS_{17} \longrightarrow MI_{17} \longrightarrow P_9 + CH_4$$
$$通道\ 21$$

$$R+O \longrightarrow TS_{14} \longrightarrow MI_{14} \longrightarrow TS_{18} \longrightarrow MI_{18} \longrightarrow TS_{19} \longrightarrow MI_{19} \longrightarrow P_{10} +$$
$$CH_3COOH \qquad 通道\ 22$$

$$R+O \longrightarrow TS_{20} \longrightarrow MI_{20} \longrightarrow TS_{21} \longrightarrow MI_{21} \longrightarrow P_{11} + H_2O \qquad 通道\ 23$$

$$R+O \longrightarrow TS_{20} \longrightarrow MI_{20} \longrightarrow TS_{22} \longrightarrow MI_{22} \longrightarrow TS_{23} \longrightarrow MI_{23} \longrightarrow P_{12} + H_2O$$
$$通道\ 24$$

以下对各个反应通道及各驻点的几何构型和化学反应过程分别加以叙述。

1) 反应路径通道 13 各驻点几何构型及化学反应过程

在煤氧化自燃过程中,氧原子攻击戊酸分子中—CH_2COOH 的—CH_2—基团,生成 $CH_3CH_2CH_2CHO$ 和 CO_2。理论计算所得的各反应的微观机理及优化后的反应物、中间体、过渡态及产物的分子构型见图 6 - 45。

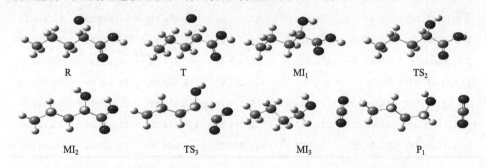

图 6 - 45　通道 13 反应中的反应物、中间体、过渡态和产物构型示意图

在煤氧化自燃过程中,戊酸分子中—CH_2COOH 的—CH_2—基团与 O 发生化学反应,生成 $CH_3CH_2CH_2CHO$ 和 CO_2,参加化学反应的基团的化学结构变化参数见表 6 - 27。

表 6 - 27　反应路径通道 13 中间体过渡态结构变化

项目	TS_1	MI_1	TS_2	MI_2	TS_3	MI_3
R(8,11)	1.535 81	1.543 94	1.528 84	1.531 26	1.511 14	1.527 95
R(11,12)	1.135 96	1.088 33	1.099 00	1.094 97	1.088 60	1.095 72
R(11,13)	1.135 96	1.998 27	2.002 96	2.045 88	2.056 63	2.032 08
R(11,14)	1.494 02	1.512 02	1.523 49	1.526 71	2.028 82	3.654 33
R(11,18)	1.904 40	1.450 65	1.453 50	1.468 32	1.492 92	1.464 89
R(12,18)	1.544 32	2.037 82	2.102 66	2.104 18	2.135 13	2.105 24
R(13,18)	1.544 30	0.974 98	0.973 61	0.969 21	0.975 11	0.971 26

项目	TS$_1$	MI$_1$	TS$_2$	MI$_2$	TS$_3$	MI$_3$
R(14,15)	1.232 00	1.227 78	1.219 11	1.226 11	1.198 43	1.185 31
R(14,16)	1.368 58	1.384 80	1.411 50	1.364 88	1.290 16	1.185 74
R(16,17)	0.977 23	0.975 99	0.973 24	0.983 70	1.341 82	2.964 05
A(8,11,14)	118.508 50	109.968 08	112.358 80	111.678 72	106.706 70	117.516 98
A(11,12,18)	89.206 60	43.212 09	40.462 08	41.135 91	40.874 50	40.907 27
A(11,13,18)	89.207 47	43.224 85	43.114 84	41.525 73	42.613 71	42.144 24
A(12,11,13)	108.169 26	130.515 44	94.067 91	92.105 36	87.965 54	92.439 73
A(12,18,13)	73.129 66	136.869 49	92.279 51	92.560 99	86.505 37	92.019 57
A(11,14,15)	122.953 32	126.108 03	124.754 62	122.571 07	112.887 12	111.017 75
A(11,14,16)	113.734 53	111.327 97	113.552 47	114.909 62	102.617 05	73.352 38
A(14,16,17)	110.549 35	111.291 03	114.895 24	109.370 05	68.209 62	103.921 58
D(8,11,14,15)	0.042 94	−81.994 00	−42.246 50	−54.934 87	−64.599 03	89.189 25
D(8,11,14,16)	−179.957 26	95.116 57	143.883 69	124.926 90	114.937 92	−90.759 20
D(11,14,16,17)	−179.995 65	−178.449 76	−88.445 34	−0.417 75	−2.134 83	−4.658 60
D(8,11,12,18)	−113.843 73	−120.749 04	−118.187 67	−123.993 88	−122.359 49	−124.852 49
D(8,11,13,18)	113.845 90	105.564 92	−5.426 10	−115.475 88	−29.255 60	−115.619 51
D(14,11,12,18)	117.653 22	119.815 08	120.211 65	114.148 20	126.330 94	33.957 05
D(14,11,13,18)	−117.651 84	−143.471 90	124.890 59	18.099 22	113.980 50	−0.941 82

图 6-45 是反应路径通道 13 涉及的反应物、过渡态、中间体和产物在 B3LYP/6-311G 计算水平上的优化构型。

根据化学反应机理理论和量子化学计算反应过程可知,戊酸分子在煤氧化自燃过程中通道 R+O $\longrightarrow$ TS$_1$ $\longrightarrow$ MI$_1$ $\longrightarrow$ TS$_2$ $\longrightarrow$ MI$_2$ $\longrightarrow$ TS$_3$ $\longrightarrow$ MI$_3$ $\longrightarrow$ P$_1$+CO$_2$ 的化学反应机理是,氧原子攻击戊酸分子—CH$_2$COOH 中的—CH$_2$—基团,氧原子吸引—CH$_2$—基团中的 2 个 H 原子,使得—CH$_2$—基团中的两个 C—H 键由 1.094 29Å 变为 1.135 96Å 拉长断裂,生成不稳定的过渡态 TS$_1$。不稳定的过渡态 TS$_1$ 有且仅有一个虚频大小为 1366icm^{-1}。拉长断裂后的一个 H 原子远离 C 原子向 O 原子靠近并形成化学键,O 原子向 C 原子靠近并与 C 原子成键,生成较为稳定的中间体 MI$_1$。中间体 MI$_1$ 经过复杂的化学变化,表现为键角和二面角都有较大的变化,形成了过渡态 TS$_2$,不稳定的过渡态 TS$_2$ 有且仅有一个虚频大小为 544icm^{-1}。TS$_2$ 的—OH 基团经过大角度反转后形成较为稳定的中间体 MI$_2$。中间体 MI$_2$ 中—CHOH—COOH 基团的 C—C 键的键长由 1.526 71Å 变为 2.028 82Å 拉长断开,—COOH 基团的 O—H 键的键长由 0.9837Å 变为 1.341 82Å

拉长断开,形成不稳定的过渡态 TS$_3$,不稳定的过渡态 TS$_3$ 有且仅有一个虚频,大小为 2067icm^{-1}。O—H 键拉断的 H 原子移向—CHOH—基团的 C 原子并与 C 原子形成化学键,形成较为稳定的中间体 MI$_3$,中间体 MI$_3$ 容易分解形成最终产物。

2) 反应路径通道 14 各驻点几何构型及化学反应过程

在煤氧化自燃过程中,氧原子攻击戊酸分子中—CH$_2$COOH 的—CH$_2$—基团,生成 CH$_3$CH$_2$CH$_3$ 和 CHOCOOH,理论计算所得各反应的微观机理及优化后的反应物、中间体、过渡态及产物的分子构型见图 6 - 46。

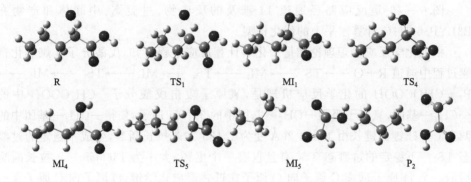

图 6 - 46　通道 14 反应中的反应物、中间体、过渡态和产物构型示意图

在煤氧化自燃过程中戊酸分子中—CH$_2$COOH 的—CH$_2$—基团与 O 发生化学反应,生成 CH$_3$CH$_2$CH$_3$ 和 CHOCOOH,参加化学反应的基团的化学结构变化参数见表 6 - 28。

表 6 - 28　反应路径通道 14 中间体过渡态结构变化

项目	TS$_1$	MI$_1$	TS$_4$	MI$_4$	TS$_5$	MI$_5$
R(8,11)	1.535 81	1.543 94	1.538 63	1.543 91	1.961 33	4.708 29
R(11,12)	1.135 96	1.088 33	1.092 23	1.088 35	1.088 75	1.094 75
R(11,13)	1.135 96	1.998 27	2.015 04	1.998 14	1.272 46	3.690 97
R(11,14)	1.494 02	1.512 02	1.512 88	1.512 06	1.508 50	1.513 60
R(11,18)	1.904 40	1.450 65	1.455 02	1.450 61	1.406 07	1.225 94
R(12,18)	1.544 32	2.037 82	2.090 31	2.037 88	2.136 22	2.039 37
R(13,18)	1.544 30	0.974 98	0.971 54	0.974 95	1.418 41	2.947 02
A(8,11,14)	118.508 50	109.968 08	110.940 93	109.968 76	102.255 50	82.567 70
A(11,12,18)	89.206 60	43.212 09	41.016 73	43.207 56	35.820 75	30.316 48
A(11,13,18)	89.207 47	43.224 85	42.489 39	43.229 34	62.728 44	16.989 95
A(12,11,13)	108.169 26	130.515 44	109.859 27	130.524 49	123.030 78	167.393 54

项目	TS_1	MI_1	TS_4	MI_4	TS_5	MI_5
A(12,18,13)	73.129 66	136.869 49	110.696 33	136.863 45	68.098 71	145.149 79
D(8,11,12,18)	−113.843 73	−120.749 02	−124.529 37	−120.761 50	−115.961 52	−5.610 40
D(8,11,13,18)	113.845 90	105.564 92	−155.145 58	105.580 89	171.254 78	3.284 93
D(14,11,12,18)	117.653 22	119.815 08	115.464 39	119.806 87	137.290 23	−179.988 09
D(14,11,13,18)	−117.651 84	−143.471 90	−38.742 91	−143.456 22	−105.693 85	−178.051 71

图 6-46 是反应路径通道 14 涉及的反应物、过渡态、中间体和产物在 B3LYP/6-311G 计算水平上的优化构型。

根据化学反应机理理论和量子化学计算反应过程可知，戊酸分子在煤氧化自燃过程中通道 $R+O \longrightarrow TS_1 \longrightarrow MI_1 \longrightarrow TS_4 \longrightarrow MI_4 \longrightarrow TS_5 \longrightarrow MI_5 \longrightarrow P_2+CHOCOOH$ 的化学反应机理是，氧原子攻击戊酸分子—CH_2COOH 中的—CH_2—基团，氧原子吸引—CH_2—基团中的 2 个 H 原子，使得—CH_2—基团中的两个 C—H 键的键长由 1.094 29Å 变为 1.135 96Å 拉长断裂，生成不稳定的过渡态 TS_1。不稳定的过渡态 TS_1 有且仅有一个虚频，大小为 1366icm^{-1}。拉长断裂后的一个 H 原子远离 C 原子向 O 原子靠近并形成化学键，O 原子向 C 原子靠近并与 C 原子成键，生成较为稳定的中间体 MI_1。中间体 MI_1 经过复杂的化学变化，表现为键角和二面角都有较大的变化，形成了过渡态 TS_4，不稳定的过渡态 TS_4 有且仅有一个虚频大小为 254icm^{-1}。TS_4 的—OH 基团经过大角度反转后形成较为稳定的中间体 MI_4。中间体 MI_4 中—CH_2CHOH—基团的 C—C 键的键长由 1.543 91Å 变为 1.961 33Å 拉长断开，—CHOH—基团的 O—H 键的键长由 0.974 95Å 变为 1.418 41Å 拉长断开，形成不稳定的过渡态 TS_5，不稳定的过渡态 TS_5 有且仅有一个虚频大小为 1931icm^{-1}。O—H 键拉断的 H 原子移向 $CH_3CH_2CH_2$—基团的 C 原子并与 CH_2—中的 C 原子形成化学键，形成较为稳定的中间体 MI_5，中间体 MI_5 容易分解形成最终产物。

3) 反应路径通道 15 各驻点几何构型及化学反应过程

在煤氧化自燃过程中氧原子攻击戊酸分子中—CH_2COOH 的—CH_2—基团，生成 $CH_3CH_2CH_2CHO$ 和 H_2O+CO 理论计算所得各反应的微观机理及优化后的反应物、中间体、过渡态及产物的分子构型见图 6-47。

在煤氧化自燃过程中，戊酸分子中—CH_2COOH 的—CH_2—基团与 O 发生化学反应，生成 $CH_3CH_2CH_2CHO$ 和 H_2O+CO，参加化学反应的基团的化学结构变化参数见表 6-29。

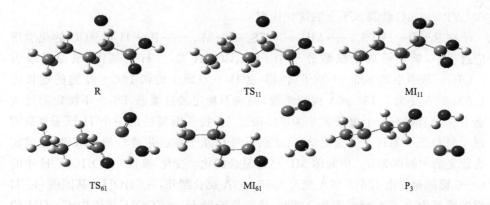

图 6 - 47　通道 15 反应中的反应物、中间体、过渡态和产物构型示意图

表 6 - 29　反应路径通道 15 中间体过渡态结构变化

项目	TS₁	MI₁	TS₆	MI₆
R(8,11)	1.535 81	1.543 94	1.523 32	1.496 45
R(11,12)	1.135 96	1.088 33	1.101 42	1.098 83
R(11,13)	1.135 96	1.998 27	2.112 50	2.516 25
R(11,14)	1.494 02	1.512 02	1.878 99	3.802 99
R(11,18)	1.904 40	1.450 65	1.318 48	1.242 81
R(12,18)	1.544 32	2.037 82	2.074 70	2.021 25
R(13,18)	1.544 30	0.974 98	1.380 10	1.850 02
R(13,16)	2.612 23	2.174 55	1.088 62	0.981 66
R(14,16)	1.368 58	1.384 80	1.897 32	2.805 86
A(8,11,14)	118.508 50	109.968 08	104.263 94	132.347 53
A(11,12,18)	89.206 60	43.212 09	34.218 64	32.453 87
A(11,13,18)	89.207 47	43.224 85	37.452 24	28.142 98
A(12,11,13)	108.169 26	130.515 44	109.562 50	74.628 59
A(12,18,13)	73.129 66	136.869 49	100.309 61	78.938 46
D(8,11,12,18)	−113.843 73	−120.749 02	−143.424 51	−179.245 90
D(8,11,13,18)	113.845 90	105.564 92	77.724 02	−174.034 53
D(14,11,12,18)	117.653 22	119.815 08	108.648 63	−16.011 88
D(14,11,13,18)	−117.651 84	−143.471 90	162.718 78	−175.857 79

图 6 - 47 是反应路径通道 15 涉及的反应物、过渡态、中间体和产物在

B3LYP/6-311G 计算水平上的优化构型。

在 R+O $\longrightarrow$ TS$_1$ $\longrightarrow$ MI$_1$ $\longrightarrow$ TS$_6$ $\longrightarrow$ MI$_6$ $\longrightarrow$ P$_3$+H$_2$O+CO 的化学反应过程中,氧原子攻击戊酸分子中—CH$_2$COOH 的—CH$_2$—基团,氧原子吸引—CH$_2$—基团中的 2 个 H 原子,使得—CH$_2$—基团中的两个 C—H 键的键长由 1.094 29Å 变为 1.135 96Å 拉长断裂,生成不稳定的过渡态 TS$_1$。不稳定的过渡态 TS$_1$ 有且仅有一个虚频大小为 1366icm^{-1}。拉长断裂后的一个 H 原子远离 C 原子向 O 原子靠近并形成化学键,O 原子向 C 原子靠近并与 C 原子成键,生成较为稳定的中间体 MI$_1$。中间体 MI$_1$ 经过复杂的化学变化,基团—COHCOOH 中的 C—C 键的键长由 1.512 02Å 变为 1.878 99Å 拉长断开,—CHOH—基团的 O—H 键的键长由 0.974 98Å 变为 1.380 10Å 拉长断开,—COOH 基团中 C—OH 的 C—O 键的键长由 1.384 80Å 变为 1.897 32Å 拉长断开,形成不稳定的过渡态 TS$_6$,不稳定的过渡态 TS$_6$ 有且仅有一个虚频大小为 655icm^{-1}。—CHOH—基团的 O—H 键拉断后的 H 原子移向—COOH 基团中断开后的—OH 中 O 原子并与—OH 中的 O 原子形成化学键,形成较为稳定的中间体 MI$_6$,中间体 MI$_6$ 容易分解形成最终产物。

4) 反应路径通道 16 各驻点几何构型及化学反应过程

在煤氧化自燃过程中氧原子攻击戊酸分子中—CH$_2$COOH 的—CH$_2$—基团,生成 CH$_3$CH$_2$CH$_2$C·COOH 和 H$_2$O 理论计算所得的各反应的微观机理及优化后的反应物、中间体、过渡态及产物的分子构型见图 6-48。

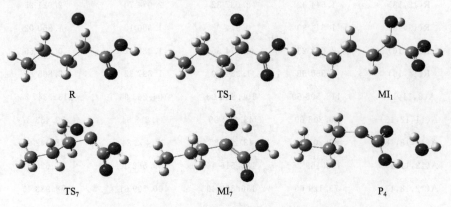

图 6-48　通道 16 反应中的反应物、中间体、过渡态和产物构型示意图

在煤氧化自燃过程中,戊酸分子中—CH$_2$COOH 的—CH$_2$—基团与 O 发生化学反应,生成 CH$_3$CH$_2$CH$_2$C·COOH 和 H$_2$O,参加化学反应的基团的化学结构变化参数见表 6-30。

表 6 - 30　反应路径通道 16 中间体过渡态结构变化

项目	TS_1	MI_1	TS_7	MI_7
R(8,11)	1.535 81	1.543 94	1.493 64	1.485 91
R(11,12)	1.135 96	1.088 33	1.482 00	2.037 19
R(11,13)	1.135 96	1.998 27	2.384 84	2.134 20
R(11,14)	1.494 02	1.512 02	1.440 64	1.383 16
R(11,18)	1.904 40	1.450 65	1.917 48	1.580 20
R(12,18)	1.544 32	2.037 82	1.084 07	1.030 45
R(13,18)	1.544 30	0.974 98	0.977 98	0.969 85
A(8,11,14)	118.508 50	109.968 08	120.365 32	129.809 85
A(11,12,18)	89.206 60	43.212 09	95.450 53	49.710 23
A(11,13,18)	89.207 47	43.224 85	50.498 57	43.589 01
A(12,11,13)	108.169 26	130.515 44	44.654 82	47.310 14
A(12,18,13)	73.129 66	136.869 49	109.959 95	113.803 13
D(8,11,12,18)	−113.843 73	−120.749 02	75.217 22	−40.239 04
D(8,11,13,18)	113.845 90	105.564 92	163.844 62	102.845 95
D(14,11,12,18)	117.653 22	119.815 08	−83.811 22	−177.047 71
D(14,11,13,18)	−117.651 84	−143.471 90	39.162 57	−65.600 86

　　图 6 - 48 是反应路径通道 16 涉及的反应物、过渡态、中间体和产物在 B3LYP/6-311G 计算水平上的优化构型。

　　在 $R+O \longrightarrow TS_1 \longrightarrow MI_1 \longrightarrow TS_7 \longrightarrow MI_7 \longrightarrow P_4+H_2O$ 的化学反应过程中，氧原子攻击戊酸分子中—CH_2COOH 的—CH_2—基团，氧原子吸引—CH_2—基团中的 2 个 H 原子，使得—CH_2—基团中的两个 C—H 键的键长由 1.094 29Å 变为 1.135 96Å 拉长断裂，生成不稳定的过渡态 TS_1。不稳定的过渡态 TS_1 有且仅有一个虚频大小为 $1366icm^{-1}$。拉长断裂后的一个 H 原子远离 C 原子向 O 原子靠近并形成化学键，O 原子向 C 原子靠近并与 C 原子成键，生成较为稳定的中间体 MI_1。中间体 MI_1 经过复杂的化学变化，基团—CHOH—中的 C—H 键的键长由 1.088 33Å 变为 1.482 00Å 拉长断开，—CHOH—基团中 C—OH 的 C—O 键的键长由 1.450 65Å 变为 1.917 48Å 拉长断开，形成不稳定的过渡态 TS_7，不稳定的过渡态 TS_7 有且仅有一个虚频大小为 $1091icm^{-1}$。C—H 键断开后的 H 原子向 C—OH 断开后的—OH 中 O 原子移动并与—OH 中的 O 原子形成化学键，形成较为稳定的中间体 MI_7。中间体 MI_7 容易分解形成最终产物。

　　5) 反应路径通道 17 各驻点几何构型及化学反应过程

　　在煤氧化自燃过程中，戊酸分子（$CH_3CH_2CH_2CH_2COOH$）中

$CH_3CH_2CH_2$—基团末端的—CH_2—与 O 原子发生化学反应生成 CH_3CH_2C ·
CH_2COOH 和 H_2O 的反应过程中,理论计算所得的各反应的微观机理及优化后
的反应物、中间体、过渡态及产物的分子构型见图 6-49。

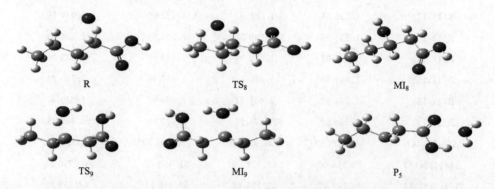

图 6-49　通道 17 反应中的反应物、中间体、过渡态和产物构型示意图

在煤氧化自燃过程中,戊酸分子中($CH_3CH_2CH_2CH_2COOH$)$CH_3CH_2CH_2$—
基团末端的—CH_2—与 O 发生化学反应,生成 CH_3CH_2C · CH_2COOH 和 H_2O,
参加化学反应的基团的化学结构变化参数见表 6-31。

表 6-31　反应路径通道 17 中间体过渡态结构变化

项目	TS$_8$	MI$_8$	TS$_9$	MI$_9$
R(5,8)	1.549 13	1.532 61	1.497 43	1.515 88
R(8,11)	1.523 70	1.534 05	1.514 13	1.535 10
R(8,10)	1.120 69	1.088 33	1.459 16	2.257 79
R(8,9)	1.118 55	2.017 74	2.493 53	2.312 12
R(9,18)	1.592 83	0.975 15	0.980 79	0.990 05
R(10,18)	1.620 32	2.026 48	1.090 32	0.970 20
R(8,18)	1.914 47	1.467 33	2.091 41	1.917 77
A(5,8,11)	120.254 89	113.740 29	113.234 64	109.764 37
A(8,9,18)	88.020 99	43.189 83	54.997 52	54.658 96
A(8,10,18)	86.587 56	44.649 91	109.383 26	57.389 10
A(9,8,10)	113.578 32	130.640 09	39.671 61	41.221 47
A(9,18,10)	71.327 59	140.705 80	106.151 66	110.378 86
D(5,8,10,18)	121.141 49	119.013 46	−72.545 42	−91.553 78
D(5,8,9,18)	−120.651 31	−131.008 56	43.174 71	29.100 79
D(11,8,9,18)	110.195 46	114.166 98	156.109 84	135.910 62
D(11,8,10,18)	−110.682 74	−115.819 71	65.290 85	27.822 66

　　图 6 - 49 是反应路径通道 17 涉及的反应物、过渡态、中间体和产物在 B3LYP/6-311G 计算水平上的优化构型。

　　在 R+O $\longrightarrow$ TS$_8$ $\longrightarrow$ MI$_8$ $\longrightarrow$ TS$_9$ $\longrightarrow$ MI$_9$ $\longrightarrow$ P$_5$＋H$_2$O 的化学反应过程中,氧原子攻击戊酸分子 CH$_3$CH$_2$CH$_2$—基团中末端的—CH$_2$—,氧原子吸引—CH$_2$—基团中的 2 个 H 原子使得 C—H 键的键长由 1.093 29Å 变为 1.120 69Å,生成不稳定的过渡态 TS$_8$。不稳定的过渡态 TS$_8$ 有且仅有一个虚频大小为 1257icm^{-1}。随后—CH$_2$—基团中的一个 C—H 键的键长由 1.120 69Å 变为 2.017 74Å 拉长断开,C 原子与氧原子形成化学键,断开的 H 原子与氧原子形成化学键,形成较为稳定的中间体 MI$_8$。中间体 MI$_8$ 中—CHOH—基团的 C—O 键的键长由 1.467 33Å 变为 2.091 41Å,拉长断开,—CHOH—基团的 C—H 键的键长由 1.088 33Å 变为 1.459 16Å,拉长断开,—OH 基团的角度经过反转后形成了不稳定的过渡态 TS$_9$。不稳定的过渡态 TS$_9$ 有且仅有一个虚频,大小为 801icm^{-1}。不稳定的过渡态 TS$_9$ 中—CHOH—基团的 C—O 键的键长再由 2.091 41Å 变为 1.917 77Å,继续拉长,与 C—H 断开后的 H 原子向—OH 基团移向—CHOH—基团中的—O—H,并成键形成了较为稳定的中间体 MI$_9$。中间体 MI$_9$ 容易分解形成最终产物。

　　6) 反应路径通道 18 各驻点几何构型及化学反应过程

　　在煤氧化自燃过程中,戊酸分子中(CH$_3$CH$_2$CH$_2$CH$_2$COOH)CH$_3$CH$_2$CH$_2$—基团末端的—CH$_2$—与 O 原子发生化学反应生成 CH$_3$CH$_2$CHO 和 CH$_3$COOH 的过程中,理论计算所得的各反应的微观机理及优化后的反应物、中间体、过渡态及产物的分子构型见图 6 - 50。

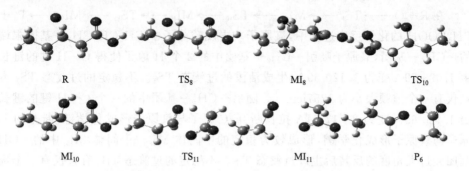

图 6 - 50　通道 18 反应中的反应物、中间体、过渡态和产物构型示意图

　　在煤氧化自燃过程中,戊酸分子中(CH$_3$CH$_2$CH$_2$CH$_2$COOH)CH$_3$CH$_2$CH$_2$—基团末端的—CH$_2$—与 O 发生化学反应,生成 CH$_3$CH$_2$CHO 和 CH$_3$COOH,参加化学反应的基团的化学结构变化参数见表 6 - 32。

表 6 – 32　反应路径通道 18 中间体过渡态结构变化

项目	TS$_8$	MI$_8$	TS$_{10}$	MI$_{10}$	TS$_{11}$	MI$_{11}$
R(5,8)	1.549 13	1.532 61	1.532 92	1.527 34	1.500 46	1.501 24
R(8,11)	1.523 70	1.534 05	1.548 14	1.537 35	2.981 79	3.866 58
R(8,10)	1.120 69	1.088 33	1.091 64	1.097 74	1.090 46	1.102 75
R(8,9)	1.118 55	2.017 74	2.035 33	1.993 97	2.039 58	3.038 49
R(9,18)	1.592 83	0.975 15	0.974 74	0.976 62	1.166 75	2.371 13
R(10,18)	1.620 32	2.026 48	2.038 39	2.094 23	2.068 16	2.026 18
R(8,18)	1.914 47	1.467 33	1.462 90	1.457 31	1.324 69	1.236 63
A(5,8,11)	120.254 89	113.740 29	111.630 08	112.213 63	143.883 22	117.528 33
A(8,9,18)	88.020 99	43.189 83	41.915 14	43.907 69	37.686 74	22.365 09
A(8,10,18)	86.587 56	44.649 91	43.901 67	41.056 04	34.625 49	31.939 41
A(9,8,10)	113.578 32	130.640 09	123.829 06	92.944 34	103.111 12	98.310 70
A(9,18,10)	71.327 59	140.705 80	132.859 17	90.928 07	98.572 49	100.126 43
D(5,8,10,18)	121.141 49	119.013 46	−118.452 10	−116.846 87	146.713 43	−179.329 42
D(5,8,9,18)	−120.651 31	−131.008 56	88.094 30	−6.546 86	−56.220 06	−107.384 14
D(11,8,9,18)	110.195 46	114.166 98	−159.888 22	122.889 72	−171.180 60	−163.527 71
D(11,8,10,18)	−110.682 74	−115.819 71	119.028 39	120.171 82	−56.683 84	−55.749 21

图 6 – 50 是反应路径通道 18 涉及的反应物、过渡态、中间体和产物在 B3LYP/6-311G 计算水平上的优化构型。

在 R + O → TS$_8$ → MI$_8$ → TS$_{10}$ → MI$_{10}$ → TS$_{11}$ → MI$_{11}$ → P$_6$ + CH$_3$COOH 的化学反应过程中，氧原子攻击戊酸分子中 CH$_3$CH$_2$CH$_2$—基团末端的—CH$_2$—基团，氧原子吸引—CH$_2$—基团中的 2 个 H 原子使得 C—H 键的键长由 1.093 29Å 变为 1.120 69Å，生成活泼的过渡态 TS$_8$。不稳定的过渡态 TS$_8$ 有且仅有一个虚频大小为 1257icm^{-1}。随后—CH$_2$—基团中的一个 C—H 键的键长由 1.120 69Å 变为 2.017 74Å 拉长断开，C 原子与氧原子形成化学键，断开的 H 原子与氧原子形成化学键，形成较为稳定的中间体 MI$_8$。中间体 MI$_8$ 中的—OH 基团经过大角度的反转后生成过渡态 TS$_{10}$，不稳定的过渡态 TS$_{10}$ 有且仅有一个虚频大小为 140icm^{-1}。不稳定的过渡态 TS$_{10}$ 的分子结构经过复杂的变化，生成较为稳定的中间体 MI$_{10}$，MI$_{10}$ 是 TS$_{10}$ 的同分异构体。MI$_{10}$ 中 CHOH—CH$_2$—COOH 基团中的 C—C 键的键长由 1.537 35Å 变为 2.981 79Å 拉长断开，—CHOH—基团中的 O—H 键的键长由 0.976 62Å 变为 1.166 75Å 拉长断开，—CH$_2$COOH基团经过大角度的反转后形成了活泼的过渡态 TS$_{11}$。不稳定的过渡态 TS$_{11}$ 有且仅有一个虚频大小为 1152icm^{-1}。不稳定的过渡态 TS$_{11}$ 中—CHOH—基团的 O—H

键断开后的 H 原子移向—CH_2COOH 基团并与—CH_2COOH基团成键,生成 CH_3COOH 并生成较为稳定的中间体 MI_{11}。中间体 MI_{11} 容易分解形成最终产物。

　　7) 反应路径通道 19 各驻点几何构型及化学反应过程

　　在煤氧化自燃过程中,戊酸分子($CH_3CH_2CH_2CH_2COOH$)中 $CH_3CH_2CH_2$—基团末端的—CH_2—与 O 原子发生化学反应生成 $CHOCH_2COOH$ 和 CH_3CH_3 的反应过程中,理论计算所得的各反应的微观机理及优化后的反应物、中间体、过渡态及产物的分子构型见图 6 - 51。

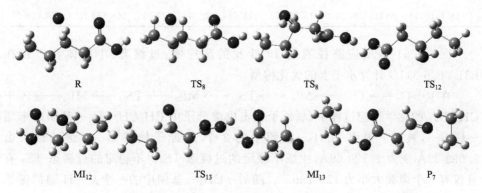

图 6 - 51　通道 19 反应中的反应物、中间体、过渡态和产物构型示意图

　　在煤氧化自燃过程中,戊酸分子中($CH_3CH_2CH_2CH_2COOH$)$CH_3CH_2CH_2$—基团末端的—CH_2—,生成 $CHOCH_2COOH$ 和 CH_3CH_3,参加化学反应的基团的化学结构变化参数见表 6 - 33。

表 6 - 33　反应路径通道 19 中间体过渡态结构变化

项目	TS_8	MI_8	TS_{12}	MI_{12}	TS_{13}	MI_{13}
R(5,8)	1.549 13	1.532 61	1.532 40	1.527 33	1.999 52	4.705 58
R(8,11)	1.523 70	1.534 05	1.531 75	1.537 36	1.520 49	1.512 40
R(8,10)	1.120 69	1.088 33	1.092 34	1.097 74	1.089 98	1.096 52
R(8,9)	1.118 55	2.017 74	2.034 66	1.993 97	1.298 94	3.653 14
R(9,18)	1.592 83	0.975 15	0.971 61	0.976 62	1.379 66	2.681 04
R(10,18)	1.620 32	2.026 48	2.065 95	2.094 23	2.124 44	2.032 77
R(8,18)	1.914 47	1.467 33	1.468 82	1.457 31	1.397 80	1.233 06
A(5,8,11)	120.254 89	113.740 29	112.679 10	112.213 37	103.997 15	157.263 38
A(8,9,18)	88.020 99	43.189 83	42.254 74	43.907 92	62.826 39	13.922 71
A(8,10,18)	86.587 56	44.649 91	42.943 99	41.056 01	35.984 30	31.177 83

项目	TS$_8$	MI$_8$	TS$_{12}$	MI$_{12}$	TS$_{13}$	MI$_{13}$
A(9,8,10)	113.578 32	130.640 09	116.876 34	92.944 27	118.041 72	89.876 64
A(9,18,10)	71.327 59	140.705 80	122.049 66	108.397 87	67.849 50	107.129 43
D(5,8,10,18)	121.141 49	119.013 46	−121.682 36	−116.848 61	−111.422 31	1.614 54
D(5,8,9,18)	−120.651 31	−131.008 56	−177.230 27	−6.545 72	174.310 32	170.173 79
D(11,8,9,18)	110.195 46	114.166 98	−63.358 94	122.889 44	−105.499 67	3.235 89
D(11,8,10,18)	−110.682 74	−115.819 71	114.544 87	120.170 03	140.613 78	179.909 25

图 6-51 是反应路径通道 19 涉及的反应物、过渡态、中间体和产物在 B3LYP/6-311G 计算水平上的优化构型。

在 R+O ⟶ TS$_8$ ⟶ MI$_8$ ⟶ TS$_{12}$ ⟶ MI$_{12}$ ⟶ TS$_{13}$ ⟶ MI$_{13}$ ⟶ P$_7$ + CH$_3$CH$_3$ 的化学反应过程中,氧原子攻击戊酸分子中 CH$_3$CH$_2$CH$_2$—基团的末端 —CH$_2$—,氧原子吸引—CH$_2$—基团中的 2 个 H 原子使得 C—H 键的键长由 1.093 29Å 变为 1.120 69Å,生成不稳定的过渡态 TS$_8$。不稳定的过渡态 TS$_8$ 有 且仅有一个虚频大小为 1257icm^{-1}。随后—CH$_2$—基团中的一个 C—H 键的键长 由 1.120 69Å 变为 2.017 74Å 拉长断开,C 原子与氧原子形成化学键,断开的 H 原子与氧原子形成化学键,形成较为稳定的中间体 MI$_8$。中间体 MI$_8$ 中的—OH 基团经过大角度的反转后生成过渡态 TS$_{12}$,不稳定的过渡态 TS$_{12}$ 有且仅有一个虚 频大小为 337icm^{-1}。不稳定的过渡态 TS$_{12}$ 的分子结构经过复杂的变化,生成较为 稳定的中间体 MI$_{12}$,MI$_{12}$ 是 TS$_{12}$ 的同分异构体。MI$_{12}$ 中 CHOH—CH$_2$CH$_3$ 基团 的—CHOH—CH$_2$—中的 C—C 键的键长由 1.527 33Å 变为 1.999 52Å 拉长断 开,—CHOH—基团中的 O—H 键的键长由 0.976 62Å 变为 1.379 66Å 拉长断 开,—CH$_2$COOH 基团经过大角度的反转后形成了不稳定的过渡态 TS$_{13}$。不稳定 的过渡态 TS$_{13}$ 有且仅有一个虚频大小为 2026icm^{-1}。不稳定的过渡态 TS$_{13}$ 中 —CHOH—基团的 O—H 键断开后的 H 原子移向—CH$_2$CH$_3$ 基团并与—CH$_2$ 基 团成键,生成 CH$_3$CH$_3$ 并生成较为稳定的中间体 MI$_{13}$。中间体 MI$_{13}$ 容易分解形 成最终产物。

8) 反应路径通道 20 各驻点几何构型及化学反应过程

在煤氧化自燃过程中,戊酸分子中(CH$_3$CH$_2$CH$_2$CH$_2$COOH)CH$_3$CH$_2$—基团 末端的—CH$_2$—与 O 原子发生化学反应生成 CH$_3$·CCH$_2$CH$_2$COOH 和 H$_2$O 的 反应过程中,理论计算所得的各反应的微观机理及优化后的反应物、中间体、过渡 态及产物的分子构型见图 6-52。

在煤氧化自燃过程中,戊酸分子(CH$_3$CH$_2$CH$_2$CH$_2$COOH)中 CH$_3$CH$_2$—基 团末端的—CH$_2$—与 O 发生化学反应,生成 CH$_3$·CCH$_2$CH$_2$COOH 和 H$_2$O,参加

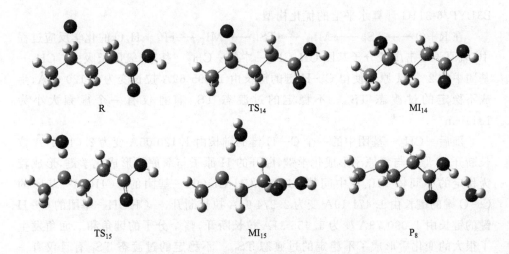

图 6 - 52 通道 20 反应中的反应物、中间体、过渡态和产物构型示意图

表 6 - 34 反应路径通道 20 中间体过渡态结构变化

项目	TS₁₄	MI₁₄	TS₁₅	MI₁₅
R(1,5)	1.533 86	1.526 98	1.491 73	1.481 10
R(5,8)	1.540 83	1.533 41	1.486 64	1.472 29
R(5,6)	1.119 60	1.090 73	1.455 31	1.924 55
R(5,7)	1.120 05	2.017 57	2.749 00	3.397 43
R(6,18)	1.604 19	2.018 95	1.096 97	1.000 15
R(7,18)	1.602 13	0.975 24	0.974 88	0.970 25
R(5,18)	1.932 90	1.471 19	2.274 94	2.875 62
A(5,6,18)	88.551 43	45.235 64	125.499 45	146.872 79
A(1,5,8)	119.749 86	113.019 59	115.289 40	114.943 34
A(5,7,18)	88.639 20	43.441 39	51.562 48	50.260 32
A(6,5,7)	112.023 56	129.876 42	32.195 15	15.093 50
A(6,18,7)	70.784 34	140.873 03	110.532 72	110.473 63
D(1,5,6,18)	115.679 45	117.766 98	77.083 46	−178.017 20
D(1,5,7,18)	−115.654 93	−129.013 62	166.486 92	−119.253 20
D(8,5,6,18)	−115.749 81	−117.389 64	−63.852 85	−0.247 95
D(8,5,7,18)	115.691 34	116.843 08	46.591 32	79.304 97

化学反应的基团的化学结构变化参数见表 6-34。

图 6 - 52 是反应路径通道 20 涉及的反应物、过渡态、中间体和产物在

B3LYP/6-311G 计算水平上的优化构型。

在 R+O —→ TS$_{14}$ —→ MI$_{14}$ —→ TS$_{15}$ —→ MI$_{15}$ —→ P$_8$+H$_2$O 的化学反应过程中,氧原子攻击戊酸分子基团 CH$_3$CH$_2$—中的—CH$_2$—基团,氧原子吸引—CH$_2$—基团中的 2 个 H 原子使得 C—H 键的键长由 1.095 69Å 拉长变为 1.120 05Å,生成不稳定的过渡态 TS$_{14}$。不稳定的过渡态 TS$_{14}$ 有且仅有一个虚频大小为 1311icm^{-1}。

随后—CH$_2$—基团中的一个 C—H 键的键长由 1.120 05Å 变为 2.017 57Å 拉长断开,C 原子与氧原子形成化学键,断开的 H 原子与氧原子形成化学键,形成较为稳定的中间体 MI$_{14}$。中间体 MI$_{14}$ 中 CH$_3$CHOH—基团的—CHOH—基团的 C—O 键的键长由 1.471 19Å 变为 2.274 94Å 拉长断开,—CHOH—基团的 C—H 键的键长由 1.090 73Å 变为 1.455 31Å 拉长断开,整个分子的键角和二面角发生了很大的变化后形成了不稳定的过渡态 TS$_{15}$。不稳定的过渡态 TS$_{15}$ 有且仅有一个虚频大小为 517icm^{-1}。不稳定的过渡态 TS$_{15}$ 中—CHOH—基团的 C—H 键断开后的 H 原子移向 CH$_3$CHOH—基团中断开后的—OH 基团并与—OH 基团成键,生成 H$_2$O 并生成较为稳定的中间体 MI$_{15}$。中间体 MI$_{15}$ 容易分解形成最终产物。

9) 反应路径通道 21 各驻点几何构型及化学反应过程

在煤氧化自燃过程中,戊酸分子中 H$_2$CH$_2$CH$_2$COOH 的 CH$_3$CH$_2$—基团末端的—CH$_2$—与 O 原子发生化学反应生成 CHOCH$_2$CH$_2$COOH 和 CH$_4$ 的反应过程中,理论计算所得的各反应的微观机理及优化后的反应物、中间体、过渡态及产物的分子构型见图 6-53。

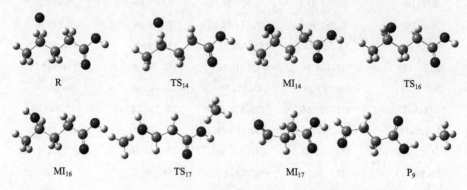

R   TS$_{14}$ MI$_{14}$ TS$_{16}$

MI$_{16}$ TS$_{17}$ MI$_{17}$ P$_9$

图 6-53　通道 21 反应中的反应物、中间体、过渡态和产物构型示意图

在煤氧化自燃过程中,戊酸分子(CH$_3$CH$_2$CH$_2$CH$_2$COOH)中 CH$_3$CH$_2$—基团末端 CH$_2$—与 O 发生化学反应,生成 CHOCH$_2$CH$_2$COOH 和 CH$_4$,参加化学反应的基团的化学结构变化参数见表 6-35。

表 6 - 35　反应路径通道 21 中间体过渡态结构变化

项目	TS_{14}	MI_{14}	TS_{16}	MI_{16}	TS_{17}	MI_{17}
R(1,5)	1.533 86	1.526 98	1.526 48	1.527 35	1.980 42	4.746 02
R(5,8)	1.540 83	1.533 41	1.529 86	1.526 24	1.513 04	1.501 79
R(5,6)	1.119 60	1.090 73	1.094 49	1.098 32	1.093 46	1.101 36
R(5,7)	1.120 05	2.017 57	2.032 92	2.025 40	1.350 92	3.666 07
R(6,18)	1.604 19	2.018 95	2.063 42	2.098 37	2.118 40	2.024 55
R(7,18)	1.602 13	0.975 24	0.971 50	0.972 75	1.379 37	2.640 01
R(5,18)	1.932 90	1.471 19	1.473 63	1.470 35	1.393 39	1.235 24
A(5,6,18)	88.551 43	45.235 64	43.358 86	41.587 38	36.131 44	31.900 91
A(1,5,8)	119.749 86	113.019 59	112.872 62	112.977 63	103.841 05	153.870 22
A(5,7,18)	88.639 20	43.441 39	42.655 23	42.898 96	61.363 04	12.692 68
A(6,5,7)	112.023 56	129.876 42	117.276 48	94.265 41	112.714 06	92.069 19
A(6,18,7)	70.784 34	140.873 03	122.744 16	94.074 36	67.580 53	111.260 52
D(1,5,6,18)	115.679 45	117.766 98	119.792 07	120.726 85	109.500 40	2.167 05
D(1,5,7,18)	−115.654 93	−129.013 62	−179.249 05	125.380 70	178.292 35	−169.970 51
D(8,5,6,18)	−115.749 81	−117.389 64	−116.017 76	−114.881 09	−142.468 93	179.317 22
D(8,5,7,18)	115.691 34	116.843 08	67.404 66	−3.120 31	103.862 84	10.166 85

图 6 - 53 是反应路径通道 21 涉及的反应物、过渡态、中间体和产物在 B3LYP/6-311G 计算水平上的优化构型。

在 R+O $\longrightarrow TS_{14} \longrightarrow MI_{14} \longrightarrow TS_{16} \longrightarrow MI_{16} \longrightarrow TS_{17} \longrightarrow MI_{17} \longrightarrow P_9$ + CH_4 的化学反应过程中,氧原子攻击戊酸分子基团 CH_3CH_2—中—CH_2—基团, 氧原子吸引—CH_2—基团中的 2 个 H 原子使得 C—H 键的键长由 1.095 69Å 拉长变为1.120 05Å,生成不稳定的过渡态 TS_{14}。不稳定的过渡态 TS_{14} 有且仅有一个虚频大小为 1311icm^{-1}。随后—CH_2—基团中的一个 C—H 键的键长由 1.120 05Å变为 2.017 57Å 拉长断开,C 原子与氧原子形成化学键,断开的 H 原子与氧原子形成化学键,形成较为稳定的中间体 MI_{14}。中间体 MI_{14} 中的—OH 基团经过大角度的反转后生成过渡态 TS_{16},不稳定的过渡态 TS_{16} 有且仅有一个虚频大小为305icm^{-1}。不稳定的过渡态 TS_{16} 的分子结构经过复杂的变化,生成较为稳定的中间体 MI_{16},MI_{16} 是 TS_{16} 的同分异构体。MI_{16} 中 CH_3CHOH—基团的 C—C 键的键长由 1.527 35Å 变为 1.980 42Å 拉长断开,—CHOH—基团中的 O—H 键的键长由 0.972 75Å 变为 1.379 37Å 拉长断开,形成了不稳定的过渡态 TS_{17}。不稳定的过渡态 TS_{17} 有且仅有一个虚频大小为 2089icm^{-1}。不稳定的过渡态 TS_{17} 中 O—H 键断开后的 H 原子移向—CH_3 基团并与—CH_3 基团成键,生成 CH_4 并生

成较为稳定的中间体 MI_{17}。中间体 MI_{17} 容易分解形成最终产物。

10）反应路径通道 22 各驻点几何构型及化学反应过程

在煤氧化自燃过程中，戊酸分子（$CH_3CH_2CH_2CH_2COOH$）中 CH_3CH_2—基团末端的—CH_2—与 O 原子发生化学反应生成 CH_3CH_2COOH 和 CH_3CHO 的反应过程中，理论计算所得的各反应的微观机理及优化后的反应物、中间体、过渡态及产物的分子构型见图 6-54。

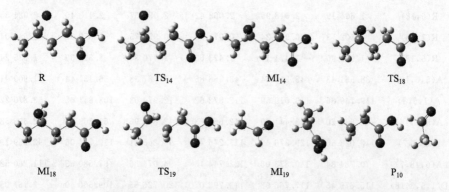

R	TS_{14}	MI_{14}	TS_{18}
MI_{18}	TS_{19}	MI_{19}	P_{10}

图 6-54　通道 22 反应中的反应物、中间体、过渡态和产物构型示意图

在煤氧化自燃过程中，戊酸分子（$CH_3CH_2CH_2CH_2COOH$）中 CH_3CH_2—基团末端的—CH_2—，生成 CH_3CH_2COOH 和 CH_3CHO，参加化学反应的基团的化学结构变化参数见表 6-36。

表 6-36　反应路径通道 22 中间体过渡态结构变化

项目	TS_{14}	MI_{14}	TS_{18}	MI_{18}	TS_{19}	MI_{19}
R(1,5)	1.533 86	1.526 98	1.523 87	1.521 71	1.501 27	1.497 32
R(5,8)	1.540 83	1.533 41	1.532 24	1.533 55	2.004 47	4.703 75
R(5,6)	1.119 60	1.090 73	1.095 82	1.098 12	1.094 17	1.101 85
R(5,7)	1.120 05	2.017 57	2.040 66	2.032 44	1.348 18	4.453 34
R(6,18)	1.604 19	2.018 95	2.071 15	2.102 17	2.122 05	2.023 02
R(7,18)	1.602 13	0.975 24	0.971 71	0.972 16	1.357 71	3.422 02
R(5,18)	1.932 90	1.471 19	1.473 36	1.473 28	1.394 05	1.235 21
A(5,6,18)	88.551 43	45.235 64	43.001 63	41.563 55	35.999 28	31.994 78
A(1,5,8)	119.749 86	113.019 59	112.936 65	112.658 92	105.278 59	135.304 85
A(5,7,18)	88.639 20	43.441 39	42.204 51	42.674 34	62.019 56	10.250 20
A(6,5,7)	112.023 56	129.876 42	114.228 97	87.377 37	114.854 12	112.635 75
A(6,18,7)	70.784 34	140.873 03	119.248 10	86.749 46	68.716 01	130.655 48

续表

项目	TS$_{14}$	MI$_{14}$	TS$_{18}$	MI$_{18}$	TS$_{19}$	MI$_{19}$
D(1,5,6,18)	115.679 45	117.766 98	115.259 66	115.194 10	143.708 75	179.910 92
D(1,5,7,18)	−115.654 93	−129.013 62	−58.287 55	30.839 43	−105.053 26	−102.277 61
D(8,5,6,18)	−115.749 81	−117.389 64	−120.779 06	−120.807 80	−107.628 09	−27.350 32
D(8,5,7,18)	115.691 34	116.843 08	−172.892 08	−106.340 40	175.335 70	94.732 14

图 6 - 54 是反应路径通道 22 涉及的反应物、过渡态、中间体和产物在 B3LYP/6-311G 计算水平上的优化构型。

在 R+O ──→TS$_{14}$ ──→MI$_{14}$ ──→TS$_{18}$ ──→MI$_{18}$ ──→TS$_{19}$ ──→MI$_{19}$ ──→P$_{10}$+ CH$_3$CHO 的化学反应过程中,氧原子攻击戊酸分子基团 CH$_3$CH$_2$—中的—CH$_2$—基团,氧原子吸引—CH$_2$—基团中的 2 个 H 原子使得 C—H 键的键长由 1.095 69Å 拉长变为 1.120 05Å,生成活泼的中间体 TS$_{14}$。不稳定的过渡态 TS$_{14}$ 有且仅有一个虚频大小为 1311icm^{-1}。随后—CH$_2$—基团中的一个 C—H 键的键长由 1.120 05Å 变为 2.017 57Å 拉长断开,C 原子与氧原子形成化学键,断开的 H 原子与氧原子形成化学键,形成较为稳定的中间体 MI$_{14}$。中间体 MI$_{14}$ 中的—OH 基团经过大角度的反转后生成过渡态 TS$_{18}$,不稳定的过渡态 TS$_{18}$ 有且仅有一个虚频大小为 335icm^{-1}。不稳定的过渡态 TS$_{18}$ 的分子结构经过复杂的变化,CH$_3$CHOH 基团中的—OH 经过反转,表现在二面角和键角都有很大的变化,生成较为稳定的中间体 MI$_{18}$,MI$_{18}$ 是 TS$_{18}$ 的同分异构体。MI$_{18}$ 中 CH$_3$CHOHCH$_2$—基团中 CHOH—CH$_2$ 的 C—C 键的键长由 1.533 55Å 变为 2.004 47Å 拉长断开,—CHOH—基团中的 O—H 键的键长由 0.972 16Å 变为 1.357 71Å 拉长断开,—CH$_2$CH$_2$COOH 基团经过大角度的反转后形成了活泼的过渡态 TS$_{19}$。不稳定的过渡态 TS$_{19}$ 有且仅有一个虚频大小为 2126icm^{-1}。不稳定的过渡态 TS$_{13}$ 中—CHOH—基团中的 O—H 键断开后的 H 原子移向—CH$_2$CH$_2$—基团并与—CH$_2$—基团成键,生成 CH$_3$CH$_2$COOH 并生成较为稳定的中间体 MI$_{19}$。中间体 MI$_{19}$ 容易分解形成最终产物。

11) 反应路径通道 23 各驻点几何构型及化学反应过程

在煤氧化自燃过程中,戊酸分子(CH$_3$CH$_2$CH$_2$CH$_2$COOH)中 CH$_3$—基团与 O 原子发生化学反应生成·CHCH$_2$CH$_2$CH$_2$COOH 和 H$_2$O 的反应过程中,理论计算所得的各反应的微观机理及优化后的反应物、中间体、过渡态及产物的分子构型见图 6 - 55。

在煤氧化自燃过程中,戊酸分子(CH$_3$CH$_2$CH$_2$CH$_2$COOH)中的 CH$_3$—基团与 O 发生化学反应,生成·CHCH$_2$CH$_2$CH$_2$COOH 和 H$_2$O,参加化学反应的基团的化学结构变化参数见表 6 - 37。

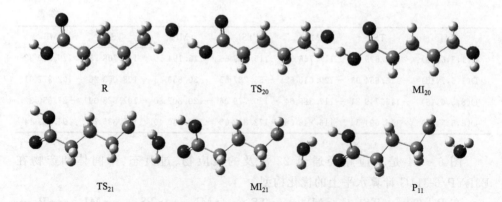

图 6-55　通道 23 反应中的反应物、中间体、过渡态和产物构型示意图

表 6-37　反应路径通道 23 中间体过渡态结构变化

项目	TS_{20}	MI_{20}	TS_{21}	MI_{21}
R(1,2)	1.093 47	1.096 19	1.104 20	1.109 52
R(1,3)	1.119 67	1.088 38	1.683 18	2.211 32
R(1,4)	1.118 80	2.010 08	2.579 72	2.387 04
R(1,5)	1.527 15	1.528 55	1.503 82	1.523 89
R(1,18)	1.908 32	1.458 92	2.109 40	1.928 86
R(2,18)	2.621 61	2.111 03	2.433 46	2.244 18
R(3,18)	1.604 65	2.029 34	1.017 40	0.972 02
R(4,18)	1.602 44	0.973 45	0.974 60	0.972 65
A(1,2,18)	39.454 69	40.302 10	59.945 74	59.240 78
A(1,3,18)	87.018 88	44.060 71	99.772 98	60.540 01
A(1,4,18)	87.157 09	43.053 89	51.135 09	50.980 07
A(3,1,2)	102.350 50	108.082 86	105.919 61	94.076 11
A(3,1,4)	113.695 94	131.652 28	38.055 53	40.234 47
A(3,18,2)	39.686 23	50.518 10	67.624 80	96.430 30
A(3,18,4)	71.515 63	140.924 13	109.592 25	109.709 94
D(5,1,2,18)	−179.854 80	124.787 38	108.825 79	101.296 34
D(5,1,3,18)	−114.872 80	−121.066 74	−60.577 59	−28.678 79
D(5,1,4,18)	114.752 36	121.759 16	−152.130 87	−136.133 33

图 6-55 是反应路径通道 23 涉及的反应物、过渡态、中间体和产物在

B3LYP/6-311G 计算水平上的优化构型。

在 R+O——→TS$_{20}$——→MI$_{20}$——→TS$_{21}$——→MI$_{21}$——→P$_{11}$+H$_2$O 的化学反应过程中，氧原子攻击戊酸分子的 CH$_3$—基团，氧原子吸引 CH$_3$—基团中的 3 个 H 原子使得 C—H 键的键长的变化分别为 1.092 68Å→1.093 47Å、1.091 71Å→1.118 80Å 和 1.092 68Å→1.119 67Å，键长拉长，生成不稳定的过渡态 TS$_{20}$。不稳定的过渡态 TS$_{20}$ 有且仅有一个虚频大小为 1339icm^{-1}。随后 CH$_3$—基团中的一个C—H键的键长由 1.118 80Å 变为 2.010 08Å 拉长断开，并与 O 原子形成化学键，O 原子与 C 原子形成化学键，形成较为稳定的中间体 MI$_{20}$。中间体 MI$_{20}$ 中—CHOH—基团中的 C—O 键的键长由 1.462 54Å 变为 2.107 51Å，拉长断开，—CH$_2$OH基团中的 C—O 键的键长由 1.458 92Å 变为 2.109 40Å，拉长断开，形成了不稳定的过渡态 TS$_{21}$。不稳定的过渡态 TS$_{21}$ 有且仅有一个虚频大小为 304icm^{-1}。不稳定的过渡态 TS$_{21}$ 形成了较为稳定的中间体 MI$_{21}$。中间体 MI$_{21}$ 容易分解形成最终产物。

12) 反应路径通道 24 各驻点几何构型及化学反应过程

在煤氧化自燃过程中，戊酸分子(CH$_3$CH$_2$CH$_2$CH$_2$COOH)中 CH$_3$—基团与 O 原子发生化学反应生成 CH$_3$CH$_2$CH$_2$COOH 和 HCHO 的反应过程中，理论计算所得的各反应的微观机理及优化后的反应物、中间体、过渡态及产物的分子构型见图 6 - 56。

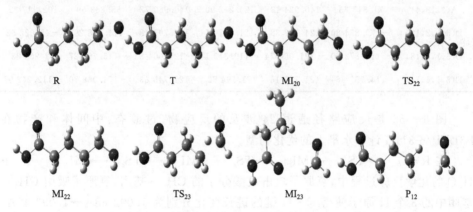

图 6 - 56　通道 24 反应中的反应物、中间体、过渡态和产物构型示意图

在煤氧化自燃过程中，戊酸分子(CH$_3$CH$_2$CH$_2$CH$_2$COOH)中的 CH$_3$—基团与 O 发生化学反应，生成 CH$_3$CH$_2$CH$_2$COOH 和 HCHO，参加化学反应的基团的化学结构变化参数见表 6 - 38。

表 6 - 38　反应路径通道 24 中间体过渡态结构变化

项目	TS$_{20}$	MI$_{20}$	TS$_{22}$	MI$_{22}$	TS$_{23}$	MI$_{23}$
R(1,2)	1.093 47	1.096 19	1.094 88	1.096 18	1.091 62	1.100 71
R(1,3)	1.119 67	1.088 38	1.092 50	1.088 38	1.092 11	1.094 08
R(1,4)	1.118 80	2.010 08	2.026 32	2.010 29	1.291 76	5.243 48
R(1,5)	1.527 15	1.528 55	1.525 18	1.528 51	1.979 67	5.219 16
R(1,18)	1.908 32	1.458 92	1.463 50	1.458 89	1.392 33	1.234 03
R(2,18)	2.621 61	2.111 03	2.120 18	2.111 03	2.136 73	2.031 49
R(3,18)	1.604 65	2.029 34	2.074 22	2.029 09	2.133 05	2.033 59
R(4,18)	1.602 44	0.973 45	0.970 19	0.973 44	1.390 10	4.417 08
A(1,2,18)	39.454 69	40.302 10	40.084 64	40.300 67	35.057 16	31.437 46
A(1,3,18)	87.018 88	44.060 71	42.262 96	44.070 83	35.265 77	31.114 03
A(1,4,18)	87.157 09	43.053 89	42.358 55	43.040 09	62.425 53	10.927 37
A(3,1,2)	102.350 50	108.082 86	108.006 87	108.085 08	113.956 67	117.542 80
A(3,1,4)	113.695 94	131.652 28	119.032 79	131.626 99	115.080 04	83.626 28
A(3,18,2)	39.686 23	50.518 10	49.897 09	50.521 58	50.785 91	54.991 41
A(3,18,4)	71.515 63	140.924 13	123.212 90	140.950 72	65.863 69	102.117 82
D(5,1,2,18)	−179.854 80	124.787 38	121.661 85	124.791 18	114.208 29	−45.022 52
D(5,1,3,18)	−114.872 80	−121.066 74	−119.319 19	−121.064 83	−115.768 27	12.265 33
D(5,1,4,18)	114.752 36	121.759 16	71.594 52	121.745 63	−174.068 70	−112.242 97

图 6 - 56 是反应路径通道 24 涉及的反应物、过渡态、中间体和产物在 B3LYP/6-311G 计算水平上的优化构型。

在 R+O ──→ TS$_{20}$ ──→ MI$_{20}$ ──→ TS$_{22}$ ──→ MI$_{22}$ ──→ TS$_{23}$ ──→ MI$_{23}$ ──→ P$_{12}$ + H$_2$O 的化学反应过程中,氧原子攻击戊酸分子的 CH$_3$—基团,氧原子吸引 CH$_3$—基团中的 3 个 H 原子使得 C—H 键的键长变化分别为 1.092 68Å ➔ 1.093 47Å、1.091 71Å ➔ 1.118 80Å 和 1.092 68Å ──→ 1.119 67Å,键长拉长,生成不稳定的过渡态 TS$_{20}$。不稳定的过渡态 TS$_{20}$ 有且仅有一个虚频大小为 1339icm^{-1}。随后 CH$_3$—基团中的一个 C—H 键的键长由 1.118 80Å 变为 2.010 08Å 拉长断开,并与 O 原子形成化学键,O 原子与 C 原子形成化学键,形成较为稳定的中间体 MI$_{20}$。中间体 MI$_{20}$ 中的—OH 基团经过大角度的反转后生成过渡态 TS$_{22}$,不稳定的过渡态 TS$_{22}$ 有且仅有一个虚频大小为 291icm^{-1}。不稳定的过渡态 TS$_{22}$ 的分子结构经过复杂的变化,—CH$_2$OH 基团中的—OH 经过旋转,表现在二面角和键角都有很大的变化,生成较为稳定的中间体 MI_{22},MI_{22} 是 TS_{22} 的同分异构体。MI_{22} 中 —CH_2CH_2OH 基团中的 C—C 键的键长由 1.528 51Å 变为 1.979 67Å 拉长断 开,—CH_2OH 基团中的 O—H 键的键长由 0.973 44Å 变为 1.390 10Å 拉长断开, 断开后的—CH_2OH 基团经过大角度的反转后形成了不稳定的过渡态 TS_{23}。不稳 定的过渡态 TS_{23} 有且仅有一个虚频大小为 $2026icm^{-1}$。不稳定的过渡态 TS_{23} 中 —CH_2OH 基团中的 O—H 键断开后的 H 原子移向—$CH_2CH_2CH_2COOH$ 基团中 末端的—CH_2—基团,并与基团成键,生成较为稳定的中间体 MI_{23}。中间体 MI_{23} 容易分解形成最终产物。

2. IRC 反应路径分析

对反应通道分别进行 IRC 路径分析,用密度泛函理论、B3LYP/6-311G 方法、 以鞍点(saddle point)为中心、步长为 0.05 Bohr/S,分别向前向后寻找 50 个点,其 结果表明在煤中戊酸分子发生氧化自燃反应的各个反应过程中,基团 —CH_2COOH 中的—CH_2—、基团 $CH_3CH_2CH_2$—中的—CH_2—、基团 CH_3CH_2— 中的—CH_2—和—CH_3 基团中各原子间键长、键角和二面角的变化及化学键的断 裂和形成与机理理论分析相一致,通过能量分析和对各驻点的几何构形的全参数 优化,进一步证实所找的中间体和过渡态是正确的,也证明了煤中戊酸分子发生氧 化自燃反应的各个反应通道是合理的。反应过程中位能沿反应坐标(IRC)的变化 如图 6-57~图 6-79 所示,从位能图中容易看出在反应进程中形成过渡态 TS_1、 TS_2、TS_3、TS_4、TS_5、TS_6、TS_7、TS_8、TS_9、TS_{10}、TS_{11}、TS_{12}、TS_{13}、TS_{14}、TS_{15}、TS_{16}、 TS_{17}、TS_{18}、TS_{19}、TS_{20}、TS_{21}、TS_{22} 和 TS_{23} 时,体系的能量最高,这也从侧面说明了 反应过渡态的真实性。

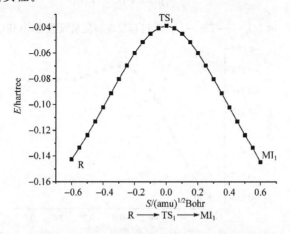

图 6-57　由 R ⟶ TS_1 ⟶ MI_1 过程反应位能沿反应坐标(IRC)的变化

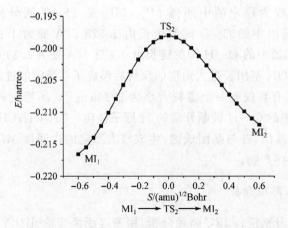

图 6-58　由 MI$_1$ ——→TS$_2$ ——→MI$_2$ 过程反应位能沿反应坐标(IRC)的变化

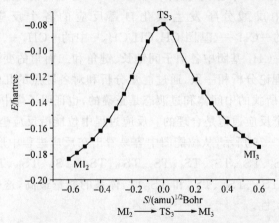

图 6-59　由 MI$_2$ ——→TS$_3$ ——→MI$_3$ 过程反应位能沿反应坐标(IRC)的变化

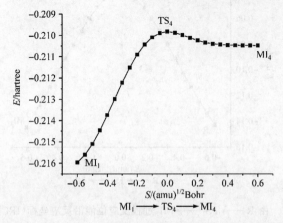

图 6-60　由 MI$_1$ ——→TS$_4$ ——→MI$_4$ 过程反应位能沿反应坐标(IRC)的变化

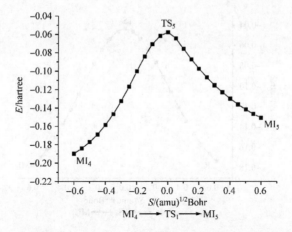

图 6-61 由 $MI_4 \longrightarrow TS_5 \longrightarrow MI_5$ 过程反应位能沿反应坐标(IRC)的变化

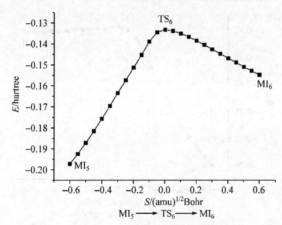

图 6-62 由 $MI_5 \longrightarrow TS_6 \longrightarrow MI_6$ 过程反应位能沿反应坐标(IRC)的变化

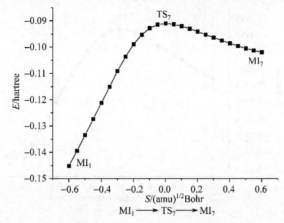

图 6-63 由 $MI_1 \longrightarrow TS_7 \longrightarrow MI_7$ 过程反应位能沿反应坐标(IRC)的变化

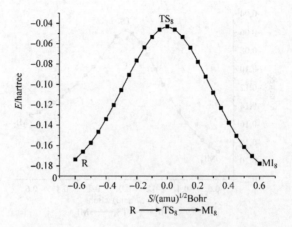

图 6-64　由 R ——→TS₈ ——→MI₈ 过程反应位能沿反应坐标(IRC)的变化

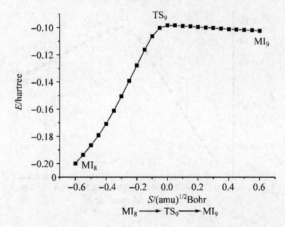

图 6-65　由 MI₈ ——→TS₉ ——→MI₉ 过程反应位能沿反应坐标(IRC)的变化

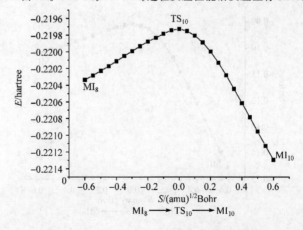

图 6-66　由 MI₈ ——→TS₁₀ ——→MI₁₀ 过程反应位能沿反应坐标(IRC)的变化

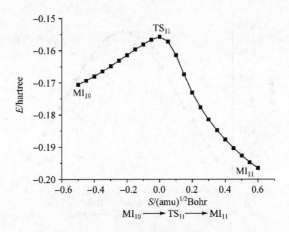

图 6 - 67　由 MI$_{10}$ ⟶ TS$_{11}$ ⟶ MI$_{11}$ 过程反应位能沿反应坐标(IRC)的变化

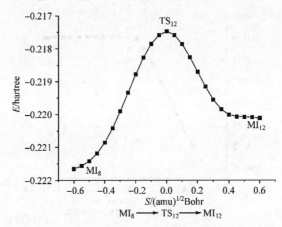

图 6 - 68　由 MI$_8$ ⟶ TS$_{12}$ ⟶ MI$_{12}$ 过程反应位能沿反应坐标(IRC)的变化

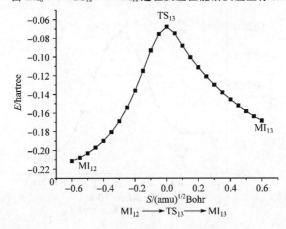

图 6 - 69　由 MI$_{12}$ ⟶ TS$_{13}$ ⟶ MI$_{13}$ 过程反应位能沿反应坐标(IRC)的变化

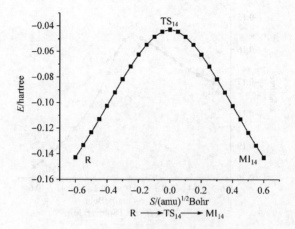

图 6-70 由 R ——→TS$_{14}$ ——→MI$_{14}$ 过程反应位能沿反应坐标(IRC)的变化

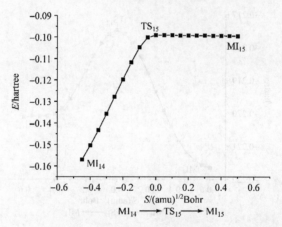

图 6-71 由 MI$_{14}$ ——→TS$_{15}$ ——→MI$_{15}$ 过程反应位能沿反应坐标(IRC)的变化

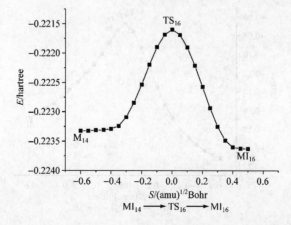

图 6-72 由 MI$_{14}$ ——→TS$_{16}$ ——→MI$_{16}$ 过程反应位能沿反应坐标(IRC)的变化

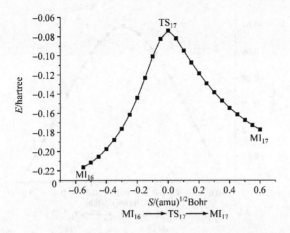

图 6 - 73　由 $MI_{16} \longrightarrow TS_{17} \longrightarrow MI_{17}$ 过程反应位能沿反应坐标(IRC)的变化

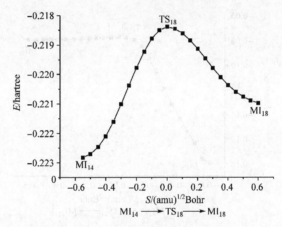

图 6 - 74　由 $MI_{14} \longrightarrow TS_{18} \longrightarrow MI_{18}$ 过程反应位能沿反应坐标(IRC)的变化

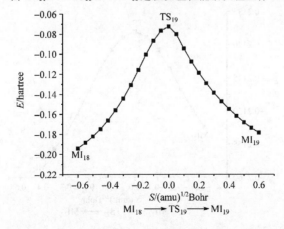

图 6 - 75　由 $MI_{18} \longrightarrow TS_{19} \longrightarrow MI_{19}$ 过程反应位能沿反应坐标(IRC)的变化

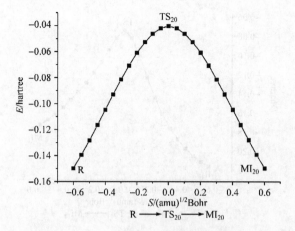

图 6 - 76　由 R ——→TS$_{20}$ ——→MI$_{20}$ 过程反应位能沿反应坐标(IRC)的变化

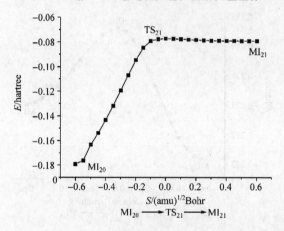

图 6 - 77　由 MI$_{20}$ ——→TS$_{21}$ ——→MI$_{21}$ 过程反应位能沿反应坐标(IRC)的变化

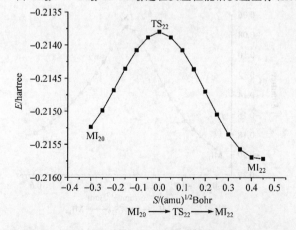

图 6 - 78　由 MI$_{20}$ ——→TS$_{22}$ ——→MI$_{22}$ 过程反应位能沿反应坐标(IRC)的变化

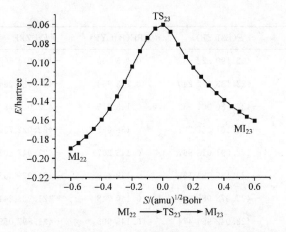

图 6-79　由 $MI_{22} \longrightarrow TS_{23} \longrightarrow MI_{23}$ 过程反应位能沿反应坐标(IRC)的变化

3. 反应位垒的计算

表 6-39 列出了在 B3LYP/6-311G 基组水平上计算所得的反应物、中间体、过渡态和产物的能量、零点能以及考虑零点能校正后的能量(E),同时还列出了以戊酸分子和 O 原子能量为参比的中间体、过渡态和产物的相对能量 E_{rel}。根据相对能量 E_{rel} 的值,分别计算出了反应通道的控制步骤反应活化能。

表 6-39　反应的反应物、过渡态、中间体和产物总能量/hartree

项目	E(B3LYP)	ZPE(B3LYP)	$E+$ZPE	E_{rel}/(kJ/mol)
R	−347.010 732 706	0.147 323	−346.863 410	0
O	−75.129 563 41	0	−75.129 563	0
TS_1	−422.038 842 266	0.144 875	−421.893 967	259.94
MI_1	−422.217 279 747	0.151 413	−422.065 867	−451.32
TS_2	−422.197 994 496	0.149 491	−422.048 503	45.59
MI_2	−422.216 906 341	0.151 350	−422.065 556	−44.77
TS_3	−422.079 601 557	0.142 226	−421.937 375	336.54
MI_3	−422.225 744 479	0.148 853	−422.076 891	−366.30
P_1+CO_2	−422.217 426 945	0.146 644	−422.070 783	16.04
TS_4	−422.209 820 803	0.150 616	−422.059 204	17.49
MI_4	−422.217 279 766	0.151 412	−422.065 868	−17.50
TS_5	−422.057 751 887	0.143 224	−421.914 528	397.34
MI_5	−422.192 692 347	0.146 627	−422.046 065	−345.35

项目	E(B3LYP)	ZPE(B3LYP)	$E+$ZPE	$E_{rel}/$(kJ/mol)
P_2+CHOCOOH	$-422.190\ 822\ 955$	0.146 160	$-422.044\ 662$	3.68
TS_6	$-422.133\ 252\ 240$	0.143 968	$-421.989\ 284$	201.07
MI_6	$-422.180\ 001\ 932$	0.143 215	$-422.036\ 787$	-124.72
P_3+CO$+H_2O$	$-422.161\ 387\ 207$	0.138 657	$-422.022\ 730$	36.91
TS_7	$-422.091\ 013\ 667$	0.143 207	$-421.947\ 807$	309.97
MI_7	$-422.127\ 781\ 189$	0.148 479	$-421.979\ 302$	-82.69
P_4+H_2O	$-422.078\ 988\ 833$	0.140 748	$-421.938\ 241$	107.81
TS_8	$-422.042\ 964\ 474$	0.145 905	$-421.897\ 059$	251.82
MI_8	$-422.220\ 884\ 396$	0.151 427	$-422.069\ 458$	-452.63
TS_9	$-422.098\ 257\ 235$	0.143 104	$-421.955\ 153$	300.11
MI_9	$-422.104\ 627\ 630$	0.147 662	$-421.956\ 965$	-4.76
P_5+H_2O	$-422.077\ 020\ 05$	0.140 313	$-421.936\ 707$	53.19
TS_{10}	$-422.219\ 723\ 355$	0.151 107	$-422.068\ 617$	2.21
MI_{10}	$-422.226\ 899\ 516$	0.152 076	$-422.074\ 824$	-16.30
TS_{11}	$-422.155\ 702\ 202$	0.145 160	$-422.010\ 542$	168.77
MI_{11}	$-422.216\ 773\ 137$	0.146 975	$-422.069\ 798$	-155.58
P_6+CH$_3$COOH	$-422.209\ 568\ 674$	0.145 966	$-422.063\ 603$	16.26
TS_{12}	$-422.217\ 475\ 325$	0.150 764	$-422.066\ 712$	7.21
MI_{12}	$-422.226\ 899\ 529$	0.152 076	$-422.074\ 824$	-21.30
TS_{13}	$-422.067\ 752\ 163$	0.143 239	$-421.924\ 513$	394.64
MI_{13}	$-422.207\ 642\ 477$	0.146 126	$-422.061\ 517$	-359.71
P_7+CH$_3$CH$_3$	$-422.206\ 036\ 511\ 4$	0.145 529	$-422.060\ 507$	2.65
TS_{14}	$-422.042\ 744\ 448$	0.145 754	$-421.896\ 990$	252
MI_{14}	$-422.223\ 410\ 234$	0.151 587	$-422.071\ 823$	-459.02
TS_{15}	$-422.099\ 100\ 885$	0.141 314	$-421.957\ 787$	299.4
MI_{15}	$-422.104\ 221\ 203$	0.144 036	$-421.960\ 185$	-6.3
P_8+H_2O	$-422.082\ 171\ 082$	0.140 244	$-421.941\ 927$	47.94
TS_{16}	$-422.221\ 595\ 339$	0.150 809	$-422.070\ 787$	2.72
MI_{16}	$-422.223\ 634\ 256$	0.151 320	$-422.072\ 315$	-4.01

项目	E(B3LYP)	ZPE(B3LYP)	$E+$ZPE	E_{rel}/(kJ/mol)
TS_{17}	−422.073 872 052	0.142 603	−421.931 269	370.32
MI_{17}	−422.215 668 052	0.145 422	−422.070 246	−364.88
P_9+CH_4	−422.213 910 459	0.144 656	−422.069 253	2.61
TS_{18}	−422.218 386 090	0.150 660	−422.067 726	10.76
MI_{18}	−422.221 219 055	0.151 052	−422.070 168	−6.41
TS_{19}	−422.072 404 376	0.142 843	−421.929 562	369.16
MI_{19}	−422.215 218 913	0.146 532	−422.068 687	−365.27
$P_{10}+CH_3CHO$	−422.211 100 761	0.145 787	−422.065 278	8.95
TS_{20}	−422.040 170 159	0.145 751	−421.894 419	258.75
MI_{20}	−422.215 426 048	0.152 031	−422.063 395	−443.65
TS_{21}	−422.077 282 967	0.144 451	−421.932 832	342.79
MI_{21}	−422.079 197 764	0.143 479	−421.936 719	−10.21
$P_{11}+H_2O$	−422.054 860 33	0.141 191	−421.913 669	60.52
TS_{22}	−422.213 797 666	0.151 386	−422.062 412	2.58
MI_{22}	−422.215 425 655	0.152 031	−422.063 395	−2.58
TS_{23}	−422.060 506 102	0.143 617	−421.916 889	384.65
MI_{23}	−422.200 978 120	0.146 932	−422.054 046	−360.1
$P_{12}+HCHO$	−422.194 373 237	0.145 45	−422.048 923	13.45

我们从表 6-39 中可以看到,戊酸分子和氧反应,首先吸收能量形成过渡态 TS_1、TS_8、TS_{14} 或 TS_{20},形成过渡态 TS_1 需要吸收 259.94kJ/mol 能量,形成过渡态 TS_8 需要吸收 251.82kJ/mol 能量,形成过渡态 TS_{14} 需要吸收 252kJ/mol 能量,形成过渡态 TS_{20} 需要吸收 258.75kJ/mol 能量。在通道 13 中,从 MI_1 到 TS_2 需要吸收 45.59kJ/mol 能量,TS_2 不稳定,放出 44.77kJ/mol 能量,形成中间体 MI_2,MI_2 吸收 336.94kJ/mol 能量,形成过渡态 TS_3,TS_3 很不稳定,放出 366.3kJ/mol 能量,形成中间体 MI_3,MI_3 吸收 16.04kJ/mol 能量,形成产物 P_1 和 CO_2;在通道 14 中,从 MI_1 到过渡态 TS_4 只需越过 17.49kJ/mol 的位垒,可以说这一步反应是很容易进行的,但是从 MI_4 到 TS_5 的反应需要越过位垒,达到 397.34kJ/mol,由于反应所需的能量太高,实际上通道 14 是很难进行的;在通道 15 中,从 MI_1 到 TS_6 需要越过的位垒为 201.07kJ/mol,MI_6 分解为产物需要吸收 36.91kJ/mol 能量;在通道 16 中,从 MI_1 到 TS_7 需要越过的位垒为 309.97kJ/mol,MI_7 分解为产物需要吸收 107.81kJ/mol 能量;在通道 17 中,从 MI_8 到 TS_9 需要吸收 300.11kJ/mol 能量形成中间体 MI_9,中间体 MI_9 吸收 53.19kJ/mol 能量,分解为产物 P_5 和水;在通道 18 中,MI_8 只需吸收 2.21kJ/mol 能量形成过渡态 TS_{10},过渡态 TS_{10} 不稳定,放出 16.3kJ/mol 能量,形成活性中间体 MI_{10},活性中间体 MI_{10} 吸收 168.77kJ/

mol 能量,形成过渡态 TS_{11} ,TS_{11} 不稳定,放出 155.8kJ/mol 能量,形成 MI_{11} ,MI_{11} 分解为产物 P_6 和 CH_3COOH ;在通道 19 中,MI_8 吸收 7.21kJ/mol 能量,形成 TS_{12} ,MI_{12} 需要越过的位垒高达 394.64kJ/mol 才能形成过渡态 TS_{13} ,而中间体 MI_{13} 只需要吸收 2.65kJ/mol 能量就能分解为产物;在通道 20 中,过渡态 TS_{14} 非常不稳定,放出 459.02kJ/mol 能量,形成中间体 MI_{14} ,MI_{14} 吸收 299.4kJ/mol 能量,形成过渡态 TS_{15} ,MI_{15} 吸收 47.94kJ/mol 能量,分解为产物 P_8 和水;在通道 21 中,MI_{14} 只需要吸收 2.72kJ/mol 能量就能形成过渡态 TS_{16} ,MI_{16} 吸收 370.32kJ/mol 能量,形成过渡态 TS_{17} ,TS_{17} 不稳定,放出 364.88kJ/mol 能量,形成 MI_{17} ,MI_{17} 只需要吸收 2.61kJ/mol 能量就分解为产物 P_9 和 CH_4 ;在通道 22 中,MI_{14} 只需要吸收 10.76kJ/mol 能量就能形成过渡态 TS_{18} ,MI_{18} 吸收 369.16kJ/mol 能量,形成过渡态 TS_{19} ,TS_{19} 不稳定,放出 365.27kJ/mol 能量,形成 MI_{19} ,MI_{19} 只需要吸收 8.95kJ/mol 能量就分解为产物 P_{10} 和 CH_3CHO ;在通道 23 中,TS_{20} 很不稳定,放出 443.65kJ/mol 能量,形成中间体 MI_{20} ,MI_{20} 吸收 342.79kJ/mol 能量形成过渡态 TS_{21} ,MI_{21} 吸收 60.52kJ/mol 能量,分解为产物 P_{11} 和水;在通道 24 中,MI_{20} 只需要吸收 2.58kJ/mol 能量就能形成过渡态 TS_{22} ,MI_{22} 吸收 384.65kJ/mol 能量,形成过渡态 TS_{23} ,TS_{23} 不稳定,放出 360.1kJ/mol 能量,形成 MI_{23} ,MI_{23} 只需要吸收 13.4kJ/mol 能量就分解为产物 P_{12} 和 $HCHO$ 。

　　图 6 - 80～图 6 - 83 是基于 B3LYP/6-311G 方法加上零点能校正后所得到的反应位能剖面图,图中标示的能量值是把反应物 $C_5H_{10}O_2 + O$ 总能量作为零点的相对值。从图中容易看出,生成多种产物的反应途径都不是基元反应。各个反应都是多步反应,反应的第一步都是先形成过渡态 TS 再到达中间体 MI 的过程,反应位垒分别为 259.94kJ/mol、251.82kJ/mol、252kJ/mol 和 258.75kJ/mol。 中间

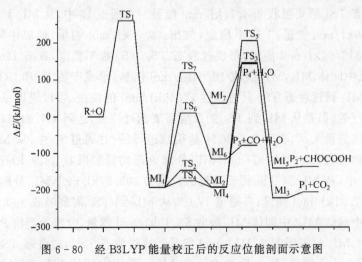

图 6 - 80　经 B3LYP 能量校正后的反应位能剖面示意图

体 MI_1、MI_8、MI_{14} 和 MI_{20} 在热力学上是稳定的。但是,同时可以看到,中间体 MI_1、MI_8、MI_{14} 和 MI_{20} 在动力学上不是很稳定,它继续吸收能量反应形成更为不稳定的过渡态,从而使反应继续进行直至到达最终的产物。从图 6-80、图 6-81、图 6-82 和图 6-83 我们还可以看出,通道 17、通道 20 和通道 23 都是吸热反应,其他反应通道都是放热反应。同时也可以发现容易进行反应的顺序为通道 18>通道 15>通道 20>通道 17>通道 16>通道 13>通道 23>通道22>通道 21>通道 24>通道 19>通道14,所以在煤的氧化自燃过程中戊酸分子与 O 原子发生化学反应的主要通道是 O 原子攻击戊酸分子中基团 $CH_3CH_2CH_2$—基团中末端的—CH_2—,反应的主要产物是 CH_3CH_2CHO 和 CH_3COOH。

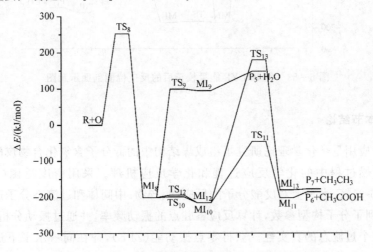

图 6-81　经 B3LYP 能量校正后的反应位能剖面示意图

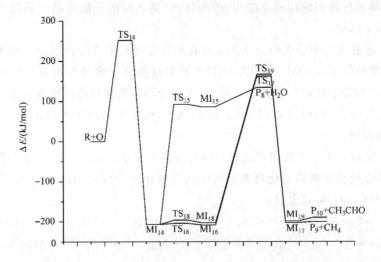

图 6-82　经 B3LYP 能量校正后的反应位能剖面示意图

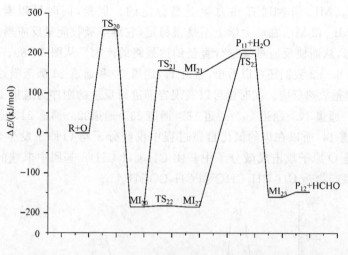

图 6 - 83　经 B3LYP 能量校正后的反应位能剖面示意图

6.5.3　本节结论

　　本节应用量子化学理论研究了组成煤结构中的低分子含氧化合物戊酸分子在煤氧化自燃过程中的化学反应过程和化学反应机理。采用密度泛函（DFT）在 B3LYP/6-311G 水平上对戊酸分子的反应物、产物、中间体和过渡态分子进行几何优化，得到了分子构型参数，计算反应各驻点的振动频率，并通过振动分析，确认所得的每一个过渡态的真实性。获得零点振动能（ZPE），并在同一水平下进行内禀反应坐标（IRC）计算，讨论反应沿极小能量途径相互作用分子间结构和位能的变化，由此确定过渡态结构和反应物、中间体、产物之间的正确连接。通过理论研究得出了如下结论：

　　（1）煤有机质中的戊酸分子在氧化自燃反应过程中的活性部位。根据分子轨道理论，前沿轨道（HOMO 和 LUMO）及其附近的分子轨道对物质反应活性影响最大，从戊酸分子轨道的计算结果可知，戊酸分子的氧化自燃反应就发生在电荷密度较大的原子部位，所以 C_1、C_5、C_8 和 C_{11} 原子在受到氧原子的攻击时，容易发生氧化自燃反应。

　　（2）戊酸分子在煤氧化自燃过程中与氧发生化学的反应过程。煤中低分子化合物中的戊酸分子在煤氧化自燃过程中与氧发生化学反应的过程，其分步反应过程分别用以下 12 条通道表示：

$R+O \longrightarrow TS_1 \longrightarrow MI_1 \longrightarrow TS_2 \longrightarrow MI_2 \longrightarrow TS_3 \longrightarrow MI_3 \longrightarrow P_1 + CO_2$

$R+O \longrightarrow TS_1 \longrightarrow MI_1 \longrightarrow TS_4 \longrightarrow MI_4 \longrightarrow TS_5 \longrightarrow MI_5 \longrightarrow P_2 +$ CHOCOOH

$$R+O \longrightarrow TS_1 \longrightarrow MI_1 \longrightarrow TS_6 \longrightarrow MI_6 \longrightarrow P_3+H_2O+CO$$

$$R+O \longrightarrow TS_1 \longrightarrow MI_1 \longrightarrow TS_7 \longrightarrow MI_7 \longrightarrow TS_9 \longrightarrow MI_9 \longrightarrow P_4+H_2O$$

$$R+O \longrightarrow TS_8 \longrightarrow MI_8 \longrightarrow TS_9 \longrightarrow MI_9 \longrightarrow P_5+H_2O$$

$$R+O \longrightarrow TS_8 \longrightarrow MI_8 \longrightarrow TS_{10} \longrightarrow MI_{10} \longrightarrow TS_{11} \longrightarrow MI_{11} \longrightarrow P_6+CH_3COOH$$

$$R+O \longrightarrow TS_8 \longrightarrow MI_8 \longrightarrow TS_{12} \longrightarrow MI_{12} \longrightarrow TS_{13} \longrightarrow MI_{13} \longrightarrow P_7+CH_3CH_3$$

$$R+O \longrightarrow TS_{14} \longrightarrow MI_{14} \longrightarrow TS_{15} \longrightarrow MI_{15} \longrightarrow P_8+H_2O$$

$$R+O \longrightarrow TS_{14} \longrightarrow MI_{14} \longrightarrow TS_{16} \longrightarrow MI_{16} \longrightarrow TS_{17} \longrightarrow MI_{17} \longrightarrow P_9+CH_4$$

$$R+O \longrightarrow TS_{14} \longrightarrow MI_{14} \longrightarrow TS_{18} \longrightarrow MI_{18} \longrightarrow TS_{19} \longrightarrow MI_{19} \longrightarrow P_{10}+CH_3COOH$$

$$R+O \longrightarrow TS_{20} \longrightarrow MI_{20} \longrightarrow TS_{21} \longrightarrow MI_{21} \longrightarrow P_{11}+H_2O$$

$$R+O \longrightarrow TS_{20} \longrightarrow MI_{20} \longrightarrow TS_{22} \longrightarrow MI_{22} \longrightarrow TS_{23} \longrightarrow MI_{23} \longrightarrow P_{12}+H_2O$$

（3）戊酸分子在煤氧化自燃过程中与氧发生化学反应的反应机理是一个旧化学键断裂和新的化学键形成的过程。本节论述了煤有机质中的戊酸分子在煤氧化自燃过程中与氧发生化学反应从反应物——过渡态——中间体——过渡态——中间体——产物整个化学反应过程是化学键的断裂与形成过程，从理论上得到了化学反应的机理。

（4）各反应通道的最大位垒分别为 TS_3、TS_5、TS_1、TS_7、TS_9、TS_8、TS_{13}、TS_{15}、TS_{17}、TS_{19}、TS_{21} 和 TS_{23}。戊酸分子和氧原子反应，首先吸收能量形成过渡态 TS_1、TS_8、TS_{14} 或 TS_{20}，形成过渡态 TS_1 需要吸收 259.94kJ/mol 能量，形成过渡态 TS_8 需要吸收 251.82kJ/mol 能量，形成过渡态 TS_{14} 需要吸收 252kJ/mol 能量，形成过渡态 TS_{20} 需要吸收 258.75kJ/mol 能量。

在通道 13 中，从 MI_1 到 TS_2 需要吸收 45.59kJ/mol 能量，MI_2 到 TS_3 需要吸收 336.54kJ/mol 能量，生成过渡态位垒 $TS_3>TS_1>TS_2$，所以 TS_3 是通道 13 的最大位垒；在通道 14 中，从 MI_1 到过渡态 TS_4 需要越过 17.49kJ/mol 的位垒，从 MI_4 到 TS_5 的反应需要越过位垒达到了 397.34kJ/mol，$TS_5>TS_1>TS_4$ 的位垒，所以 TS_5 是通道 14 的最大位垒；在通道 15 中，从 MI_1 到 TS_6 需要越过 201.7kJ/mol 位垒，$TS_1>TS_6$ 的位垒，所以 TS_1 是最大位垒；在通道 16 中，从 MI_1 到 TS_7 需要越过 309.97kJ/mol 位垒，$TS_7>TS_1$ 的位垒，所以 TS_7 是最大位垒；在通道 17 中，从 MI_8 到 TS_9 需要吸收 300.11kJ/mol 能量，生成过渡态位垒 $TS_9>TS_8$，所以 TS_9 是通道 17 的最大位垒；在通道 18 中，从 MI_8 到过渡态 TS_{10} 需要越过 2.21kJ/mol 的位垒，从 MI_{10} 到 TS_{11} 的反应需要越过位垒达到了 168.77kJ/mol，$TS_8>TS_{11}>TS_{10}$ 的位垒，所以 TS_8 是通道 18 的最大位垒；在通道 19 中，从 MI_8 到过渡态 TS_{12} 需要越过 7.21kJ/mol 的位垒，从 MI_{12} 到 TS_{13} 的反应需要越过位垒达到了 394.64kJ/mol，$TS_{13}>TS_8>TS_{12}$ 的位垒，所以 TS_{13} 是通道 19 的最大位垒；在通道

20 中,从 MI_4 到 TS_{15} 的反应需要越过位垒达到了 299.4kJ/mol,$TS_{15}>TS_{14}$ 的位垒,所以 TS_{15} 是通道 20 的最大位垒;在通道 21 中,从 MI_{14} 到过渡态 TS_{16} 需要越过 2.72kJ/mol 的位垒,从 MI_{16} 到 TS_{17} 的反应需要越过位垒达到了 370.32kJ/mol,$TS_{17}>TS_{14}>TS_{16}$ 的位垒,所以 TS_{16} 是通道 21 的最大位垒;在通道 22 中,从 MI_{14} 到过渡态 TS_{18} 需要越过 10.76kJ/mol 的位垒,从 MI_{18} 到 TS_{19} 的反应需要越过位垒达到了 369.16kJ/mol,$TS_{19}>TS_{14}>TS_{18}$ 的位垒,所以 TS_{19} 是通道 22 的最大位垒;在通道 23 中,从 MI_{20} 到过渡态 TS_{21} 需要越过 342.79kJ/mol 的位垒,$TS_{21}>TS_{20}$ 的位垒,所以 TS_{21} 是通道 23 的最大位垒;在通道 24 中,从 MI_{20} 到过渡态 TS_{22} 需要越过 2.58kJ/mol 的位垒,从 MI_{22} 到 TS_{23} 的反应需要越过位垒达到了 384.65kJ/mol,$TS_{23}>TS_{20}>TS_{22}$ 的位垒,所以 TS_{23} 是通道 24 的最大位垒。综上所述,通道 18 所表示的反应过程是比较容易进行的。

(5) 戊酸分子在煤氧化自燃过程中与氧发生化学反应是多步反应。根据 B3LYP/6-311G 方法加上零点能校正后所得到的反应位能剖面图可知,生成多种产物的反应途径都不是基元反应。各个反应都是经过过渡态 TS 到中间体 MI 的多步反应过程。

(6) 各反应通道的优先顺序是通道 18 >通道 15>通道 20>通道 17>通道 16>通道 13>通道 23>通道 22>通道 21>通道 24>通道 19>通道 14。

通道 17、通道 20 和通道 23 都是吸热反应,其他反应通道都是放热反应。通道 13 的最大位垒为 336.54kJ/mol,通道 14 的最大位垒为 397.34kJ/mol,通道 15 的最大位垒为 259.94kJ/mol,通道 16 的最大位垒为 309.97kJ/mol,通道 17 的最大位垒为 300.11kJ/mol,通道 18 的最大位垒为 251.82kJ/mol,通道 19 的最大位垒为 394.64kJ/mol,通道 20 的最大位垒为 299.4kJ/mol,通道 21 的最大位垒为 370.32kJ/mol,通道 22 的最大位垒为 369.16kJ/mol,通道 23 的最大位垒为 342.79kJ/mol,通道 24 的最大位垒为 384.65kJ/mol,所以容易进行反应的顺序为通道 18>通道 15>通道 20>通道 17>通道 16>通道 13>通道 23>通道 22>通道 21>通道 24>通道 19>通道 14。所以,在煤的氧化自燃过程中戊酸分子与 O 原子发生化学反应的主要通道是 O 原子攻击戊酸分子中的 $CH_3CH_2CH_2$—基团中末端的—CH_2—,反应的主要产物是 CH_3CH_2CHO 和 CH_3COOH。

6.6　醇类低分子化合物自燃反应机理

在组成煤的低分子化合物中,存在 C 原子数从 $C_1 \sim C_{30}$ 的醇类物质[1]。醇类物质在低分子化合物中所占的比例在现有的研究中没有明确的数据。醇类物质作为低分子化合物的重要组成部分在研究煤的氧化自燃机理过程中,对其化学反应过程及化学反应机理做深入的研究,具有非常重要的意义。

　　本节研究煤结构中重要的低分子化合物中醇类物质在煤氧化自燃过程中的化学反应过程和反应机理。煤结构中的低分子化合物中的醇类物质的碳原子数的范围 $C_1 \sim C_{30}$，为了研究方便，研究组成煤结构中的低分子含氧化合物戊醇在煤氧化自燃过程中的化学反应过程和化学反应机理。

6.6.1　戊醇分子的几何构型

　　采用量子化学密度泛函（DFT）理论计算方法，在 B3LYP/6-311G 计算水平上，对戊醇分子的化学基本结构单元进行了优化，得到了分子构型参数（键长、键角及二面角）和振动频率。所有计算均由 Gaussian03 完成。基于氧化反应煤分子化学基本结构单元的建立由 Gauss View 完成。经全优化计算得到戊醇分子化学基本结构单元的平衡几何构型如图 6-84 所示，键长、键角及二面角见表 6-40、表6-41 和表 6-42。

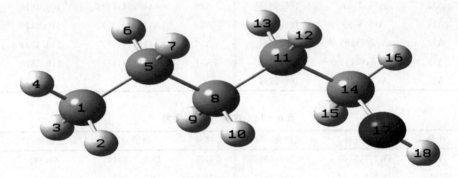

图 6-84　戊醇分子的几何构型

表 6-40　戊醇分子键长

序号	原子关系	键长/Å	序号	原子关系	键长/Å
R1	R(1,2)	1.0928	R10	R(8,11)	1.5365
R2	R(1,3)	1.0931	R11	R(11,12)	1.094
R3	R(1,4)	1.0922	R12	R(11,13)	1.0959
R4	R(1,5)	1.5359	R13	R(11,14)	1.5216
R5	R(5,6)	1.0961	R14	R(14,15)	1.097
R6	R(5,7)	1.0955	R15	R(14,16)	1.0957
R7	R(5,8)	1.5377	R16	R(14,17)	1.4623
R8	R(8,9)	1.0973	R17	R(17,18)	0.9722
R9	R(8,10)	1.0923			

表 6 - 41　戊醇分子键角

序号	原子关系	键角/(°)	序号	原子关系	键角/(°)
A1	A(2,1,3)	107.6089	A17	A(9,8,11)	109.1856
A2	A(2,1,4)	107.7803	A18	A(10,8,11)	108.6618
A3	A(2,1,5)	110.9876	A19	A(8,11,12)	109.7713
A4	A(3,1,4)	107.7256	A20	A(8,11,13)	109.8656
A5	A(3,1,5)	111.1179	A21	A(8,11,14)	113.6634
A6	A(4,1,5)	111.4471	A22	A(12,11,13)	106.8872
A7	A(1,5,6)	109.4462	A23	A(12,11,14)	108.1205
A8	A(1,5,7)	109.4169	A24	A(13,11,14)	108.2931
A9	A(1,5,8)	113.0892	A25	A(11,14,15)	110.2362
A10	A(6,5,7)	106.1876	A26	A(11,14,16)	110.1391
A11	A(6,5,8)	109.4173	A27	A(11,14,17)	107.4109
A12	A(7,5,8)	109.0495	A28	A(15,14,16)	108.4614
A13	A(5,8,9)	109.1613	A29	A(15,14,17)	110.4425
A14	A(5,8,10)	109.7967	A30	A(16,14,17)	110.1534
A15	A(5,8,11)	113.2402	A31	A(14,17,18)	110.5522
A16	A(9,8,10)	106.5769			

表 6 - 42　戊醇分子二面角

序号	原子关系	二面角/(°)	序号	原子关系	二面角/(°)
D1	D(2,1,5,6)	−178.5562	D17	D(7,5,8,10)	63.1854
D2	D(2,1,5,7)	−62.5844	D18	D(7,5,8,11)	−58.4619
D3	D(2,1,5,8)	59.183	D19	D(5,8,11,12)	56.0185
D4	D(3,1,5,6)	61.7409	D20	D(5,8,11,13)	−61.2456
D5	D(3,1,5,7)	177.7126	D21	D(5,8,11,14)	177.2405
D6	D(3,1,5,8)	−60.5199	D22	D(9,8,11,12)	177.8649
D7	D(4,1,5,6)	−58.4171	D23	D(9,8,11,13)	60.6007
D8	D(4,1,5,7)	57.5546	D24	D(9,8,11,14)	−60.9132
D9	D(4,1,5,8)	179.3221	D25	D(10,8,11,12)	−66.2631
D10	D(1,5,8,9)	57.7046	D26	D(10,8,11,13)	176.4727
D11	D(1,5,8,10)	−58.7882	D27	D(10,8,11,14)	54.9588
D12	D(1,5,8,11)	179.5645	D28	D(8,11,14,15)	56.2447
D13	D(6,5,8,9)	−64.5724	D29	D(8,11,14,16)	175.8925
D14	D(6,5,8,10)	178.9349	D30	D(8,11,14,17)	−64.1345
D15	D(6,5,8,11)	57.2876	D31	D(12,11,14,15)	178.3849
D16	D(7,5,8,9)	179.6782	D32	D(12,11,14,16)	−61.9674

序号	原子关系	二面角/(°)	序号	原子关系	二面角/(°)
D33	D(12,11,14,17)	58.0057	D37	D(11,14,17,18)	176.6788
D34	D(13,11,14,15)	−66.1413	D38	D(15,14,17,18)	56.4304
D35	D(13,11,14,16)	53.5064	D39	D(16,14,17,18)	−63.3573
D36	D(13,11,14,17)	173.4795			

易与氧气发生化学反应的部位及其化学反应

　　根据分子轨道理论,前沿轨道(HOMO 和 LUMO)及其附近的分子轨道对物质反应活性影响最大,HOMO 及附近的占据轨道具有优先提供电子的作用,LUMO 及附近的空轨道具有接受电子的重要作用[2]。分析戊醇分子的前沿轨道及其分布有助于确定戊醇分子的活性部位,探索煤发生氧化自燃反应机理。戊醇分子的氧化自燃反应,应当发生在前沿轨道中各基团电子云密度最大之处,当氧分子攻击戊醇分子时,应发生在最高占有轨道中电子云密度最大的某个原子部位上。前沿轨道的能量,在一定程度上反映了分子得失电子的难易,从而可以分析其参与反应的难易程度。戊醇分子中各原子的电荷密度分布见表 6-43。

表 6-43　戊醇分子的前沿轨道分析

HOMO/hartree	原子	C_1	C_5	C_8	C_{11}	C_{14}
−0.253	电荷密度	−0.515 485	−0.343 774	−0.312 296	−0.348 307	−0.088 750

　　从戊醇分子轨道的计算结果可知,戊醇分子的氧化自燃反应就发生在电荷密度较大的原子部位,所以 C_1、C_5、C_8 和 C_{11} 原子在受到氧分子的攻击时,容易发生氧化自燃反应。

　　从宏观反应动力学来看,煤氧化自燃的化学反应步骤是,煤在受采动等外力的作用下,煤体破碎形成散体煤,氧气通过散体煤的孔隙扩散到散体煤的表面,扩散到散体煤表面的氧分子被煤分子吸附,被吸附的氧分子与煤分子发生复杂的化学反应,生成中间体、过渡态到产物,生成的气体产物分子从煤的表面脱附到空气中。

　　根据煤在氧化自燃过程中生成主要的气体,即水、一氧化碳、二氧化碳和甲烷等,应用分子轨道理论分析得到煤氧化自燃最容易发生的原子部位,根据化学反应机理理论[3]可以确定煤在氧化自燃过程中的化学反应为式(6-25)～式(6-37)所示的化学反应方程式。

　　煤中低分子化合物中的戊醇分子在煤氧化自燃过程中与氧发生化学反应有以下 13 个途径:一是氧原子首先攻击戊醇分子的—CH_2OH 基团,生成戊醛($CH_3CH_2CH_2CH_2CHO$)和 H_2O 或丁烷($CH_3CH_2CH_3$)和甲酸($HCOOH$),可用式(6-25)和式(6-26)来表示。二是氧原子攻击戊醇分子中 CH_2OHCH_2—的末端—CH_2—基团,生成丙烷($CH_3CH_2CH_3$)和 $CHOCH_2OH$ 或 $CH_3CH_2CH_2C$·CH_2OH 和 H_2O 或 $CH_3CH_2CH_2CHO$ 和 CH_3OH,可用式(6-27)、式(6-28)和

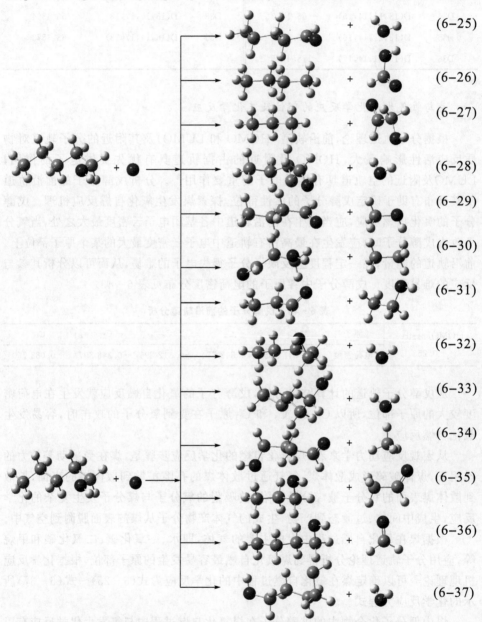

(6-25)

(6-26)

(6-27)

(6-28)

(6-29)

(6-30)

(6-31)

(6-32)

(6-33)

(6-34)

(6-35)

(6-36)

(6-37)

式(6-29)表示。三是氧原子攻击戊醇分子中 $CH_3CH_2CH_2$—基团中末端的 —CH_2— 基团，生成 CH_2OHCH_2CHO 和 CH_3CH_3 或 CH_3CH_2CHO 和 CH_3CH_2OH 或 $CH_3CH_2C \cdot CH_2OH$ 和 H_2O，可用式(6-30)、式(6-31)和式 (6-32)表示。四是氧原子攻击戊醇分子中 CH_3CH_2—基团中的—CH_2—基团，生成 $CH_3 \cdot CCH_2CH_2CH_2OH$ 和 H_2O 或 $CHOCH_2CH_2CH_2OH$ 和 CH_4 或 $CH_3CH_2CH_2OH$ 和 CH_3CHO，可用式(6-33)、式(6-34)和式(6-35)表示。五 是氧原子攻击戊醇分子中 CH_3—基团，生成 $CH_3CH_2CH_2CH_2OH$ 和 $HCHO$ 或 $\cdot CHCH_2CH_2CH_2CH_2OH$ 和 H_2O，可用式(6-36)和式(6-37)表示。

6.6.2　煤中戊醇分子氧化自燃反应的计算

煤中戊醇分子在煤氧化自燃过程中发生化学反应有 13 条反应通道，在本节对 13 条通道的化学反应过程和反应机理分别加以讨论。

1. 各驻点几何构型及化学反应过程分析

煤中低分子化合物中的戊醇分子在煤氧化自燃过程中与氧发生化学反应的分布过程，分别用以下 13 条通道表示：

$$R+O \longrightarrow TS_1 \longrightarrow MI_1 \longrightarrow TS_2 \longrightarrow MI_2 \longrightarrow TS_3 \longrightarrow MI_3 \longrightarrow P_1+H_2O$$
通道 25

$$R+O \longrightarrow TS_1 \longrightarrow MI_1 \longrightarrow TS_4 \longrightarrow MI_4 \longrightarrow TS_5 \longrightarrow MI_5 \longrightarrow P_2+HCOOH$$
通道 26

$$R+O \longrightarrow TS_6 \longrightarrow MI_6 \longrightarrow TS_7 \longrightarrow MI_7 \longrightarrow TS_8 \longrightarrow MI_8 \longrightarrow P_3+CHOCH_2OH$$
通道 27

$$R+O \longrightarrow TS_6 \longrightarrow MI_6 \longrightarrow TS_9 \longrightarrow MI_9 \longrightarrow P_4+H_2O \qquad 通道 28$$

$$R+O \longrightarrow TS_6 \longrightarrow MI_6 \longrightarrow TS_{10} \longrightarrow MI_{10} \longrightarrow TS_{11} \longrightarrow MI_{11} \longrightarrow P_5+CH_3OH$$
通道 29

$$R+O \longrightarrow TS_{12} \longrightarrow MI_{12} \longrightarrow TS_{13} \longrightarrow MI_{13} \longrightarrow TS_{14} \longrightarrow MI_{14} \longrightarrow P_6+CH_3CH_3$$
通道 30

$$R+O \longrightarrow TS_{12} \longrightarrow MI_{12} \longrightarrow TS_{15} \longrightarrow MI_{15} \longrightarrow TS_{16} \longrightarrow MI_{16} \longrightarrow P_7+CH_3CH_2OH$$
通道 31

$$R+O \longrightarrow TS_{12} \longrightarrow MI_{12} \longrightarrow TS_{17} \longrightarrow MI_{17} \longrightarrow P_8+H_2O \qquad 通道 32$$

$$R+O \longrightarrow TS_{18} \longrightarrow MI_{18} \longrightarrow TS_{19} \longrightarrow MI_{19} \longrightarrow P_9+H_2O \qquad 通道 33$$

$$R+O \longrightarrow TS_{18} \longrightarrow MI_{18} \longrightarrow TS_{20} \longrightarrow MI_{20} \longrightarrow TS_{21} \longrightarrow MI_{21} \longrightarrow P_{10}+CH_4$$
通道 34

$$R+O \longrightarrow TS_{18} \longrightarrow MI_{18} \longrightarrow TS_{22} \longrightarrow MI_{22} \longrightarrow TS_{23} \longrightarrow MI_{23} \longrightarrow P_{11}+CH_3CHO$$
通道 35

$$R+O \longrightarrow TS_{24} \longrightarrow MI_{24} \longrightarrow TS_{25} \longrightarrow MI_{25} \longrightarrow TS_{26} \longrightarrow MI_{26} \longrightarrow P_{12}+HCHO$$

通道 36

$$R+O \longrightarrow TS_{24} \longrightarrow MI_{24} \longrightarrow TS_{27} \longrightarrow MI_{27} \longrightarrow TS_{28} \longrightarrow MI_{28} \longrightarrow P_{13}+H_2O$$

通道 37

以下对各个反应通道及各驻点的几何构型、化学反应过程和反应机理分别加以叙述。

1）反应路径通道 25 各驻点几何构型及化学反应过程

在煤氧化自燃过程中氧原子攻击戊醇分子的—CH_2OH 基团，生成 $CH_3CH_2CH_2CH_2CHO$ 和 H_2O 理论计算所得的各反应的微观机理及优化后的反应物、中间体、过渡态及产物的分子构型见图 6-85。

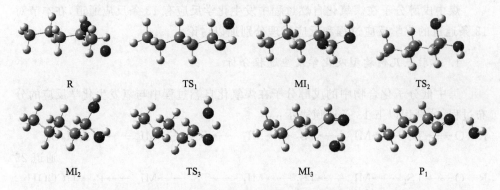

图 6-85 通道 25 反应中的反应物、中间体、过渡态和产物构型示意图

在煤氧化自燃过程中氧原子攻击戊醇分子中的—CH_2OH 基团，生成 $CH_3CH_2CH_2CH_2CHO$ 和 H_2O，参加反应的基团化学结构变化参数见表 6-44。

表 6-44 反应路径通道 25 中间体过渡态结构变化

项目	TS_1	MI_1	TS_2	MI_2	TS_3	MI_3
R(14,17)	1.433 27	1.444 64	1.437 30	1.448 94	1.806 65	3.338 50
R(14,19)	1.901 33	1.445 38	1.455 77	1.443 88	1.344 01	1.242 52
R(15,19)	1.646 83	2.004 24	2.090 61	2.086 66	2.092 76	2.015 40
R(16,19)	1.654 30	0.975 43	0.971 54	0.973 52	1.289 57	1.875 52
R(17,18)	2.638 97	0.973 63	0.973 25	0.972 72	0.975 97	0.968 30
R(18,19)	0.973 43	2.565 49	2.435 29	2.806 90	2.932 69	3.438 85
R(11,14)	1.554 42	1.517 51	1.514 27	1.512 84	1.496 99	1.497 17
A(14,15,19)	84.747 80	44.517 34	41.160 80	40.680 74	34.638 64	32.809 62
A(14,16,19)	84.440 85	43.148 50	42.033 86	41.989 98	49.735 30	26.186 83

项目	TS_1	MI_1	TS_2	MI_2	TS_3	MI_3
A(14,17,18)	109.711 65	109.777 80	109.822 79	111.746 99	120.445 93	141.969 11
A(15,14,17)	111.074 23	110.953 79	110.103 82	109.094 53	100.989 35	169.068 96
A(16,14,17)	110.806 95	97.178 43	119.991 51	97.885 10	40.742 13	12.770 04
D(11,14,15,19)	134.467 61	121.732 76	121.406 70	118.173 78	152.416 67	−177.612 55
D(11,14,16,19)	−134.604 85	−130.441 89	69.433 50	0.406 69	−101.326 78	−174.857 87
D(11,14,17,18)	178.783 09	178.267 44	−163.330 25	158.350 15	152.416 67	150.499 75

图 6 - 85 是反应路径通道 25 涉及的反应物、过渡态、中间体和产物在 B3LYP/6-311G 计算水平上的优化构型。

根据化学反应机理理论和量子化学计算反应过程可知,戊醇分子在煤氧化自燃过程中通道 R+O $\longrightarrow$ TS_1 $\longrightarrow$ MI_1 $\longrightarrow$ TS_2 $\longrightarrow$ MI_2 $\longrightarrow$ TS_3 $\longrightarrow$ MI_3 $\longrightarrow$ P_1＋H_2O 的化学反应机理是,氧原子攻击戊醇分子中—CH_2OH 基团,氧原子吸引—CH_2—基团中的 2 个 H 原子,使得—CH_2—基团中的两个 C—H 键的键长变化分别为 1.095 72Å 变为 1.111 06Å 和 1.096 98Å 变为 1.112 89Å,C—H 键拉长,生成不稳定的过渡态 TS_1。不稳定的过渡态 TS_1 有且仅有一个虚频,大小为 $1287icm^{-1}$。拉长断裂后的一个 H 原子远离 C 原子向 O 原子靠近并形成化学键,O 原子向 C 原子靠近并与 C 原子成键,生成较为稳定的中间体 MI_1。中间体 MI_1 的化学结构经过复杂的化学变化,表现为键角和二面角都有较大的变化,形成了过渡态 TS_2,不稳定的过渡态 TS_2 有且仅有一个虚频,大小为 $172icm^{-1}$。TS_2 的—OH基团经过大角度反转后形成较为稳定的中间体 MI_2。中间体 MI_2 中—CHOHOH基团中的 C—O 键的键长由 1.448 94Å 变为 1.806 65Å 拉长断开,—CHOHOH 基团中的另一个 O—H 键的键长由 0.973 52Å 变为 1.289 57Å 拉长断开,形成不稳定的过渡态 TS_3,不稳定的过渡态 TS_3 有且仅有一个虚频大小为 $1737icm^{-1}$。O—H 键拉断的 H 原子移向—OH 基团的 O 原子并与 C 原子形成化学键,形成较为稳定的中间体 MI_3。中间体 MI_3 容易分解形成最终产物。

2）反应路径通道 26 各驻点几何构型及化学反应过程

在煤氧化自燃过程中氧原子攻击戊醇分子的—CH_2OH 基团,生成 $CH_3CH_2CH_3$ 和 HCOOH 理论计算所得的各反应的微观机理及优化后的反应物、中间体、过渡态及产物的分子构型见图 6 - 86。

在煤氧化自燃过程中氧原子攻击戊醇分子中的—CH_2OH 基团,生成 $CH_3CH_2CH_3$ 和 HCOOH,参加化学反应基团的化学结构变化参数见表 6 - 45。

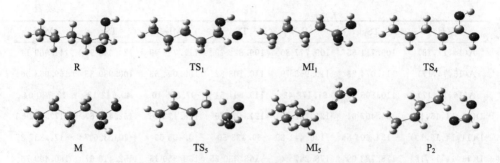

R　　　　　　　　TS₁　　　　　　　MI₁　　　　　　　TS₄

M　　　　　　　　TS₅　　　　　　　MI₅　　　　　　　P₂

图 6 - 86　通道 26 反应中的反应物、中间体、过渡态和产物构型示意图

表 6 - 45　反应路径通道 26 中间体过渡态结构变化

项目	TS₁	MI₁	TS₄	MI₄	TS₅	MI₅
R(14,17)	1.433 27	1.444 64	1.429 24	1.444 69	2.039 61	1.368 97
R(14,19)	1.901 33	1.445 38	1.457 37	1.445 35	1.363 91	1.223 78
R(15,19)	1.646 83	2.004 24	2.077 03	2.004 24	2.143 78	2.057 53
R(16,19)	1.654 30	0.975 43	0.972 59	0.975 43	1.312 76	2.635 16
R(17,18)	2.638 97	0.973 63	0.973 42	0.973 63	0.978 36	0.978 67
R(18,19)	0.973 43	2.565 49	2.385 39	2.565 81	2.379 58	2.428 31
R(11,14)	1.554 42	1.517 51	1.517 70	1.517 51	2.039 61	4.751 31
A(14,15,19)	84.747 80	44.517 34	41.870 48	44.515 37	32.760 42	28.866 62
A(14,16,19)	84.440 85	43.148 50	41.946 81	43.150 31	58.323 78	11.316 94
A(14,17,18)	109.711 65	109.777 80	109.497 91	109.779 99	109.578 80	111.609 61
A(15,14,17)	111.074 23	110.953 79	110.088 71	110.951 39	109.552 87	109.540 74
A(16,14,17)	110.806 95	97.178 43	129.790 78	97.175 48	133.073 26	149.712 63
D(11,14,15,19)	134.467 61	121.732 76	124.027 83	121.733 62	103.824 67	0.351 11
D(11,14,16,19)	−134.604 85	−130.441 89	147.265 86	−130.434 92	169.064 14	179.522 37
D(11,14,17,18)	178.783 09	178.267 44	−166.323 25	178.236 71	−93.360 82	−0.774 70

　　图 6 - 86 是反应路径通道 26 涉及的反应物、过渡态、中间体和产物在 B3LYP/6-311G 计算水平上的优化构型。

　　根据化学反应机理理论和量子化学计算反应过程可知,戊醇分子在煤氧化自燃过程中通道 R+O ⟶ TS₁ ⟶ MI₁ ⟶ TS₄ ⟶ MI₄ ⟶ TS₅ ⟶ MI₅ ⟶ P₂+HCOOH 的化学反应机理是,氧原子攻击戊醇分子中—CH₂OH 基团,氧原子吸引—CH₂—基团中的 2 个 H 原子,使—CH₂—基团中的两个 C—H 键的键长变化分别为 1.095 72Å 变为 1.111 06Å 和 1.096 98Å 变为 1.112 89Å,C—H 键拉长,生成不稳定的过渡态 TS_1。不稳定的过渡态 TS_1 有且仅有一个虚频,大小为 $1287icm^{-1}$。拉长断裂后的一个 H 原子远离 C 原子向 O 原子靠近并形成化学键,O 原子向 C 原子靠近并与 C 原子成键,生成较为稳定的中间体 MI_1。中间体 MI_1 经过复杂的化学变化,表现为键角和二面角都有较大的变化,形成了过渡态 TS_4,不稳定的过渡态 TS_4 有且仅有一个虚频,大小为 $257icm^{-1}$。TS_4 的—OH 基团经过大角度反转后形成较为稳定的中间体 MI_4。中间体 MI_4 中—$CH_2CHOHOH$ 基团中的C—C键的键长由 $1.517\,51Å$ 变为 $2.039\,61Å$ 拉长断开,—$CHOHOH$ 基团中的一个 O—H 键的键长由 $0.975\,43Å$ 变为 $1.312\,76Å$ 拉长断开,形成不稳定的过渡态 TS_5,不稳定的过渡态 TS_5 有且仅有一个虚频,大小为 $2191icm^{-1}$。O—H 键拉断的 H 原子移向 $CH_3CH_2CH_2CH_2$—基团的 H 原子并与—CH_2— 中的 C 原子形成化学键,形成较为稳定的中间体 MI_5。中间体 MI_5 容易分解形成最终产物。

3) 反应路径通道 27 各驻点几何构型及化学反应过程

在煤氧化自燃过程中氧原子攻击戊醇分子中—CH_2CH_2OH 的—CH_2—基团,生成 $CH_3CH_2CH_3$ 和 $CHOCH_2OH$ 理论计算所得的各反应的微观机理及优化后的反应物、中间体、过渡态及产物的分子构型见图 6-87。

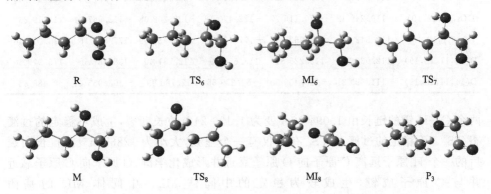

图 6-87　通道 27 反应中的反应物、中间体、过渡态和产物构型示意图

在煤氧化自燃过程中氧原子攻击戊醇分子中—CH_2CH_2OH 的—CH_2—基团,生成 $CH_3CH_2CH_3$ 和 $CHOCH_2OH$,参加化学反应基团的化学结构变化参数见表 6-46。

图 6-87 是反应路径通道 27 涉及的反应物、过渡态、中间体和产物在 B3LYP/6-311G 计算水平上的优化构型。

在 $R+O \longrightarrow TS_6 \longrightarrow MI_6 \longrightarrow TS_7 \longrightarrow MI_7 \longrightarrow TS_8 \longrightarrow MI_8 \longrightarrow P_3 +$ $CHOCH_2OH$ 的化学反应过程中,氧原子攻击戊醇分子中—CH_2CH_2OH 的—CH_2—基团,氧原子吸引—CH_2—基团中的 2 个 H 原子,使得—CH_2—基团中的

表 6 – 46　反应路径通道 27 中间体过渡态结构变化

项目	TS$_6$	MI$_6$	TS$_7$	MI$_7$	TS$_8$	MI$_8$
R(8,11)	1.543 68	1.527 92	1.528 27	1.529 11	1.949 08	4.702 60
R(11,14)	1.515 62	1.525 23	1.522 07	1.519 85	1.503 16	1.506 99
R(11,12)	1.121 01	1.089 16	1.092 81	1.096 34	1.091 75	1.098 92
R(11,13)	1.120 24	2.016 63	2.027 96	2.021 34	1.312 60	3.640 96
R(11,19)	1.919 89	1.468 20	1.469 39	1.467 58	1.402 36	1.232 48
R(12,19)	1.614 79	2.030 93	2.075 57	2.106 50	2.140 22	2.042 98
R(13,19)	1.589 53	0.974 92	0.971 46	0.971 48	1.398 98	2.658 05
A(8,11,14)	120.036 04	113.468 74	113.194 80	113.331 85	104.855 10	157.105 61
A(11,12,19)	87.178 03	44.501 77	42.527 49	41.007 54	35.471 39	30.661 52
A(11,13,19)	88.462 24	43.300 84	42.665 84	42.925 04	62.189 41	13.727 54
A(12,11,13)	112.960 61	130.590 07	117.936 32	93.073 46	116.845 83	91.515 69
A(12,19,13)	71.336 50	140.057 85	40.421 51	92.020 54	67.116 76	108.448 27
A(8,11,19)	123.073 40	111.858 91	112.488 17	111.861 05	107.679 07	34.242 15
A(14,11,19)	116.882 23	108.374 20	105.754 70	103.943 58	114.781 53	122.906 33
D(8,11,12,19)	−119.249 42	−120.116 77	−122.470 12	−123.202 08	−112.967 01	1.119 26
D(8,11,13,19)	118.842 89	134.962 16	−177.753 82	−119.587 69	177.808 16	173.515 46
D(14,11,12,19)	112.930 21	115.225 81	113.654 79	112.731 40	138.387 55	179.979 30
D(14,11,13,19)	−111.699 31	−110.469 90	−63.279 66	12.780 99	−103.065 44	2.485 88

两个 C—H 键的键长由 1.094 00Å 变为 1.120 24Å 拉长断裂,生成不稳定的过渡态 TS$_6$。不稳定的过渡态 TS$_6$ 有且仅有一个虚频,大小为 1286icm^{-1}。拉长断裂后的一个 H 原子远离 C 原子向 O 原子靠近并形成化学键,O 原子向 C 原子靠近并与 C 原子成键,生成较为稳定的中间体 MI$_6$。中间体 MI$_6$ 的基团 CH$_3$CH$_2$CH$_2$CHOH—中的—OH 键旋转了一定的角度形成过渡态 TS$_7$,中间体 MI$_7$ 经过复杂的化学变化,C—C 键的键长由 1.529 11Å 变为 1.949 08Å 拉长断开,—CHOH—基团的 O—H 键的键长由 0.971 48Å 变为 1.398 98Å 拉长断开,形成不稳定的过渡态 TS$_8$,不稳定的过渡态 TS$_8$ 有且仅有一个虚频,大小为 1938icm^{-1}。—CHOH—基团的 O—H 键拉断后的 H 原子移向 C—C 键断裂后形成的 CH$_3$CH$_2$CH$_2$—迁移形成化学键,形成较为稳定的中间体 MI$_8$。中间体 MI$_8$ 容易分解形成最终产物。

4) 反应路径通道 28 各驻点几何构型及化学反应过程

在煤氧化自燃过程中氧原子攻击戊醇分子中—CH$_2$CH$_2$OH 的—CH$_2$—基团,生成 CH$_3$CH$_2$CHCH$_2$C·CH$_2$OH 和 H$_2$O,理论计算所得的各反应的微观机理及优化后的反应物、中间体、过渡态及产物的分子构型如图 6-88 所示。

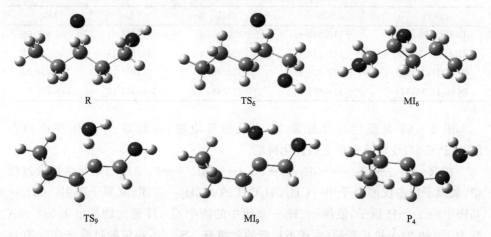

R　　　　　　　　　　TS₆　　　　　　　　　　MI₆

TS₉　　　　　　　　　　MI₉　　　　　　　　　　P₄

图 6-88　通道 28 反应中的反应物、中间体、过渡态和产物的分子构型示意图

在煤氧化自燃过程中氧原子攻击戊醇分子中—CH_2CH_2OH 的—CH_2—基团，生成 $CH_3CH_2CHCH_2C\cdot CH_2OH$ 和 H_2O，参加化学反应基团的化学结构变化参数见表 6-47。

表 6-47　反应路径通道 28 中间体过渡态结构变化

项目	TS₆	MI₆	TS₉	MI₉
R(8,11)	1.543 68	1.527 92	1.492 32	1.507 30
R(11,14)	1.515 62	1.525 23	1.485 42	1.503 46
R(11,12)	1.121 01	1.089 16	1.431 61	2.261 92
R(11,13)	1.120 24	2.016 63	2.485 11	2.212 01
R(11,19)	1.919 89	1.468 20	2.149 43	1.986 00
R(12,19)	1.614 79	2.030 93	1.104 51	0.971 19
R(13,19)	1.589 53	0.974 92	0.981 31	0.998 13
A(8,11,14)	120.036 04	113.468 74	115.004 81	111.553 93
A(11,12,19)	87.178 03	44.501 77	115.282 39	61.219 12
A(11,13,19)	88.462 24	43.300 84	63.865 52	63.865 52
A(12,11,13)	112.960 61	130.590 07	39.063 49	42.054 51
A(12,19,13)	71.336 50	140.057 85	103.815 26	109.266 19
A(8,11,19)	123.073 40	111.858 91	112.206 08	106.127 06
A(14,11,19)	116.882 23	108.374 20	98.461 39	92.561 01

续表

项目	TS$_6$	MI$_6$	TS$_9$	MI$_9$
D(8,11,12,19)	−119.249 42	−120.116 77	−79.824 01	−88.339 96
D(8,11,13,19)	118.842 89	134.962 16	44.947 14	36.687 65
D(14,11,12,19)	112.930 21	115.225 81	61.887 13	36.437 27
D(14,11,13,19)	−111.699 31	−110.469 90	156.982 10	139.892 04

图 6-88 是反应路径通道 28 涉及的反应物、过渡态、中间体和产物在 B3LYP/6-311G 计算水平上的优化构型。

在 R+O ⟶ TS$_6$ ⟶ MI$_6$ ⟶ MI$_9$ ⟶ P$_4$ +H$_2$O 的化学反应过程中,氧原子攻击戊醇分子中—CH$_2$CH$_2$OH 的—CH$_2$—基团,氧原子吸引—CH$_2$—基团中的 2 个 H 原子,使得—CH$_2$—基团中的两个 C—H 键的键长由 1.094 00Å 变为 1.120 24Å 拉长断裂,生成不稳定的过渡态 TS$_6$。不稳定的过渡态 TS$_6$ 有且仅有一个虚频,大小为 1286icm^{-1}。拉长断裂后的一个 H 原子远离 C 原子向 O 原子靠近并形成化学键,O 原子向 C 原子靠近并与 C 原子成键,生成较为稳定的中间体 MI$_6$。中间体 MI$_6$ 经过复杂的化学变化,基团—CHOH—的 C—H 键的键长由 1.089 16Å 变为 1.431 61Å 拉长断开,—CHOH—基团中 C—OH 中的 C—O 键的键长由 1.6820Å 变为 2.149 43Å 拉长断开,形成不稳定的过渡态 TS$_9$,不稳定的过渡态 TS$_9$ 有且仅有一个虚频,大小为 790icm^{-1}。C—H 键断开后的 H 原子向C—OH断开后的—OH 中 O 原子移动并与—OH 中的 O 原子形成化学键,形成较为稳定的中间体 MI$_9$。中间体 MI$_9$ 容易分解形成最终产物。

5) 反应路径通道 29 各驻点几何构型及化学反应过程

在煤氧化自燃过程中氧原子攻击戊醇分子中—CH$_2$CH$_2$OH 的—CH$_2$—基团,生成 CH$_3$CH$_2$CH$_2$CH$_3$ 和 CH$_3$OH,理论计算所得的各反应的微观机理及优化后的反应物、中间体、过渡态及产物的分子构型见图 6-89。

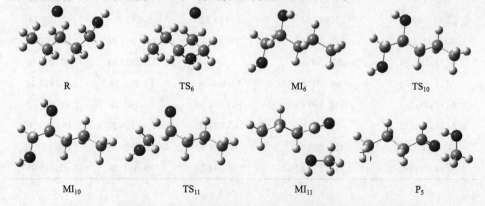

　R　　　　　　　　TS$_6$　　　　　　　　MI$_6$　　　　　　　　TS$_{10}$

MI$_{10}$　　　　　　　TS$_{11}$　　　　　　　MI$_{11}$　　　　　　　P$_5$

图 6-89　通道 29 反应中的反应物、中间体、过渡态和产物构型示意图

　　在煤氧化自燃过程中，氧原子攻击戊醇分子中—CH_2CH_2OH 的—CH_2—基团，生成 $CH_3CH_2CH_2CH_3$ 和 CH_3OH，参加化学反应基团的化学结构变化参数见表 6-48。

表 6-48　反应路径通道 29 中间体过渡态结构变化

项目	TS$_6$	MI$_6$	TS$_{10}$	MI$_{10}$	TS$_{11}$	MI$_{11}$
R(8,11)	1.543 68	1.527 92	1.525 47	1.522 50	1.503 20	1.502 03
R(11,14)	1.515 62	1.525 23	1.525 12	1.525 54	2.043 61	3.510 34
R(11,12)	1.121 01	1.089 16	1.092 43	1.095 73	1.092 15	1.101 99
R(11,13)	1.120 24	2.016 63	2.041 90	2.026 88	1.382 80	2.958 13
R(11,13)	1.919 89	1.468 20	1.472 49	1.468 90	1.384 64	1.236 82
R(12,19)	1.614 79	2.030 93	2.072 14	2.112 12	2.124 49	2.025 12
R(13,19)	1.589 53	0.974 92	0.972 70	0.972 72	1.341 07	2.468 65
A(8,11,14)	120.036 04	113.468 74	113.375 76	113.317 59	106.638 25	105.044 78
A(11,12,19)	87.178 03	44.501 77	42.854 08	40.797 04	35.263 53	31.983 99
A(11,13,19)	88.462 24	43.300 84	42.101 62	42.724 28	61.083 21	24.263 42
A(12,11,13)	112.960 61	130.590 04	117.484 50	89.158 39	105.390 69	103.511 07
A(12,19,13)	71.336 50	140.057 85	122.768 01	87.718 18	65.031 11	97.428 66
A(8,11,19)	123.073 40	111.858 91	108.810 15	106.994 47	117.927 28	124.380 10
A(14,11,19)	116.882 23	108.374 20	109.628 78	108.239 15	102.403 04	71.605 45
D(8,11,12,19)	−119.249 42	−120.116 77	−117.871 01	−117.593 65	−147.362 21	179.344 87
D(8,11,13,19)	118.842 89	134.962 16	68.055 61	−26.029 51	101.293 54	117.839 04
D(14,11,12,19)	112.930 21	115.225 81	117.930 40	118.121 56	104.055 70	70.776 93
D(14,11,13,19)	−111.699 31	−110.469 90	−178.596 94	109.187 65	172.782 49	−171.508 42

　　图 6-89 是反应路径通道 29 涉及的反应物、过渡态、中间体和产物在 B3LYP/6-311G 计算水平上的优化构型。

　　在 R+O ⟶ TS$_6$ ⟶ MI$_6$ ⟶ TS$_{10}$ ⟶ MI$_{10}$ ⟶ TS$_{11}$ ⟶ MI$_{11}$ ⟶ P$_5$ + H_2O 的化学反应过程中，氧原子攻击戊醇分子中—CH_2CH_2OH 的—CH_2—基团，氧原子吸引—CH_2—基团中的 2 个 H 原子，使得—CH_2—基团中的两个 C—H 键的键长由 1.094 00Å 变为 1.120 24Å 拉长断裂，生成不稳定的过渡态 TS$_6$。不稳定的过渡态 TS$_6$ 有且仅有一个虚频，大小为 1286icm^{-1}。拉长断裂后的一个 H 原子远离 C 原子向 O 原子靠近并形成化学键，O 原子向 C 原子靠近并与 C 原子成键，生成较为稳定的中间体 MI$_6$。中间体 MI$_6$ 中—CHOH—基团的 O—H 键旋转了一定的角度形成过渡态 TS$_{10}$，过渡态 TS$_{10}$ 有且仅有一个虚频，大小为 387icm^{-1}。

MI_{10}是 MI_6 的同分异构体,中间体 MI_{10} 经过复杂的化学变化,—CHOH—基团中的 O—H 键的键长由 0.972 70Å 变为 1.341 07Å 拉长断开和基团—CH_2CH_2OH 中的 C—C 键的键长由 1.525 12Å 变为 2.043 61Å 拉长断开,形成过渡态 TS_{11},过渡态 TS_{11} 有且仅有一个虚频,大小为 2211icm^{-1}。O—H 键断裂后形成的 H 向 C—C 键断裂后形成的—CH_2OH 迁移并成键形成活性中间体 MI_{11}。中间体 MI_{11} 容易分解形成最终产物。

6) 反应路径通道 30 各驻点几何构型及化学反应过程

在煤氧化自燃过程中,戊醇分子($CH_3CH_2CH_2CH_2CH_2OH$)中 $CH_3CH_2CH_2$— 基团末端的—CH_2—与 O 原子发生化学反应生成 $CHOCH_2CH_2OH$ 和 CH_3CH_3 的反应过程中,理论计算所得的各反应的微观机理及优化后的反应物、中间体、过渡态及产物的分子构型见图 6-90。

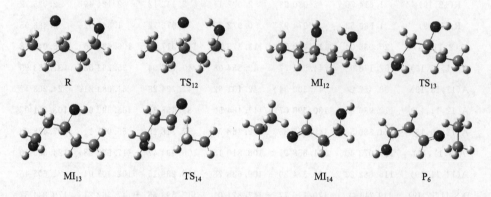

图 6-90　通道 30 反应中的反应物、中间体、过渡态和产物构型示意图

在煤氧化自燃过程中氧原子攻击戊醇分子($CH_3CH_2CH_2CH_2CH_2OH$)中 $CH_3CH_2CH_2$—基团末端的—CH_2—基团,生成 $CHOCH_2CH_2OH$ 和 CH_3CH_3,参加化学反应基团的化学结构变化参数见表 6-49。

表 6-49　反应路径通道 30 中间体过渡态结构变化

项目	TS_{12}	MI_{12}	TS_{13}	MI_{13}	TS_{14}	MI_{14}
R(8,11)	1.542 00	1.534 23	1.532 93	1.529 54	1.510 61	1.506 30
R(5,8)	1.548 50	1.532 01	1.532 63	1.533 89	2.001 71	4.665 54
R(8,10)	1.117 18	2.031 86	2.035 63	2.024 40	1.321 87	3.603 37
R(8,9)	1.119 06	1.091 75	1.090 55	1.093 87	1.087 95	1.097 89
R(8,19)	1.938 08	1.485 31	1.474 99	1.472 68	1.403 25	1.236 09
R(9,19)	1.622 84	2.026 84	2.072 30	2.105 91	2.129 38	2.030 07
R(10,19)	1.634 82	0.975 51	0.971 67	0.971 95	1.368 16	2.650 10
A(5,8,11)	120.666 58	113.880 88	114.391 75	114.466 45	106.912 23	159.279 50

项目	TS$_{12}$	MI$_{12}$	TS$_{13}$	MI$_{13}$	TS$_{14}$	MI$_{14}$
A(5,8,19)	121.402 86	110.328 36	111.214 27	110.533 44	104.951 65	36.145 35
A(11,8,19)	117.928 05	110.234 96	106.089 43	104.198 28	115.445 64	123.329 47
A(8,9,19)	87.952 54	45.646 81	42.953 52	41.273 52	35.992 26	31.551 36
A(8,10,19)	87.417 53	43.533 80	42.591 24	43.083 90	62.857 84	14.629 62
A(9,19,10)	70.367 55	140.685 54	122.080 20	88.575 54	67.663 16	104.903 74
A(9,8,10)	114.152 44	129.112 75	117.415 85	89.780 01	115.996 25	87.986 18
D(5,8,9,19)	−117.698 40	−117.260 47	−120.477 14	−121.091 88	−108.984 34	2.152 37
D(5,8,10,19)	118.031 92	130.584 69	−178.966 18	−112.331 77	175.167 45	164.619 69
D(11,8,9,19)	112.997 64	117.108 90	114.020 29	113.271 82	140.259 05	179.660 62
D(11,8,10,19)	−113.484 43	−114.351 05	−63.765 45	23.566 13	−103.021 61	5.026 17

图 6 - 90 是反应路径通道 30 涉及的反应物、过渡态、中间体和产物在 B3LYP/6-311G 计算水平上的优化构型。

在 R+O ⟶ TS$_{12}$ ⟶ MI$_{12}$ ⟶ TS$_{13}$ ⟶ MI$_{13}$ ⟶ TS$_{14}$ ⟶ MI$_{14}$ ⟶ P$_6$ + CH$_3$CH$_3$ 的化学反应过程中,氧原子攻击戊醇分子中 CH$_3$CH$_2$CH$_2$—基团中末端的—CH$_2$—,氧原子吸引—CH$_2$—基团中的 2 个 H 原子使得 C—H 键的键长由 1.092 32Å 变为 1.119 06Å,生成活泼的过渡态 TS$_{12}$。不稳定的过渡态 TS$_{12}$ 有且仅有一个虚频,大小为 1247icm^{-1}。随后—CH$_2$—基团中的一个 C—H 键的键长由 1.119 06Å 变为 2.031 86Å 拉长断开,C 原子与氧原子形成化学键,断开的 H 原子与氧原子形成化学键,形成较为稳定的中间体 MI$_{12}$。中间体 MI$_{12}$ 中的—CH$_2$OH—基团中的 O—H 键经过大角度的反转后生成过渡态 TS$_{13}$,不稳定的过渡态 TS$_{13}$ 有且仅有一个虚频,大小为 328icm^{-1}。不稳定的过渡态 TS$_{13}$ 的分子结构经过复杂的化学变化,生成较为稳定的中间体 MI$_{13}$,MI$_{13}$ 是 TS$_{13}$ 的同分异构体。MI$_{13}$ 中 CH$_3$CH$_2$CH$_2$OH—基团的 C—C 键的键长由 1.533 89Å 变为 2.001 71Å 拉长断开,—CHOH—基团中 O—H 键的键长由 0.971 95Å 变为 1.368 16Å 拉长断开,形成不稳定的过渡态 TS$_{14}$,过渡态 TS$_{14}$ 有且仅有一个虚频,大小为 2020icm^{-1}。不稳定的过渡态 TS$_{14}$ 中—CHOH—基团的 O—H 键断开后的 H 原子移向 CH$_3$CH$_2$—基团迁移并与—CH$_2$CH$_3$ 基团成键,生成 CH$_3$CH$_3$ 并生成较为稳定的中间体 MI$_{14}$。中间体 MI$_{14}$ 容易分解形成最终产物。

7) 反应路径通道 31 各驻点几何构型及化学反应过程

在煤氧化自燃过程中,戊醇分子(CH$_3$CH$_2$CH$_2$CH$_2$CH$_2$OH)中 CH$_3$CH$_2$CH$_2$—基团末端的—CH$_2$—与 O 原子发生化学反应生成 CH$_3$CH$_2$CHO 和 CH$_3$CH$_2$OH 的反应过程中,理论计算所得的各反应的微观机理及优化后的反应物、中间体、过渡态及产物的分子构型见图 6 - 91。

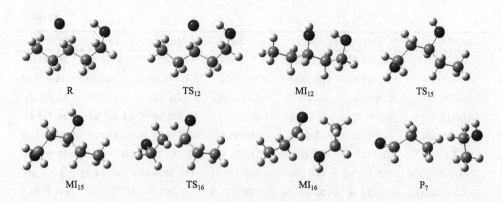

图 6 - 91　通道 31 反应中的反应物、中间体、过渡态和产物构型示意图

在煤氧化自燃过程中氧原子攻击戊醇分子（$CH_3CH_2CH_2CH_2CH_2OH$）中 $CH_3CH_2CH_2$—基团末端的—CH_2—基团，生成 CH_3CH_2CHO 和 CH_3CH_2OH，参加化学反应基团的化学结构变化参数见表 6 - 50。

表 6 - 50　反应路径通道 31 中间体过渡态结构变化

项目	TS₁₂	MI₁₂	TS₁₅	MI₁₅	TS₁₆	MI₁₆
R(8,11)	1.542 00	1.534 23	1.535 03	1.536 18	2.039 84	3.757 70
R(5,8)	1.548 50	1.532 01	1.530 83	1.527 39	1.508 10	1.504 55
R(8,10)	1.117 18	2.031 86	2.033 55	2.021 86	1.362 32	2.978 98
R(8,9)	1.119 06	1.091 75	1.090 40	1.093 71	1.091 38	1.099 53
R(8,19)	1.938 08	1.485 31	1.475 44	1.471 84	1.387 35	1.236 24
R(9,19)	1.622 84	2.026 84	2.068 75	2.106 01	2.113 25	2.027 08
R(10,19)	1.634 82	0.975 51	0.972 01	0.972 87	1.360 33	2.564 64
A(5,8,11)	120.666 58	113.880 88	114.381 81	114.268 75	104.147 39	134.389 63
A(5,8,19)	121.402 86	110.328 36	107.854 79	105.466 68	117.401 63	124.089 94
A(11,8,19)	117.928 05	110.234 96	109.458 60	108.957 49	103.108 39	70.807 69
A(8,9,19)	87.952 54	45.646 81	43.144 07	41.219 16	35.991 23	31.770 92
A(8,10,19)	87.417 53	43.533 80	42.744 68	43.193 28	61.268 90	24.326 08
A(9,19,10)	70.367 55	140.685 54	123.187 80	90.008 66	65.746 30	76.361 13
A(9,8,10)	114.152 44	129.112 75	118.287 46	91.272 63	107.770 22	73.609 43
D(5,8,9,19)	−117.698 40	−117.260 47	−116.397 10	−115.330 51	−144.316 65	179.227 32
D(5,8,10,19)	118.031 92	130.584 69	69.118 34	−15.629 33	102.227 43	106.290 00
D(11,8,9,19)	112.997 64	117.108 90	117.892 46	118.951 58	107.329 13	49.308 57
D(11,8,10,19)	−113.484 43	−114.351 05	−176.771 90	116.991 94	170.660 42	156.475 82

图 6 - 91 是反应路径通道 31 涉及的反应物、过渡态、中间体和产物在 B3LYP/6-311G 计算水平上的优化构型。

在 R+O ───→ TS₁₂ ───→ MI₁₂ ───→ TS₁₅ ───→ MI₁₅ ───→ TS₁₆ ───→ MI₁₆ ───→ P₇ ＋ CH_3CH_2OH 的化学反应过程中,氧原子攻击戊醇分子中 $CH_3CH_2CH_2$—基团末端的—CH_2—,氧原子吸引—CH_2—基团中的 2 个 H 原子使得 C—H 键的键长由 1.092 32Å 变为 1.119 06Å,生成不稳定的过渡态 TS₁₂。不稳定的过渡态 TS₁₂ 有且仅有一个虚频,大小为 1247icm⁻¹。随后—CH_2—基团中的一个 C—H 键的键长由 1.119 06Å 变为 2.031 86Å 拉长断开,C 原子与氧原子形成化学键,断开的 H 原子与氧原子形成化学键,形成较为稳定的中间体 MI₁₂。中间体 MI₁₂ 中的—OH 基团经过大角度的反转后生成过渡态 TS₁₅,不稳定的过渡态 TS₁₅ 有且仅有一个虚频,大小为 333icm⁻¹。不稳定的过渡态 TS₁₅ 的分子结构经过复杂的化学变化,生成较为稳定的中间体 MI₁₅,MI₁₅ 是 TS₁₅ 的同分异构体。MI₁₅ 中—$CHOHCH_2CH_2OH$基团的—$CHOHCH_2$—中的 C—C 键的键长由 1.536 18Å 变为 2.039 84Å 拉长断开,—CHOH—基团中的 O—H 键的键长由 0.972 87Å 变为 1.360 33Å 拉长断开,—CH_2CH_2OH 基团经过大角度的反转后形成了活泼的过渡态 TS₁₆。不稳定的过渡态 TS₁₆ 有且仅有一个虚频,大小为 2117icm⁻¹。不稳定的过渡态 TS₁₆ 中—CHOH—基团的 O—H 键断开后的 H 原子移向—CH_2CH_2OH 基团并与之成键,生成 CH_3CH_2OH 并生成较为稳定的中间体 MI₁₆。中间体 MI₁₆ 容易分解形成最终产物。

8) 反应路径通道 32 各驻点几何构型及化学反应过程

在煤氧化自燃过程中,戊醇分子($CH_3CH_2CH_2CH_2CH_2OH$)中 $CH_3CH_2CH_2$—基团末端的—CH_2—与 O 原子发生化学反应生成 CH_3CH_2C·CH_2CH_2OH 和 H_2O 的反应过程中,理论计算所得的各反应的微观机理及优化后的反应物、中间体、过渡态及产物的分子构型见图 6-92。

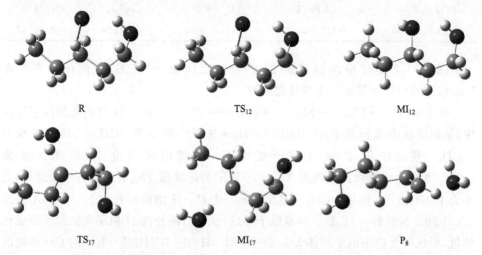

R　　　　　　　　　　TS₁₂　　　　　　　　　　MI₁₂

TS₁₇　　　　　　　　　　MI₁₇　　　　　　　　　　P₈

图 6-92　通道 32 反应中的反应物、中间体、过渡态和产物构型示意图

在煤氧化自燃过程中氧原子攻击戊醇分子($CH_3CH_2CH_2CH_2CH_2OH$)中 $CH_3CH_2CH_2$—基团末端的—CH_2—基团,生成 $CH_3CH_2C \cdot CH_2CH_2OH$ 和 H_2O,参加化学反应基团的化学结构变化参数见表 6-51。

表 6-51 反应路径通道 32 中间体过渡态结构变化

项目	TS_{12}	MI_{12}	TS_{17}	MI_{17}
R(8,11)	1.542 00	1.534 23	1.495 96	1.490 19
R(5,8)	1.548 50	1.532 01	1.486 40	1.477 53
R(8,10)	1.117 18	2.031 86	2.798 85	3.206 44
R(8,9)	1.119 06	1.091 75	1.461 21	1.767 78
R(8,19)	1.938 08	1.485 31	2.282 05	2.620 64
R(9,19)	1.622 84	2.026 84	1.096 46	1.012 00
R(10,19)	1.634 82	0.975 51	0.974 98	0.971 20
A(5,8,11)	120.666 58	113.880 88	118.988 89	118.853 45
A(5,8,19)	121.402 86	110.328 36	111.509 06	114.952 71
A(11,8,19)	117.928 05	110.234 96	100.098 65	104.113 24
A(8,9,19)	87.952 54	45.646 81	125.711 46	139.447 35
A(8,10,19)	87.417 53	43.533 80	49.057 48	45.611 43
A(9,19,10)	70.367 55	140.685 54	109.453 24	110.048 68
A(9,8,10)	114.152 44	129.112 75	29.715 13	18.270 25
D(5,8,9,19)	−117.698 40	−117.260 47	−75.860 91	−75.228 37
D(5,8,10,19)	118.031 92	130.584 69	−158.435 97	−146.941 10
D(11,8,9,19)	112.997 64	117.108 90	67.067 31	67.774 42
D(11,8,10,19)	−113.484 43	−114.351 05	−33.235 26	−13.615 47

图 6-92 是反应路径通道 32 涉及的反应物、过渡态、中间体和产物在 B3LYP/6-311G 计算水平上的优化构型。

在 $R+O \longrightarrow TS_{12} \longrightarrow MI_{12} \longrightarrow TS_{17} \longrightarrow MI_{17} \longrightarrow P_8+H_2O$ 的化学反应过程中,氧原子攻击戊醇分子中 $CH_3CH_2CH_2$—基团中末端的—CH_2—,氧原子吸引—CH_2—基团中的 2 个 H 原子使得 C—H 键的键长由 1.092 32Å 变为 1.119 06Å,生成活泼的过渡态 TS_{12}。不稳定的过渡态 TS_{12} 有且仅有一个虚频,大小为 1247icm^{-1}。随后—CH_2—基团中的一个 C—H 键的键长由 1.119 06Å 变为 2.031 86Å 拉长断开,C 原子与氧原子形成化学键,断开的 H 原子与氧原子形成化学键,形成较为稳定的中间体 MI_{12}。中间体 MI_{12} 中—CHOH—基团的 C—H 键的键长由 1.091 75Å 变为 1.461 21Å 拉长断开,C—O 键长由 1.485 31Å 变为

2.282 05Å拉长断开,整个分子的键角和二面角发生了很大的变化后,形成了活泼的过渡态 TS_{17}。不稳定的过渡态 TS_{17} 有且仅有一个虚频,大小为 $480icm^{-1}$。不稳定的过渡态 TS_{17} 中—CHOH—基团的 C—H 键断开后的 H 原子移向—CHOH—基团中断开后的—OH 基团并与—OH 基团成键,生成 H_2O 并生成较为稳定的中间体 MI_{17}。中间体 MI_{17} 容易分解形成最终产物。

9)反应路径通道 33 各驻点几何构型及化学反应过程

在煤氧化自燃过程中,戊醇分子($CH_3CH_2CH_2CH_2CH_2O$)中 CH_3CH_2—基团末端的—CH_2—与 O 原子发生化学反应生成生成 $CH_3 \cdot CCH_2CH_2CH_2OH$ 和 H_2O 的反应过程中,理论计算所得的各反应的微观机理及优化后的反应物、中间体、过渡态及产物的分子构型见图 6-93。

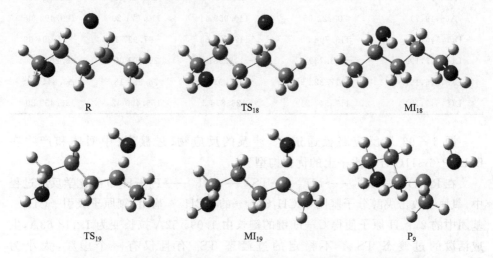

图 6-93　通道 33 反应中的反应物、中间体、过渡态和产物构型示意图

在煤氧化自燃过程中氧原子攻击戊醇分子($CH_3CH_2CH_2CH_2CH_2OH$)中 CH_3CH_2—基团末端的—CH_2—基团,生成 $CH_3 \cdot CCH_2CH_2CH_2OH$ 和 H_2O,参加化学反应基团的化学结构变化参数见表 6-52。

表 6-52　反应路径通道 33 中间体过渡态结构变化

项目	TS_{18}	MI_{18}	TS_{19}	MI_{19}
R(1,5)	1.532 58	1.528 49	1.486 83	1.481 60
R(5,8)	1.543 59	1.533 34	1.477 93	1.473 18
R(5,6)	1.118 63	1.091 13	1.386 11	1.821 48
R(5,7)	1.120 64	2.015 90	2.840 31	3.271 28
R(6,19)	1.606 97	2.018 96	1.147 51	1.006 07

项目	TS$_{18}$	MI$_{18}$	TS$_{19}$	MI$_{19}$
R(5,19)	1.933 62	1.471 00	2.299 95	2.707 22
R(7,19)	1.600 38	0.975 34	0.976 17	0.971 27
A(1,5,8)	119.991 37	112.988 16	116.758 44	115.207 61
A(8,5,19)	121.435 96	110.657 10	112.484 39	110.143 69
A(1,5,19)	118.570 91	110.178 76	103.538 28	113.530 31
A(6,5,7)	111.977 45	130.071 55	28.033 70	16.752 89
A(5,6,19)	88.488 98	45.229 80	130.162 69	144.913 05
A(5,7,19)	88.751 37	43.524 11	47.721 40	47.224 82
A(6,19,7)	70.722 65	140.959 41	110.071 29	109.492 89
D(1,5,6,19)	113.706 05	117.288 54	−67.997 16	−77.294 69
D(1,5,7,19)	−113.739 67	−118.981 44	29.903 00	3.204 02
D(8,5,6,19)	−117.322 95	−117.934 86	76.335 18	63.844 55
D(8,5,7,19)	117.547 21	126.876 3	155.400 42	136.459 80

图 6 - 93 是反应路径通道 33 涉及的反应物、过渡态、中间体和产物在 B3LYP/6-311G 计算水平上的优化构型。

在 R+O ⟶ TS$_{18}$ ⟶ MI$_{18}$ ⟶ TS$_{19}$ ⟶ MI$_{19}$ ⟶ P$_9$+H$_2$O 的化学反应过程中,氧原子攻击戊醇分子基团中 CH$_3$CH$_2$— 的—CH$_2$—基团,氧原子吸引—CH$_2$—基团中的 2 个 H 原子使得 C—H 键的键长由 1.095 52Å 拉长变为 1.118 63Å,生成活泼的过渡态 TS$_{18}$。不稳定的过渡态 TS$_{18}$ 有且仅有一个虚频,大小为 1315icm^{-1}。随后—CH$_2$—基团中的一个 C—H 键的键长由 1.118 63Å 变为 2.015 90Å 拉长断开,C 原子与氧原子形成化学键,断开的 H 原子与氧原子形成化学键,形成较为稳定的中间体 MI$_{18}$。经过复杂的化学变化,MI$_{18}$ 中 CH$_3$CHOH—基团的 C—O 键的键长由 1.471 00Å 变为 2.299 95Å 拉长断开,—CHOH—基团中 C—H 键的键长由 1.091 13Å 变为 1.386 11Å 拉长断开,形成了活泼的过渡态 TS$_{19}$。不稳定的过渡态 TS$_{19}$ 有且仅有一个虚频,大小为 839icm^{-1}。不稳定的过渡态 TS$_{19}$ 中 C—H 键断开后的 H 原子移向 C—O 键断开后形成的—OH 基团迁移并成键,生成 H$_2$O 并生成较为稳定的中间体 MI$_{19}$。中间体 MI$_{19}$ 容易分解形成最终产物。

10) 反应路径通道 34 各驻点几何构型及化学反应过程

在煤氧化自燃过程中,戊醇分子(CH$_3$CH$_2$CH$_2$CH$_2$CH$_2$OH)中 CH$_3$CH$_2$—基团的—CH$_2$—与 O 原子发生化学反应生成 CHOCH$_2$CH$_2$CH$_2$OH 和 CH$_4$ 的反应过程中,理论计算所得的各反应的微观机理及优化后的反应物、中间体、过渡态及产物的分子构型见图 6-94。

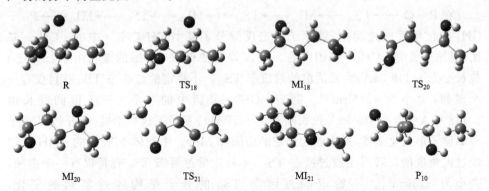

图 6-94 通道 34 反应中的反应物、中间体、过渡态和产物构型示意图

在煤氧化自燃过程中氧原子攻击戊醇分子（$CH_3CH_2CH_2CH_2CH_2OH$）中 CH_3CH_2—基团的—CH_2—基团，生成 $CHOCH_2CH_2CH_2OH$ 和 CH_4，参加化学反应基团的化学结构变化参数见表 6-53。

表 6-53 反应路径通道 34 中间体过渡态结构变化

项目	TS$_{18}$	MI$_{18}$	TS$_{20}$	MI$_{20}$	TS$_{21}$	MI$_{21}$
R(1,5)	1.532 58	1.528 49	1.527 13	1.528 17	1.996 68	4.591 04
R(5,8)	1.543 59	1.533 34	1.528 47	1.524 80	1.506 56	1.499 50
R(5,6)	1.118 63	1.091 13	1.094 29	1.098 06	1.093 94	1.103 96
R(5,7)	1.120 64	2.015 90	2.031 64	2.023 77	1.361 10	3.540 97
R(6,19)	1.606 97	2.018 96	2.064 15	2.099 98	2.118 23	2.025 30
R(5,19)	1.933 62	1.471 00	1.476 19	1.472 47	1.393 11	1.235 61
R(7,19)	1.600 38	0.975 34	0.971 79	0.972 99	1.366 12	2.610 89
A(1,5,8)	119.991 37	112.988 16	113.160 36	113.263 18	103.993 72	162.586 05
A(8,5,19)	121.435 96	110.657 10	108.234 21	105.952 87	104.026 58	124.452 22
A(1,5,19)	118.570 91	110.178 76	110.679 48	110.074 27	117.422 21	38.149 86
A(6,5,7)	111.977 45	130.071 55	117.634 58	93.667 76	112.648 27	85.746 38
A(5,6,19)	88.488 98	45.229 80	43.460 46	41.623 08	36.136 13	31.960 96
A(5,7,19)	88.751 37	43.524 11	42.894 69	43.128 97	61.436 34	15.374 30
A(6,19,7)	70.722 65	140.959 41	122.953 87	93.213 52	68.115 67	102.332 25
D(1,5,6,19)	113.706 05	117.288 54	−119.335 36	−120.299 84	−108.551 57	0.687 57
D(1,5,7,19)	−113.739 67	−118.981 44	178.081 45	−124.174 10	−178.038 90	177.972 93
D(8,5,6,19)	−117.322 95	−117.934 86	116.310 05	115.142 38	143.202 14	−179.942 60
D(8,5,7,19)	117.547 21	126.8763	−68.470 97	5.241 90	−104.128 21	1.813 02

图 6-94 是反应路径通道 34 涉及的反应物、过渡态、中间体和产物在

B3LYP/6-311G 计算水平上的优化构型。

在 R+O ──→ TS$_{18}$ ──→ MI$_{18}$ ──→ TS$_{20}$ ──→ MI$_{20}$ ──→ TS$_{21}$ ──→ MI$_{21}$ ──→ P$_{10}$ + CH$_4$ 的化学反应过程中,氧原子攻击戊醇分子基团 CH$_3$CH$_2$—中的—CH$_2$—基团,氧原子吸引—CH$_2$—基团中的 2 个 H 原子使得 C—H 键的键长由 1.095 52Å 拉长变为 1.118 63Å,生成活泼的过渡态 TS$_{18}$。不稳定的过渡态 TS$_{18}$有且仅有一个虚频,大小为 1315icm^{-1}。随后—CH$_2$—基团中的一个 C—H 键的键长由 1.118 63Å变为 2.015 90Å拉长断开,C 原子与 O 原子形成化学键,断开的 H 原子与氧原子形成化学键,形成较为稳定的中间体 MI$_{18}$。中间体 MI$_{18}$中的—OH 基团经过大角度的反转后生成过渡态 TS$_{20}$,不稳定的过渡态 TS$_{20}$有且仅有一个虚频,大小为 313icm^{-1}。不稳定的过渡态 TS$_{20}$的分子结构经过复杂的变化,CH$_3$CHOH—基团中的—OH 经过反转,表现在二面角和键角都有很大的变化,生成较为稳定的中间体 MI$_{20}$,MI$_{20}$是 TS$_{20}$的同分异构体。MI$_{20}$中 CH$_3$CHOHCH$_2$—基团中 CH$_3$CHOH—的 C—C 键的键长由 1.528 17Å 变为 1.996 68Å 拉长断开,—CHOH—基团中 O—H 键由 0.972 99Å 变为 1.366 12Å 拉长断开,—CHOCH$_2$CH$_2$CH$_2$OH基团经过大角度的反转后形成了活泼的过渡态 TS$_{21}$。不稳定的过渡态 TS$_{21}$有且仅有一个虚频大小为 2131icm^{-1}。不稳定的过渡态 TS$_{21}$中—CHOH—基团的 O—H 键断开后的 H 原子移向 C—C 键断开后形成的 CH$_3$—基团并与 CH$_3$—基团成键,生成 CH$_4$ 并生成较为稳定的中间体 MI$_{21}$。中间体 MI$_{21}$容易分解形成最终产物。

11) 反应路径通道 35 各驻点几何构型及化学反应过程

在煤氧化自燃过程中,戊醇分子(CH$_3$CH$_2$CH$_2$CH$_2$CH$_2$OH)中 CH$_3$CH$_2$—基团末端的—CH$_2$—与 O 原子发生化学反应生成 CH$_3$CH$_2$CH$_2$OH 和 CH$_3$CHO 的反应过程中,理论计算所得的各反应的微观机理及优化后的反应物、中间体、过渡态及产物的分子构型见图 6-95。

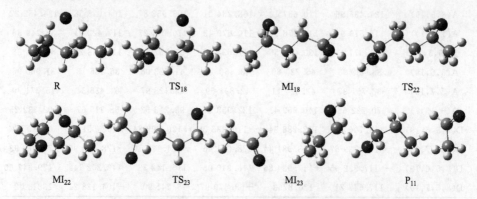

图 6-95　通道 35 反应中的反应物、中间体、过渡态和产物构型示意图

在煤氧化自燃过程中氧原子攻击戊醇分子（$CH_3CH_2CH_2CH_2CH_2OH$）中 CH_3CH_2—基团末端的—CH_2—基团,生成 $CH_3CH_2CH_2OH$ 和 CH_3CHO,参加化学反应基团的化学结构变化参数见表 6 - 54。

表 6 - 54　反应路径通道 35 中间体过渡态结构变化

项目	TS$_{18}$	MI$_{18}$	TS$_{22}$	MI$_{22}$	TS$_{23}$	MI$_{23}$
R(1,5)	1.532 58	1.528 49	1.524 54	1.521 41	1.503 47	1.498 95
R(5,8)	1.543 59	1.533 34	1.531 75	1.532 67	1.991 10	3.945 96
R(5,6)	1.118 63	1.091 13	1.094 97	1.098 14	1.093 37	1.101 70
R(5,7)	1.120 64	2.015 90	2.034 91	2.025 53	1.330 81	3.166 51
R(6,19)	1.606 97	2.018 96	2.068 31	2.100 02	2.124 01	2.022 52
R(5,19)	1.933 62	1.471 00	1.475 35	1.473 54	1.399 77	1.234 96
R(7,19)	1.600 38	0.975 34	0.971 66	0.972 60	1.369 46	2.633 06
A(1,5,8)	119.991 37	112.988 16	113.188 27	113.091 36	105.005 74	169.978 07
A(8,5,19)	121.435 96	110.657 10	111.579 57	110.994 15	104.976 57	65.875 29
A(1,5,19)	118.570 91	110.178 76	107.203 72	105.388 27	116.900 92	124.074 34
A(6,5,7)	111.977 45	130.071 50	115.715 05	90.173 17	114.866 98	66.005 08
A(5,6,19)	88.488 98	45.229 80	43.230 23	41.680 88	36.211 47	32.001 25
A(5,7,19)	88.751 37	43.524 11	42.654 11	43.088 56	62.428 36	22.240 21
A(6,19,7)	70.722 65	140.959 41	120.688 42	89.524 53	67.815 98	75.757 78
D(1,5,6,19)	113.706 05	117.288 54	−115.397 13	−114.685 69	−142.412 55	179.956 12
D(1,5,7,19)	−113.739 67	−118.981 44	62.654 70	−17.835 12	104.826 00	36.033 55
D(8,5,6,19)	−117.322 95	−117.934 62	120.355 00	121.034 39	108.894 06	−1.610 32
D(8,5,7,19)	117.547 21	126.8763	176.965 26	116.077 76	−176.475 14	−166.130 85

图 6 - 95 是反应路径通道 35 涉及的反应物、过渡态、中间体和产物在 B3LYP/6-311G 计算水平上的优化构型。

在 R+O —→ TS$_{18}$ —→ MI$_{18}$ —→ TS$_{22}$ —→ MI$_{22}$ —→ TS$_{23}$ —→ MI$_{23}$ —→ P$_{11}$ + CH_3CHO 的化学反应过程中,氧原子攻击戊醇分子基团中 CH_3CH_2—的—CH_2— 基团,氧原子吸引—CH_2—基团中的 2 个 H 原子使得 C—H 键的键长由 1.095 52Å拉长变为 1.118 63Å,生成活泼的过渡态 TS$_{18}$。不稳定的过渡态 TS$_{18}$ 有且仅有一个虚频,大小为 1315icm^{-1}。随后—CH_2—基团中的一个 C—H 键的 键长由 1.118 63Å 变为 2.015 90Å 拉长断开,C 原子与 O 原子形成化学键,断开 的 H 原子与 O 原子形成化学键,形成较为稳定的中间体 MI$_{18}$。中间体 MI$_{18}$ 中的 —OH 基团经过大角度的反转后生成过渡态 TS$_{22}$,不稳定的过渡态 TS$_{22}$ 有且仅有一个虚频,大小为 328icm^{-1}。不稳定的过渡态 TS$_{22}$的分子结构经过复杂的化学变化,CH$_3$CHOH 基团中的—OH 经过反转,表现在二面角和键角都有很大的变化,生成较为稳定的中间体 MI$_{22}$,MI$_{22}$是 TS$_{22}$的同分异构体。MI$_{22}$中 CH$_3$CHOHCH$_2$—基团的—CHOHCH$_2$—中的 C—C 键的键长由 1.532 67Å 变为 1.991 10Å 拉长断开,—CHOH—基团中 O—H 键的键长由 0.972 60Å 变为 1.369 46Å 拉长断开,—CH$_2$CH$_2$CH$_2$OH 基团经过大角度的反转后形成了活泼的过渡态 TS$_{23}$。不稳定的过渡态 TS$_{23}$有且仅有一个虚频,大小为 2053icm^{-1}。不稳定的过渡态 TS$_{23}$中—CHOH—基团中的 O—H 键断开后的 H 原子移向 C—C 键断开后形成的—CH$_2$CH$_2$CH$_2$OH 基团并与之成键,生成较为稳定的中间体 MI$_{23}$。中间体 MI$_{23}$容易分解形成最终产物。

12) 反应路径通道 36 各驻点几何构型及化学反应过程

在煤氧化自燃过程中,戊醇分子(CH$_3$CH$_2$CH$_2$CH$_2$CH$_2$OH)中 CH$_3$—基团与 O 原子发生化学反应生成 CH$_3$CH$_2$CH$_2$CH$_2$OH 和 HCHO 的反应过程中,理论计算所得的各反应的微观机理及优化后的反应物、中间体、过渡态及产物的分子构型见图 6 - 96。

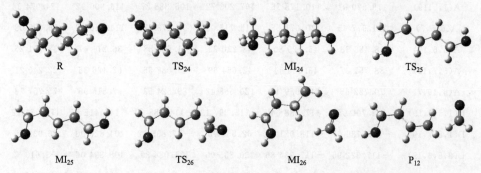

图 6 - 96　通道 36 反应中的反应物、中间体、过渡态和产物构型示意图

在煤氧化自燃过程中氧原子攻击戊醇分子(CH$_3$CH$_2$CH$_2$CH$_2$CH$_2$OH)的 CH$_3$—基团,生成 CH$_3$CH$_2$CH$_2$CH$_2$OH 和 HCHO,参加化学反应基团的化学结构变化参数见表 6 - 55。

表 6 - 55　反应路径通道 36 中间体过渡态结构变化

项目	TS$_{24}$	MI$_{24}$	TS$_{25}$	MI$_{25}$	TS$_{26}$	MI$_{26}$
R(1,5)	1.528 59	1.527 81	1.527 00	1.527 83	1.974 80	4.094 62
R(1,2)	1.093 43	1.096 22	1.091 97	1.088 30	1.091 91	1.097 81
R(1,3)	1.119 40	1.088 62	1.092 54	1.096 64	1.092 17	1.099 37
R(1,4)	1.118 53	2.008 85	2.019 23	2.009 04	1.295 00	3.312 80

续表

项目	TS$_{24}$	MI$_{24}$	TS$_{25}$	MI$_{25}$	TS$_{26}$	MI$_{26}$
R(1,19)	1.909 70	1.460 66	1.463 87	1.460 58	1.391 84	1.230 03
R(2,19)	2.616 58	2.110 99	2.073 30	2.030 24	2.129 52	2.036 32
R(3,19)	1.605 05	2.029 49	2.073 98	2.109 96	2.135 87	2.034 00
R(4,19)	1.604 16	0.973 52	0.972 39	0.973 54	1.401 24	2.692 44
A(1,19,2)	21.508 21	29.106 53	30.145 91	31.239 20	27.042 54	27.227 96
A(1,19,3)	35.832 06	31.274 69	30.148 97	29.155 96	26.813 37	27.422 07
A(1,19,4)	35.802 33	109.603 93	110.324 53	109.624 73	55.243 77	109.513 44
A(5,1,19)	121.312 28	112.380 04	112.673 68	112.400 55	108.945 54	61.832 38
D(5,1,2,19)	−179.704 34	124.861 88	123.244 76	121.312 44	116.265 57	−2.906 97
D(5,1,3,19)	−115.680 03	−121.288 94	−123.284 76	−124.878 17	−115.030 09	143.579 39
D(5,1,4,19)	115.486 08	123.906 20	−179.228 16	−124.848 96	173.231 09	176.066 71

图 6 - 96 是反应路径通道 36 涉及的反应物、过渡态、中间体和产物在 B3LYP/6-311G 计算水平上的优化构型。

在 R+O $\longrightarrow$ TS$_{24}$ $\longrightarrow$ MI$_{24}$ $\longrightarrow$ TS$_{25}$ $\longrightarrow$ MI$_{25}$ $\longrightarrow$ TS$_{26}$ $\longrightarrow$ MI$_{26}$ $\longrightarrow$ P$_{12}$ + HCHO 的化学反应过程中，氧原子攻击戊醇分子的 CH$_3$—基团，氧原子吸引 CH$_3$—基团中的 3 个 H 原子使得 C—H 键的键长的变化分别为 1.092 83Å 变为 1.093 43Å、1.093 14Å 变为 1.119 40Å 和 1.092 15Å 变为 1.118 53Å，键长拉长，生成活泼的过渡态 TS$_{24}$。不稳定的过渡态 TS$_{24}$ 有且仅有一个虚频，大小为 1339icm^{-1}。随后 CH$_3$—基团中的一个 C—H 键的键长由 1.118 80Å 变为 2.008 85Å 拉长断开，并与 O 原子形成化学键，O 原子与 C 原子形成化学键，形成较为稳定的中间体 MI$_{24}$。中间体 MI$_{24}$ 中的—OH 基团经过大角度的反转后生成过渡态 TS$_{25}$，不稳定的过渡态 TS$_{25}$ 有且仅有一个虚频，大小为 338icm^{-1}。不稳定的过渡态 TS$_{25}$ 的分子结构经过复杂的变化，—CH$_3$OH 基团中的—OH 经过旋转，表现在二面角和键角都有很大的变化，生成较为稳定的中间体 MI$_{25}$，MI$_{25}$ 是 TS$_{25}$ 的同分异构体。MI$_{25}$ 中—CH$_2$CH$_2$OH 基团的 C—C 键的键长由 1.527 83Å 变为 1.974 80Å 拉长断开，—CH$_2$OH 基团中的 O—H 键的键长由 0.973 54Å 变为 1.401 24Å 拉长断开，断开后的—CH$_2$O—基团经过大角度的反转后形成了活泼的过渡态 TS$_{26}$。不稳定的过渡态 TS$_{26}$ 有且仅有一个虚频，大小为 1992icm^{-1}。不稳定的过渡态 TS$_{26}$ 中—CH$_2$OH 基团的 O—H 键断开后的 H 原子移向 C—C 键断开后形成的—CH$_2$CH$_2$CH$_2$CH$_2$OH 基团中末端—CH$_2$—基团，并与基团成键，生成较为稳定的中间体 MI$_{26}$。中间体 MI$_{26}$ 容易分解形成最终产物。

13）反应路径通道 37 各驻点几何构型及化学反应过程

在煤氧化自燃过程中,戊醇分子($CH_3CH_2CH_2CH_2CH_2OH$)中 CH_3—基团与 O 原子发生化学反应生成·$CHCH_2CH_2CH_2CH_2OH$ 和 H_2O 的反应过程中,理论计算所得的各反应的微观机理及优化后的反应物、中间体、过渡态及产物的分子构型见图 6 - 97。

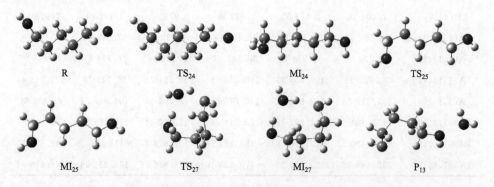

图 6 - 97　通道 37 反应中的反应物、中间体、过渡态和产物构型示意图

在煤氧化自燃过程中氧原子攻击戊醇分子($CH_3CH_2CH_2CH_2CH_2OH$)中 CH_3—基团,生成·$CHCH_2CH_2CH_2CH_2OH$ 和 H_2O,参加化学反应基团的化学结构变化参数见表 6 - 56。

表 6 - 56　反应路径通道 37 中间体过渡态结构变化

项目	TS_{24}	MI_{24}	TS_{27}	MI_{27}	TS_{28}	MI_{28}
R(1,5)	1.528 59	1.527 81	1.524 41	1.520 48	1.476 11	1.462 74
R(1,2)	1.093 43	1.096 22	1.094 95	1.096 40	1.105 75	1.110 45
R(1,3)	1.119 40	1.088 62	1.093 06	1.096 85	1.453 19	1.855 32
R(1,4)	1.118 53	2.008 85	2.026 22	2.017 03	2.845 65	3.424 08
R(1,19)	1.909 70	1.460 66	1.465 16	1.460 77	2.332 90	2.841 38
R(2,19)	2.616 58	2.110 99	2.120 28	2.111 90	2.785 75	3.623 77
R(3,19)	1.605 05	2.029 49	2.076 53	2.110 51	1.103 32	1.009 52
R(4,19)	1.604 16	0.973 52	0.970 20	0.972 54	0.977 28	0.966 80
A(1,19,2)	21.508 21	29.106 53	28.823 20	29.086 53	22.823 02	14.106 11
A(1,19,3)	35.832 06	31.274 80	30.106 81	29.149 65	27.936 81	9.963 46
A(1,19,4)	35.802 33	109.603 93	110.972 32	110.363 96	111.892 49	119.629 16
A(5,1,19)	121.312 28	112.380 04	109.614 82	107.260 24	113.106 08	118.801 09
D(5,1,2,19)	−179.704 34	124.861 80	121.663 46	118.336 48	121.000 29	156.612 22
D(5,1,3,19)	−115.680 03	−121.288 94	−119.530 23	−118.321 33	−60.740 66	−53.577 88
D(5,1,4,19)	115.486 08	123.906 20	69.759 66	1.555 85	−140.960 59	−4.270 02

　　图 6 - 97 是反应路径通道 37 涉及的反应物、过渡态、中间体和产物在 B3LYP/6-311G 计算水平上的优化构型。

　　在 R+O $\longrightarrow$ TS$_{24}$ $\longrightarrow$ MI$_{24}$ $\longrightarrow$ TS$_{27}$ $\longrightarrow$ MI$_{27}$ $\longrightarrow$ TS$_{28}$ $\longrightarrow$ MI$_{28}$ $\longrightarrow$ P$_{13}$ + H$_2$O 的化学反应过程中,氧原子攻击戊醇分子的 CH$_3$—基团,氧原子吸引 CH$_3$—基团中的 3 个 H 原子使得 C—H 键的键长的变化分别为 1.092 83Å 变为 1.093 43Å、1.093 14Å 变为 1.119 40Å 和 1.092 15Å 变为 1.118 53Å,键长拉长,生成活泼的过渡态 TS$_{24}$。不稳定的过渡态 TS$_{24}$ 有且仅有一个虚频,大小为 1339icm^{-1}。随后 CH$_3$—基团中的一个 C—H 键的键长由 1.118 80Å 变为 2.008 85Å 拉长断开,并与 O 原子形成化学键,O 原子与 C 原子形成化学键,形成较为稳定的中间体 MI$_{24}$。中间体 MI$_{24}$ 中的—OH 基团经过大角度的反转后生成过渡态 TS$_{27}$,不稳定的过渡态 TS$_{27}$ 有且仅有一个虚频,大小为 295icm^{-1}。不稳定的过渡态 TS$_{27}$ 的分子结构经过复杂的变化,—CH$_3$OH 基团中的—OH 经过旋转,表现在二面角和键角都有很大的变化,生成较为稳定的中间体中间体 MI$_{27}$,MI$_{27}$ 是 TS$_{27}$ 的同分异构体。MI$_{27}$ 中 CH$_2$OH—基团的 C—H 键的键长由 1.096 85Å 变为 1.453 19Å 拉长断开,—CH$_2$OH 基团中的 C—O 键的键长由 1.460 77Å 变为 2.332 90Å 拉长断开,形成了活泼的过渡态 TS$_{28}$。不稳定的过渡态 TS$_{28}$ 有且仅有一个虚频,大小为 512icm^{-1}。不稳定的过渡态 TS$_{28}$ 中—CH$_2$OH 基团中的 C—H 键断开后的 H 原子移向 C—O 键断开后形成的—OH 基团并与基团成键,生成较为稳定的中间体 MI$_{28}$。中间体 MI$_{28}$ 容易分解形成最终产物。

2. IRC 反应路径分析

　　对反应通道分别进行 IRC 路径分析,采用密度泛函理论、在 B3LYP/6-311G 水平上、以鞍点(saddle point)为中心、步长为 0.05 Bohr/S,分别向前向后寻找 50 个点,其结果表明在煤中戊醇分子发生氧化自燃反应的各个反应过程中,基团—CH$_2$CH$_2$OH 中的—CH$_2$—、基团 CH$_3$CH$_2$CH$_2$—中的—CH$_2$—、基团 CH$_3$CH$_2$—中的—CH$_2$—、基团—CH$_3$ 和基团—CH$_2$OH 中各原子间键长、键角和二面角的变化及化学键的断裂和形成与机理理论分析相一致,通过能量分析和对各驻点的几何构形的全参数优化,进一步证实所找的中间体和过渡态是正确的,也证明了煤中戊醇分子发生氧化自燃反应的各个反应通道是合理的。反应过程中位能沿反应坐标(IRC)的变化如图 6 - 98～图 6 - 125 所示,从位能图中容易看出在反应进程中形成过渡态 TS$_1$、TS$_2$、TS$_3$、TS$_4$、TS$_5$、TS$_6$、TS$_7$、TS$_8$、TS$_9$、TS$_{10}$、TS$_{11}$、TS$_{12}$、TS$_{13}$、TS$_{14}$、TS$_{15}$、TS$_{16}$、TS$_{17}$、TS$_{18}$、TS$_{19}$、TS$_{20}$、TS$_{21}$、TS$_{22}$、TS$_{23}$、TS$_{24}$、TS$_{25}$、TS$_{26}$、TS$_{27}$ 和 TS$_{28}$ 时,体系的能量最高,这也从侧面说明了反应过渡态的真实性。

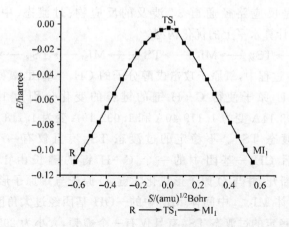

图 6-98　由 R ——→ TS₁ ——→ MI₁ 过程反应位能沿反应坐标(IRC)的变化

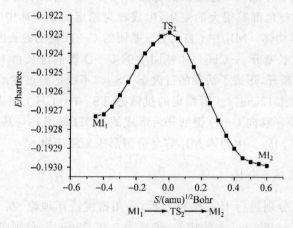

图 6-99　由 MI₁ ——→ TS₂ ——→ MI₂ 过程反应位能沿反应坐标(IRC)的变化

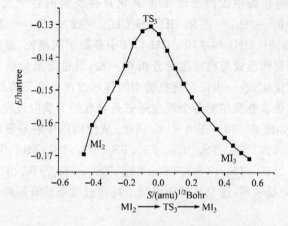

图 6-100　由 MI₂ ——→ TS₃ ——→ MI₃ 过程反应位能沿反应坐标(IRC)的变化

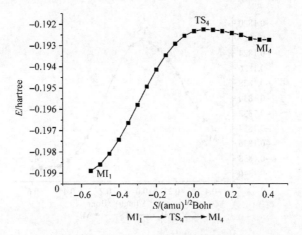

图 6 - 101　由 MI$_1$ ——→TS$_4$ ——→MI$_4$ 过程反应位能沿反应坐标(IRC)的变化

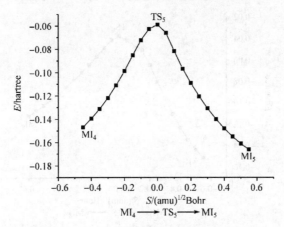

图 6 - 102　由 MI$_4$ ——→TS$_5$ ——→MI$_5$ 过程反应位能沿反应坐标(IRC)的变化

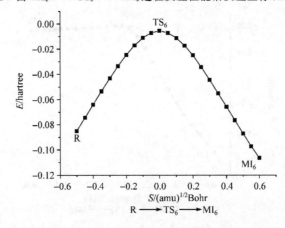

图 6 - 103　由 R ——→TS$_6$ ——→MI$_6$ 过程反应位能沿反应坐标(IRC)的变化

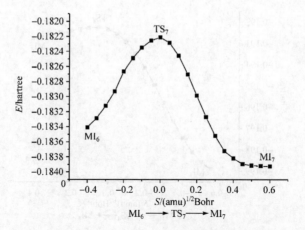

图 6 - 104　由 MI₆ —→TS₇ —→MI₇ 过程反应位能沿反应坐标(IRC)的变化

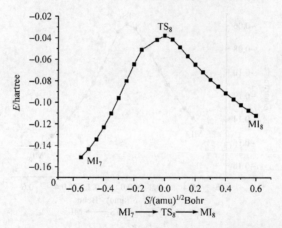

图 6 - 105　由 MI₇ —→TS₈ —→MI₈ 过程反应位能沿反应坐标(IRC)的变化

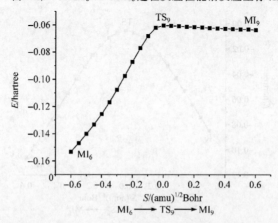

图 6 - 106　由 MI₆ —→TS₉ —→MI₉ 过程反应位能沿反应坐标(IRC)的变化

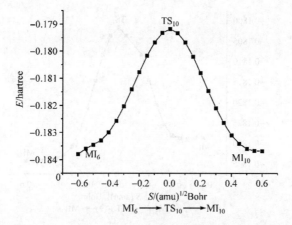

图 6 - 107 由 $MI_6 \longrightarrow TS_{10} \longrightarrow MI_{10}$ 过程反应位能沿反应坐标(IRC)的变化

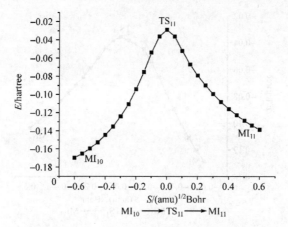

图 6 - 108 由 $MI_{10} \longrightarrow TS_{11} \longrightarrow MI_{11}$ 过程反应位能沿反应坐标(IRC)的变化

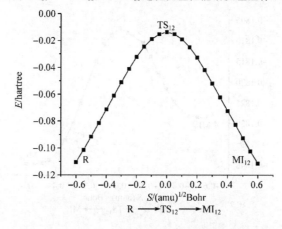

图 6 - 109 由 $R \longrightarrow TS_{12} \longrightarrow MI_{12}$ 过程反应位能沿反应坐标(IRC)的变化

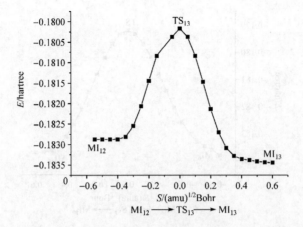

图 6-110　由 MI$_{12}$ ——→TS$_{13}$ ——→MI$_{13}$ 过程反应位能沿反应坐标（IRC）的变化

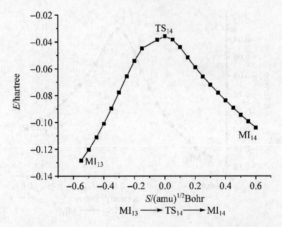

图 6-111　由 MI$_{13}$ ——→TS$_{14}$ ——→MI$_{14}$ 过程反应位能沿反应坐标（IRC）的变化

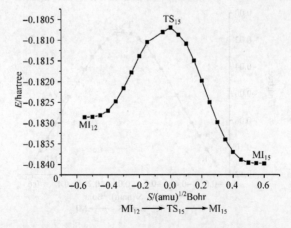

图 6-112　由 MI$_{12}$ ——→TS$_{15}$ ——→MI$_{15}$ 过程反应位能沿反应坐标（IRC）的变化

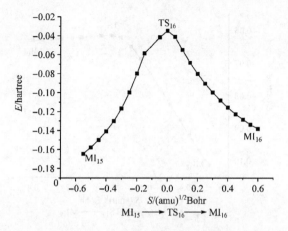

图 6-113　由 MI_{15} → TS_{16} → MI_{16} 过程反应位能沿反应坐标(IRC)的变化

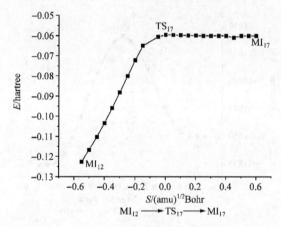

图 6-114　由 MI_{12} → TS_{17} → MI_{17} 过程反应位能沿反应坐标(IRC)的变化

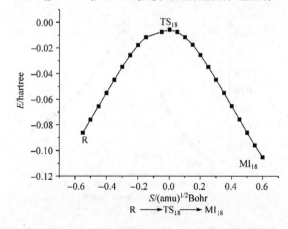

图 6-115　由 R → TS_{18} → MI_{18} 过程反应位能沿反应坐标(IRC)的变化

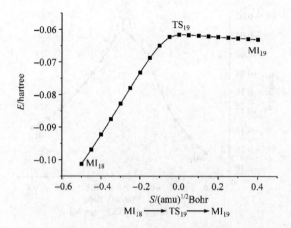

图 6 - 116　由 MI_{18} → TS_{19} → MI_{19} 过程反应位能沿反应坐标(IRC)的变化

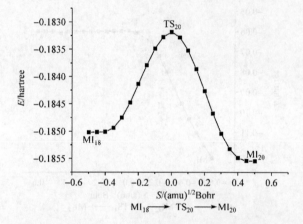

图 6 - 117　由 MI_{18} → TS_{20} → MI_{20} 过程反应位能沿反应坐标(IRC)的变化

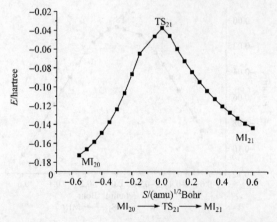

图 6 - 118　由 MI_{20} → TS_{21} → MI_{21} 过程反应位能沿反应坐标(IRC)的变化

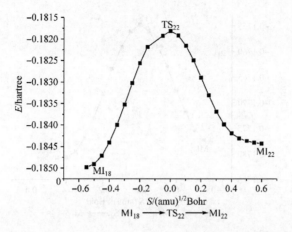

图 6-119 由 MI₁₈ ──→TS₂₂ ──→MI₂₂ 过程反应位能沿反应坐标(IRC)的变化

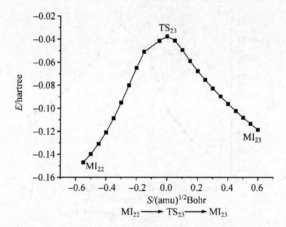

图 6-120 由 MI₂₂ ──→TS₂₃ ──→MI₂₃ 过程反应位能沿反应坐标(IRC)的变化

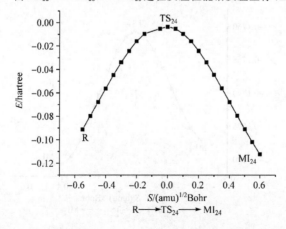

图 6-121 由 R ──→TS₂₄ ──→MI₂₄ 过程反应位能沿反应坐标(IRC)的变化

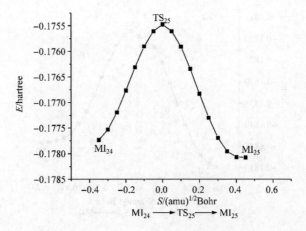

图 6 - 122　由 MI_{24} ——→ TS_{25} ——→ MI_{25} 过程反应位能沿反应坐标(IRC)的变化

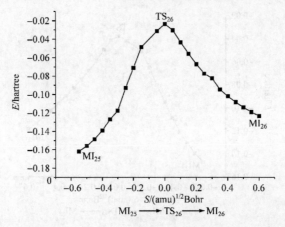

图 6 - 123　由 MI_{25} ——→ TS_{26} ——→ MI_{26} 过程反应位能沿反应坐标(IRC)的变化

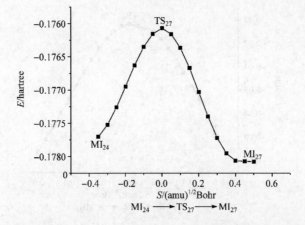

图 6 - 124　由 MI_{24} ——→ TS_{27} ——→ MI_{27} 过程反应位能沿反应坐标(IRC)的变化

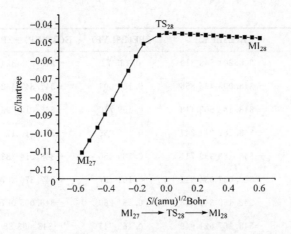

图 6-125　由 $MI_{27} \longrightarrow TS_{28} \longrightarrow MI_{28}$ 过程反应位能沿反应坐标(IRC)的变化

3. 反应位垒的计算

表 6-57 列出了在 B3LYP/6-311G 基组水平上计算所得的反应物、中间体、过渡态和产物的能量、零点能以及考虑零点能校正后的能量(E),同时还列出了以戊醇分子和氧原子能量为参比的中间体、过渡态和产物的相对能量 E_{rel}。根据相对能量 E_{rel} 的值,分别计算出了反应通道的控制步骤反应活化能。

表 6-57　反应的反应物、过渡态、中间体和产物总能量/hartree

项目	E(B3LYP)	ZPE(B3LYP)	E(B3LYP)+ZPE	E_{rel}/(kJ/mol)
R+O	−348.102 220 912	0.165 697	−347.936 523	0
TS$_1$	−348.002 821 494	0.164 116	−347.838 705	256.82
MI$_1$	−348.199 035 817	0.170 319	−348.028 717	−498.88
TS$_2$	−348.192 293 847	0.168 986	−348.023 308	14.20
MI$_2$	−348.192 990 737	0.165 398	−348.027 593	−11.25
TS$_3$	−348.130 550 645	0.162 861	−347.967 690	157.28
MI$_3$	−348.192 455 342	0.166 192	−348.026 264	−153.79
P$_1$+H$_2$O	−348.175 806 105	0.162 037	−348.013 77	32.80
TS$_4$	−348.192 250 719	0.168 938	−348.023 313	14.19
MI$_4$	−348.199 035 823	0.170 319	−348.028 717	−14.18
TS$_5$	−348.058 887 348	0.161 371	−347.897 516	344.47
MI$_5$	−348.203 090 875	0.166 305	−348.036 786	−365.65

续表

项目	E(B3LPY)	ZPE(B3LYP)	E(B3LYP)+ZPE	E_{rel}/(kJ/mol)
P_2+HCOOH	−348.201 543 319	0.165 72	−348.035 824	2.53
TS_6	−348.005 465 856	0.164 004	−347.841 462	249.58
MI_6	−348.183 503 413	0.169 710	−348.013 793	−452.45
TS_7	−348.182 211 244	0.169 036	−348.013 176	1.62
MI_7	−348.183 939 711	0.169 556	−348.014 383	−3.17
TS_8	−348.037 934 841	0.161 727	−347.876 207	362.78
MI_8	−348.169 347 463	0.164 260	−348.005 087	−338.37
P_3+CHOCH$_2$OH	−348.167 621 949	0.163 741	−348.003 88	3.17
TS_9	−348.060 331 994	0.160 685	−347.899 647	299.69
MI_9	−348.064 939 612	0.165 774	−347.899 166	−1.26
P_4+H$_2$O	−348.039 581 274	0.158 234	−347.881 347	46.78
TS_{10}	−348.179 177 154	0.168 947	−348.010 231	9.35
MI_{10}	−348.183 694 308	0.169 428	−348.014 267	−10.6
TS_{11}	−348.028 997 068	0.160 593	−347.868 404	382.96
MI_{11}	−348.171 770 184	0.165 461	−348.006 309	−362.07
P_5+CH$_3$OH	−348.164 707 429	0.164 179	−348.000 529	15.18
TS_{12}	−348.013 620 467	0.165 286	−347.848 335	231.54
MI_{12}	−348.190 491 173	0.170 775	−348.019 716	−449.96
TS_{13}	−348.180 169 425	0.169 187	−348.010 982	22.93
MI_{13}	−348.183 536 631	0.169 959	−348.013 578	−6.82
TS_{14}	−348.035 879 612	0.161 823	−347.874 057	366.31
MI_{14}	−348.174 259 756	0.165 005	−348.009 254	−354.96
P_6+CH$_3$CH$_3$	−348.172 328 525 9	0.164 299	−348.008 029	3.22
TS_{15}	−348.180 696 700	0.169 326	−348.011 371	21.91
MI_{15}	−348.184 018 502	0.169 751	−348.014 267	−7.6
TS_{16}	−348.034 702 530	0.161 134	−347.873 568	369.41
MI_{16}	−348.177 718 049	0.165 548	−348.012 170	−363.9
P_7+CH$_3$CH$_2$OH	−348.172 082 182	0.164 422	−348.007 66	11.84
TS_{17}	−348.059 589 022	0.159 914	−347.899 675	315.17

项目	$E(\text{B3LYP})$	ZPE(B3LYP)	$E(\text{B3LYP})+\text{ZPE}$	$E_{\text{rel}}/(\text{kJ/mol})$
MI_{17}	$-348.061\ 187\ 562$	$0.161\ 687$	$-347.899\ 501$	-0.45
P_8+H_2O	$-348.040\ 613\ 683$	$0.158\ 338$	$-347.882\ 276$	45.22
TS_{18}	$-348.005\ 684\ 570$	$0.164\ 101$	$-347.841\ 583$	249.26
MI_{18}	$-348.185\ 029\ 853$	$0.169\ 866$	$-348.015\ 164$	-455.74
TS_{19}	$-348.061\ 511\ 758$	$0.158\ 962$	$-347.902\ 550$	295.67
MI_{19}	$-348.064\ 579\ 921$	$0.161\ 811$	$-347.902\ 769$	-0.57
P_9+H_2O	$-348.044\ 649\ 128$	$0.158\ 597$	$-347.886\ 052$	43.89
TS_{20}	$-348.183\ 181\ 481$	$0.169\ 171$	$-348.014\ 011$	3.03
MI_{20}	$-348.185\ 546\ 959$	$0.169\ 691$	$-348.015\ 856$	-4.84
TS_{21}	$-348.037\ 357\ 259$	$0.160\ 794$	$-347.876\ 563$	365.71
MI_{21}	$-348.177\ 749\ 060$	$0.164\ 019$	$-348.013\ 730$	-360.13
$P_{10}+CH_4$	$-348.175\ 698\ 452\ 2$	$0.163\ 021$	$-348.012\ 677$	2.76
TS_{22}	$-348.181\ 811\ 834$	$0.169\ 052$	$-348.012\ 760$	6.31
MI_{22}	$-348.184\ 530\ 740$	$0.169\ 647$	$-348.014\ 884$	-5.78
TS_{23}	$-348.037\ 461\ 684$	$0.161\ 551$	$-347.875\ 910$	364.88
MI_{23}	$-348.175\ 132\ 148$	$0.164\ 945$	$-348.010\ 187$	-352.54
$P_{11}+CH_3CHO$	$-348.173\ 047\ 524$	$0.164\ 202$	$-348.008\ 846$	3.52
TS_{24}	$-348.003\ 453\ 687$	$0.164\ 273$	$-347.839\ 181$	255.57
MI_{24}	$-348.178\ 077\ 861$	$0.170\ 413$	$-348.007\ 665$	-422.35
TS_{25}	$-348.175\ 472\ 685$	$0.169\ 802$	$-348.005\ 670$	5.24
MI_{25}	$-348.177\ 807\ 697$	$0.170\ 358$	$-348.007\ 450$	-4.67
TS_{26}	$-348.023\ 452\ 022$	$0.162\ 220$	$-347.861\ 232$	383.9
MI_{26}	$-348.158\ 536\ 361$	$0.164\ 663$	$-347.993\ 873$	-348.25
$P_{12}+HCHO$	$-348.156\ 346\ 998$	$0.163\ 82$	$-347.992\ 526$	3.54
TS_{27}	$-348.176\ 068\ 443$	$0.169\ 734$	$-348.006\ 334$	3.49
MI_{27}	$-348.177\ 777\ 296$	$0.170\ 293$	$-348.007\ 484$	-3.02
TS_{28}	$-348.045\ 172\ 012$	$0.161\ 225$	$-347.883\ 947$	324.35
MI_{28}	$-348.050\ 823\ 842$	$0.164\ 558$	$-347.886\ 266$	-6.09
$P_{13}+H_2O$	$-348.017\ 785\ 881$	$0.159\ 736$	$-347.858\ 05$	74.08

我们从表 6-57 可以看到,戊醇分子和氧反应,首先吸收能量形成过渡态 TS_1、TS_6、TS_{12}、TS_{18} 或 TS_{24},形成过渡态 TS_1 需要吸收 256.82kJ/mol 能量,而形

成过渡态 TS_6 需要吸收 249.58kJ/mol 能量,形成过渡态 TS_{12} 只需吸收 231.54kJ/mol 能量,形成过渡态 TS_{18} 需要吸收 249.26kJ/mol 能量,而形成过渡态 TS_{24} 需要吸收 255.57kJ/mol 能量。在通道 25 中,从 MI_1 到 TS_2 需要吸收 14.2kJ/mol 能量,TS_2 不稳定放出 11.25kJ/mol 能量形成中间体 MI_2,MI_2 吸收 157.28kJ/mol 能量形成过渡态 TS_3,TS_3 不稳定放出能量形成中间体 MI_3,MI_3 吸收能量产生产物 P_1 和水;在通道 26 中,从 MI_1 到过渡态 TS_4 只需越过 14.19kJ/mol 的位垒,可以说这一步反应是很容易进行的,但是从 MI_3 到 TS_4 的反应需要越过位垒达到 344.7kJ/mol,由于反应所需的能量太高,实际上通道 26 是很难进行的;在通道 27 中,MI_6 只需吸收 1.62kJ/mol 能量就可以形成过渡态 TS_7,MI_7 形成过渡态 TS_8 则需要吸收 362.78kJ/mol 能量,TS_8 放出大量的能量生成中间体 MI_8,MI_8 只需吸收 3.17kJ/mol 能量就可以分解为产物;在通道 28 中,MI_6 需要越过一个较大的位垒 299.69 kJ/mol 才能形成过渡态 TS_9,而且在中间体 MI_9 分解成产物的过程中也需要吸收 46.78kJ/mol 的能量,所以此反应通道比较难进行;在通道 29 的整个反应过程中,需要越过的最大位垒为 382.96 kJ/mol,虽然从 MI_6 到 TS_{10} 和 MI_{11} 分解为产物只需分别吸收 9.35kJ/mol 和 15.18 kJ/mol 能量,但是由于在整个反应过程中需要越过的最大位垒太高,通道 29 也是很难进行的;在通道 30 中,中间体 MI_{12} 吸收 22.93kJ/mol 能量形成过渡态 TS_{13},TS_{13} 放出能量形成 MI_{13},MI_{13} 越过 366.31kJ/mol 能量的位垒形成过渡态 TS_{14},TS_{14} 放出大量热形成中间体 MI_{14},MI_{14} 吸收能量分解为产物;在通道 31 中,我们也可以看到和通道 30 同样的结果,而且在反应过程中所需越过的最大位垒 369.41kJ/mol 也比通道 30 的最大位垒高,所以如果要使通道 31 进行反应,需要的外部条件要比通道 30 更为苛刻;在通道 32 中,MI_{12} 吸收 315.17kJ/mol 能量形成过渡态 TS_{17},过渡态 TS_{17} 放出少量能量形成活性中间体 MI_{17},活性中间体 MI_{17} 吸收 45.22kJ/mol 能量分解为产物;在通道 33 中,中间体 MI_{18} 形成过渡态 TS_{19} 需要越过的位垒为 295.67kJ/mol,活性中间体 MI_{19} 吸收 43.89 kJ/mol 能量分解为产物;在通道 34 和通道 35 中,也是由于需要越过的位垒能量太高,从而导致反应很难进行;在通道 36 和通道 37 中,它们需要越过的最大位垒分别为 383.9 kJ/mol 和 324.35 kJ/mol,从位垒大小来看,通道 37 要比通道 36 容易进行。从表 6 - 57 可以看出,通道 25 最容易进行。

图 6 - 126~图 6 - 130 是基于 B3LYP/6-311G 方法加上零点能校正后所得到的反应位能剖面图,图 6 - 126~图 6 - 130 中标示的能量值是把反应物 $C_5H_{12}O+O$ 总能量作为零点的相对值。从图 6 - 126~图 6 - 130 中容易看出,生成多种产物的反应途径都不是基元反应。各个反应都是多步反应,反应的第一步都是先形成过渡态 TS 再到达中间体 MI 的过程,反应位垒分别为 255.93kJ/mol 和 235.03kJ/mol。中间体 MI_1 和 MI_5 在热力学上是稳定的。但是,同时可以看到,中间体 MI_1、MI_6、MI_{12}、MI_{18} 和 MI_{24} 在动力学上不是很稳定,它继续吸收能量反应

形成更为活泼的过渡态,从而使反应继续进行直至到达最终的产物。从图 6-126～图 6-130 还可以看出,通道 28、通道 33 和通道 37 都是吸热反应,其他反应通道都是放热反应。同时也可以发现容易进行反应的顺序为通道 25＞通道 33＞通道 28＞通道 32＞通道 37＞通道 26＞通道 27＞通道 35＞通道 34＞通道 30＞通道 31＞通道 29＞通道 36,所以在煤的氧化自燃过程中戊醇分子与氧原子发生化学反应的主要通道是氧原子攻击戊醇分子中的 —CH_2OH 基团,反应的主要产物是 $CH_3CH_2CH_2CH_2CHO$ 和水。

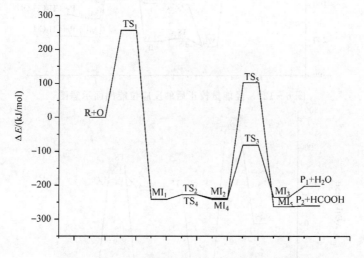

图 6-126　经能量校正后的反应位能剖面示意图

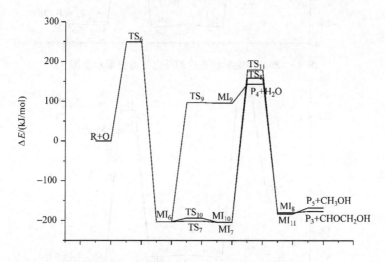

图 6-127　经能量校正后的反应位能剖面示意图

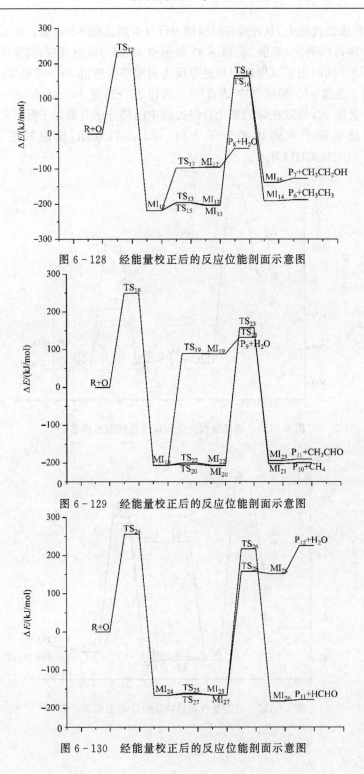

图 6-128　经能量校正后的反应位能剖面示意图

图 6-129　经能量校正后的反应位能剖面示意图

图 6-130　经能量校正后的反应位能剖面示意图

6.6.3　本节结论

　　本节应用量子化学理论研究了组成煤结构中的低分子含氧化合物戊醇分子在煤氧化自燃过程中的化学反应过程和化学反应机理。采用密度泛函（DFT）在B3LYP/6-311G 水平上对戊醇分子的反应物、产物、中间体和过渡态分子进行几何优化,得到了分子构型参数,计算反应各驻点的振动频率,并通过振动分析,确认所得的每一个过渡态的真实性。获得零点振动能（ZPE）,并在同一水平下进行内禀反应坐标（IRC）计算,讨论反应沿极小能量途径相互作用分子间结构和位能的变化,由此确定过渡态结构和反应物、中间体、产物之间的正确连接。通过理论研究得出了如下结论:

　　（1）煤中低分子化合物中戊醇分子在氧化自燃反应过程中的活性部位。根据分子轨道理论,前沿轨道（HOMO 和 LUMO）及其附近的分子轨道对物质反应活性影响最大,从戊醇分子轨道的计算结果可知,戊醇分子的氧化自燃反应就发生在电荷密度较大的原子部位,所以 C_1、C_5、C_8、C_{11} 和 C_{14} 原子在受到氧原子的攻击时,容易发生氧化自燃反应。

　　（2）戊醇分子在煤氧化自燃过程中与氧发生化学反应的过程。煤中低分子化合物中的戊醇分子在煤氧化自燃过程中与氧发生化学反应的反应过程,其分步反应过程分别用以下 13 条通道表示:

$$R+O \longrightarrow TS_1 \longrightarrow MI_1 \longrightarrow TS_2 \longrightarrow MI_2 \longrightarrow TS_3 \longrightarrow MI_3 \longrightarrow P_1 + H_2O$$

$$R+O \longrightarrow TS_1 \longrightarrow MI_1 \longrightarrow TS_4 \longrightarrow MI_4 \longrightarrow TS_5 \longrightarrow MI_5 \longrightarrow P_2 + HCOOH$$

$$R+O \longrightarrow TS_6 \longrightarrow MI_6 \longrightarrow TS_7 \longrightarrow MI_7 \longrightarrow TS_8 \longrightarrow MI_8 \longrightarrow P_3 + CHOCH_2HO$$

$$R+O \longrightarrow TS_6 \longrightarrow MI_6 \longrightarrow TS_9 \longrightarrow MI_9 \longrightarrow P_4 + H_2O$$

$$R+O \longrightarrow TS_6 \longrightarrow MI_6 \longrightarrow TS_{10} \longrightarrow MI_{10} \longrightarrow TS_{11} \longrightarrow MI_{11} \longrightarrow P_5 + CH_3OH$$

$$R+O \longrightarrow TS_{12} \longrightarrow MI_{12} \longrightarrow TS_{10} \longrightarrow MI_{13} \longrightarrow TS_{14} \longrightarrow MI_{14} \longrightarrow P_6 + CH_3CH_3$$

$$R+O \longrightarrow TS_{12} \longrightarrow MI_{12} \longrightarrow TS_{15} \longrightarrow MI_{15} \longrightarrow TS_{16} \longrightarrow MI_{16} \longrightarrow P_7 + CH_3CH_2OH$$

$$R+O \longrightarrow TS_{12} \longrightarrow MI_{12} \longrightarrow TS_{17} \longrightarrow MI_{17} \longrightarrow P_8 + H_2O$$

$$R+O \longrightarrow TS_{18} \longrightarrow MI_{18} \longrightarrow TS_{19} \longrightarrow MI_{19} \longrightarrow P_9 + H_2O$$

$$R+O \longrightarrow TS_{18} \longrightarrow MI_{18} \longrightarrow TS_{20} \longrightarrow MI_{20} \longrightarrow TS_{21} \longrightarrow MI_{21} \longrightarrow P_{10} + CH_4$$

$$R+O \longrightarrow TS_{18} \longrightarrow MI_{18} \longrightarrow TS_{22} \longrightarrow MI_{22} \longrightarrow TS_{23} \longrightarrow MI_{23} \longrightarrow P_{11} + CH_3CHO$$

$$R+O \longrightarrow TS_{24} \longrightarrow MI_{24} \longrightarrow TS_{25} \longrightarrow MI_{25} \longrightarrow TS_{26} \longrightarrow MI_{26} \longrightarrow P_{12} + HCHO$$

$$R+O \longrightarrow TS_{24} \longrightarrow MI_{24} \longrightarrow TS_{27} \longrightarrow MI_{27} \longrightarrow TS_{28} \longrightarrow MI_{28} \longrightarrow P_{13} + H_2O$$

　　（3）戊醇分子在煤氧化自燃过程中与氧发生化学反应的反应机理是一个旧的化学键断裂和新的化学键形成的过程。详尽论述了煤低分子化合物中的戊醇分子在煤氧化自燃过程中与氧发生化学反应,从反应物——→过渡态——→中间体——→过渡态——→中间体——→产物整个化学反应过程是化学键的断裂与形成过程,从理论上得到了化学反应机理理论。

(4)各反应通道的最大位垒分别为 TS_1、TS_5、TS_8、TS_9、TS_{11}、TS_{14}、TS_{16}、TS_{17}、TS_{19}、TS_{21}、TS_{23}、TS_{26} 和 TS_{28}。戊醇分子和氧反应,首先吸收能量形成过渡态 TS_1、TS_6、TS_{12}、TS_{18} 或 TS_{24},形成过渡态 TS_1 需要吸收 256.82kJ/mol 能量,而形成过渡态 TS_6 需要吸收 249.58kJ/mol 能量,形成过渡态 TS_{12} 只需吸收 231.54kJ/mol 能量,形成过渡态 TS_{18} 需要吸收 249.26kJ/mol 能量,而形成过渡态 TS_{24} 需要吸收 255.57kJ/mol 能量。

在通道 25 中,从 MI_1 到 TS_2 需要吸收 14.2kJ/mol 能量,MI_2 到 TS_3 需要吸收 157.28kJ/mol 能量,生成过渡态位垒 TS_1>TS_3>TS_2,所以 TS_1 是通道 25 的最大位垒;在通道 26 中,从 MI_1 到过渡态 TS_4 需要越过 14.19kJ/mol 的位垒,从 MI_4 到 TS_5 的反应需要越过位垒达到 344.47kJ/mol,TS_5>TS_1>TS_4 的位垒,所以 TS_5 是通道 26 的最大位垒;在通道 27 中,从 MI_6 到 TS_7 需要越过 1.62kJ/mol 位垒,从 MI_7 到 TS_8 的反应需要越过位垒达到 362.78kJ/mol,TS_8>TS_6>TS_7 的位垒,所以 TS_8 是最大位垒;在通道 28 中,从 MI_6 到 TS_9 需要越过 299.69kJ/mol 位垒,TS_9>TS_6 的位垒,所以 TS_9 是最大位垒;在通道 29 中,从 MI_6 到 TS_{10} 需要吸收 9.35kJ/mol 能量,从 MI_{10} 到 TS_{11} 的反应需要越过位垒达到 382.96kJ/mol,生成过渡态位垒 TS_{11}>TS_6>TS_{10},所以 TS_{11} 是通道 29 的最大位垒;在通道 30 中,从 MI_{12} 到过渡态 TS_{13} 需要越过 22.93kJ/mol 的位垒,从 MI_{13} 到 TS_{14} 的反应需要越过位垒达到 366.31kJ/mol,TS_{14}>TS_{12}>TS_{13} 的位垒,所以 TS_{14} 是通道 30 的最大位垒;在通道 31 中,从 MI_{12} 到过渡态 TS_{15} 需要越过 21.91kJ/mol 的位垒,从 MI_{15} 到 TS_{16} 的反应需要越过位垒达到 369.41kJ/mol,TS_{16}>TS_{12}>TS_{15} 的位垒,所以 TS_{16} 是通道 31 的最大位垒;在通道 32 中,从 MI_{12} 到 TS_{17} 的反应需要越过位垒达到 315.17kJ/mol,TS_{17}>TS_{12} 的位垒,所以 TS_{17} 是通道 32 的最大位垒;在通道 33 中,从 MI_{18} 到 TS_{19} 的反应需要越过位垒达到 295.67kJ/mol,TS_{19}>TS_{18} 的位垒,所以 TS_{19} 是通道 33 的最大位垒;在通道 34 中,从 MI_{18} 到过渡态 TS_{20} 需要越过 3.03kJ/mol 的位垒,从 MI_{20} 到 TS_{21} 的反应需要越过位垒达到了 365.71kJ/mol,TS_{21}>TS_{18}>TS_{20} 的位垒,所以 TS_{21} 是通道 34 的最大位垒;在通道 35 中,从 MI_{18} 到过渡态 TS_{22} 需要越过 6.31kJ/mol 的位垒,从 MI_{22} 到 TS_{23} 的反应需要越过位垒达到 364.88kJ/mol,TS_{23}>TS_{18}>TS_{22} 的位垒,所以 TS_{23} 是通道 35 的最大位垒;在通道 36 中,从 MI_{24} 到过渡态 TS_{25} 需要越过 5.24kJ/mol 的位垒,从 MI_{25} 到 TS_{26} 的反应需要越过位垒达到 383.9kJ/mol,TS_{26}>TS_{24}>TS_{25} 的位垒,所以 TS_{26} 是通道 36 的最大位垒;在通道 37 中,从 MI_{24} 到过渡态 TS_{27} 需要越过 3.49kJ/mol 的位垒,从 MI_{27} 到 TS_{28} 的反应需要越过位垒达到 324.35kJ/mol,TS_{28}>TS_{24}>TS_{27} 的

位垒,所以 TS$_{28}$ 是通道 37 的最大位垒。综上所述,通道 25 所表示的反应是比较容易进行的。

(5) 戊醇分子在煤氧化自燃过程中与氧发生的化学反应是多步反应。根据 B3LYP/6-311G 方法加上零点能校正后所得到的反应位能剖面图可知,生成多种产物的反应途径都不是基元反应。各个反应都是经过过渡态 TS 到中间体 MI 的多步反应过程。

(6) 各反应通道的优先顺序是通道 25>通道 33>通道 28>通道 32>通道 37>通道 26>通道 27>通道 33>通道 32>通道 30>通道 31>通道 29>通道 36。

通道 28、通道 33 和通道 37 都是吸热反应,其他反应通道都是放热反应。通道 25 的最大位垒为 256.82kJ/mol,通道 26 的最大位垒为 344.47kJ/mol,通道 27 的最大位垒为 362.78kJ/mol,通道 28 的最大位垒为 299.69kJ/mol,通道 29 的最大位垒为 382.96kJ/mol,通道 30 的最大位垒为 366.31kJ/mol,通道 31 的最大位垒为 369.41kJ/mol,通道 32 的最大位垒为 315.17kJ/mol,通道 33 的最大位垒为 295.67kJ/mol,通道 34 的最大位垒为 365.71kJ/mol,通道 35 的最大位垒为 364.88kJ/mol,通道 36 的最大位垒为 383.9kJ/mol,通道 37 的最大位垒为 324.35kJ/mol,所以容易进行反应的顺序为通道 25>通道 33>通道 28>通道32>通道 37>通道 26>通道 27>通道 35>通道 34>通道 30>通道 31>通道 29>通道 36,所以在煤的氧化自燃过程中戊醇分子与 O 原子发生化学反应的主要通道是 O 原子攻击戊醇分子中的—CH$_2$OH 基团,反应的主要产物是 CH$_3$CH$_2$CH$_2$CH$_2$CHO 和水。

6.7　结　论

煤中的低分子化合物是组成煤的重要物质,低分子化合物占煤中有机质的含量为 10%～23%,甚至还有报道占有机物总量的 40%。煤中的低分子化合物在煤的氧化自燃中起重要的作用,但没有人涉足本领域的研究。本章首次应用量子化学理论从微观上系统地研究了煤有机质中低分子化合物的氧化自燃机理,应用密度泛函理论,B3LYP/6-311G 研究了低分子化合物氧化自燃过程中的反应物、中间体、过渡态和产物的整个反应历程,建立了煤中低分子化合物的氧化自燃机理理论,本研究创立了煤中低分子化合物的自燃机理理论,填补了煤氧化自燃研究领域的空白。

通过对煤中低分子化合物的自燃机理研究,得出如下结论:

(1) 确定了煤有机质中的低分子化合物在氧化自燃反应过程中的活性部位。

根据分子轨道理论,前沿轨道(HOMO 和 LUMO)及其附近的分子轨道对物质反应活性影响最大,从低分子化合物轨道的计算结果得到了低分子化合物的氧化自燃反应最容易发生在电荷密度较大的原子部位,计算得到了煤有机质中低分子化合物发生氧化自燃反应的活性点。

(2) 应用量子化学理论研究了煤中低分子化合物在煤氧化自燃过程中与氧发生化学反应的过程和产物,验证了氧化自燃过程的复杂性、多变性和不确定性。

(3) 确定了煤中不同低分子化合物在煤氧化自燃过程中所需的最小活化能。在煤氧化自燃过程中,煤中低分子化合物 3-戊酮分子的氧化反应主要通道是氧攻击 3-戊酮分子中的—CH_2—基团,生成 $CH_3CH_2COCCH_3$ 和水,此通道所需的最小活化能为 283.76kJ/mol,此通道的最大活化能比通道 1 的最大活化能低 85.2 kJ/mol,比通道 2 的最大活化能低 60.36 kJ/mol,比通道 3 的最大活化能低 112.49 kJ/mol,比通道 4 的最大活化能低 115.61 kJ/mol。煤中低分子化合物戊酸分子的氧化反应主要通道是氧攻击戊酸分子中基团 $CH_3CH_2CH_2$—中末端的—CH_2—,生成 CH_3CH_2CHO 和 CH_3COOH,此通道所需的最小活化能为 251.82kJ/mol,比通道 1 的最大活化能低 84.72 kJ/mol,比通道 2 的最大活化能低 145.52 kJ/mol,比通道 3 的最大活化能低 8.12 kJ/mol,比通道 4 的最大活化能低 58.15kJ/mol,比通道 5 的最大活化能低 48.29 kJ/mol,比通道 7 的最大活化能低 142.82 kJ/mol,比通道 8 的最大活化能低 47.58 kJ/mol,比通道 9 的最大活化能低 118.5 kJ/mol,比通道 10 的最大活化能低 117.34 kJ/mol,比通道 11 的最大活化能低 90.97 kJ/mol,比通道 12 的最大活化能低 132.83 kJ/mol。煤中低分子化合物戊醇分子的氧化反应主要通道是氧攻击戊醇分子中的—CH_2OH 基团,生成 $CH_3CH_2CH_2CHO$ 和水,此通道所需的最小活化能为 256.82kJ/mol,比通道 2 的最大活化能低 89.65 kJ/mol,比通道 3 的最大活化能低 105.96 kJ/mol,比通道 4 的最大活化能低 42.87kJ/mol,比通道 5 的最大活化能低 126.14 kJ/mol,比通道 6 的最大活化能低 109.49 kJ/mol,比通道 7 的最大活化能低 112.59 kJ/mol,比通道 8 的最大活化能低 58.35 kJ/mol,比通道 9 的最大活化能低 38.85 kJ/mol,比通道 10 的最大活化能低 108.89 kJ/mol,比通道 11 的最大活化能低 108.06 kJ/mol,比通道 12 的最大活化能低 127.08 kJ/mol,比通道 13 的最大活化能低 65.53 kJ/mol。煤中低分子化合物戊烷分子的氧化反应主要通道是氧攻击戊烷分子中基团 $CH_3CH_2CH_2$—中末端的—CH_2—,生成 $CH_3CH_2CCH_2CH_3$ 和水,此通道所需的最小活化能为 299.08kJ/mol,比通道 1 的最大活化能低 41.96 kJ/mol,比通道 2 的最大活化能低 81.76 kJ/mol,比通道 3 的最大活化能低 67.08 kJ/mol,比通道 4 的最大活化能低 67.94 kJ/mol,比通道 5 的最大活化能低 1.71 kJ/mol,比通道 7 的最大活化能低 67.34 kJ/mol。

(4) 明确了煤中低分子化合物在煤氧化自燃过程中各反应通道的优先顺序。煤中低分子化合物戊酮分子各反应通道的优先顺序是通道 5＞通道 2＞通道 1＞通道 3＞通道 4;戊酸分子各反应通道的优先顺序是通道 6＞通道 3＞通道 8＞通道 5＞通道 4＞通道 1＞通道 11＞通道 10＞通道 9＞通道 12＞通道 7＞通道 2;戊醇分子各反应通道的优先顺序是通道 1＞通道 9＞通道 4＞通道 8＞通道 13＞通道 2＞通道 3＞通道 11＞通道 10＞通道 6＞通道 7＞通道 5＞通道 12;戊烷各反应通道的优先顺序是通道 6＞通道 5＞通道 1＞通道 3＞通道 7＞通道 4＞通道 2。

(5) 在煤氧化自燃过程中易与煤中低分子化合物发生氧化反应的优先顺序。在煤的氧化自燃过程,酸类物质中的戊酸最易与氧发生化学反应的活性点是基团 $CH_3CH_2CH_2$—中末端的—CH_2—,生成产物 CH_3CH_2CHO 和 CH_3COOH,此通道所需的最大位垒为 251.82kJ/mol;酮类物质中 3-戊酮分子最易与氧化反应的活性点是基团 CH_3CH_2—中的—CH_2—,生成 $CH_3CH_2COC \cdot CH_3$ 和水,此通道所需的最大位垒为 283.76kJ/mol;醇类物质中戊醇分子最易与氧化反应的活性点是基团—CH_2OH,生成 $CH_3CH_2CH_2CH_2CHO$ 和水,此通道所需的最大位垒为 256.82kJ/mol;烃类物质中戊烷分子最易与氧化反应的活性点是基团 $CH_3CH_2CH_2$—中末端的—CH_2—,生成 $CH_3CH_2C \cdot CH_2CH_3$ 和水,此通道所需的最大位垒为 299.08kJ/mol。

由于戊烷与氧发生反应主要通道的最大位垒＞3-戊酮与氧发生反应主要通道的最大位垒＞戊醇与氧发生反应主要通道的最大位垒＞戊酸与氧发生反应主要通道的最大位垒,所以以上四种物质的活性顺序为:戊酸＞戊醇＞3-戊酮＞戊烷。

(6) 建立了煤中低分子化合物的自燃机理。采用量子化学密度泛函理论 (DFT)在 B3LYP/6-311G 水平下对反应物、产物、中间体和过渡态分子结构、振动频率、反应路径 IRC 和反应过程中活化能计算,研究了煤氧化自燃过程中的煤分子与氧分子的整个化学反应过程中的每一步化学反应,建立了煤中低分子化合物的自燃机理。

参 考 文 献

[1]　虞继舜.煤化学.北京:冶金工业出版社,2002.

[2]　林梦海.量子化学计算法与应用.北京:科学出版社,2004.

[3]　魏运洋,李建.化学反应机理导论.北京:科学出版社,2004.

[4] 申峻,邹纲明,王志忠.煤物理结构特性的研究进展.煤化工,1999,4:15~17.

[5] 程君,周安宁,李建伟.煤结构研究进展.煤炭转化,2001,24(4):1~6.

[6] 陈昌国,鲜学福.煤结构的研究及其发展.煤炭转化,1998,21(2):7~13.

[7] 赵新法,杨黎燕,石振海.煤中低分子化合物及对煤炭转化性能的影响.煤化工,2005,2:24~26.

[8] 王娜,孙成功,李保庆.煤中低分子化合物研究进展.煤炭转化,1997,20(3):19~24.

第 7 章 煤氧化自燃机理的实验研究

应用实验的方法研究煤的氧化自燃是揭示煤自燃本质的重要手段,同时能够检验理论研究正确性的重要方法。本章应用实验的方法研究煤在自燃氧化过程中不同温度时期煤分子结构中化学键和官能团的变化,应用傅里叶变换红外光谱仪研究煤在氧化自燃过程中不同温度条件下的红外光谱图,应用积分的方法求得煤分子结构中各官能团的峰面积值。比较煤分子结构中各官能团在不同温度条件下的峰面积值,可以得到煤在氧化自燃过程中化学键和官能团的变化规律[1,2]。

7.1 煤氧化自燃机理的实验验证

将煤样在实验室条件下升温氧化自燃,应用红外光谱检测分析技术研究煤分子结构及化学键和官能团在不同温度下的变化规律并与应用量子化学理论研究的煤的自燃机理结论进行对比,验证了理论研究的可靠性与正确性[3]。

7.1.1 煤氧化自燃过程中不同温度下煤结构和官能团的变化规律研究

实验仪器采用德国生产的 TENSOR27 型傅里叶变换红外光谱仪。煤样在 STA449C 型—TG/DAT 综合热重分析仪上加热,实验条件为:将煤样研磨成颗粒度<250 目,升温为速率为 5℃/min,反应气体 N_2、O_2 流速分别为 40mL/min 和 10mL/min,模拟在空气中氧化自燃,从室温开始加热,每间隔 20℃将煤样做 KBr 压片,样品与 KBr 的比率为 1∶180,做定量分析,累加扫描次数 32 次。

7.1.2 煤氧化自燃过程中不同温度下的红外光谱图

以山西大同云岗矿 11# 层 2908 面煤样为例,煤自燃氧化过程中的红外光谱图见图 7-1～图 7-8。

7.1.3 煤氧化自燃过程中的化学结构和官能团变化规律分析

根据氧化燃烧生成的气体红外光谱图可知,煤氧化燃烧生成的气体产物有 H_2O、CO_2、CO、CH_4 和 C_2H_4 等生成物。在煤的分子结构中,在 300℃ 以下能生成以上 5 种物质的官能团有胺基、带甲基的结构、带烯烃基团的结构、R—S—CH_3 基团、芳香甲基、芳香亚甲基、羧酸、酯等。计算煤样氧化自燃过程中不同温度下红外光谱图官能团显现峰的峰面值,并做曲线,得到如下的表 7-1～表 7-7 及图 7-1～图 7-43。

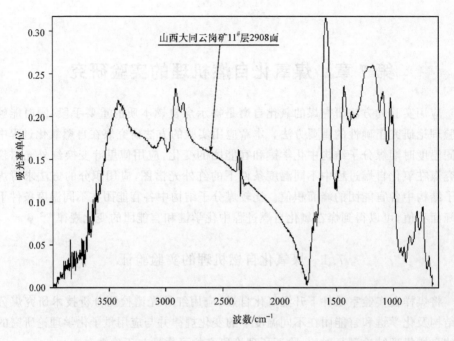

图 7 - 1　山西大同云岗矿 11# 层 2908 面 25℃红外光谱图

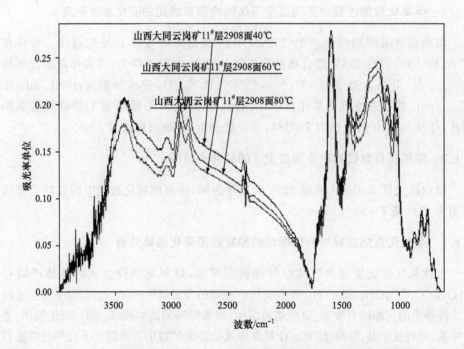

图 7 - 2　山西大同云岗矿 11# 层 2908 面 40℃、60℃、80℃红外光谱图

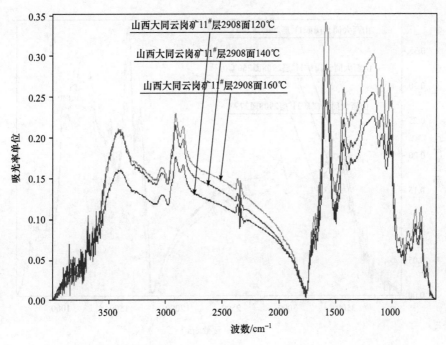

图 7 - 3　山西大同云岗矿 11# 层 2908 面 120℃、140℃、160℃红外光谱图

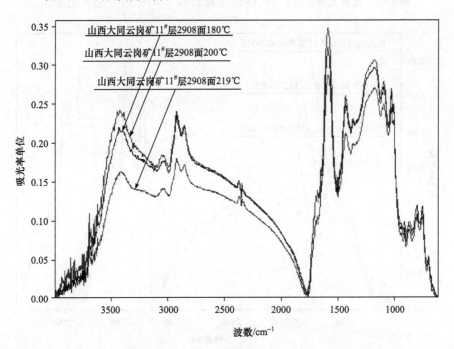

图 7 - 4　山西大同云岗矿 11# 层 2908 面 180℃、200℃、219℃红外光谱图

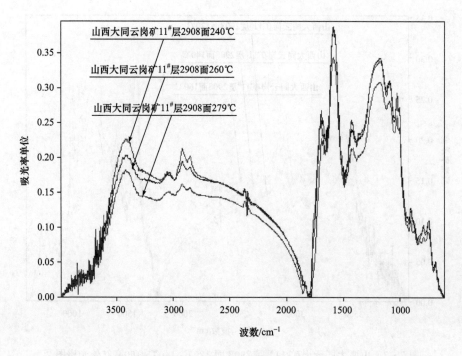

图 7 - 5　山西大同云岗矿 11# 层 2908 面 240℃、260℃、279℃红外光谱图

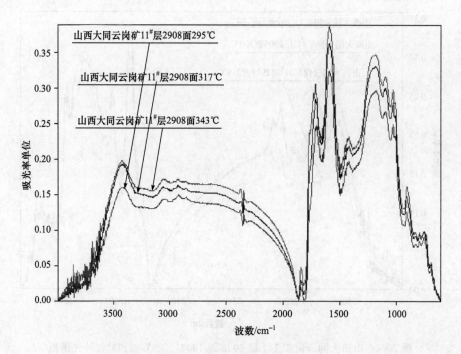

图 7 - 6　山西大同云岗矿 11# 层 2908 面 295℃、317℃、343℃红外光谱图

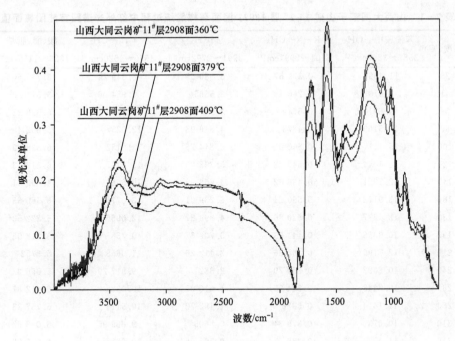

图 7 - 7　山西大同云岗矿 11# 层 2908 面 360℃、379℃、409℃红外光谱图

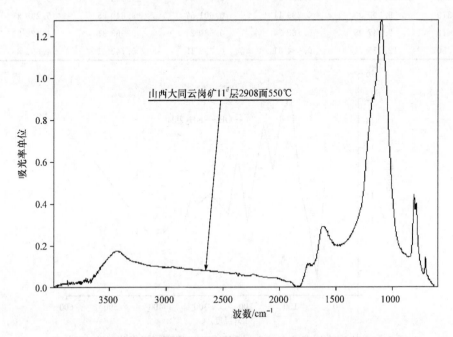

图 7 - 8　山西大同云岗矿 11# 层 2908 面 550℃红外光谱图

表 7 - 1　山西大同燕子山矿 14-2# 层 12921 掘面煤样燃烧过程中红外光谱图官能团峰面值

温度/℃	苯酚胺中—OH 3587~3297cm⁻¹	R—X—CH₃ 3104~2991cm⁻¹	—CH₃ 2991~2792cm⁻¹	—CH—CH₂ 1650~1520cm⁻¹	酸、醚、脂基 1326~1128cm⁻¹
25	11.4596	0.399 57	3.580 55	8.346 24	3.736 56
41	7.670 28	0.266 13	3.5365	7.984 06	3.374 19
59	9.681 76	0.5749	4.994 45	13.2669	6.328 22
80	11.5169	0.4873	4.846 98	12.0257	5.802 49
100	15.111	0.546 05	5.844 75	13.8152	6.338 79
121	14.4044	0.648 38	5.308 75	13.0777	6.318 13
140	12.1221	0.436 02	4.268 92	10.5564	4.890 41
161	13.9172	0.590 24	5.239 01	13.0774	6.566 65
180	12.0277	0.570 86	4.899 87	12.6966	6.222 53
197	10.0055	0.444 03	3.702 67	10.758	5.218 93
219	12.7199	0.464 26	3.412 26	11.0658	5.9752
240	10.3022	0.350 79	2.3821	9.917 29	5.856 23
260	10.7248	0.324 95	1.619 05	10.0326	6.412 87
280	11.1414	0.3376	1.192 72	10.5114	6.757 33
310	10.673	0.379 34	0.8609	9.889 95	6.083 62
319	11.173	0.386 57	0.593 06	10.6887	6.945 82
340	9.826 89	0.252 66	0.659 88	8.6238	5.3497
360	10.1097	0.392 93	0.699 44	11.304	6.683 76
379	9.593 09	0.239 11	0.601 57	9.640 65	5.268 21
413	9.447 98	0.162 74	0.580 21	9.363 31	4.128 63
550	12.775	−0.034 61	0.392 19	5.742 01	−4.691 85

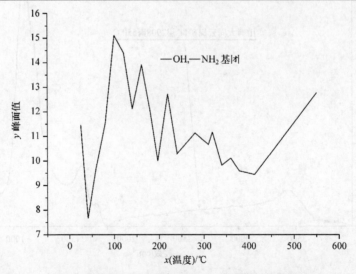

图 7 - 9　山西大同燕子山矿 14-2# 层 12921 掘面煤样燃烧过程中—NH₂
官能团峰面值变化图

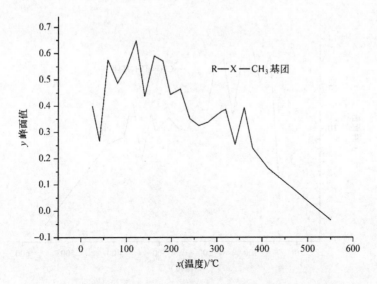

图 7-10　山西大同燕子山矿 14-2[#]层 12921 掘面煤样 R—X—CH₃
燃烧过程中官能团峰面值变化图

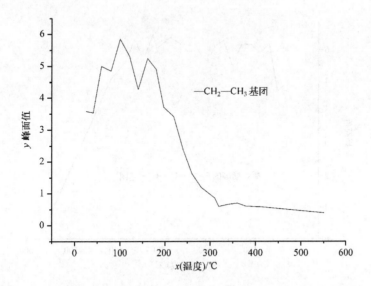

图 7-11　山西大同燕子山矿 14-2[#]层 12921 掘面煤样燃烧过程中—CH₂—CH₃
官能团峰面值变化图

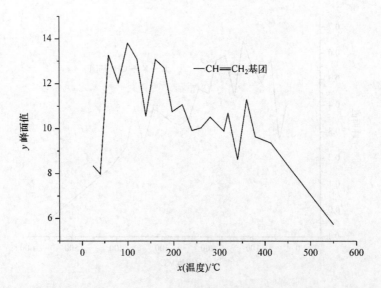

图 7 - 12　山西大同燕子山矿 14-2$^{\#}$ 层 12921 掘面煤样燃烧过程中—CH ═CH$_2$
官能团峰面值变化图

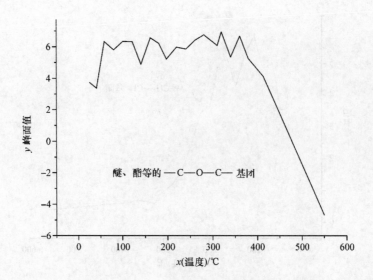

图 7 - 13　山西大同燕子山矿 14-2$^{\#}$ 层 12921 掘面煤样燃烧过程中—C—O—C—
官能团峰面值变化图

表 7-2 山西大同云岗矿 9# 层 408 盘区煤样燃烧过程中红外光谱图官能团峰面值

温度/℃	苯酚胺中—OH 3559～3309cm⁻¹	R—X—CH₃ 3093～2991 cm⁻¹	—CH₃ 2991～2769 cm⁻¹	—CH=CH₂ 1639～1537 cm⁻¹	酸、醚、脂类 1300～1129 cm⁻¹
25	10.7249	0.658 77	5.976 55	7.980 01	12.4591
39	6.845 58	0.471 99	4.851 28	6.193 57	9.895 19
60	9.433 87	0.5549	6.123 91	6.880 02	11.6961
80	7.738 41	0.468 04	4.909 32	6.363 91	10.5716
100	8.412 52	0.663 33	6.838 04	8.778 68	14.141
119	7.115 43	0.491 61	4.870 75	6.365 29	10.3634
138	6.634 44	0.460 63	4.702 85	6.078 66	10.0112
155	8.101 68	0.549 89	5.848 84	7.059 79	11.3216
182	7.743 64	0.451 63	4.673 68	5.931 93	9.972 97
203	8.712 05	0.4459	5.516 21	7.172 84	12.5236
219	9.026 91	0.406 68	4.9779	6.950 83	12.3846
240	7.220 37	0.364 94	3.022 64	6.212 52	11.8203
260	7.1439	0.2134	1.978 94	5.405 76	11.0965
280	8.803 79	0.375 22	1.345 91	6.769 25	14.9975
300	9.257 33	0.396 79	1.001 29	5.3623	12.1255
318	7.244 29	0.282 35	0.5348	6.405 74	14.303
341	6.174 26	0.279 42	0.493 47	6.275 23	13.3447
360	9.164 35	0.322 09	0.154 96	7.833 75	12.1936
388	10.1761	0.222 57	0.121 36	8.024 01	11.1478
403	8.906 21	0.295 81	0.408 13	8.382 45	10.0895
550	10.0104	0.045 64	0.285 84	6.769 79	8.9413

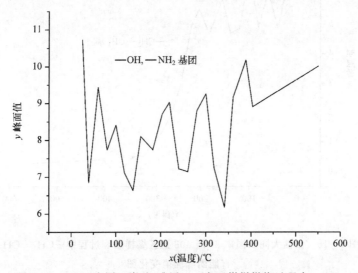

图 7-14 山西大同云岗矿 9# 层 408 盘区煤样燃烧过程中—NH₂
官能团峰面值变化图

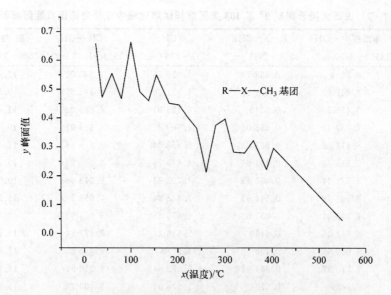

图 7-15　山西大同云岗矿 9# 层 408 盘区煤样 R—X—CH₃
燃烧过程中官能团峰面值变化图

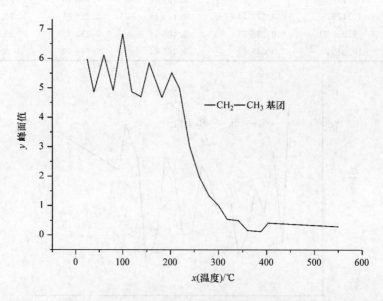

图 7-16　山西大同云岗矿 9# 层 408 盘区煤样燃烧过程中—CH₂—CH₃
官能团峰面值变化图

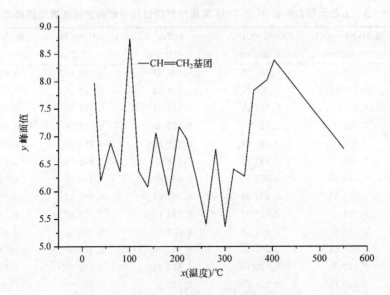

图 7 - 17　山西大同云岗矿 9# 层 408 盘区煤样燃烧过程中—CH═CH₂
官能团峰面值变化图

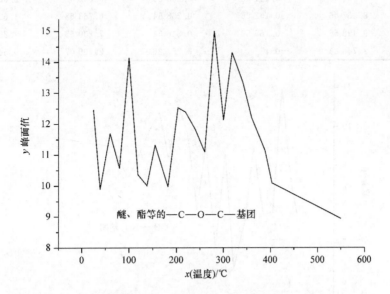

图 7 - 18　山西大同云岗矿 9# 层 408 盘区煤样燃烧过程中—C—O—C—
官能团峰面值变化图

表 7 - 3　山西大同白峒矿 3# 层 2108 面煤样燃烧过程中红外光谱图官能团峰面值

温度/℃	苯酚胺中—OH 3564~3309cm^{-1}	R—X—CH$_3$ 3093~2996cm^{-1}	—CH$_3$ 2996~2786cm^{-1}	—CH=CH$_2$ 1650~1537cm^{-1}	酸、醚、脂类 1287~1128cm^{-1}
25	7.571 03	0.419 03	5.135 67	5.340 44	0.942 51
40	8.556 43	0.508 21	6.098 09	5.522 26	0.723 49
60	10.9546	0.583 16	6.387 81	6.567 17	0.936 29
80	7.799 54	0.6259	6.129 48	6.434 56	0.9936
100	7.7384	0.663 51	6.510 85	6.768 97	1.062 56
120	9.458 57	0.747 45	7.1382	6.915 11	1.14025
139	7.549 25	0.758 21	7.559 59	7.163 52	1.042 14
162	6.342 26	0.497 68	4.992 06	5.369 61	0.944 06
180	9.291 67	0.637 04	6.284 17	6.773 65	1.019 73
201	6.882 62	0.461 17	4.703 52	5.293 05	0.986 41
221	9.507 54	0.506 56	4.901 18	6.162 64	1.043 98
240	7.880 05	0.390 76	3.827 26	6.180 46	1.328 02
260	9.833 11	0.317 27	2.299 37	5.956 86	1.608 25
280	10.575	0.341 97	1.612 42	6.711 83	2.564 92
300	9.183 08	0.237 31	0.847 96	6.647 31	2.986 91
319	10.3731	0.335 83	0.635 25	7.195 49	3.082 96
340	9.916 16	0.186 47	0.602 12	7.249 14	3.001 58
356	9.431 69	0.221 03	0.266 69	6.602 02	2.600 68
385	8.667 46	0.162 06	0.258 54	6.763 68	1.624 43
416	9.498 56	0.165 53	0.246 64	7.200 53	1.291 61
550	9.748 06	—0.1	0.757 26	2.709 07	0.545 72

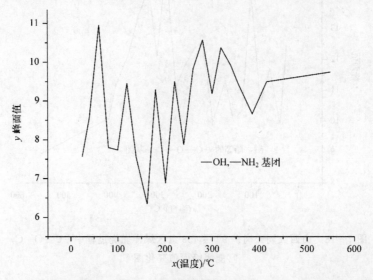

图 7 - 19　山西大同白峒矿 3# 层 2108 面煤样燃烧过程中—NH$_2$ 官能团峰面值变化图

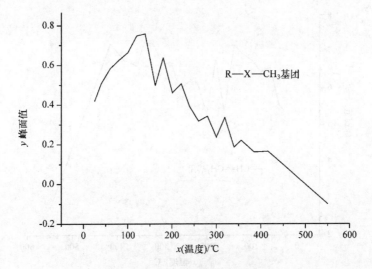

图 7 - 20　山西大同白峒矿 3# 层 2108 面煤样 R—X—CH₃
燃烧过程中官能团峰面值变化图

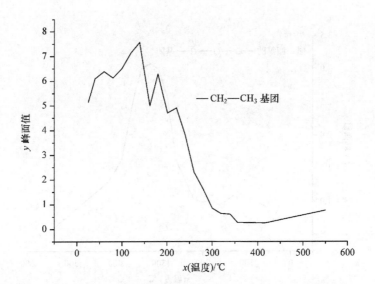

图 7 - 21　山西大同白峒矿 3# 层 2108 面煤样燃烧过程中—CH₂—CH₃
官能团峰面值变化图

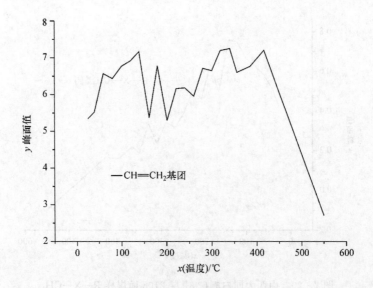

图 7-22　山西大同白峒矿 3# 层 2108 面煤样燃烧过程中—CH ══CH₂
官能团峰面值变化图

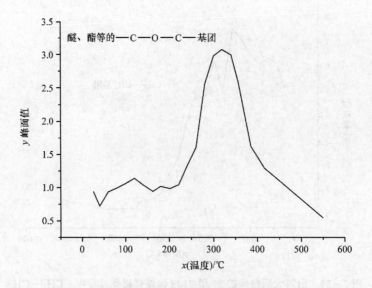

图 7-23　山西大同白峒矿 3# 层 2108 面煤样燃烧过程中—C—O—C—
官能团峰面值变化图

表 7-4 辽宁铁法大兴矿 4# 层 419 面煤样燃烧过程中红外光谱图官能团峰面值

温度/℃	苯酚胺中—OH 3598～3300cm^{-1}	R—X—CH$_3$ 3078～2990cm^{-1}	—CH$_3$ 2990～2739cm^{-1}	—CH═CH$_2$ 165～1511cm^{-1}	酸、醚、脂类 1342～1126cm^{-1}
25	10.1544	0.293 57	8.846 73	10.013	4.641 18
40	11.3712	0.119 39	4.942 62	4.416 18	1.678 74
59	6.994 02	0.155 85	4.997 12	4.731 01	2.2594
80	5.226 53	0.108 84	4.074 68	3.353 91	1.837 97
100	5.712 35	0.198 86	5.839 56	5.463 31	2.6904
120	4.418 17	0.1037	3.672 86	3.263 82	1.480 53
138	20.1133	0.322 08	12.8202	11.7136	5.7254
161	16.3231	0.025 61	10.241	10.5726	4.696 24
180	11.3952	0.204 06	7.928 31	8.358 88	3.831 52
201	12.149	0.188 47	8.081 42	8.889 93	4.380 02
220	14.057	0.097 93	5.0657	7.011 11	3.443 84
240	10.2392	0.088 88	3.892 66	7.032 41	3.613 71
260	9.708 58	0.071 86	1.850 01	6.011 57	3.440 98
280	9.978 62	0.028 22	1.225 31	7.348 35	4.244 03
299	12.4874	0.025 47	0.747 26	10.0379	5.7094
320	12.0931	0.034	0.663 16	8.279 41	4.358 43
341	11.3998	0.053 02	0.317 31	7.027 99	3.355 11
360	10.1006	0.020 92	0.354 26	6.979 63	3.133 13
380	9.303 97	0.067 66	0.517 16	7.394 24	2.662 36
401	14.33	0.057 14	0.13851	7.970 09	-0.180 49
550	10.9768	-0.014 13	0.206 87	-0.063 88	-39.0353

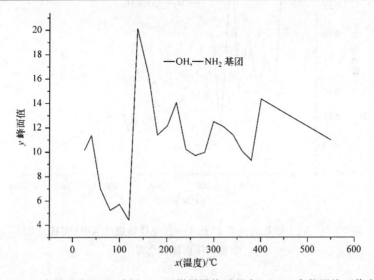

图 7-24 辽宁铁法大兴矿 4# 层 419 面煤样燃烧过程中—NH$_2$ 官能团峰面值变化图

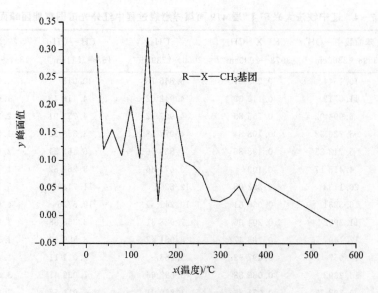

图 7-25　辽宁铁法大兴矿 4# 层 419 面煤样 R—X—CH₃
燃烧过程中官能团峰面值变化图

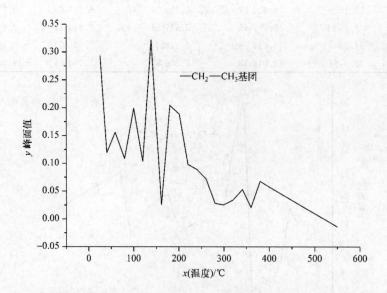

图 7-26　辽宁铁法大兴矿 4# 层 419 面煤样燃烧过程中—CH₂—CH₃
官能团峰面值变化图

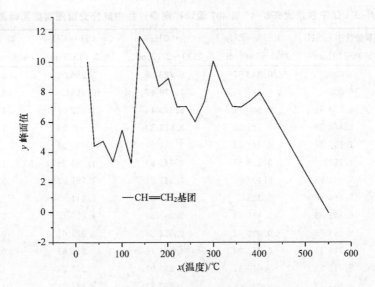

图 7 - 27　辽宁铁法大兴矿 4$^#$ 层 419 面煤样燃烧过程中—CH =CH$_2$
官能团峰面值变化图

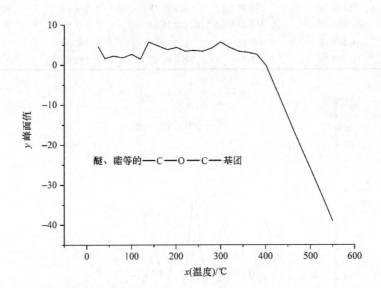

图 7 - 28　辽宁铁法大兴矿 4$^#$ 层 419 面煤样燃烧过程中—C—O—C—
官能团峰面值变化图

表 7-5　辽宁铁法大兴矿 4# 层 407 面煤样燃烧过程中红外光谱图官能团峰面值

温度/℃	苯酚胺中—OH 3569～3291cm⁻¹	R—X—CH₃ 3091～2989cm⁻¹	—CH₃ 2989～2778cm⁻¹	—CH═CH₂ 1652～1521cm⁻¹	酸、醚、脂类 1339～1128cm⁻¹
25	11. 0085	0. 346 57	6. 726 89	9. 956 02	2. 5581
40	10. 2369	0. 327 41	7. 579 47	10. 4664	2. 505 58
60	6. 429 61	0. 143 11	3. 370 44	4. 822 69	1. 314 76
80	6. 454 22	0. 181 18	3. 837 39	5. 600 63	1. 476 26
101	7. 195 47	0. 147 23	3. 512 24	4. 904 38	1. 332 82
121	4. 9571	0. 156 51	3. 443 62	4. 833 38	1. 159 73
142	5. 946 76	0. 135 07	3. 541 86	4. 792 92	0. 962 87
161	5. 656 98	0. 1254	3. 015 09	4. 311 95	1. 041 76
182	6. 893 05	0. 130 34	3. 307 56	4. 810 14	1. 163 26
202	5. 163 76	0. 090 72	2. 632 85	3. 921 61	0. 910 58
220	4. 925 41	0. 051 99	1. 984 76	3. 515 83	0. 740 21
240	8. 315 75	0. 094 37	2. 299 91	5. 263 69	1. 395 13
259	4. 819 44	0. 040 02	1. 092 81	3. 375 23	1. 098 85
280	5. 968 72	0. 095 12	0. 988 92	5. 239 54	2. 018 77
300	4. 576 94	0. 085 56	0. 608 48	4. 753 85	1. 7358
322	6. 149 58	0. 078 45	0. 738 26	5. 168 18	1. 266 44
342	4. 940 88	0. 074 25	0. 287 65	4. 337 48	1. 327 12
361	5. 154 09	0. 073 76	0. 345 89	4. 737 08	0. 9944
379	4. 965 07	0. 078 54	0. 453 24	4. 667 94	0. 488 48
394	4. 579 09	0. 068 88	0. 401 88	4. 393 39	−0. 088 18
555	7. 185 76	−0. 122 54	0. 403 47	−0. 725 62	−27. 24 78

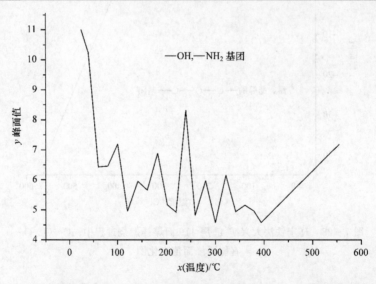

图 7-29　辽宁铁法大兴矿 4# 层 407 面煤样燃烧过程中—NH₂ 官能团峰面值变化图

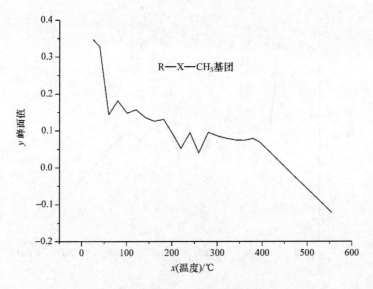

图 7 - 30　辽宁铁法大兴矿 4# 层 407 面煤样 R—X—CH₃
燃烧过程中官能团峰面值变化图

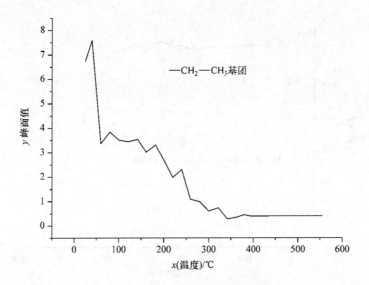

图 7 - 31　辽宁铁法大兴矿 4# 层 407 面煤样燃烧过程中—CH₂—CH₃
官能团峰面值变化图

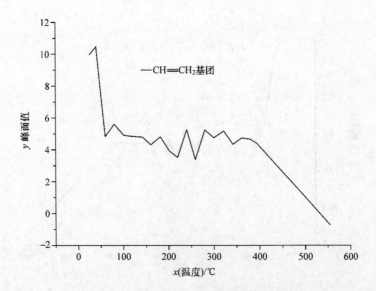

图 7 - 32　辽宁铁法大兴矿 4# 层 407 面煤样燃烧过程中—CH＝CH₂
官能团峰面值变化图

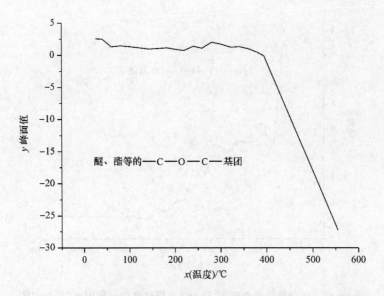

图 7 - 33　辽宁铁法大兴矿 4# 层 407 面煤样燃烧过程中—C—O—C—
官能团峰面值变化图

表 7-6 黑龙江鹤岗兴安矿 30# 层 4 号掘面煤样燃烧过程中红外光谱图官能团峰面值

温度/℃	苯酚胺中—OH 3581~296cm⁻¹	R—X—CH₃ 3086~2983cm⁻¹	—CH₃ 2983~2750cm⁻¹	—CH=CH₂ 1646~1532cm⁻¹	酸、醚、脂类 1328~1117cm⁻¹
25	9.539 08	0.533 41	12.0539	7.4357	3.840 52
40	8.915 39	0.360 52	10.4741	6.792 39	1.824 22
60	15.307	0.5435	13.8915	8.820 88	2.592 62
80	16.3518	0.555 57	15.7525	10.3635	3.364 78
100	15.5264	0.628 08	14.2913	9.391 41	2.981 95
120	14.6621	0.560 03	13.9187	9.270 15	2.937 23
140	13.8118	0.541 07	13.3975	9.122 42	2.857 03
157	15.0802	0.5357	15.1938	10.4695	3.162 84
179	12.9225	0.443 59	12.5842	8.657 55	2.895 84
197	13.1296	0.441 56	12.4343	9.182 29	2.910 74
219	14.8028	0.285 52	9.404 04	8.393 39	3.319 37
240	14.1908	0.057 28	5.297 16	7.825 97	4.013 51
258	13.8371	−0.029 34	2.966 15	7.787 02	5.427 45
280	12.2556	−0.043 21	1.995 06	8.168 36	6.896 49
295	13.7022	0.005 42	1.0374	7.168 11	5.876 26
320	14.4393	0.046 86	0.742 61	8.695 99	7.834 02
333	11.3157	0.0663	0.564 46	8.582 66	7.636 12
359	11.8981	0.057 78	0.358 79	9.148 17	7.321 51
382	12.4593	0.004 34	0.229 98	9.606 63	6.3773
401	10.5132	0.106 11	0.483 38	9.6821	5.108 68
510	10.5504	−0.363 33	0.368 07	1.235 27	−13.34 14

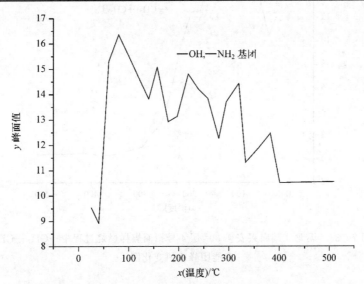

图 7-34 黑龙江鹤岗兴安矿 30# 层 4 号掘面煤样燃烧过程中—NH₂ 官能团峰面值变化图

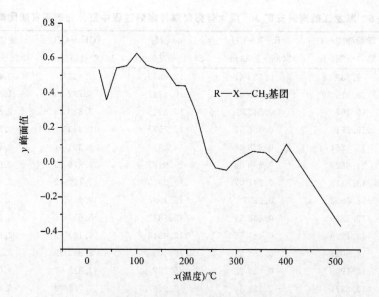

图 7-35　黑龙江鹤岗兴安矿 30[#] 层 4 号掘面煤样 R—X—CH₃
燃烧过程中官能团峰面值变化图

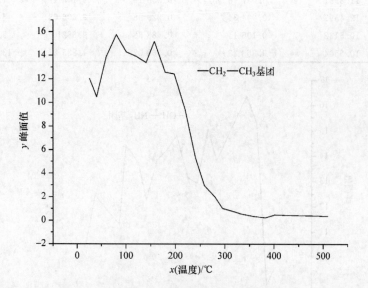

图 7-36　黑龙江鹤岗兴安矿 30[#] 层 4 号掘面煤样燃烧过程中—CH₂—CH₃
官能团峰面值变化图

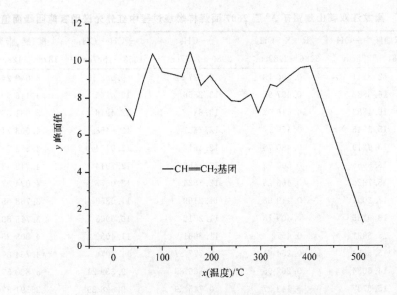

图 7-37 黑龙江鹤岗兴安矿 30# 层 4 号掘面煤样燃烧过程中—CH =CH₂
官能团峰面值变化图

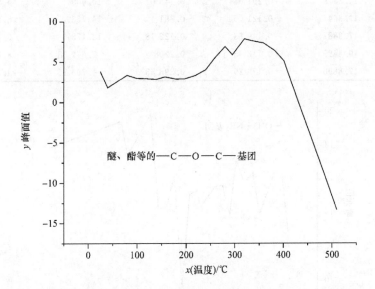

图 7-38 黑龙江鹤岗兴安矿 30# 层 4 号掘面煤样燃烧过程中—C—O—C—
官能团峰面值变化图

表 7-7　黑龙江双鸭山集贤矿 3# 层 2607 面煤样燃烧过程中红外光谱图官能团峰面值

温度/℃	苯酚胺中—OH 3581~3285cm⁻¹	R—X—CH₃ 3086~2989cm⁻¹	—CH₃ 2989~2767cm⁻¹	—CH=CH₂ 1658~1527cm⁻¹	酸、醚、脂类 1328~1128cm⁻¹
25	12.8141	0.390 13	9.627 92	9.553 15	3.040 24
42	16.3832	0.497 92	13.2556	12.4166	4.116 69
60	16.4883	0.516 07	13.84	12.4916	3.931 35
77	15.3945	0.459 77	12.7657	12.6458	4.003 71
100	13.9219	0.480 76	12.4612	12.0174	3.688 75
117	16.3965	0.507 73	13.1466	12.7914	4.149 43
140	15.7826	0.463 25	12.3524	12.0677	4.034 87
160	17.2091	0.419 98	11.2169	11.0856	3.768 65
177	13.9155	0.409 78	11.2712	10.9903	3.725 83
196	15.6331	0.4572	11.2661	11.4089	4.008 25
215	15.5854	0.254 61	9.777 37	11.4076	4.764 07
254	14.3084	0.262 95	0.865 89	9.339 21	3.830 57
261	15.3737	0.143 27	0.745 89	9.626 39	2.391 37
281	15.0913	0.093 74	0.420 48	10.1642	4.326 61
301	9.72013	0.093 39	0.331 59	6.804 29	3.748 12
321	16.1877	0.130 49	0.224 05	10.4277	5.128
341	14.3488	0.357 48	0.408 81	8.19038	0.2068
361	14.2319	0.291 05	0.148 07	10.6091	4.920 74
381	19.864	−0.121 05	−0.391 42	14.7539	5.921 17
441	17.3887	0.149 83	0.122 18	12.1737	3.475 67
457	19.4429	0.118 95	0.2208	7.979 38	−8.469 45
643	17.8896	−0.176 29	0.398 53	−1.795 25	−24.994

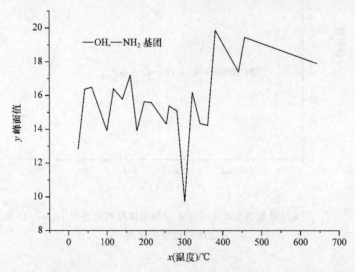

图 7-39　黑龙江双鸭山集贤矿 3# 层 2607 面煤样燃烧过程中—NH₂ 官能团峰面值变化图

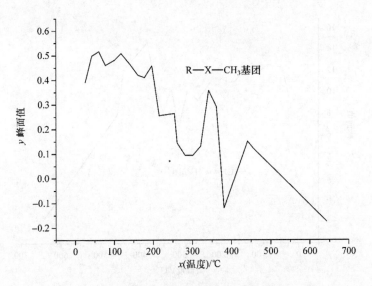

图 7-40 黑龙江双鸭山集贤矿 3# 层 2607 面煤样 R—X—CH₃
燃烧过程中官能团峰面值变化图

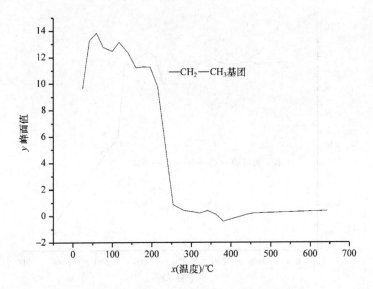

图 7-41 黑龙江双鸭山集贤矿 3# 层 2607 面煤样燃烧过程中—CH₂—CH₃
官能团峰面值变化图

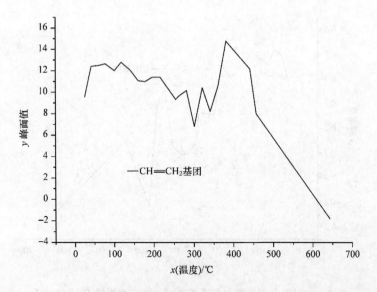

图 7-42　黑龙江双鸭山集贤矿 3# 层 2607 面煤样燃烧过程中—CH ＝CH₂
官能团峰面值变化图

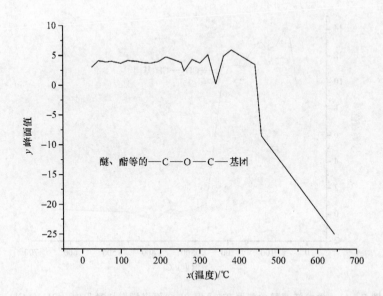

图 7-43　黑龙江双鸭山集贤矿 3# 层 2607 面煤样燃烧过程中—C—O—C—
官能团峰面值变化图

7.2 实验结果分析

从 70 个煤样在不同温度下氧化自燃红外光谱图官能团的变化的峰面值来看，从室温 25～100℃的升温过程中煤分子中胺基的红外光谱图峰面值变小。从红外光谱图峰面值变化曲线来看，在 25～100℃胺基峰面值变化的斜率比其他基团的斜率都大，说明煤在氧化自燃的开始阶段，主要是胺基中的氢被氧化生成了水，并放出热量。

烷基($R-CH_2-CH_3$)从 100～300℃峰面值逐渐变小，变化呈递减的线性关系，从变化曲线来看斜率较大，说明在这一温度段内烷基被氧化的速率较快。生成的产物，有甲烷、一氧化碳和二氧化碳。

从烯烃基团($-CH=CH_2$)的氧化峰面值来看，从 100～300℃峰面值逐渐变小，到 300℃以后峰面值变大，说明从 100～300℃的氧化过程中与苯环相连的 $-CH=CH_2$ 被氧化生成乙烯。到 300℃以后峰面值变大，说明苯环断裂，生成大量的 $-CH=CH_2$ 基团。

以上的结论在本章煤样在加热氧化生成的气体的红外光谱图谱的实验中得到了验证。

7.3 结 论

(1) 苯环侧链中胺基的氧化。通过实验，煤在不同温度下氧化自燃红外光谱图官能团的变化的峰面值大小表明，煤分子中的胺基首先被氧化生成水。25～100℃的升温过程中煤分子中胺基的峰面值变小，胺基峰面值变化曲线的斜率比其他基团的斜率都大，说明煤在氧化自燃的开始阶段，主要是胺的氢被氧化生成水，并放出热量。当热量积聚到一定程度时，煤分子的苯环侧链中的基团被氧化。实验结果与量子化学理论计算结果相吻合。

(2) 苯环侧链中 $R-CH_2-CH_3$ 的氧化。煤在不同温度下氧化自燃的实验表明，$-CH_2-CH_3$ 从 100～300℃峰面值逐渐变小，变化呈递减的趋势，峰面值变化曲线拟合成直线后，斜率较大，说明在这一温度段内甲基被氧化的速率较快，生成的产物有甲烷、水、一氧化碳和二氧化碳。实验结果与量子化学理论计算结果相吻合。

(3) 苯环侧链中烯烃基团($-CH=CH_2$)的氧化峰面值表明，100～300℃峰面值逐渐减小，到 300℃以后峰面值增大，说明 100～300℃的氧化的过程中苯环侧链中 $-CH=CH_2$ 被氧化生成乙烯。到 300℃以后峰面值增大，说明苯环断裂，生成大量的 $-CH=CH_2$。实验结果与量子化学理论计算结果相吻合。

（4）煤氧化自燃过程中，量子化学理论计算化学键和官能团被氧化的顺序的结果与煤在不同温度下氧化自燃的红外光谱实验相吻合。

比较煤氧化自燃过程中不同温度下红外光谱图主要官能团显现峰的峰面值的大小，峰面值变化曲线的斜率表明在 $25 \sim 100 \text{℃}$ 范围内，胺基基团（$-CH_2-NH_2$）峰面值变化曲线的斜率比其他基团的斜率都大，在 $100 \sim 300 \text{℃}$ 范围内，$R-CH_2-CH_3$ 基团峰面值变化曲线的斜率 $> -CH_2-CH_3$ 基团峰面值变化曲线的斜率 $> -CH=CH_2$ 基团峰面值变化曲线的斜率。从基团峰面值变化曲线的斜率大小可以判断出煤分子中侧链基团与氧发生化学反应的活性顺序为：$-CH_2-NH_2$ $> -CH_2-CH_3 > -CH=CH_2 > -C-O-C-$。在温度小于 300℃ 时，$-C-O-C-$ 基团的峰面值变化曲线的斜率很小，当温度大于 300℃ 时，斜率很大，说明醚、酯和带氧的环烷基团非常稳定，到 300℃ 时才开始氧化。

参 考 文 献

[1] 赵瑶兴，孙祥玉. 有机分子结构光谱鉴定. 北京：科学出版社. 2003.

[2] 陆维敏，陈芳. 谱学基础与结构分析. 北京：高等教育出版社，2005.5.

[3] 邓存宝. 煤的自燃机理及自燃危险性指数研究. 辽宁工程技术大学，2006.4.